全国水利水电类高职高专统编教材

# 水文统计学

（修订版）



主　编　宋萌勃
主　审　邹响林

黄河水利出版社
·郑州·

## 内 容 提 要

本书是全国水利水电类高职高专统编教材，是根据全国水利水电高职教研会制定的水文统计学课程教学大纲编写完成的。本书比较系统地介绍了水文学中常用的概率论和数理统计学的原理与方法，由事件与概率、随机变量及其分布、随机变量的数字特征、频率计算、统计估计、假设检验、相关分析、误差分析基础和随机过程等九章组成。全书条理清晰，叙述简练通俗，特别注重实际应用，列举了大量的例题。每章配有适量的习题，书后附有参考答案和常用数表，便于自学和应用。

本书为水利水电类高职高专水文与水资源专业的教材，也可供其他相关专业教学参考。

**图书在版编目(CIP)数据**

水文统计学/宋萌勃主编. —郑州：黄河水利出版社，2010.2 （2022.1 修订重印）
全国水利水电类高职高专统编教材
ISBN 978-7-80734-794-1

Ⅰ.①水… Ⅱ.①宋… Ⅲ.①水文统计-高等学校：技术学校-教材 Ⅳ.①P333.6

中国版本图书馆 CIP 数据核字(2010)第 017801 号

组稿编辑：王路平 电话：0371-66022212 E-mail：hhslwlp@163.com

出 版 社：黄河水利出版社 网址：www.yrcp.com
地址：河南省郑州市顺河路黄委会综合楼 14 层 邮政编码：450003
发行单位：黄河水利出版社
发行部电话：0371-66026940、66020550、66028024、66022620(传真)
E-mail：hhslcbs@126.com
承印单位：河南承创印务有限公司
开本：787 mm×1 092 mm 1/16
印张：15.25
字数：350 千字 印数：3 001—4 000
版次：2010 年 2 月第 1 版 印次：2022 年 1 月第 2 次印刷
2022 年 1 月修订版

定价：45.00 元

# 前 言

本书是根据教育部《关于加强高职高专教育人才培养工作意见》和《面向21世纪教育振兴行动计划》等文件精神，以及由全国水利水电高职教研会拟定的教材编写规划，报水利部批准，由全国水利水电高职教研会组织编写的水利水电类全国统编教材。

本书是根据高职高专水文与水资源专业教材建设规划要求，依据水文与水资源专业修订后的教学大纲编写的，主要作为高职高专水文与水资源专业水文统计学课程的教材，也可供相关专业教学人员参考。

为了不断提高教材质量，编者于2022年1月，根据近年来国家及行业最新颁布的规范、标准、规定等，以及在教学实践中发现的问题和错误，对全书进行了修订完善。

全书共九章，由概率论、数理统计、误差分析和随机过程四大部分组成，较全面系统地介绍了水文统计学的基本原理和方法。本书注重与本科教材的区别，强调水文工作的实际需要和实用性，尽量避免抽象的数学推导和烦琐的公式演绎。力求结构合理，条理清楚，概念清晰正确，知识系统完整，文字通顺流畅，语言简练易懂。书中举例较多，每章配有学习指导和适量的习题，书后还附有习题答案和常用数表，便于自学和应用。

本书编写人员及编写分工如下：长江工程职业技术学院宋萌勃教授编写绪论、第一章、第五章、第六章和第九章，长江工程职业技术学院徐成汉副教授编写第二章、第三章、第七章，长江工程职业技术学院李太星副教授编写第四章，长江水利委员会水文局长江中游水文水资源勘测局汉口分局吴士夫高级工程师编写第八章。本书由宋萌勃担任主编并统稿，由武汉船舶职业技术学院邹响林副教授担任主审。

在编写过程中主要参考了河海大学黄振平教授编著的《水文统计学》以及其他有关教材、文献资料，在此谨向有关作者表示衷心感谢！

由于时间仓促，编者水平有限，书中定有许多不足和错漏之处，恳请读者批评指正。

**编 者**

2022年1月

# 目　录


**前　言**

**绪　论** …… (1)

**第一章　事件与概率** …… (3)

第一节　事件及其运算 …… (3)

第二节　概率的定义与性质 …… (10)

第三节　概率的基本运算法则 …… (16)

学习指导 …… (26)

习　题 …… (29)

**第二章　随机变量及其分布** …… (32)

第一节　随机变量与分布函数 …… (32)

第二节　离散型随机变量的概率分布 …… (35)

第三节　连续型随机变量与分布密度 …… (43)

第四节　随机变量函数的分布 …… (50)

第五节　多元随机变量及其分布 …… (56)

学习指导 …… (60)

习　题 …… (62)

**第三章　随机变量的数字特征** …… (64)

第一节　样本的数字特征 …… (64)

第二节　总体的数字特征 …… (72)

第三节　矩 …… (79)

第四节　大数定律与中心极限定理 …… (81)

学习指导 …… (83)

习　题 …… (85)

**第四章　频率计算** …… (87)

第一节　概　述 …… (87)

第二节　经验频率计算 …… (88)

第三节　P－Ⅲ型曲线 …… (89)

第四节　克－闵曲线简介 …… (102)

学习指导 …… (103)

习　题 …… (104)

**第五章　统计估计** …… (106)

第一节　简单随机抽样 …… (106)

第二节　抽样分布的概念 …… (108)

第三节　顺序统计量及其分布 ………………………………………… (112)
第四节　估计理论简述 …………………………………………………… (113)
学习指导 …………………………………………………………………… (124)
习　题 ……………………………………………………………………… (126)
**第六章　假设检验** ……………………………………………………… (128)
第一节　一般概念 ………………………………………………………… (128)
第二节　正态总体均值的假设检验 ……………………………………… (132)
第三节　正态总体方差的假设检验 ……………………………………… (134)
学习指导 …………………………………………………………………… (137)
习　题 ……………………………………………………………………… (138)
**第七章　相关分析** ……………………………………………………… (140)
第一节　总　述 …………………………………………………………… (140)
第二节　两变量的线性相关 ……………………………………………… (142)
第三节　复相关 …………………………………………………………… (149)
第四节　等级相关简介 …………………………………………………… (153)
学习指导 …………………………………………………………………… (154)
习　题 ……………………………………………………………………… (155)
**第八章　误差分析基础** ………………………………………………… (156)
第一节　误差的来源及分类 ……………………………………………… (156)
第二节　随机误差 ………………………………………………………… (160)
第三节　系统误差 ………………………………………………………… (162)
第四节　误差的传播 ……………………………………………………… (165)
学习指导 …………………………………………………………………… (171)
习　题 ……………………………………………………………………… (174)
**第九章　随机过程简介** ………………………………………………… (175)
第一节　随机过程的基本概念 …………………………………………… (175)
第二节　自相关和互相关系数的估算 …………………………………… (179)
第三节　平稳随机过程 …………………………………………………… (183)
第四节　非平稳序列 ……………………………………………………… (187)
学习指导 …………………………………………………………………… (189)
习　题 ……………………………………………………………………… (190)
**参考答案** ………………………………………………………………… (191)
**附录　水文频率分布曲线适线(P－Ⅲ)软件简介** ……………………… (196)
**附表** ……………………………………………………………………… (200)
附表1　泊松分布数值表 ………………………………………………… (200)
附表2　标准化正态分布函数密度纵坐标表 …………………………… (205)
附表3　标准化正态分布函数表 ………………………………………… (209)
附表4　相关系数检验表 ………………………………………………… (213)

附表 5　皮尔逊Ⅲ型分布离均系数 $\Phi_p$ 值表 …………………………………………（214）
附表 6　$\chi^2$ 分布表……………………………………………………………………………（220）
附表 7　$t$ 分布表 ……………………………………………………………………………（224）
附表 8　$F$ 分布表……………………………………………………………………………（226）
附表 9　相关系数显著性检验表……………………………………………………………（235）
**参考文献** ………………………………………………………………………………………（236）

# 绪　论

## 一、概率论研究对象

自然界和社会中存在着各种各样的现象,但归纳起来,可以分为两种类型。一种是确定性现象,或称必然现象,其特点是:在一定条件下,某种结果一定会发生。例如,在标准大气压下,将水加热到 100 ℃,“水沸腾”这一结果一定会发生;使两个带正电的小球相靠近,“两小球互相排斥”这一结果一定会发生;在一段导线两端施加电压时,“导线内产生相应的电流”这一结果也一定会发生,等等。这类现象与其形成的条件之间存在着比较固定的因果联系,可以用经典的数学物理方法和定律来描述。因此,对于这类现象,只要满足一定条件,人们可以准确地预测其结果。另一种是随机现象,或称偶然现象,其特点是:在一定条件下,有多种可能发生的结果,但究竟哪个结果会发生,事先不能确定。例如,抛一枚质地均匀的硬币,有两种可能发生的结果,正面朝上和反面朝上(有币值的一面称为正面),在抛硬币之前,我们不能确定哪面朝上;投掷一颗骰子,观测向上那面的点数,有 6 种可能结果,投掷前,我们不能确定将出现几点。在水文领域,很多水文现象都属于随机现象。例如,观察某地的年降水量,有无穷多个可能结果,在年终之前,我们不能确定该年的降水量是多少。观测河流某断面处的年最高水位、年最大洪峰流量等,也都属于随机现象。这类现象带有很大的偶然性,所以又称为偶然现象。这类现象之所以具有不确定性,是因为它们除受基本的起主导作用的因素制约外,还受许多次要且多变的偶然因素影响。

随机现象虽然具有显著的不确定性,但并不是说它们没有规律可循。实践表明,在对一种随机现象作了大量的观测或试验之后,就能揭示出某种规律性。例如,若抽检产品的件数足够多,就会发现,该批产品的合格率总是稳定地在某一常数附近摆动;若上抛一枚质地均匀的硬币次数足够多,就会发现,落下后出现正面和反面的次数大体相等;若在同一条件下对靶射击次数足够多,就会发现,命中点大体对称地分布于靶心周围,且命中点的密度从靶心向边缘递减;物理学告诉我们,在一个盛满水的容器中,水对器壁的压力是由各个水分子对器壁的冲击力汇合而成的,虽然每个水分子的运动速度和轨迹都是随机的,致使它们对器壁的冲击力千差万别,但从宏观角度看,器壁各点所受的压力都是稳定的,可以用水力学定律来描述。随机现象的这种规律称为统计规律。它是随机现象的宏观规律,与随机现象个别观测结果的特性几乎没有关系。

概率论就是用数学的方法,研究随机现象的统计规律的一个数学分支。与概率论相提并论的是数理统计方法,它的内容是以概率论为基础,用数学的理论和方法,对实测数据进行分析和计算。概率论与数理统计是密切联系着的,有时就合称概率统计。

## 二、水文现象的必然性和随机性

水文现象和其他自然现象一样,在其发生、发展过程中,具有必然性和随机性的特点。

自然界水分循环的结果，必然会引起降水而产生径流。同时，随着气候条件的变化，河流水情也发生相应的变化，一年中可划分为丰水期、中水期和枯水期三个特征时期，这种变化具有明显的周期性等。这都充分表明了水文现象的必然性。例如，由实测水文资料可知，河流的某一断面上，每年汛期总要出现一个最大洪峰流量，这是具有周期性的，也就是每年必然出现的事情。但是由于水文现象具有不重复的特点，这个最大洪峰流量出现的数值大小，每年则不完全一样，具体出现的时间也每年不同，直到现在人们还不能准确地预测。这是由于影响最大洪峰流量的因素，如气候因素和下垫面因素（地形、土壤地质、植被以及其他因素等）极其错综复杂，同时有些影响因素本身也是变化的。这就说明了水文现象的随机性和不确定性的一面。

由于水文现象具有明显的随机性特点，使得概率论与数理统计在水文学的各个领域都得到了广泛的应用。例如，在水文测验中，观测站网的规划、观测规范的制定、观测资料质量的分析等；在水文预报中，某些预报方案（特别是中长期预报方案）的制定、预报误差分析与预报质量评定等；在水文水利计算中，水利系统的规划设计和运营管理等，都离不开概率统计方法。通常，人们把水文学中的概率统计方法称为水文统计法。

但是，这里必须指出：在水文现象演变过程中，不但必然性和随机性始终同时存在，而且还相互联系着，不能把它们看做是绝对对立的。在现代水文分析中，概率统计方法虽说是探索水文现象统计性规律的有效的数学工具，但它毕竟只是一种数学工具，并不能说明或表达水文现象的本质及其内在的关系。因此，我们不能迷信概率统计。事实上，从地球上的水量平衡这个角度来看，可以肯定在水文现象中起主导作用和决定性作用的是必然性规律。当前，从物理成因分析方面以及综合各个自然地理特征的方法，来研究探讨水文现象的必然性规律是非常重要的。实际工作中，应该将研究统计性规律的概率统计方法和研究必然性规律的物理成因分析密切地结合起来，才能收到较好的效果。

# 第一章　事件与概率

## 第一节　事件及其运算

### 一、事件的含义及类型

**（一）事件的含义**

众所周知，为了研究某种自然或社会现象，就要对它进行观测、调查或试验，我们将这类活动统称为“试验”。例如，观测一次水位、观测某年年降水量、抽检一件产品、投掷一次骰子、对靶射击一次等，都称做一次“试验”。每作一次试验就有一个结果。例如，记录一次水位，就有一个水位数值；投掷一颗骰子，就会出现某个点数；打靶一次，就有一个命中环数等。在概率论中，习惯把在一定条件下某试验的每一个结果，称为该试验的一个事件。通常用大写字母 $A$，$B$，$C$ 等表示。如果一次试验出现了结果 $A$，则我们说“事件 $A$ 发生了”，或“事件 $A$ 出现了”。例如，若观测 1 h 降水量，其记录为 9.5 mm，就说“1 h 降水量等于 9.5 mm”这一事件发生了，或“1 h 降水量等于 9.5 mm”这一事件出现了。

**（二）事件的类型**

自然界中所有客观复杂的现象以及社会现象中，就其发生的情况来说，事件可分为以下三种类型。

1. 必然事件（全集）

在一定试验条件下必然会发生的事情，称为必然事件，用符号 $\Omega$ 表示。例如，“在标准大气压下，纯净水加热到 100 ℃时，水一定会沸腾”。这就是说，在标准大气压下，加热到 100 ℃这两个条件都实现之下，纯净水就必然会发生沸腾现象。又如“同性的电荷互相排斥”是一个必然事件，因为只要是两种同性的电荷相碰，就必然会出现互相排斥的现象。再如，河流某断面处河床稳定，当上游洪水来临时，此断面水位必定会上升。

2. 不可能事件（空集）

在一定试验条件下一定不会发生的事情，称为不可能事件，用符号 $\varnothing$ 表示。如“在标准大气压下，60 ℃的水结成冰”是一个不可能事件，因为在标准大气压下，温度为 60 ℃的水必然不会结成冰。又如“钢在温度 100 ℃以下熔化”是一个不可能事件，因为钢在 100 ℃以下不可能熔化。

3. 随机事件

显然，对各种确定性现象所作的试验，在试验之前我们就能准确预测它将会出现怎样的结果。而对随机现象作试验时，我们却不能根据试验的条件预测试验将会出现怎样的结果，对于这种试验，由于结果具有随机性，所以称之为随机试验。下面给出它的明确含义。若一种试验满足下列三个条件，则称之为随机试验：

(1)试验可以在相同条件下重复进行；

(2)每次试验的结果可能不止一个，但在试验之前能明确知道有哪些可能的结果；

(3)每次试验中必然而且只能出现这些结果中的某一个，但在试验前却不能肯定该次试验将会出现哪一个结果。

我们将随机试验简称试验，并用符号 $E$ 表示，随机试验的结果称为随机事件。

显然，必然事件和不可能事件是两类特殊事件，事先都可以知道确定性的试验结果。唯有随机事件事先不知道确定性的试验结果。为了研究的方便和统一，我们把必然事件和不可能事件也看成随机事件，即把它们作为随机事件的两个极端情况。

下面用一些例子进一步说明随机试验与随机事件的概念。

**【例 1-1】** “抛一枚硬币，正面朝上”是随机事件。这里“抛一枚硬币”是一个随机试验，因为这种试验可以在相同条件下重复进行，它的结果可能是正面朝上，也可能是反面朝上，抛硬币之前不能肯定哪面朝上。因此，“抛一枚硬币，正面朝上”是一个随机事件。

**【例 1-2】** “记录某电话总机在上午 9:00 ~ 10:00 的 1 h 内接到呼唤的次数”是一个随机试验，而“接到至少 15 次呼唤”是这一试验的一个随机事件，因为在这 1 h 内，接到至少 15 次呼唤这件事可能出现，也可能不出现。

**【例 1-3】** “从某厂生产的产品中，随机抽取 100 件，检查其中所含次品的件数”是一个随机试验，“其中恰有 5 件次品”是这一试验的一个随机事件，因为抽取的 100 件产品中不一定恰好有 5 件次品。

**【例 1-4】** “观测武汉市 7 月份的降水量”是一个随机试验，而“降水量为 400 ~ 430 mm”是一个随机事件，因为在具体观测某年 7 月份的降水量时，可能为 400 ~ 430 mm，也可能不足 400 mm 或多于 430 mm。

今后，为了叙述简便起见，将随机事件、必然事件和不可能事件都简称为事件。而且在不致引起误解的情况下，也不一定每次都把“一定的条件”明确地写出来。但必须注意，在讨论一个事件的必然性、不可能性或随机性时，要把它与一定的条件联系起来，因为在不同的条件下，同一事件可以是必然的，也可以是不可能的或随机的。例如，从“在标准大气压下，纯净水加热到 100 ℃”中抽出“标准大气压”这一条件，那么事件“水沸腾”就不是必然事件了；一次射击命中目标，通常是一个随机事件，但如果射击者距离目标极近，那么“命中目标”这一事件就将成为必然事件。所以，抽象地或一般地谈论某一事件的必然性、不可能性或随机性，而不与一定的条件联系起来，是没有意义的。

## 二、基本空间

在说明基本空间的概念之前，还需对事件的概念作一次较深入的讨论。我们来看一个例子：投掷一颗骰子，观察朝上一面的点数。显然，这是一个随机试验。现分别用 $A_1$，$A_2$，…，$A_6$ 表示掷出的点数是 1，2，…，6 这六种结果。显然，$A_1$，$A_2$，…，$A_6$ 都是随机事件，而“掷出奇数点”(以 $B_1$ 表示)、“掷出偶数点”(用 $B_2$ 表示)、“出现的点数大于 3”(以 $C_1$ 表示)、“出现的点数小于等于 4”(用 $C_2$ 表示)等，都是试验的可能结果，因此也是随机事件。但仔细分析，比较一下上述两类事件后可以发现，它们在结构上有很大区别，前者($A_1$，$A_2$，…，$A_6$)是不可再细分的，而后者($B_1$，$B_2$，$C_1$，$C_2$)都是可分解的。例如，$B_1$ 可

分解为 $A_1, A_3, A_5$ ; $C_1$ 可分解为 $A_4, A_5, A_6$ 等。如同物理学中把不可再分的粒子称为基本粒子一样,我们把一个试验中不可再分的事件称为基本事件,而把可再分的事件称为复合事件,也就是说,复合事件是由若干基本事件组成的。这样,上例中, $A_1, A_2, \cdots, A_6$ 是基本事件,而 $B_1$ , $B_2$ , $C_1$ , $C_2$ 都是复合事件。

应当注意,一个事件是否可再分,不是绝对的和固定不变的,而是相对于一定的试验目的而言的。例如,我们观测某地某年降水量,其目的是为了确定该年是旱年 $A_1$ (年降水量小于 700 mm),正常年 $A_2$ (年降水量为 700 ~ 1 000 mm),还是涝年 $A_3$ (年降水量大于 1 000 mm),则 $A_1, A_2, A_3$ 是三个基本事件,是不可再分的。但若我们关心的是该年降水量的数值,则 $[0, PMP]$ 之间的任一实数都是一个基本事件(这里 $PMP$ 为该地区可能最大年降水量),而 $A_1, A_2, A_3$ 又都是复合事件了。

又例如,测量人群的身高 $h$,其目的是为了确定乘车的旅客需购全票 $B_1(h \geqslant 1.3\ \text{m})$,半票 $B_2(1.1\ \text{m} \leqslant h < 1.3\ \text{m})$,免票 $B_3(h < 1.1\ \text{m})$。显然 $B_1$ , $B_2$ , $B_3$ 是三个基本事件,不能再分了。但若我们关心的是人群的身高数值,则在 $0 < h \leqslant 2.5$ m 范围内,任何一个实数都是基本事件。

今后,试验 $E$ 的基本事件用 $\omega$ 表示,基本事件也称为样本点。

试验 $E$ 的所有基本事件的全体所构成的集合,称为 $E$ 的基本空间或样本空间,记为 $\Omega$。而复合事件则是由基本空间中某些基本事件构成的集合。

举例如下:

$E_1$　抛一枚硬币,观察所出现的面。

基本事件 $\omega_1$ =“正面朝上”, $\omega_2$ =“反面朝上”。

基本空间 $\Omega = \{\omega_1, \omega_2\}$。

$E_2$　掷一颗骰子,观察向上那面的点数。

基本事件 $\omega_i$ = 出现点数 $i, i = 1, 2, 3, \cdots, 6$。

基本空间 $\Omega = \{\omega_1, \omega_2, \omega_3, \omega_4, \omega_5, \omega_6\} = \{1, 2, 3, 4, 5, 6\}$。

事件 $A$:“掷出的点数大于 3”,则 $A = \{4, 5, 6\}$。

$E_3$　观测某电话总机在一天内所接到的呼唤次数。

基本事件 $\omega_i$ = 呼唤次数 $i, i = 0, 1, 2, 3, \cdots$。

基本空间 $\Omega = \{\omega_0, \omega_1, \omega_2, \cdots\} = \{0, 1, 2, \cdots\}$。

事件 $A$:“接到的呼唤次数为 100 ~ 200”,则 $A = \{100, 101, \cdots, 199, 200\}$。

$E_4$　用一门炮向区域 $D$ 内某目标射击,观察弹着点的位置(用以目标为原点的直角坐标 $(x, y)$ 表示)。

基本事件 $\omega = \{\omega(x, y)\}$。

基本空间 $\Omega$ = {全部弹着点的散布区域 $D$}。

事件 $A$:“弹着点位于以目标为圆心, $R$ 为半径的圆 $G$ 内”,则 $A = \{\omega : \omega \in G\}$。

$E_5$　观测某地年降水量。

基本事件 $\omega_x$ = 年降水量为 $x$。

基本空间 $\Omega = \{x : 0 \leqslant x \leqslant PMP\}$,设该地可能最大年降水量为 $PMP$。

事件 $A$:“年降水量≤500 mm”,则 $A = \{x : 0 \leqslant x \leqslant 500\}$。

$E_6$　一个盒中装有完全相同的10个球,分别标以号码1,2,…,10,从中随机抽取一个球,观察球的标号的奇偶性。

基本事件 $\omega_1$ =“球的标号为奇数”, $\omega_2$ =“球的标号为偶数”。

基本空间 $\Omega=\{\omega_1,\omega_2\}$。

$E_7$　在随机试验 $E_6$ 中,把“观察球的标号的奇偶性”改为“观察球的标号”,试验的要求变了,研究的内容不一样,基本事件也发生相应的变化。

基本事件 $\omega_i$ = 取得球的标号为 $i$。

基本空间 $\Omega=\{\omega_1,\omega_2,\cdots,\omega_{10}\}=\{1,2,\cdots,10\}$。

事件 $A$:“所取球的标号为偶数”,则 $A=\{2,4,6,8,10\}$。

有了随机试验和基本空间的概念后,就可以通过研究随机试验来研究随机现象的普遍规律,而不涉及具体的随机现象了。

## 三、事件之间的关系与运算

### (一)事件之间的关系

研究随机现象,常常要研究几个事件以及它们之间的关系。例如,研究一次洪水时,不仅要考虑洪峰流量,还要考虑洪水总量;研究区域洪水时,不仅要研究干流洪水,还要研究支流洪水;不仅要关心下游洪水,还要关心上游洪水。详细地分析各个事件之间的关系,不仅能使我们更加深刻地认识事件的本质,而且还能大大简化某些复杂事件的概率计算。

设 $\Omega$ 为随机试验 $E$ 的基本空间, $A,B,C,A_i(i=1,2,\cdots)$ 是定义在 $\Omega$ 中的事件,则事件之间的关系可归结为下列几种。

1. 包含关系

若事件 $A$ 发生必然导致事件 $B$ 发生,则称事件 $B$ 包含事件 $A$,或称 $A$ 是 $B$ 的特款。记为 $B\supset A$ 或 $A\subset B$,此时属于 $A$ 的基本事件都属于 $B$,可用图1-1表示。图中方形区域表示基本空间 $\Omega$,圆 $A$ 和圆 $B$ 分别表示事件 $A$ 和事件 $B$。例如,从一批新产品中任取10件产品,设 $A$ 表示“10件产品中有3件次品”, $B$ 表示“10件产品中有1件次品”,则 $B$ 包含 $A$,因为“10件产品中有3件次品”发生后,则“10件产品中有1件次品”必然会发生。即事件 $A$ 发生必然导致事件 $B$ 发生。又如,某战士打靶,在一次射击中,设 $A$ 表示“命中9环”, $B$ 表示“至少命中7环”,显然 $A$、$B$ 两事件有明显的关系, $A$ 发生后, $B$ 也一定发生,故 $B$ 包含 $A$。

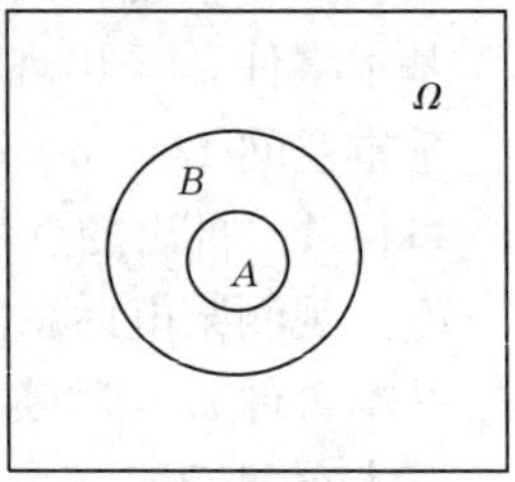

图1-1

若事件 $B$ 包含事件 $A$,且事件 $A$ 也包含事件 $B$,即 $B\supset A$ 及 $A\supset B$ 同时成立,则称事件 $A$ 与事件 $B$ 等价(或相等),记为 $A=B$。此时,事件 $A$ 与事件 $B$ 所含的基本事件相同。

显然,对 $\Omega$ 中的任何事件,必有 $\Omega\supset A\supset\varnothing$。

2. 互斥关系(互不相容)

若事件 $A$ 与事件 $B$ 不能同时发生,则称事件 $A$ 与事件 $B$ 互不相容,或称 $A$ 与 $B$ 互斥,可用图1-2表示。显然,互不相容事件不含相同的基本事件。例如,设 $A$ 表示“武汉市一年中降水日数超过88 d”, $B$ 表示“武汉市一年中降水日数少于70 d”,则事件 $A$ 与事件 $B$

不能同时发生,所以 $A$ 与 $B$ 互斥。又如,从一批编号(1 ~ 50)考签中任意抽取一张,$A$ 表示"抽得的号数小于 20",$B$ 表示"抽得的号数大于 30",显然,$A$,$B$ 不可能同时发生,所以 $A$ 与 $B$ 互斥。

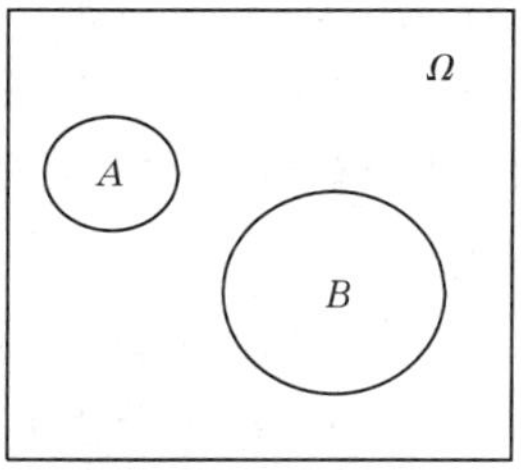

图 1-2

若 $A$ 与 $B$ 能同时发生,则称 $A$ 与 $B$ 为相容事件。显然,基本事件是互不相容的。

3. 对立事件(互逆事件)

若事件 $A$ 与事件 $B$ 不能同时发生,但每次试验中必有一个发生,则称事件 $A$ 是事件 $B$ 的对立事件(逆事件),或称事件 $B$ 是事件 $A$ 的对立事件(逆事件),或称事件 $A$ 与事件 $B$ 是对立事件,记成 $A=\overline{B}$ 或 $B=\overline{A}$。通常将 $A$ 的对立事件记为 $\overline{A}$,显然 $\overline{A}$ 的对立事件即为 $A$,即 $\overline{\overline{A}}=A$。$A$ 的对立事件 $\overline{A}$ 是由基本空间中不属于 $A$ 的基本事件组成的。同理,$B$ 的对立事件 $\overline{B}$ 由基本空间中不属于 $B$ 的基本事件组成,如图 1-3 所示。

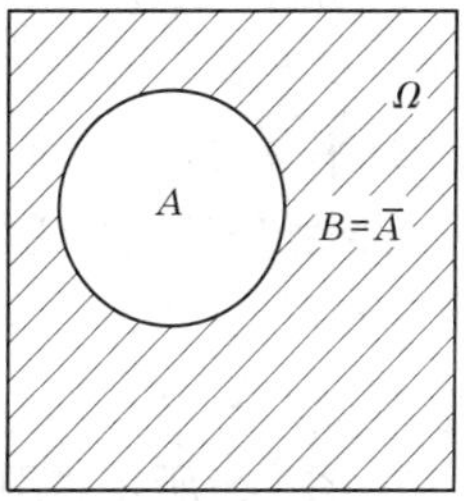

图 1-3

若令 $A$ 表示"武汉市的年降水日数大于等于 88 d",$B$ 表示"武汉市的年降水日数少于 88 d",那么事件 $A$ 和事件 $B$ 是对立事件,即 $A=\overline{B}$或 $B=\overline{A}$。

这里需要指出,两个事件 $A$,$B$ 对立与互斥的差别在于后者不要求 $A$ 与 $B$ 中一定有一个发生,而二者共同之点在于 $A$ 与 $B$ 不能同时发生。所以,两个对立的事件一定是互斥的,但两个互斥的事件不一定是对立的。例如,设事件$A$表示"产品合格",事件$B$表示"产品不合格",今随机抽出一件产品进行检验。显然事件$A$与事件$B$不可能同时发生,但是必有一个发生,即抽出的产品要么合格,要么不合格。又如,某射手在一次射击中,"命中 9 环"(设事件$A$表示),"命中8环"(设事件$B$表示)是不可能同时发生的,但也可能同时都不发生。即某射手命中的既不是 9 环,也不是 8 环,可能命中的是 10 环。

**(二)事件的运算**

1. 事件之和

如果定义事件 $C$ 为"事件 $A$ 与事件 $B$ 中至少有一个出现",则称事件 $C$ 为事件 $A$ 与事件 $B$ 的和(或并),记作 $C=A+B$ 或 $C=A\cup B$。显然事件 $C$ 包含而且只包含 $A$ 与 $B$ 的所有基本事件。

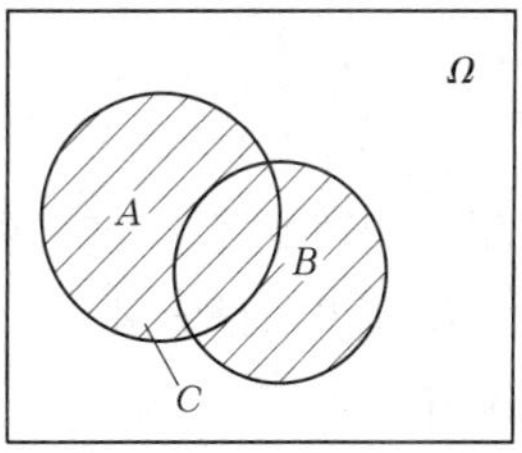

图 1-4

图 1-4 表示事件 $C$ 为事件 $A$ 与事件 $B$ 的和。图中的阴影部分为事件 $C$。

**【例 1-5】** 高射炮向敌机连发 2 弹,以 $C$ 表示事件"击中敌机",$A$ 表示事件"第一弹命中",$B$ 表示事件"第二弹命中",则事件 $C$ 为事件 $A$ 与事件 $B$ 的和。因为,如果事件 $A$ 发生,即第一弹命中,则事件 $C$"击中敌机"发生;如果事件 $B$ 发生,即第二弹命中,则事件 $C$ 也发生。如果 $A$ 与 $B$ 都发生,即两弹都命中,当然 $C$ 也发生,也就是说,如果 $A$ 与 $B$ 中至少有一个发生,$C$ 就发生,所以 $C$ 为 $A$ 与 $B$ 之和。

**【例1-6】** 衡量圆柱形产品质量有两个指标:长度和直径。如果以 $C$ 表示事件"产品不合格",$A$ 表示事件"产品长度不合格",$B$ 表示事件"产品直径不合格",那么,事件 $A$ 与事件 $B$ 中至少有一个发生,事件 $C$ 就发生,所以事件 $C$ 是事件 $A$ 与事件 $B$ 的和,即 $C = A + B$。

事件之和的概念可以推广到有限个或可列多个事件的情况。如果定义事件 $A$ 为"事件 $A_1, A_2, \cdots, A_n$ 中至少有一个发生",则事件 $A$ 就是事件 $A_1, A_2, \cdots, A_n$ 的和,记作 $A = A_1 + A_2 + \cdots + A_n$,或 $A = A_1 \cup A_2 \cup \cdots \cup A_n$,或 $A = \bigcup_{i=1}^{n} A_i$,也可记为 $A = \sum_{i=1}^{n} A_i$。

由事件之和的定义可知,两个相同事件之和仍是它本身,即 $A + A = A$;如果 $A \supset B$,则 $A + B = A$。

2. 事件之积

如果定义事件 $C$ 为"事件 $A$ 与事件 $B$ 同时发生",则称事件 $C$ 为事件 $A$ 与事件 $B$ 的积(或交集),记作 $C = A \cdot B$,或 $C = A \cap B$。

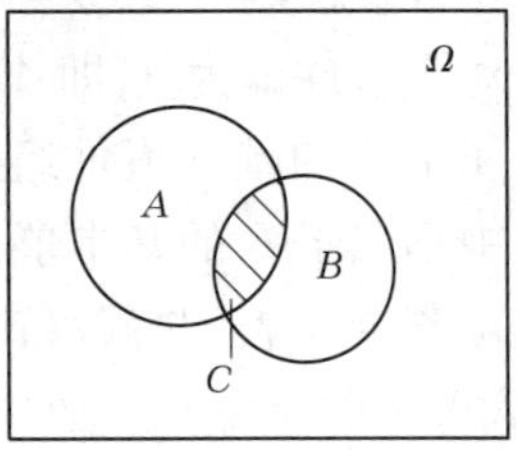

图 1-5

如图 1-5 所示,图中阴影部分为事件 $C$。显然,事件 $C$ 包含而且只包含 $A$ 与 $B$ 共同的基本事件。

**【例1-7】** 从编号为 1 ~15 的 15 张考签中任抽一张,令 $A$ 为事件"抽到偶数号考签",$B$ 为事件"抽到的考签号数是 3 的倍数",则 $C = A \cap B$ 就是"抽到的考签号数既是偶数又是 3 的倍数"这一事件,即 $C$ 为"抽到 6 号或 12 号考签"。

**【例1-8】** 在例 1-6 中,若以 $C$ 表示事件"产品合格",$A$ 表示事件"长度合格",$B$ 表示事件"直径合格",那么,只有长度与直径都合格时,产品才合格,所以 $C$ 为 $A$ 与 $B$ 的积,即 $C = AB$。

事件之积的概念可以推广到任意多个事件的情况,如果把"事件 $A_1, A_2, \cdots, A_n$ 同时发生"记作事件 $A$,则事件 $A$ 为事件 $A_1, A_2, \cdots, A_n$ 的积,记作 $A = A_1 A_2 \cdots A_n$ 或 $A = \bigcap_{i=1}^{n} A_i$,也可记为 $A = \prod_{i=1}^{n} A_i$。

根据事件之积的定义可知,两个相同事件之积等于它本身,即 $A \cdot A = A$;如果 $A \supset B$,则 $AB = B$;$A\Omega = A$。

3. 事件之差

如果定义事件 $C$ 为"事件 $A$ 发生,而事件 $B$ 不发生",则称事件 $C$ 为事件 $A$ 与事件 $B$ 的差,记作 $C = A - B$。显然事件 $C$ 包含而且只包含属于 $A$,但不属于 $B$ 的基本事件。

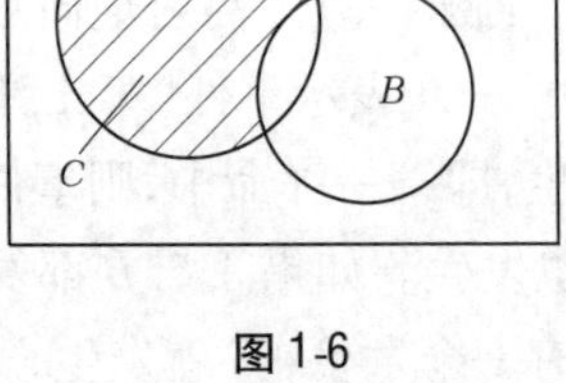

图 1-6

图 1-6 表示事件 $A$ 与事件 $B$ 的差。图中从区域 $A$ 中去掉属于 $B$ 的部分,阴影所示区域即为事件 $C$。

**【例1-9】** 掷一颗骰子,观察它出现的点数。设 $A$ 表示事件"出现偶数点",$B$ 表示事件"出现 2 点",则事件 $A - B$ 是一个事件 $C$,它表示"出现 4 点或 6 点"。

【例 1-10】 令 $A$ 表示“某流域一年内发生 1 ~3 次洪水”，$B$ 表示“该流域一年内发生 2 ~5 次洪水”，则 $A-B$ 表示“该流域一年内发生 1 次洪水”。

因为 $A-B$ 表示在一次试验中 $A$ 发生而 $B$ 不发生，而 $B$ 不发生，必有 $\overline{B}$ 发生，所以 $A-B$ 表示 $A$ 与 $\overline{B}$ 同时发生，故 $A-B=A\overline{B}$。

根据前面的定义，事件 $A$ 与事件 $B$ 不相容(互斥)可以写成

$$AB=\varnothing$$

事实上，不论“$A$ 与 $B$ 互斥”还是“$AB=\varnothing$”都表示事件 $A$ 与事件 $B$ 不可能同时发生。同样，事件 $A$ 与事件 $B$ 对立，可以写成

$$A+B=\Omega \text{ 且 } AB=\varnothing$$

事实上，$A+B=\Omega$ 表示事件 $A$ 与事件 $B$ 至少要发生一个，$AB=\varnothing$ 表示事件 $A$ 与事件 $B$ 不可能同时发生，因此 $A+B=\Omega$ 且 $AB=\varnothing$ 表示在一次试验中，事件 $A$ 与事件 $B$ 不能同时发生，但必有一个发生，即表示事件 $A$ 与事件 $B$ 互为对立事件。

## 四、事件的集合表示

前面已经指出过，可以用基本空间中的集合来表示事件。现在再详细介绍一下事件的集合表示方法。

首先，建立集合论与概率论之间的对应关系，进而借助集合论的知识来研究事件间的关系与运算。

对于一个试验的每一个基本事件，可以用只含一个元素 $\omega$ 的单点集$\{\omega\}$表示。而复合事件则是由基本空间中若干元素构成的集合，是基本空间(全集)中的子集。基本空间也是一个事件，它表示每次试验中出现基本空间中的一个事件，显然这是必然事件。而空集是不含任何元素的事件，即每次试验中不出现基本空间中的任一事件，这是不可能的，因此空集代表不可能事件。这样，就可在事件与点集之间建立起如表 1-1 所示的一种对应关系了。

**表 1-1 集合论与概率论之间的关系**

| 符号 | 集合论含义 | 概率论含义 |
|---|---|---|
| $\Omega$ | 空间、全集 | 基本空间，样本空间，必然事件 |
| $\varnothing$ | 空集 | 不可能事件 |
| $\omega\in\Omega$ | $\Omega$ 中的点(元素) | 基本事件 |
| $A\subset\Omega$ | $A$ 是 $\Omega$ 的子集 | 事件 $A$ |
| $A\subset B$ | 集合 $A$ 包含在集合 $B$ 中 | 事件 $A$ 包含于事件 $B$ 中 |
| $A=B$ | 集合 $A$ 与集合 $B$ 相等(或等价) | 事件 $A$ 与事件 $B$ 相等(或等价) |
| $A\cup B$ | 集合 $A$ 与集合 $B$ 之和(或并) | 事件 $A$ 与事件 $B$ 至少有一个发生(事件 $A$ 与事件 $B$ 之和或并) |
| $A\cap B$ | 集合 $A$ 与集合 $B$ 之交 | 事件 $A$ 与事件 $B$ 同时发生(事件 $A$ 与事件 $B$ 的积或交) |
| $\overline{A}$ | 集合 $A$ 的余集 | 事件 $A$ 的逆事件(对立事件) |
| $A-B$ | 集合 $A$ 与集合 $B$ 之差 | 事件 $A$ 发生而事件 $B$ 不发生(事件 $A$ 与事件 $B$ 的差) |
| $A\cap B=\varnothing$ | 集合 $A$ 与集合 $B$ 没有公共元素 | 事件 $A$ 与事件 $B$ 互不相容(互斥) |

建立起集合论与概率论的上述对应关系之后，就可以借助集合论的全部知识来研究概率论。例如，由集合的运算法则可知，事件间的运算满足下列法则：

**交换律** $A+B=B+A \quad AB=BA$

**结合律** $(A+B)+C=A+(B+C) \quad (AB)C=A(BC)$

**分配律** 第一分配律 $(A+B)C=AC+BC$ 第二分配律 $AB+C=(A+C)(B+C)$

**德·摩根定律** $\overline{A+B}=\overline{A}\cdot\overline{B} \quad \overline{AB}=\overline{A}+\overline{B}$

对 $n$ 个事件，德·摩根定律也成立，即

$$\overline{\bigcup_{i=1}^{n} A_i}=\bigcap_{i=1}^{n}\overline{A_i}$$

$$\overline{\bigcap_{i=1}^{n} A_i}=\bigcup_{i=1}^{n}\overline{A_i}$$

**差化积公式** $A-B=A\cap\overline{B}$

若 $B\supset A$，则 $A\cup B=B$（求和取大） $A\cap B=A$（求积取小）

对任何事件，总有 $\varnothing\subset A\subset\Omega$ 且 $A$ 与 $\varnothing$ 互斥（因为 $A\cap\varnothing=\varnothing$）

在对事件进行运算时，规定运算顺序为：先进行逆的运算，再进行积的运算，最后进行和与差的运算，如有括号，则先进行括号内的运算。

**【例 1-11】** 设 $A,B,C$ 是三个随机事件，试用 $A,B,C$ 表示下列各事件：① 只有 $A$ 发生；②$A$ 和 $B$ 都发生而 $C$ 不发生；③$A,B,C$ 都发生；④$A$ 发生，$B$ 不发生；⑤$A,B,C$ 至少有一个发生；⑥ 三个事件都不发生；⑦ 至少有两个事件发生。

**解** ① $A\overline{B}\,\overline{C}$ ② $AB\overline{C}$ ③ $ABC$ ④ $A\overline{B}$

⑤ $A+B+C$ ⑥ $\overline{A}\,\overline{B}\,\overline{C}$ ⑦ $AB\cup AC\cup BC$

**【例 1-12】** 化简 $(A+B)(A+\overline{B})$。

**解** 
$$(A+B)(A+\overline{B})=AA+A\overline{B}+BA+B\overline{B}=A+A\overline{B}+BA$$
$$=A+A(B+\overline{B})=A+A\Omega=A+A=A$$

# 第二节 概率的定义与性质

随机事件在一次试验中可能发生，也可能不发生，而且人们还发现在同一试验中某些事件发生的可能性要大些，而另一些事件发生的可能性要小些。例如，从装有 1 个白球和 4 个黑球的盒子中任取一球（假设白球与黑球的大小、形状、手感等都一样），抽到黑球的可能性要比抽到白球的可能性大。很自然地，为了研究随机事件发生的规律，有必要用一个数来衡量事件发生的可能性大小，这个数就称为该事件发生的概率或几率，事件 $A$ 发生的概率就记为 $P(A)$。一个事件发生的可能性的大小，是其本身所固有的属性，它不依人们的主观意志而改变。例如，投掷一枚质地均匀的硬币，正面朝上的可能性大小不会因谁投掷而改变。

下面我们来讨论如何确定随机事件发生的概率 $P(A)$。

## 一、概率的古典定义

**【例 1-13】** 一学生从编号为 1,2,…,10 的 10 张考签中任抽一张,问结果“抽到 3 号考签”的概率是多少?

很显然,这个试验有 10 种可能的结果,即“抽到 1 号考签”,“抽到 2 号考签”,…,“抽到 10 号考签”。这 10 个基本事件,构成这一试验的基本空间,没有理由认为抽到哪张考签的可能性更大些,也就是说,每种结果出现的机会都是均等的,所以“抽到 3 号考签”的可能性为 $\frac{1}{10} = 0.1$ 。

由此可得到概率的古典定义。若一个随机试验具有特征:①只有有限个可能的结果(基本事件),②各个结果的发生都是等可能的,则称这类试验为古典型试验,它可以作为一类随机现象的抽象化概率模型,因此又称为古典概型。

在古典概型中,如果基本事件的总数是 $n$ ,而事件 $A$ 由其中的 $m$ 个基本事件构成,则事件 $A$ 发生的概率 $P(A)$ 记为

$$P(A) = \frac{m}{n} \tag{1-1}$$

在古典概型下求事件 $A$ 发生的概率,关键是求出基本事件的总数 $n$ 和 $A$ 所包含的基本事件数 $m$ 。在实际计算时,会大量利用排列组合的知识。

**【例 1-14】** 在例 1-13 中,求结果是“抽到前 3 号考签”的概率。

**解** 总的基本事件数 $n$ 为 10,以 $A$ 表示“抽到前 3 号考签”这一随机事件,它包含 3 个基本事件:“抽到 1 号考签”,“抽到 2 号考签”,“抽到 3 号考签”。因此

$$P(A) = \frac{3}{10}$$

**【例 1-15】** 设有分别标有 0,1,2,…,9 十个数字的 10 张卡片,从中连续随机抽取 5 张,每次抽后随即放回,问抽到 5 个不同数字卡片的概率是多少?

**解** 由于每抽一张卡片后立即放回,因此每次抽取时,抽到各张卡片是等可能的,而连续抽取 5 次共有多少种不同的可能结果呢?根据排列组合知识,应该有 $10^5$ 种不同的结果,这就是这一试验的基本事件总数 $n$ 。显然,这 $n$ 种结果也是等可能的。设 $A$ 表示“抽到 5 个不同数字的卡片”,则 $A$ 包含的基本事件个数 $m = A_{10}^5$ 。于是

$$P(A) = \frac{m}{n} = \frac{A_{10}^5}{10^5} = \frac{10 \times 9 \times 8 \times 7 \times 6}{10 \times 10 \times 10 \times 10 \times 10} = 0.302\,4$$

**【例 1-16】** 一批产品共有 100 件,其中有 5 件次品,从中任取 10 件,求所取 10 件中至多有 2 件是次品的概率。

**解** 一批产品共有 100 件,从中取出 10 件,一共有 $C_{100}^{10}$ 种取法。

设 $A$ 表示事件“所取 10 件中至多有 2 件是次品”,则 $A$ 所包含的基本事件数 $m$ 为

$$C_{95}^{10} + C_{95}^{9}C_5^1 + C_{95}^{8}C_5^2$$

于是所求概率

$$P(A) = (C_{95}^{10} + C_{95}^{9}C_5^1 + C_{95}^{8}C_5^2)/C_{100}^{10} \approx 0.99$$

【例1-17】 袋子中装有 $n$ 个白球和 $m$ 个黑球,从中任取 $a+b$ 个球,求所取的球恰含 $a$ 个白球和 $b$ 个黑球的概率($a \leqslant n, b \leqslant m$)。

**解** 袋子中共有球 $n+m$ 个,从中取出 $a+b$ 个,共有 $C_{n+m}^{a+b}$ 种取法。

以 $A$ 表示事件"恰好取得 $a$ 个白球和 $b$ 个黑球",则事件 $A$ 包含 $C_n^a C_m^b$ 个基本事件。所以

$$P(A) = C_n^a C_m^b / C_{n+m}^{a+b}$$

【例1-18】 有 $n$ 个可辨的球,随机地放入 $N(N \geqslant n)$ 个盒中,试求:①指定的 $n$ 个盒中各有一球的概率;②任何 $n$ 个盒中恰好各有一球的概率;③某指定的一个盒中恰有 $m$ ($m < n$)个球的概率。

**解** 每个球以同样的可能性落入 $N$ 个盒中的每一个,一个球随机投入 $N$ 个盒中,一共有 $N$ 种可能结果,$n$ 个球有 $N^n$ 种可能结果,这就是总的基本事件数。

①以 $A$ 表示事件"指定的 $n$ 个盒中各有一球"。今固定某 $n$ 个盒,第一个球可以落入这 $n$ 个盒中的任何一个,共有 $n$ 种可能结果;第二个球可落在余下的 $n-1$ 个盒中的任何一个,有 $n-1$ 种可能结果…第 $n$ 个球落在最后的一个盒中,只能有一种结果。因此,事件 $A$ 共含 $n!$ 个不同的基本事件,所以有

$$P(A) = \frac{n!}{N^n}$$

②以 $B$ 表示事件"任何 $n$ 个盒中恰好各有一球"。因为从 $N$ 个盒中任意选取 $n$ 个盒,共有 $C_N^n$ 种选法,选出这 $n$ 个盒后,再由问题①知事件 $B$ 共含 $C_N^n n!$ 个不同的基本事件,所以有

$$P(B) = \frac{C_N^n n!}{N^n}$$

③以 $C$ 表示"某指定的一个盒中恰有 $m$ 个球"的事件。因为 $m$ 个球可从 $n$ 个球中任意选出,共有 $C_n^m$ 种选法,其余 $n-m$ 个球可以任意落入其余的 $N-1$ 个盒中,共有 $(N-1)^{n-m}$ 种落法,因此事件 $C$ 共含 $C_n^m(N-1)^{n-m}$ 个不同的基本事件,所以有

$$P(C) = \frac{C_n^m (N-1)^{n-m}}{N^n}$$

## 二、概率的几何定义

上面介绍了古典概型,从中可以看到它有较大的局限性,因为古典概型要求基本事件的总数是有限的,而在许多实际问题中,试验的可能结果常常是无限的。因此,有必要把古典概型推广到试验结果无限而又具有某种等可能性的场合。这类问题的概率常可用几何方法求解,因此又称为几何概率。

下面先看几个简单的例子:

【例1-19】 根据天气预报,某号台风将在我国东南沿海长1 000 km的某段海岸线登陆,而且它在此段海岸线上任意一处登陆的可能性都是相同的,问该号台风在此海岸线上某重点防护500 km地段上登陆的概率有多大?

【例1-20】 设在面积为10 000 $km^2$ 的流域内,暴雨中心发生在任何一处的可能性都

相同,问暴雨中心出现在该流域内面积为 100 $km^2$ 的某区域内的概率有多大?

**【例 1-21】** 设在 1 000 mL 的自来水中有一个大肠杆菌,现从中随机取出一杯 20 mL 的水样,求在此杯水中发现大肠杆菌的概率。

在例 1-19 中,因为台风在 1 000 km 长的海岸线上任何一处登陆的可能性都是一样的,因此该号台风在重点防护段登陆的概率与该防护段的长度成正比。

在例 1-20 中,暴雨中心发生在流域内任何一处的可能性都相同,因此暴雨中心发生在某区域内的概率与该区域面积成正比。

在例 1-21 中,大肠杆菌出现在水中任何一处都是等可能的,从水中任取一杯水,该大肠杆菌在杯中的概率与杯中水的体积成正比。

上述问题中,试验的可能结果和我们感兴趣的结果都是无限的,又具有某种等可能性,对于这类问题,下面给出概率的几何定义:向有界区域 $\Omega$ 里任意投点,若点在 $\Omega$ 中均匀分布,即点落在 $\Omega$ 内任一子区域 $g$ 中的概率只与 $g$ 的测度成正比,而与 $g$ 的形状及 $g$ 在 $\Omega$ 中的位置无关,则称其为几何概型。设 $A$ 表示随机事件"点落在区域 $g$ 中",则 $A$ 发生的概率为

$$P(A)=\frac{g\text{ 的测度}}{\Omega\text{ 的测度}} \tag{1-2}$$

从几何概型的定义可以看出,几何概型的一个特点仍然是每个基本事件的发生具有等可能性。根据这个定义,例 1-19、例 1-20、例 1-21 都属于几何概型,所求的概率分别为 $\frac{1}{2}$(即$\frac{500\text{ km}}{1\,000\text{ km}}$),$\frac{1}{100}$(即$\frac{100\text{ km}^2}{10\,000\text{ km}^2}$)和$\frac{1}{50}$(即$\frac{20\text{ mL}}{1\,000\text{ mL}}$)。

下面再举几个用几何方法求解概率的例子。

**【例 1-22】** (会面问题)设两人相约于某日下午 1:00 ~ 2:00 在某地会面,先到者等候另一人 0.5 h,过时就离去。如果每人可在所指定的 1 h 内的任一时刻到达,并且两人到达的时刻是彼此无关的,试求两人能会面的概率。

**解** 以 $x,y$ 分别表示两人各自到达约会地点的时刻,则按题意有

$$1\leqslant x\leqslant 2,\ 1\leqslant y\leqslant 2$$

$(x,y)$构成 $xoy$ 平面上的一点,显然,样本空间应是图 1-7 中边长为 1 的正方形 $\Omega$。又因为两人到达时刻之差不超过 0.5 h 才能会到面,所以会面的充要条件为

$$|x-y|\leqslant\frac{1}{2}$$

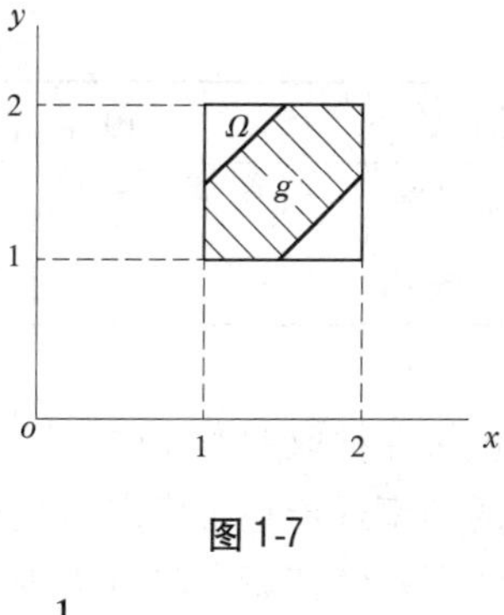

图 1-7

这相当于点 $(x,y)$ 落在两条直线 $y=x+\frac{1}{2}$,$y=x-\frac{1}{2}$ 之间,并且在 $\Omega$ 内的区域 $g$(图中阴影部分)中时,两人才能会到面。

样本空间 $\Omega$ 的面积为 1,区域 $g$ 的面积为 $1-(\frac{1}{2})^2=\frac{3}{4}$,从而随机事件 $A$"两人能会到面"的概率为

$$P(A)=\frac{g\text{ 的面积}}{\Omega\text{ 的面积}}=\frac{\frac{3}{4}}{1}=\frac{3}{4}$$

三、概率的统计定义

古典概率和几何概率都只适用于随机试验的各种可能结果具有等可能性的情形，但在实际问题中，许多试验的各种可能结果都不是等可能的。例如，我们观察一个地区的年降水量，它可以有偏少、正常、偏多等三种可能结果，显然，这三种情况出现的可能性是不相等的。对于这类问题，怎样定义其概率呢？下面先研究事件的频率。

设在 $N$ 次重复试验中，事件 $A$ 发生了 $M$ 次，则比值

$$W(A)=\frac{M}{N} \tag{1-3}$$

称为事件 $A$ 在这 $N$ 次试验中出现的频率。

可以设想，若事件 $A$ 在每次试验中出现的可能性较大，则在多次重复试验中出现的次数一般也较多，因而频率 $W(A)$ 也较大；反之，若 $A$ 在每次试验中出现的可能性较小，则在多次重复试验中出现的次数一般较少，因而频率 $W(A)$ 也较小。所以，频率在一定程度上反映了事件出现的可能性程度。频率本身不是一个固定的数值，同一个事件，在一组试验中的频率可能很大，而在另一组试验中的频率可能很小。例如，掷一枚硬币 10 次，正面可能出现 2 次，频率为 0.2；再掷 10 次，正面又可能出现 6 次，频率为 0.6。然而，经验表明，当试验次数不断增加时，事件 $A$ 的频率越来越明显地稳定在某个常数的附近，频率的这一性质称为频率的稳定性。不论谁去进行试验，只要试验条件相同，这种稳定性就不会因人而改变。频率的稳定性已为大量的试验所证实。频率的稳定性这一事实说明了事件的概率是客观存在的，是事件本身的属性。

例如，有人为了分析产品的合格率，分别随机抽取 5 件、10 件、60 件…来检查，其情况见表 1-2。

**表 1-2**

| 抽取件数 | 5 | 10 | 60 | 150 | 600 | 900 | 1 200 | 1 800 | 2 500 |
|---|---|---|---|---|---|---|---|---|---|
| 合格品件数 | 4 | 7 | 53 | 131 | 548 | 820 | 1 091 | 1 631 | 2 248 |
| 合格品频率 | 0.8 | 0.7 | 0.883 | 0.873 | 0.913 | 0.911 | 0.909 | 0.906 | 0.899 |

虽然在抽取的产品中，抽到合格品的件数具有偶然性，但是，随着抽取件数的增多，合格品的频率逐步趋于稳定，它总是在 0.9 附近摆动。

法国科学家蒲丰和英国生物学家皮尔逊做了掷硬币的试验，结果如表 1-3 所示。

从表 1-3 中可以看出，频率随着试验次数的增加，越来越稳定于常数 0.5。上述例子启发我们应用统计的方法来定义概率。

设 $A$ 为试验 $E$ 的一个事件，将试验 $E$ 进行 $N$ 次，当试验次数 $N$ 无限增大时，事件发生的频率越来越稳定于某个常数，称此常数为事件 $A$ 发生的概率。概率的这种定义称为统计定义。

表 1-3

| 试验者 | 蒲丰 | | | | | 皮尔逊 | |
|---|---|---|---|---|---|---|---|
| 试验次数 $n$ | 1 | 5 | 50 | 500 | 4 040 | 12 000 | 24 000 |
| 正面朝上次数 $m$ | 0 | 3 | 28 | 245 | 2 048 | 6 019 | 12 016 |
| 频率 | 0 | 0.6 | 0.56 | 0.49 | 0.506 9 | 0.501 6 | 0.500 6 |

根据概率的统计定义，上述两例中，产品合格的概率为 0.9，掷硬币正面朝上的概率为 0.5。一个事件只能有一个概率。例如上述掷硬币的例子，根据统计定义，出现正面朝上的概率为 0.5。根据古典定义，总的基本事件数为 2，事件“正面朝上”含 1 个基本事件。所以，出现正面朝上的概率为 $\frac{1}{2}$，也是 0.5。

值得注意的是，不能把概率看做是频率的极限。例如，掷硬币正面朝上的概率是 0.5，如果把概率 0.5 看做是频率 $\frac{M}{N}$ 的极限，则应当证明，对任意的 $\varepsilon > 0$，可以找到一个 $N_*$，使得 $N > N_*$ 时，便有

$$\left|\frac{M}{N} - 0.5\right| < \varepsilon \tag{1-4}$$

而这样的 $N_*$ 是不存在的，因为对给定的 $\varepsilon$，不管 $N$ 有多大，总还有可能得到的频率 $\frac{M}{N}$ 并不足够的接近 0.5，即式(1-4)不成立。不过，这种情况发生的可能性非常小而已。

在实际问题中，许多事件的真正概率无法求得，有了概率的统计定义后，可以用频率作为概率的近似值，当然其条件是试验次数 $N$ 必须足够大。这种通过大量试验估计事件概率的方法对于古典概型和几何概型的问题，也是有用的。

## 四、概率的性质

由概率的定义可得概率的如下一些性质：

**性质 1** 对任意事件 $A$，有 $0 \leqslant P(A) \leqslant 1$（非负性）；

**性质 2** 对必然事件 $\Omega$，有 $P(\Omega) = 1$（规范性）；

**性质 3** 对不可能事件 $\varnothing$，有 $P(\varnothing) = 0$。

根据概率的定义，上述性质是显然的。

需要指出的是，必然事件的概率为 1，不可能事件的概率为 0。但反过来的论断不成立。即概率为 1 的事件并非一定是必然事件，概率为 0 的事件并非一定是不可能事件。下面举例说明。

如图 1-8 所示，$A$ 为圆环上一定点，$B$ 为圆环上另一点，令 $\overset{\frown}{AB}$ 弧的长度 $l = \frac{2\pi R}{n}$（$n = 2,3,\cdots$），轻轻推动一下圆环，让其在平面上滚动，试求圆环停止滚动时，环与平面的接触点落在 $\overset{\frown}{AB}$ 弧上的概率。由于没有理由认为接触点落在环上某处的可能性比落在另一处的可能性更大些或更小些，因此可以认为接触点落在任一处的可能性都是相等的。因此，这

是一个几何概率问题，显然所求概率应为$\frac{l}{2\pi R}=\frac{1}{n}$。如果令$n\to+\infty$，则$B$点将与$A$点重合，上述问题即变为求接触点落在$A$点的概率，显然此概率应为$\lim\frac{1}{n}=0$。而事实上，圆环停止滚动时，圆环与平面的接触点完全有可能是$A$点。这就说明概率为0的事件不一定是不可能事件。反过来，圆环停止滚动时，接触点落在弧$\overset{\frown}{AB}$以外的概率为$(2\pi R-\frac{2\pi R}{n})/(2\pi R)=1-\frac{1}{n}$。当$n\to+\infty$时，此概率等于1，这意味着圆环停止滚动时，与平面的接触点不是$A$点的概率为1。尽管概率为1，但不能保证每次圆环停止滚动时的接触点一定不是$A$点。这说明概率为1的事件不一定是必然事件。

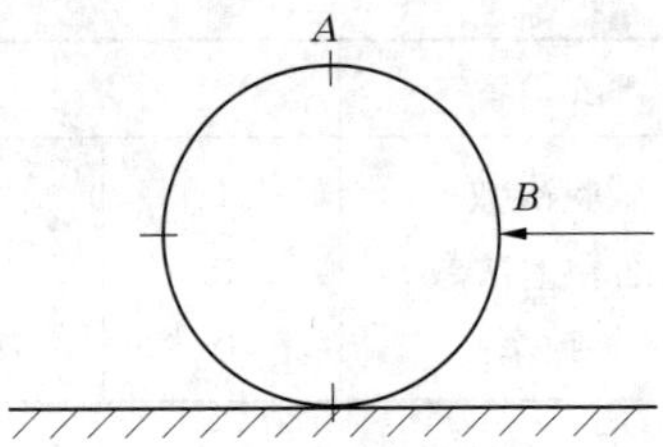

图 1-8

# 第三节 概率的基本运算法则

## 一、概率的加减法定理

### (一)互斥事件的加法定理

两个互斥事件$A$和$B$之和的概率，等于事件$A$与事件$B$的概率之和。

$$P(A+B)=P(A)+P(B) \tag{1-5}$$

**【例1-23】** 盒中有红球5个、白球10个及黑球15个，问任意摸出1个红球或白球的概率是多少？

**解** 设$A$表示取出1球为红球，$B$表示取出1球为白球。显然，$A$，$B$是互斥事件。盒中共有30个球，由古典概率的定义可知，$P(A)=\frac{5}{30}$，$P(B)=\frac{10}{30}$。根据概率加法定理得

$$P(A+B)=P(A)+P(B)=\frac{5}{30}+\frac{10}{30}=\frac{1}{2}=0.5$$

**推论1** 有限个互斥事件和的概率，等于这些事件概率之和(完全可加性)。即若$A_i(i=1,2,\cdots)$为$\Omega$中的两两互斥事件，则有

$$P(\bigcup_{i=1}^{n}A_i)=\sum_{i=1}^{n}P(A_i) \tag{1-6}$$

**推论2** 对立事件的概率和等于1。

$$P(A+\bar{A})=P(A)+P(\bar{A})=1$$

或

$$P(\bar{A})=1-P(A) \tag{1-7}$$

### (二)相容(不互斥)事件的加法定理

两个不互斥事件$A$和$B$之和的概率，等于各自概率的和与两事件交的概率之差。

$$P(A+B)=P(A)+P(B)-P(AB) \tag{1-8}$$

很容易看到 $P(A+B) \leqslant P(A)+P(B)$ 。

**【例 1-24】** 甲乙两炮同时向一目标射击,已知甲炮击中目标的概率为 0.7,乙炮击中目标的概率为 0.5,甲乙两炮同时击中目标的概率为 0.3,求该目标被击中的概率。

**解** 设 $A$ 为甲炮击中目标的事件, $B$ 为乙炮击中目标的事件, $C$ 为目标被击中的事件。显然, $A$ , $B$ 为不互斥事件,故根据式(1-8),得

$$P(C)=P(A+B)=P(A)+P(B)-P(AB)=0.7+0.5-0.3=0.9$$

**推论** 3 对三个事件 $A$ , $B$ , $C$ ,并且任意两事件均不互斥,则

$$P(A+B+C)=P(A)+P(B)+P(C)-P(AB)-P(BC)-P(AC)+P(ABC)$$

**证**

$$\begin{aligned} P(A+B+C) &= P[(A+B)+C] \\ &= P(A+B)+P(C)-P[(A+B)C] \\ &= P(A)+P(B)+P(C)-P(AB)-P(AC+BC) \\ &= P(A)+P(B)+P(C)-P(AB)-P(AC)-P(BC)+P(ABC) \end{aligned}$$

在上述证明过程中,第一个等号利用事件运算的结合律,第二个等号利用加法定理,第三个等号利用加法定理和事件运算的分配律,第四个等号又利用了加法定理。

用归纳法可以证明,对任意 $n$ 个事件 $A_1, A_2, \cdots, A_n$ ,式(1-9)成立

$$P(A_1+A_2+\cdots+A_n)=\sum_{i=1}^{n}P(A_i)-\sum_{\substack{i,j=1\\ i\neq j}}^{n}P(A_iA_j)+\sum_{\substack{i,j,k=1\\ i\neq j\neq k}}^{n}P(A_iA_jA_k)-\cdots+(-1)^{n-1}P(A_1A_2\cdots A_n) \tag{1-9}$$

显然式(1-6)及式(1-7)都是它的特例。

**(三)包含关系事件的减法定理**

设 $A$ , $B$ 为两个事件,且 $A \supset B$ ,则

$$P(A-B)=P(A)-P(B) \tag{1-10}$$

且

$$P(A) \geqslant P(B)$$

**【例 1-25】** 设有 20 个零件,其中 16 个是正品,4 个是次品,从中任取 3 个,求至少有 1 个是正品的概率。

**解法一** 以 $A$ 表示事件至少有 1 个正品, $A_1$, $A_2$, $A_3$分别表示恰有 1 个,2 个,3 个正品,于是 $A_1$, $A_2$, $A_3$两两互不相容,且 $A=A_1+A_2+A_3$。

由加法定理,所求的概率为

$$\begin{aligned} P(A) &= P(A_1)+P(A_2)+P(A_3) \\ &= \frac{C_{16}^1C_4^2}{C_{20}^3}+\frac{C_{16}^2C_4^1}{C_{20}^3}+\frac{C_{16}^3}{C_{20}^3} \approx 0.996 \end{aligned}$$

**解法二** $\bar{A}$ 表示事件“任取 3 个零件全是次品”,则

$$P(A)=1-P(\bar{A})=1-\frac{C_4^3}{C_{20}^3} \approx 0.996$$

由例 1-25 可知,有时通过对立事件来求解,往往比较容易。

## 二、条件概率与概率乘法定理

在实际问题中,常常需要计算较复杂事件的概率,例如“在事件 $B$ 已发生的条件下,

计算事件 $A$ 发生的概率”，这就是条件概率。下面通过一个例子来给出条件概率的定义。

某种产品，若其尺寸和光洁度都合格，就认为此件产品合格。今有该种产品 100 件，其中 95 件尺寸合格，92 件光洁度合格，90 件尺寸及光洁度都合格。今从中任取一件，发现光洁度合格，问此件产品为合格品的概率是多少？

任取一件产品，以 $A$ 表示事件“该产品尺寸合格”，以 $B$ 表示事件“该产品光洁度合格”，则 $AB$ 就是“该产品为合格品”的事件。因此

$$P(A)=\frac{95}{100},P(B)=\frac{92}{100},P(AB)=\frac{90}{100}$$

以 $P(\frac{A}{B})$ 表示“在光洁度合格的条件下，尺寸合格”的概率。

根据题意，此件产品光洁度合格，因此它一定是 92 件光洁度合格产品中的一件，在这 92 件产品中有 90 件为合格品，故

$$P(\frac{A}{B})=\frac{90}{92}$$

另外，我们注意到 $\frac{90}{92}=\frac{\frac{90}{100}}{\frac{92}{100}}=\frac{P(AB)}{P(B)}$，由此引出一般情况下条件概率的定义。如设 $A,B$ 是两个随机事件，且 $P(B)>0$，则称

$$P(\frac{A}{B})=\frac{P(AB)}{P(B)} \tag{1-11}$$

为在事件 $B$ 发生的条件下，事件 $A$ 发生的条件概率。

下面利用古典概型的概念，予以说明。

设基本事件总数为 $n$，其中事件 $A$ 包含 $m_A$ 个基本事件，事件 $B$ 包含 $m_B$ 个基本事件，事件 $AB$ 包含 $m_{AB}$ 个基本事件，如图 1-9 所示。

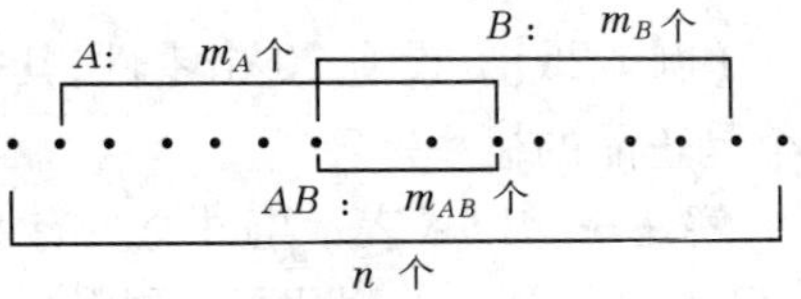

图 1-9

因此有

$$P(A)=\frac{m_A}{n}$$

$$P(B)=\frac{m_B}{n}$$

$$P(AB)=\frac{m_{AB}}{n}$$

因为 $P(\frac{A}{B})$ 是在事件 $B$ 发生的条件下，事件 $A$ 发生的概率，此时应该把 $m_B$ 看做基本事件的总数，而在这 $m_B$ 个基本事件中，属于事件 $A$ 的基本事件数有 $m_{AB}$ 个，故按古典概率定义，有

$$P(\frac{A}{B})=\frac{m_{AB}}{m_B}=\frac{\frac{m_{AB}}{n}}{\frac{m_B}{n}}=\frac{P(AB)}{P(B)}$$

同理可得

$$P(\frac{B}{A}) = \frac{P(AB)}{P(A)} \quad (P(A) > 0)$$

条件概率 $P(\frac{A}{B})$ 既然也是概率,所以有关概率的各种性质,对条件概率也成立,因此有:

(1) $0 \leqslant P(\frac{A}{B}) \leqslant 1, P(\frac{\Omega}{B}) = 1, P(\frac{\varnothing}{B}) = 0$;

(2)对互不相容事件 $A_1, A_2, \cdots, A_n$,有

$$P[(A_1 + A_2 + \cdots + A_n)/B] = P(A_1/B) + P(A_2/B) + \cdots + P(A_n/B) \quad (P(B) > 0)$$

(3) $P(A/B) = 1 - P(\overline{A}/B)$;

(4)对任意两事件 $A_1$ 和 $A_2$ 及事件 $B$,有

$$P[(A_1 + A_2)/B] = P(A_1/B) + P(A_2/B) - P(A_1A_2/B)$$

由式(1-11)可直接得到下述概率乘法定理:

设 $A$, $B$ 是两个随机事件,且 $P(B) > 0$,则

$$P(AB) = P(A/B)P(B) \tag{1-12}$$

若 $P(A) > 0$,则亦有

$$P(AB) = P(B/A)P(A) \tag{1-13}$$

利用此定理可以计算 $A$, $B$ 两事件同时发生的概率。

**【例 1-26】** 袋子中有 4 个白球和 2 个红球,现连取 2 个球,取后不放回,如果第一次取到白球,问第二次取到白球的概率是多少?

**解** 以 $B$ 表示事件"第一次取到白球",$A$ 表示事件"第二次取到白球",则 $AB$ 表示事件"2 个球全是白球"。

从袋中任取 2 个球,一共有 $C_6^2$ 种结果,$AB$ 包含的基本事件数是 $C_4^2$,因此

$$P(AB) = \frac{C_4^2}{C_6^2} = \frac{2}{5}$$

第一次取到白球的概率为

$$P(B) = \frac{4}{6} = \frac{2}{3}$$

由式(1-11)得

$$P(A/B) = \frac{P(AB)}{P(B)} = \frac{\frac{2}{5}}{\frac{2}{3}} = \frac{3}{5}$$

实际上,第二次取到白球的概率很容易直接计算出来,因为第一次取出的是白球,此时袋中剩下 5 个球,其中有 3 个是白球,所以 $P(A/B) = \frac{3}{5}$。

**【例 1-27】** 设在全部产品中有 2% 是废品,而合格品中有 85% 是一级品,求任意抽出一个产品是一级品的概率。

**解** 以 $A$ 表示事件“抽到合格品”，$B$ 表示事件“抽到一级品”，则

$$P(A) = 1 - P(\overline{A}) = 1 - 0.02 = 0.98$$

$$P(B/A) = 0.85$$

因为 $A \supset B$，所以 $B = AB$，因此所求概率为

$$P(B) = P(AB) = P(A)P(B/A) = 0.98 \times 0.85 = 0.833$$

**【例 1-28】** 一批按同一标准设计的小型水库，建成后能正常运行 30 年的概率为 0.95，能正常运行 40 年的概率为 0.80，问现在已正常运行了 30 年的水库能正常运行到 40 年的概率是多少？

**解** 设 $A$ 表示事件“水库建成后能正常运行 30 年”，$B$ 表示事件“能正常运行 40 年”，则所求概率为

$$P(B/A) = \frac{P(AB)}{P(A)} = \frac{P(B)}{P(A)} = \frac{0.80}{0.95} \approx 0.84$$

**【例 1-29】** 某地区 $D$ 位于甲乙两河汇合处，假设其中任一河流泛滥都导致该地区被淹没，如果每年甲河泛滥的概率为 0.2，乙河泛滥的概率为 0.4，甲河泛滥而导致乙河泛滥的概率为 0.3，求：①任一年甲乙两河都泛滥的概率；②该地区被淹没的概率；③由乙河泛滥导致甲河泛滥的概率。

**解** 设 $A$ 表示事件“甲河泛滥”，$B$ 表示事件“乙河泛滥”，$C$ 表示事件“地区 $D$ 被淹没”，则 $AB$ 为事件“两河都泛滥”。依题意有 $P(A) = 0.2$，$P(B) = 0.4$，$P(B/A) = 0.3$。于是：

① $P(AB) = P(A)P(B/A) = 0.2 \times 0.3 = 0.06$。

② $P(C) = P(A+B) = P(A) + P(B) - P(AB) = 0.2 + 0.4 - 0.06 = 0.54$。

③ $P(A/B) = \dfrac{P(AB)}{P(B)} = \dfrac{0.06}{0.4} = 0.15$。

概率乘法定理可以推广到任意 $n$ 个事件同时发生的情形：设 $A_1, A_2, \cdots, A_n$ 为 $n$ 个事件，且 $P(A_1A_2\cdots A_{n-1}) > 0$，则

$$P(A_1A_2\cdots A_n) = P(A_1)P(A_2/A_1)P(A_3/A_1A_2)\cdots P(A_n/A_1A_2\cdots A_{n-1}) \qquad (1\text{-}14)$$

**【例 1-30】** 在例 1-26 中，连取 3 个球，取后不放回，求第三次才取到红球的概率。

**解** 设 $A_i (i = 1,2,3)$ 为事件“第 $i$ 次取得红球”，则所求事件为 $\overline{A_1}\,\overline{A_2}A_3$，于是

$$P(\overline{A_1}\,\overline{A_2}A_3) = P(\overline{A_1})P(\overline{A_2}/\overline{A_1})P(A_3/\overline{A_1}\,\overline{A_2}) = \frac{4}{6} \times \frac{3}{5} \times \frac{2}{4} = \frac{1}{5}$$

## 三、事件的独立性

设 $A, B$ 为两个事件，一般来讲，条件概率 $P(A/B)$ 不等于无条件概率 $P(A)$。如果二者相等，即

$$P(A/B) = P(A) \qquad (1\text{-}15)$$

则说明事件 $B$ 的发生与否对事件 $A$ 发生的概率没有影响，此时，我们说事件 $A$ 对事件 $B$ 是独立的。

例如，在例 1-26 中，如果每次取后放回，此时，“第一次取到白球”并不影响第二次取

到白球的概率。即

$$P(A/B) = P(A) = \frac{4}{6} = \frac{2}{3}$$

这时,事件 $A$ 对事件 $B$ 是独立的。

若事件 $A$ 对事件 $B$ 独立,将式(1-15)代入式(1-12)得到

$$P(AB) = P(A)P(B) \tag{1-16}$$

若事件 $A$ 对事件 $B$ 独立,即式(1-16)成立,将之代入式(1-13)得

$$P(B/A)P(A) = P(A)P(B)$$

$$P(B/A) = P(B) \tag{1-17}$$

即事件 $B$ 对事件 $A$ 也独立,所以通常称事件 $A$ 与事件 $B$ 相互独立。

将式(1-17)代入式(1-13)也可得式(1-16)。因此,式(1-15)、式(1-16)、式(1-17)是等效的,即它们可以互相导出。我们常以式(1-16)作为事件 $A$ 与事件 $B$ 相互独立的条件。

**定义** 设 $A$, $B$ 为两事件,若

$$P(AB) = P(A)P(B)$$

则称事件 $A$ 与事件 $B$ 相互独立。

若事件 $A$ 与事件 $B$ 相互独立,则 $A$ 与 $\overline{B}$、$\overline{A}$ 与 $B$、$\overline{A}$ 与 $\overline{B}$ 也是相互独立的。

**证** 因 $A\overline{B} = A - AB$,且 $A \supset AB$,所以

$$\begin{aligned} P(A\overline{B}) &= P(A) - P(AB) = P(A) - P(A)P(B) \\ &= P(A)[1 - P(B)] = P(A)P(\overline{B}) \end{aligned}$$

所以,$A$ 与 $\overline{B}$ 相互独立。

同理可证 $\overline{A}$ 与 $B$ 、$\overline{A}$ 与 $\overline{B}$ 都是相互独立的。

**【例 1-31】** 统计湖北宜昌甲、乙两地在 1984 ~ 1986 年 3 年内 6 月份 90 d 中的降雨日数。甲地下雨 46 d,乙地下雨 45 d,两地同时下雨 42 d。假定两地 6 月份任一天为雨日的频率稳定,试问:①6 月份两地降雨是否相互独立?②6 月份任一天至少有一地降雨的概率为多少?

**解** ①设 $A$, $B$ 分别表示 6 月份任一天甲、乙两地降雨的事件,则 $P(A) = \frac{46}{90}$, $P(B) = \frac{45}{90}$(根据假定降雨频率稳定,所以以频率作为概率的近似值),可得

$$P(A/B) = \frac{P(AB)}{P(B)} = \frac{\frac{42}{90}}{\frac{45}{90}} = \frac{42}{45} \approx 0.93$$

而

$$P(A) = \frac{46}{90} \approx 0.51$$

$$P(A/B) \neq P(A)$$

所以,两地降雨不相互独立。

② $P(A + B) = P(A) + P(B) - P(AB) = \frac{46}{90} + \frac{45}{90} - \frac{42}{90} = \frac{49}{90} \approx 0.54$。

【例1-32】 有甲、乙两人各自独立开展洪水预报。设甲报准的概率 $P(A)=0.88$,乙报准的概率 $P(B)=0.92$,求在一次预报中,甲、乙两人中至少有1人报准的概率。

**解** 设 $C$ 表示事件"至少有1人报准",则 $C=A+B$,由于 $A$ 与 $B$ 相互独立,故

$$\begin{aligned}P(C)&=P(A+B)=P(A)+P(B)-P(AB)\\&=0.88+0.92-0.88\times0.92\approx0.99\end{aligned}$$

本题也可通过对立事件来求,即

$$P(C)=1-P(\overline{C})=1-P(\overline{A}\,\overline{B})$$

因为 $A$ 与 $B$ 相互独立,所以 $\overline{A}$ 与 $\overline{B}$ 也相互独立,于是

$$\begin{aligned}P(C)&=1-P(\overline{A})P(\overline{B})=1-[1-P(A)][1-P(B)]\\&=1-0.12\times0.08\approx0.99\end{aligned}$$

两个事件相互独立的概念可以推广到三个和三个以上的情况。

**定义** 设 $A_1,A_2,\cdots,A_n$ 为 $n$ 个事件,如果对于任意的 $1\leqslant i<j\leqslant n$,有

$$P(A_iA_j)=P(A_i)P(A_j) \tag{1-18}$$

则称这 $n$ 个事件两两相互独立。

如果对于任意的 $k(1<k\leqslant n)$,任意的 $1\leqslant i_1<i_2<\cdots<i_k\leqslant n$,都有

$$P(A_{i1}A_{i2}\cdots A_{ik})=P(A_{i1})P(A_{i2})\cdots P(A_{ik}) \tag{1-19}$$

则称这 $n$ 个事件相互独立。

显然,若 $n$ 个事件相互独立,这 $n$ 个事件必然两两相互独立,但反之不成立。

例如,事件 $A_1,A_2,A_3$ 两两相互独立,仅要求下面三个等式成立

$$P(A_1A_2)=P(A_1)P(A_2)$$
$$P(A_1A_3)=P(A_1)P(A_3)$$
$$P(A_2A_3)=P(A_2)P(A_3)$$

若 $A_1,A_2,A_3$ 相互独立,除上面三个等式外,还要求

$$P(A_1A_2A_3)=P(A_1)P(A_2)P(A_3)$$

成立。

下面的例子说明了相互独立和两两独立的差别。

有一个各面都为等边三角形的四面体,其三面分别为白色、红色及蓝色,另一面兼有红、白、蓝三色,将其上抛,以 $A$,$B$,$C$ 分别表示落下后与桌子的接触面有白色,有红色和有蓝色,现分析 $A$,$B$,$C$ 的独立性。

显然,$P(A)=P(B)=P(C)=\dfrac{1}{2}$,$P(AB)=P(BC)=P(AC)=\dfrac{1}{4}$,由于 $P(AB)=P(A)P(B)$,$P(AC)=P(A)P(C)$,$P(BC)=P(B)P(C)$,所以 $A,B,C$ 是两两独立的,但由于 $P(ABC)\neq P(A)P(B)P(C)$,所以 $A,B,C$ 不是相互独立的。

【例1-33】 某水库任一年的年最高水位 $H_m$ 超过设计洪水位 $H_P$ 的概率 $P=\dfrac{1}{100}$,假定各年间水库最高水位是否超过 $H_P$ 相互独立,求在今后100年内水库年最高水位 $H_m$ 至少有一年超过 $H_P$ 的概率。

**解** 以 $A_i$ 表示事件"第 $i$ 年水库最高水位超过设计洪水位 $H_P$",$A$ 表示事件"今后

100 年内至少有一年 $H_m$ 超过 $H_P$ ”,则

$$A = A_1 + A_2 + \cdots + A_{100}$$

于是 $P(A) = P(A_1 + A_2 + \cdots + A_{100})$ 。

直接计算这个概率比较困难,利用 $A$ 的逆事件计算很方便,因为

$$P(A) = 1 - P(\overline{A}) = 1 - P(\overline{A_1}\,\overline{A_2}\cdots\overline{A_{100}})$$

由于 $A_1, A_2, \cdots, A_{100}$ 相互独立,所以 $\overline{A_1}, \overline{A_2}, \cdots, \overline{A_{100}}$ 也相互独立,从而

$$\begin{aligned} P(A) &= 1 - P(\overline{A_1})P(\overline{A_2})\cdots P(\overline{A_{100}}) \\ &= 1 - [1 - P(A_1)][1 - P(A_2)]\cdots[1 - P(A_{100})] \\ &= 1 - (1 - \frac{1}{100})^{100} \\ &= 1 - 0.99^{100} \approx 0.64 \end{aligned}$$

若每次试验中事件 $A$ 发生的概率都是 $P$ ,则在 $n$ 次试验中,事件 $A$ 至少发生一次的概率为 $1 - (1 - P)^n$ ,即使 $P$ 很小,只要试验次数很大,则 $1 - (1 - P)^n$ 就很大,当试验次数 $n$ 无限增大时, $1 - (1 - P)^n$ 就趋近于1。这表明,一个概率很小的事件,当试验次数足够大时,几乎是必然要发生的。

**【例 1-34】** 每门高射炮(发射一发炮弹)击中飞机的概率为 0.6,现有若干门同型号的高射炮同时发射(每炮射一发),欲以 99% 以上的概率击中飞机,问至少需配置几门高射炮。

**解** 设需配置 $n$ 门高射炮,令 $A_i$ 表示事件“第 $i$ 门高射炮击中飞机”$(i = 1, 2, \cdots, n)$, $A$ 表示事件“飞机被击中”,则有

$$A = A_1 + A_2 + \cdots + A_n$$

$$\begin{aligned} P(A) &= 1 - P(\overline{A}) = 1 - P(\overline{A_1}\,\overline{A_2}\cdots\overline{A_n}) \\ &= 1 - P(\overline{A_1})P(\overline{A_2})\cdots P(\overline{A_n}) = 1 - (0.4)^n \end{aligned}$$

$$1 - 0.4^n \geqslant 0.99$$

解得

$$n \geqslant \frac{\lg 0.01}{\lg 0.4} \approx \frac{-2}{-0.3979} \approx 5.03$$

所以,至少需要配置 6 门高射炮,才能以 99% 以上的概率击中飞机。

## 四、全概率公式

首先介绍完备群的概念。

设 $A_1, A_2, \cdots, A_n$ 是基本空间 $\Omega$ 中的一组事件,若 $A_iA_j = \varnothing$, $A_1 + A_2 + \cdots + A_n = \Omega$,则称 $A_1, A_2, \cdots, A_n$ 为 $\Omega$ 的一个完备事件群,简称完备群,见图 1-10。

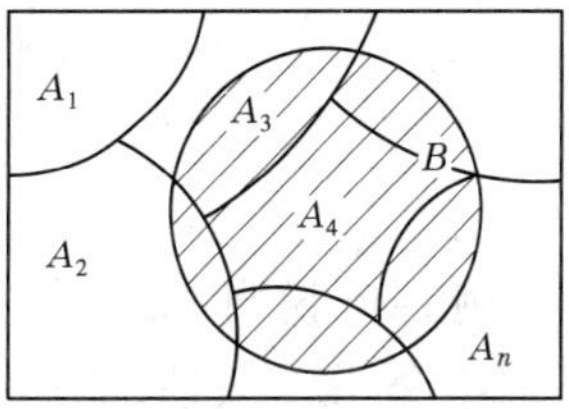


图 1-10

对于 $\Omega$ 中的任意事件 $B$ ,因为 $A_1 + A_2 + \cdots + A_n = \Omega$ 为必然事件,所以有

$$\begin{aligned} B &= B(A_1 + A_2 + \cdots + A_n) \\ &= BA_1 + BA_2 + \cdots + BA_n \end{aligned}$$

因为 $A_1,A_2,\cdots,A_n$ 两两互斥，所以 $BA_1,BA_2,\cdots,BA_n$ 也两两互斥，由概率的加法定理有

$$\begin{aligned}P(B) &= P(BA_1 + BA_2 + \cdots + BA_n) \\ &= P(BA_1) + P(BA_2) + \cdots + P(BA_n)\end{aligned}$$

又根据乘法定理有

$$P(B) = P(A_1)P(B/A_1) + P(A_2)P(B/A_2) + \cdots + P(A_n)P(B/A_n) = \sum_{i=1}^{n} P(A_i)P(B/A_i) \qquad (1\text{-}20)$$

这个公式称为全概率公式。

**【例 1-35】** 一批水文数据由 $A_1,A_2,A_3$ 三人抄录，各人抄录的数据量分别为数据总量的 $\frac{1}{2},\frac{1}{4},\frac{1}{4}$，各人的抄错率分别为 2%，1%，0.5%。现从这批数据中任取一个，求该数据恰为错误数据的概率。

**解** 令 $A_i$ 表示事件“该数据为 $A_i$ 所抄录”，$B$ 表示事件“所取数据为错误数据”。因为这批水文数据由 $A_1,A_2,A_3$ 三人抄录，且一个数据只可能由其中一人抄录，所以有

$$A_1 + A_2 + A_3 = \Omega$$

$$A_iA_j = \varnothing (i \neq j)$$

即 $A_1,A_2,A_3$ 构成了一个完备群，由全概率公式(1-20)，得

$$\begin{aligned}P(B) &= \sum_{i=1}^{3} P(A_i)P(B/A_i) \\ &= \frac{1}{2} \times 2\% + \frac{1}{4} \times 1\% + \frac{1}{4} \times 0.5\% = 0.013\ 75\end{aligned}$$

**【例 1-36】** 某班有学员 30 人，有 2 张歌星演唱会的入场券，采用抽签方法进行分配，盒中装入 30 个纸签，其中 2 个签上写有“中”字，抽到“中”字签者即可获得入场券。现问第一个抽的学员和第二个抽的学员抽到“中”字签的概率各为多少？

**解** 设 $A_1,A_2$ 分别表示事件第一个抽的学员及第二个抽的学员抽到“中”字签，则

$$P(A_1) = \frac{2}{30} = \frac{1}{15}, P(\overline{A_1}) = 1 - P(A_1) = \frac{28}{30}$$

因为

$$A_1 + \overline{A_1} = \Omega$$

$$A_1\overline{A_1} = \varnothing$$

所以 $A_1,\overline{A_1}$ 构成一个完备群，根据全概率公式得

$$\begin{aligned}P(A_2) &= P(A_1)P(A_2/A_1) + P(\overline{A_1})P(A_2/\overline{A_1}) \\ &= \frac{1}{15} \times \frac{1}{29} + \frac{28}{30} \times \frac{2}{29} = \frac{1}{15}\end{aligned}$$

例 1-36 说明，第一个抽与第二个抽，抽到“中”字签的概率是相同的。事实上，可以证明，不论第几个去抽，抽到“中”字签的概率都一样，因此抽签时不必争先恐后。正因为抽签有这种“公平性”，因此在日常生活中广为流传。

**【例 1-37】** 甲箱中有 5 个正品和 3 个次品，乙箱中有 4 个正品和 3 个次品，从甲箱中

任取 3 个产品放入乙箱中,然后从乙箱中任取 1 个产品,求这个产品是正品的概率。

**解** 设事件 $B$ 表示“从乙箱中取得正品”,则事件 $B$ 有四种不同情况,分别表示如下:

$A_1$ ——从甲箱中取出的 3 个产品都是正品;

$A_2$ ——从甲箱中取出的是 2 个正品和 1 个次品;

$A_3$ ——从甲箱中取出的是 1 个正品和 2 个次品;

$A_4$ ——从甲箱中取出的 3 个产品都是次品。

依题意可求得

$$P(A_1)=\frac{C_5^3}{C_8^3}=\frac{10}{56}=0.1786 \qquad P(A_2)=\frac{C_5^2C_3^1}{C_8^3}=\frac{30}{56}=0.5357$$

$$P(A_3)=\frac{C_5^1C_3^2}{C_8^3}=\frac{15}{56}=0.2679 \qquad P(A_4)=\frac{C_3^3}{C_8^3}=\frac{1}{56}=0.0179$$

又

$$P(B/A_1)=\frac{7}{10}=0.7 \qquad P(B/A_2)=\frac{6}{10}=0.6$$

$$P(B/A_3)=\frac{5}{10}=0.5 \qquad P(B/A_4)=\frac{4}{10}=0.4$$

由全概率公式得

$$\begin{aligned} P(B) &= \sum_{i=1}^{4}P(A_i)P(B/A_i) \\ &= \frac{10}{56}\times\frac{7}{10}+\frac{30}{56}\times\frac{6}{10}+\frac{15}{56}\times\frac{5}{10}+\frac{1}{56}\times\frac{4}{10}=\frac{329}{560}=0.5875 \end{aligned}$$

## 五、贝叶斯公式

在实际问题中,有时需要计算在已知事件 $B$ 发生的情况下,事件 $A$ 发生的概率,这就是贝叶斯公式要解决的问题。

设 $A_1,A_2,\cdots,A_n$ 为 $\Omega$ 中的一个完备群,$B$ 为 $\Omega$ 中的任一事件,则事件 $B$ 能且只能与互不相容的 $A_1,A_2,\cdots,A_n$ 之一同时发生,若 $P(A_i)>0(i=1,2,\cdots,n)$,$P(B)>0$,则有

$$P(A_i/B)=\frac{P(A_iB)}{P(B)}=\frac{P(A_i)P(B/A_i)}{\sum_{i=1}^{n}P(A_i)P(B/A_i)} \tag{1-21}$$

第一个等号根据条件概率计算公式,第二个等号根据概率乘法定理和全概率公式。公式(1-21)称为贝叶斯公式,又称逆概率公式。

假如我们把事件 $A_1,A_2,\cdots,A_n$ 理解为导致事件 $B$ 发生的各种“原因”,则 $P(A_i)$ 表示各种“原因”发生的可能性的大小,一般可以通过总结以往经验,在试验之前已经知道,因此称 $P(A_i)$ 为先验概率。现在,若试验中出现了事件 $B$,则条件概率 $P(A_i/B)$ 表示出现 $B$ 是由“原因” $A_i$ 引起的可能性大小,它反映了试验之后,即得到 $B$ 发生了这个新信息后,对各种“原因”发生可能性大小的新认识,因此称为后验概率。

**【例 1-38】** 在例 1-35 中,若任意抽查一个数据,发现该数据为错误的,试问该错误数据是由 $A_1$ 抄录的概率是多少?

**解** 由例 1-35 知

$$P(A_1) = \frac{1}{2} \qquad P(B/A_1) = 2\% \qquad P(B) = 0.013\,75$$

所以,由贝叶斯公式得

$$P(A_1/B) = \frac{P(A_1)P(B/A_1)}{P(B)} = \frac{\frac{1}{2} \times 2\%}{0.013\,75} \approx 0.727$$

**【例 1-39】** 一个无人雨量站用无线电报将观测结果传到接收中心,发报机分别以概率 0.6 和 0.4 发出信号“0”和“1”。由于随机干扰,当发出信号“0”时,收报机未必收到“0”,而是分别以概率 0.8 和 0.2 收到信号“0”和“1”。同样,当发报机发出信号“1”时,收报机分别以概率 0.9 和 0.1 收到信号“1”和“0”。试求当收报机收到信号“0”时,发报机确实是发“0”的概率。

**解** 收报机收到信号“0”,只能与两种可能之一同时发生,即发报机发的是“0”或“1”。令 $A$ 表示事件“收报机收到信号‘0’”,$B_0$ 表示事件“发报机发出信号‘0’”,$B_1$ 表示事件“发报机发出信号‘1’”,则 $A = AB_0 + AB_1$,所求概率为 $P(B_0/A)$,由贝叶斯公式得

$$\begin{aligned} P(B_0/A) &= \frac{P(B_0)P(A/B_0)}{P(B_0)P(A/B_0) + P(B_1)P(A/B_1)} \\ &= \frac{0.6 \times 0.8}{0.6 \times 0.8 + 0.4 \times 0.1} \\ &\approx 0.923 \end{aligned}$$

# 学习指导

## 一、本章小结

水文现象具有明显的随机性,本章从实例出发说明了随机现象的统计规律。需强调指出的是,这是对随机现象进行大量观测得到的规律,从而说明研究随机现象的基本方法,即大量观测法。

事件与概率是两个基本的概念,我们由简单到复杂,由具体到一般地介绍了这两个概念的含义。

事件间的关系与概率的运算有密切关系,是本章最重要的内容,也是学习以后各章的基础,应牢固掌握这些内容。

独立性与条件概率是两个非常重要的概念,在统计分析中具有重要应用,希望读者能深刻理解它们的意义。

我们从频率的稳定性引出了概率的概念,但并没有从严格的角度定义概率。从本课程的任务来说,我们认为用比较直观的方法定义概率更好些。但读者应注意到,频率与概率是既有联系又有区别的两个概念。

## 二、内容提要

**(一)事件的概念**

我们所说的事件是随机事件的简称,它是随机试验的结果。所谓随机试验,是满足下列条件的试验:

(1)可在相同条件下重复进行;

(2)每次试验的结果可能不止一种,在试验之前可以明确知道试验的所有可能结果;

(3)在每次试验之前不能预知哪一种结果会出现。

在试验中,每一个可能发生但不能再分的基本结果称为基本事件,由几个基本事件组成的事件称为复合事件。

每次试验中必然会发生的事件称为必然事件,必然不发生的事件称为不可能事件。基本事件也称为样本点,由一个随机试验的全部基本事件构成的集合,称为基本空间或样本空间。

**(二)事件间的关系与运算规律**

1. 事件间的关系

(1)包含:如果事件 $A$ 发生必然会导致事件 $B$ 发生,则称事件 $A$ 包含于事件 $B$ 中,或称事件 $B$ 包含事件 $A$,记为 $A \subset B$ 或 $B \supset A$。

(2)相等:若事件 $A$ 与事件 $B$ 满足 $A \subset B$ 且 $B \subset A$,则称事件 $A$ 与事件 $B$ 相等。记为 $A = B$。

(3)事件之和:事件 $A$ 和事件 $B$ 之和(并)也是一个事件,它是由"事件 $A$ 与事件 $B$ 至少有一个发生"而构成的事件。记为 $A \cup B$ 或 $A + B$。

(4)事件之积:事件 $A$ 和事件 $B$ 之积(交集)也是一个事件,它是由"事件 $A$ 与事件 $B$ 两者同时发生"而构成的事件。记为 $A \cap B$ 或 $AB$。

(5)事件之差:事件 $A$ 和事件 $B$ 之差也是一个事件,它是由"事件 $A$ 发生而事件 $B$ 不发生"而构成的事件。记为 $A - B$。

(6)互不相容事件(互斥事件):若事件 $A$ 与事件 $B$ 不能同时发生,则称事件 $A$ 与事件 $B$ 互不相容或互斥。

因此,若事件 $A$ 与事件 $B$ 不相容,则必有 $A \cap B = \varnothing$。

(7)对立事件:若试验中事件 $A$ 与事件 $B$ 必然有一个且只能有一个发生(即不能同时发生),则称事件 $A$ 与事件 $B$ 为互为对立事件(或互逆事件)。记为 $B = \overline{A}$。

应当注意的是,上面所讲的各种关系,都是对某一随机试验而言的。

2. 事件的运算

事件的运算与数的运算有相似之处,即满足交换律、结合律和分配律,即

(1)交换律:$A \cup B = B \cup A$,$A \cap B = B \cap A$;

(2)结合律:$(A \cup B) \cup C = A \cup (B \cup C)$,$(A \cap B) \cap C = A \cap (B \cap C)$;

(3)分配律:$(A \cup B) \cap C = (A \cap C) \cup (B \cap C)$,$(A \cap B) \cup C = (A \cup C) \cap (B \cup C)$。

但也有与数运算不同之处,例如:$A \cup A = A$,$A \cap A = A$;若 $A \subset B$,则 $A \cup B = B$,$A \cap B = A$ 等。应特别注意这些不同之处。

### (三)概率的定义与概率的直接计算

1. 频率与概率

若事件 $A$ 在 $N$ 次试验中出现了 $M$ 次,则比值

$$W(A) = \frac{M}{N}$$

为事件 $A$ 在 $N$ 次试验中出现的频率。

概率是事件在每次试验中出现可能大小的数量表征,频率是试验以后才知道的,而且它是变化的(随机的)。概率是随机事件的客观属性,是与试验与否无关的。但当试验次数无限增加时,频率稳定地趋于事件概率。

概率的一般定义为:设随机试验的基本空间为 $\Omega$ ,对试验中的任一事件(不一定是基本事件) $A$ 赋予一个实数 $P(A)$ ,若它满足:①对每一个事件 $A$ ,有 $P(A) \geqslant 0$ ;② $P(\Omega) = 1$ ;③对 $\Omega$ 中的两两互不相容的事件 $A_i$ $(i = 1,2,\cdots)$ ,有 $P(\bigcup_{i=1}^{\infty} A_i) = \sum_{i=1}^{\infty} P(A_i)$ 。则称 $P(A)$ 为 $A$ 的概率。

2. 概率的性质

(1)不可能事件 $\varnothing$ 的概率为零,即 $P(\varnothing) = 0$ ;

(2)有限可加性,对 $\Omega$ 中有限个两两互不相容的事件 $A_i$ $(i = 1,2,\cdots,k)$ ,则有 $P(\sum_{i=1}^{k} A_i) = \sum_{i=1}^{k} P(A_i)$ ;

(3)若 $\bar{A}$ 是 $A$ 的逆事件,则 $P(A) = 1 - P(\bar{A})$ ;

(4)若 $A \supset B$ ,则 $P(A - B) = P(A) - P(B)$ ;

(5)加法定理:若 $A$ , $B$ 为任意两事件,则 $P(A + B) = P(A) + P(B) - P(AB)$ 。

3. 概率的计算

(1)古典概型。若一随机试验的基本空间 $\Omega$ 只含有限个基本事件,而且每个基本事件出现的可能性都相等,则称该试验为古典型的,这种试验中的事件 $A$ 的概率叫做古典型概率。其计算公式为

$$P(A) = \frac{\text{试验中有利于事件} A \text{的基本事件} m}{\text{试验中的全体基本事件} n}$$

(2)几何概率。试验的可能结果有无限多个,而每一结果可能性相等,此时可将古典概型概念推广为

$$P(A_g) = \frac{g \text{的测度}}{\Omega \text{的测度}}$$

式中, $g$, $\Omega$ 可以是长度、面积、体积等。

(3)统计概率。用大量试验中事件 $A$ 的频率作为概率的近似值。

4. 条件概率与事件的独立性

(1)条件概率。在事件 $B$ 已发生的情况下,事件 $A$ 发生的概率 $P(A/B)$ 定义为

$$P(A/B) = \frac{P(AB)}{P(B)} \quad (P(B) > 0)$$

(2)乘法定理。设 $A$,$B$ 为一次试验中的任意两事件,若 $P(A) > 0$ ,则

$$P(AB) = P(A)P(B/A)$$

(3)独立性。设 $A$，$B$ 为一次试验中的任意两事件，若 $P(A) = P(A/B)$ 或 $P(B) = P(B/A)$ 或 $P(AB) = P(A)P(B)$，则称 $A$ 与 $B$ 相互独立。

(4)全概率公式。设 $A_1, A_2, \cdots, A_n$ 为一试验中的一系列事件，它们两两互不相容，且每次试验必然出现其中之一，又设 $B$ 为试验中的任意事件，则

$$P(B) = \sum_{i=1}^{\infty} P(A_i)P(B/A_i)$$

(5)贝叶斯公式。若事件 $B$ 能且只能与两两互不相容的事件 $A_1, A_2, \cdots, A_n$ 之一同时发生，则

$$P(A_i/B) = \frac{P(A_i)P(B/A_i)}{\sum_{i=1}^{n} P(A_i)P(B/A_i)}$$

贝叶斯公式又称逆概率公式。全概率公式是根据我们对各原因 $A_i$ 的已知知识 $P(A_i)$ 及 $P(B/A_i)$ 来推算结果 $B$ 发生的可能性大小，常将 $P(A_i)$ 称为先验概率；贝叶斯公式是在已知结果 $B$ 发生后，反过来分析各原因的概率 $P(A_i/B)$，常将 $P(A_i/B)$ 称为后验概率。

# 习　题

1-1　盒中装有红、白两种颜色的小球，现从盒中任取一只小球，观察其颜色，试写出随机试验的基本事件和样本空间。

1-2　袋中装有三个球，分别编号为1,2,3，现从袋中一次任取两个球，观察其标号，试写出随机试验的样本空间。

1-3　抽查5件产品，设 $A$ 为"至少有一件次品"，$B$ 为"次品不少于两件"，问 $\overline{A}, \overline{B}$ 分别为什么事件？

1-4　盒中有5个球，其中2个白球，3个黑球，现从盒中一次任取3个球，观察取出球的颜色，试写出随机试验的样本空间。

1-5　指出下列各题，哪些成立，哪些不成立：

(1) $A \cup B = A\overline{B} \cup B$；(2) $\overline{A}B = A \cup B$；(3) $\overline{A \cup BC} = \overline{A}\,\overline{B}\,\overline{C}$；

(4) $(AB)(A\overline{B}) = \varnothing$；(5)若 $B \supset A$，则 $A = AB$；

(6)若 $AB = \varnothing$ 和 $A \supset C$，则 $BC = \varnothing$；(7)若 $B \supset A$，则 $\overline{A} \supset \overline{B}$；

(8)若 $A \supset B$，则 $A \cup B = A$；(9) $A\overline{B}\,\overline{C} \subset A \cup B$；

(10) $\overline{A \cup BC} = \overline{A}\,\overline{B}C$；(11) $\overline{A \cup BC} = C - C(A \cup B)$。

1-6　设 $A$，$B$，$C$ 为三个随机事件，试将下列事件用 $A$，$B$，$C$ 表示：

(1) $A$ 发生，$B$，$C$ 不发生；

(2) $A$，$B$，$C$ 都发生；

(3) $A$，$B$，$C$ 都不发生；

(4) $A$，$B$，$C$ 中至少有一个发生；

(5) $A$，$B$，$C$ 中至少有两个发生；

(6) $A$, $B$, $C$ 中不多于一个发生。

1-7 试判断下面两式分别表示 $A$, $B$ 之间有什么包含关系：

(1) $A \cap B = A$；(2) $A \cup B = A$。

1-8 设随机试验 $E$ 的样本空间 $\Omega = \{1,2,\cdots,10\}$，随机事件 $A = \{2,3,4\}$，$B = \{3,4,5\}$，$C = \{5,6,7\}$ 为已知，试求下列各随机事件：

(1) $\overline{A} \cap B$；(2) $\overline{A} \cup B$；(3) $\overline{B \cap C}$；(4) $\overline{B \cup C}$；(5) $A \cap \overline{(B \cup C)}$。

1-9 设一个工人生产了 3 个零件，事件 $A_i$ 表示“他生产的第 $i$ 个零件是正品”（$i = 1,2,3$），试用事件 $A_i$ 表示下列各事件：

(1) 没有 1 件产品是次品；

(2) 只有 1 件产品是次品；

(3) 至少有 1 件产品是次品。

1-10 设 $\Omega = \{1,2,\cdots,10\}$，$A = \{2,3,4\}$，$B = \{3,4,5\}$，$C = \{5,6,7\}$，写出下列各事件等于什么：

(1) $\overline{A}B$；(2) $\overline{A} \cup B$；(3) $\overline{\overline{A}\ \overline{B}}$；(4) $\overline{A\,\overline{BC}}$；(5) $\overline{A(B \cup C)}$。

1-11 判断下列等式是否成立：

(1) $A - (B \cup C) = (A - B) - C$；(2) $A - (B - C) = (A - B) \cup C$；

(3) $(A \cup B) - B = A$；(4) $(A - B) \cup B = A$。

1-12 化简下列各式：

(1) $(A \cup C)(B \cup C)$；(2) $ABC \cup \overline{A}\,\overline{B}C \cup A\overline{B}C \cup \overline{A}BC$；

(3) $A\overline{B} \cup A\overline{C} \cup BC$；(4) $(A - AB) \cup B$；(5) $(B \cup C)(B \cup \overline{C})(\overline{B} \cup C)$。

1-13 若 $A,B,C$ 为三个随机事件，说明下列关系式的意义：

(1) $ABC = A$；(2) $A \cup B \cup C = A$；

(3) $A \cup B = A \cap B$；(4) $(A \cup B) - A = B$。

1-14 从一副扑克牌(52 张)中，任取 4 张，求 4 张牌的花色各不相同的概率。

1-15 三个人，每人都以同样的概率 1/4 被分配到四个房间中的任何一间中，求：

(1) 三人都分配到同一房间的概率；(2) 三人分配到三个不同房间的概率。

1-16 袋中装有 6 只白球与 5 只黑球，现从袋中随机地抽取 2 只球，问抽到白球、黑球各 1 只的概率是多少？

1-17 一批产品共 10 件，其中有 2 件次品，现随机地抽取 5 件，求所取 5 件中至多有 1 件次品的概率。

1-18 对同一目标进行三次独立射击，第一，第二，第三次射击的命中率分别为 0.4，0.5，0.7，试求：

(1) 恰有一次命中目标的概率；(2) 至少有一次命中目标的概率。

1-19 袋中有红、黄、白三种颜色的球各一只，从中每次任取一只，有放回地抽取三次，求：

(1) 三只全是红球的概率；(2) 三只颜色全同的概率。

1-20 设 $P(A) = \frac{1}{2}$，$P(B) = \frac{1}{3}$，$P(AB) = \frac{1}{4}$，求：

(1) $P(A \cup B)$；(2) $P(A/B)$；(3) $P(B/A)$；(4) $P(A \cup B/B)$。

1-21　一批零件共100件,其中次品10件,从中任意连抽两次,每次抽1件,第一次抽出的零件不再放回去,求在第一次抽得次品时,第二次抽得正品的概率。

1-22　已知 $P(AB) = 0.72$ , $P(A\overline{B}) = 0.18$ ,求 $P(A)$ 。

1-23　设 $A,B$ 是两个相互独立事件,已知 $P(A\cup B)=0.6$, $P(A)=0.4$,求 $P(B)$。

1-24　甲、乙独立地射击同一目标,设甲命中率为0.9,乙命中率为0.8 ,求目标被击中的概率。

1-25　某射手射中目标的概率为0.2,试求:

(1)在四次独立射击中,至少有两次射中的概率;

(2)如果已知在四次独立射击中至少有一次射中,求该射手至少射中两次的概率。

1-26　设事件 $A,B$ 发生的概率分别为1/3和1/2,试求下列三种情况下 $P(\overline{A}B)$ 的值:

(1) $A$ 与 $B$ 互斥;(2) $B\supset A$;(3) $P(AB)=1/8$。

# 第二章　随机变量及其分布

## 第一节　随机变量与分布函数

第一章讨论了事件与概率的概念,介绍了计算某些事件的概率的方法。这些方法都是初等方法,因而人们称这部分内容为初等概率论。为了利用数学分析这一有力工具对随机事件的统计规律进行更加深入的研究,本章将引入随机变量以及分布函数等概念。

### 一、随机变量

如果随机试验的所有可能结果可用一个变量 $X$ 的各种不同取值来表示,则称这种变量为随机变量或随机变数。例如,有一批产品共 100 件,其中有 5 件次品,现从中任取 2 件,用 $X$ 来表示任取的 2 件产品中次品的件数,我们很自然地想到用"$X = 0$"表示"没有取到次品","$X = 1$"表示"取到 1 件次品","$X = 2$"表示"取到 2 件次品"。这样用 $X$ 的不同取值来表示各种随机事件,不但简洁,而且便于今后应用数学分析工具。

又如,若用 $Y$ 表示长江某水文站的年最高水位,则"$Y = 8$"表示"年最高水位等于 8 m","$Y \leqslant 11$"表示"年最高水位不超过 11 m","$7 < Y < 9$"表示"年最高水位为 7 ~ 9 m"。

有些随机试验的结果不是数量性的,例如抛掷一枚硬币,观察哪个面朝上,可能结果有两个:"正面朝上"和"反面朝上",也可以用一个变量 $Z$ 来表示掷硬币这个试验的结果。例如,令"$Z = 1$"表示"正面朝上","$Z = 0$"表示"反面朝上"。这样,虽然试验结果不是数值,但也可得到一个因随机试验结果不同而变化的量 $Z$。像上面所述的 $X,Y,Z$ 这种能表示随机试验各种结果的变量都称为随机变量。

从上面的例子可以看到,无论是数量性的,还是非数量性的随机现象,都可以通过引入随机变量使之数量化,这样就可以把对具体事物的研究转化为对随机变量的研究了。

随机变量是随机试验结果的函数,是以样本空间 $\Omega$ 为定义域的数值函数。它的取值是不能预先确定的,并且取各种数值的可能性也是不一样的,但是由于随机试验结果的发生有一定的概率,所以随机变量取什么值也有一定概率。

为了进一步研究随机变量,有必要给随机变量一个较为严格的定义。

**定义**　如果对试验 $E$ 的每一个结果 $\omega$ 赋予一个实数 $X(\omega)$,且对任意实数 $x$,$\{X(\omega) < x\}$ 有确定的概率,则称 $X(\omega)$ 为随机变量。

可以用图 2-1 说明上述 $X(\omega)$ 与 $\omega$ 的关系,其中 $\omega$ 是试验 $E$ 的任一结果,$X(\omega)$ 为在数轴上与 $\omega$ 对应的一个实数。

今后为了简单起见,将把随机变量 $X(\omega)$ 简写成 $X$,用 $X,Y,Z\cdots$ 表示随机变量,而用小写的英文字母 $x,y,z\cdots$ 表示随机变量的取值。

从上面的讨论中我们看到，引入随机变量以后，事件就可以用含有随机变量的数学表达式来表示，这就使我们可以用数学分析方法来研究随机现象，这是引入随机变量概念的第一个好处。引入随机变量概念还有另一个好处，就是可以把一些具体含义不同，而概率性质十分相似的随机现象归结为同一个问题来研究。这样，就使对随机现象的研究大为简化。以古典概型为例，设试验 $E_1$ 为掷一颗骰子，观察出现的点数，其基本空间记为 $\Omega_1$；试验 $E_2$ 为从标号为 2，3，4，5，6，7 的 6 张牌中任抽一张牌，观察牌的标号，其基本空间记为 $\Omega_2$。由于它们的具体含义不同，因此相应的基本空间也不同，然而容易看出，这两种试验有着非常相似的特征：$\Omega_1$ 与 $\Omega_2$ 都只包含 6 个基本事件，每个基本事件发生的概率都是 1/6。因此，如果我们撇开基本事件的具体含义不管，在第一个试验中，用随机变量 $Z_1$ 的取值 $i$ 代表试验结果为"出现 $i$ 点"的事件，则 $Z_1$ 可取的值为 $i = 1,2,3,4,5,6$。在第二个试验中，用随机变量 $Z_2$ 的取值 $i$ 代表试验结果为"取到标号为 $i+1$"的事件，则 $Z_2$ 的取值也是 $i = 1,2,3,4,5,6$。对比两个随机变量可以看到，它们是完全相同的。这样，我们就可以把它们归结为对一个随机变量 $Z$ 的研究，这个随机变量的概率特征可表述为

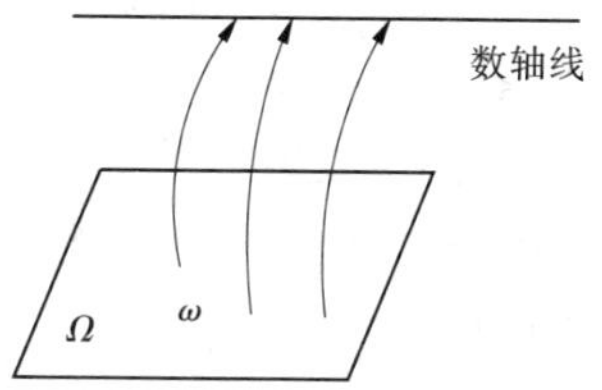

图 2-1

$$P(Z = i) = 1/6, i = 1,2,3,4,5,6$$

## 二、随机变量的两种基本类型

从上面所举的例子中可以看到，随机变量的取值是各种各样的，有的只取几个可能值，有的可取可列无限多个数值，有的甚至可取充满某一区间的所有数值。按照随机变量取值的不同情形，通常将其分为以下两大类型。

### （一）离散型随机变量

若随机变量 $X$ 的全体可能取值为可以一一列举的数，则称随机变量 $X$ 为离散型随机变量。例如，掷一颗骰子，用 $X$ 表示其出现的点数，则 $X$ 的可能取值为有限个数：1，2，3，4，5，6；以 $Y$ 表示武汉一年中的降雨日数，则 $Y$ 的可能取值也是有限个数：0，1，2，…，365；以 $Z$ 表示某电话总机在 24 h 内接到的呼唤次数，则 $Z$ 的可能取值有无限多个，但可以一一列举出来：0，1，2，…上述这些随机变量都是离散型随机变量。

### （二）非离散型随机变量

若随机变量 $X$ 的可能取值不能列举（即非有限、非可列），则称 $X$ 为非离散型随机变量。非离散型随机变量范围很广，其中最重要、最常见的是所谓连续型随机变量。连续型随机变量的严格定义将在本章第三节中给出，这里只是指出它的一个最重要特征，即它的可能取值充满数轴上一个有限或无限区间。例如，年降水量、年最大洪峰流量、测量误差等都是连续型随机变量。对连续型随机变量，我们所关心的往往不是它取某个特定值的概率（以后将证明，它取任一特定值的概率为 0），而是它的取值落在某个区间内的概率。例如年降雨量在 800 ~ 1 000 mm 的概率，洪峰流量大于某个数值的概率等。

随机变量的取值都有一定的概率，为了刻画随机变量的概率特征，我们采用随机变量概率分布，即用随机变量取各种可能值及相应概率的数学表达来描述，随机变量与其取值

概率的对应关系称为随机变量的概率分布。

离散型随机变量和连续型随机变量既然都是随机变量,其概率分布的描述方法自然有许多共同之处,这就是共性;但它们又是不同的两类随机变量,在概率分布的描述方法上又有许多不同之处,这就是特性。我们必须善于归纳,总结它们的共性,又必须注意比较,区别它们各自的特性。

## 三、分布函数

分布函数是各种类型随机变量都适用的概率分布描述方法。

设 $X$ 为一随机变量,$x$ 为任意实数,则 $X<x$ 代表了样本空间 $\Omega$ 中的一个事件。当 $x$ 为不同值时,$X<x$ 代表不同的事件,从而其概率 $P(X<x)$ 也不同。一般来说,$P(X<x)$ 随 $x$ 的改变而变化,即 $P(X<x)$ 为 $x$ 的函数。若记

$$F(x) = P(X < x) \tag{2-1}$$

则称 $F(x)$ 为随机变量 $X$ 的分布函数。

注意, $F(x)$ 中的自变量 $x$ 不是随机变量 $X$ 的取值,它是一个普通实数,因此分布函数是一个普通的函数。正是通过它,我们能运用数学分析的方法来研究随机变量。

如果将 $X$ 看成是数轴上随机点的坐标,那么分布函数 $F(x)$ 在 $x$ 处的值就表示点 $x$ 落在区间 $(-\infty, x)$ 上的概率。分布函数 $F(x)$ 具有以下的基本性质。

**性质 1** 对于任意实数 $x_1,x_2$,且 $x_1 < x_2$,有

$$P(x_1 \leqslant X < x_2) = F(x_2) - F(x_1) \tag{2-2}$$

因为 $$(x_1 \leqslant X < x_2) = [(X < x_2) - (X < x_1)]$$

又 $$(X<x_1) \subset (X<x_2)$$

所以 $$P(x_1 \leqslant X < x_2) = P[(X<x_2)-(X<x_1)] = P(X<x_2) - P(X<x_1) = F(x_2) - F(x_1)$$

因此,若已知 $X$ 的分布函数,就能知道 $X$ 落在任一区间 $[x_1,x_2)$ 内的概率。从这个意义上讲,分布函数完整地描述了随机变量的统计规律性。

**性质 2** $F(x)$ 是一个不减函数。

事实上,由式(2-2)可知

$$F(x_2) - F(x_1) = P(x_1 \leqslant X < x_2) \quad (x_2 > x_1)$$

因为 $$P(x_1 \leqslant X < x_2) \geqslant 0$$

所以 $$F(x_2) - F(x_1) \geqslant 0$$

$$F(x_2) \geqslant F(x_1)$$

**性质 3** $0 \leqslant F(x) \leqslant 1$,且 $F(-\infty) = \lim\limits_{x\to-\infty} F(x) = 0$,$F(+\infty) = \lim\limits_{x\to+\infty} F(x) = 1$。

因为 $F(x) = P(X < x)$,所以根据概率的性质可知

$$0 \leqslant F(x) \leqslant 1$$

后面两个等式可以从几何上加以说明。在图 2-2 中,将区间端点 $x$ 沿数轴无限向左移动(即 $x \to -\infty$),则随机点 $X$ 落在 $x$ 左边是不可能事件,所以其概率趋于 0,即 $F(-\infty)=0$;又若将点 $x$ 无限向右移动(即 $x \to +\infty$),则随机点 $X$ 落在点 $x$ 左边是必然事件,所以其概率趋于 1,即有 $F(+\infty) = 1$。

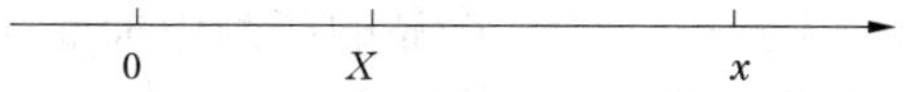


图 2-2

**性质 4**　$F(x-0)=F(x)$，即 $F(x)$ 是左连续的(证略)。

从以上性质可看出，$F(x)$ 的图像是一条单调上升曲线，且是有界的(上界为 1，下界为 0)，见图 2-7。

# 第二节　离散型随机变量的概率分布

## 一、概率分布

设随机变量 $X$ 为离散型随机变量，其所有可能取值为 $x_i(i=1,2,\cdots)$，$X$ 取 $x_i$ 的概率为 $p_i$，即

$$P(X=x_i)=p_i,i=1,2,\cdots \tag{2-3}$$

则式(2-3)称为随机变量 $X$ 的概率函数。

将 $X$ 的所有可能取值 $x_i$ 及与其相应的概率 $p_i$ 列成表 2-1，则称表 2-1 为随机变量 $X$ 的分布列(为了分析问题的方便，表中 $x_i$ 一般采用由小到大的顺序排列)。

表 2-1

| $X$ | $x_1$ | $x_2$ | $\cdots$ | $x_i$ | $\cdots$ |
|---|---|---|---|---|---|
| $P(X=x_i)$ | $p_1$ | $p_2$ | $\cdots$ | $p_i$ | $\cdots$ |

由概率的性质可知，概率函数具有下列性质：

**性质 1**　$$0\leqslant p_i\leqslant 1,i=1,2,\cdots \tag{2-4}$$

**性质 2**　$$\sum_{i=1}^{\infty}p_i=1 \tag{2-5}$$

分布列全面清晰地反映了离散型随机变量的统计规律，在实践中得到广泛运用。

根据定义，离散型随机变量的分布函数为

$$F(x)=P(X<x)=\sum_{x_i<x}p_i \tag{2-6}$$

式中：$\sum\limits_{x_i<x}$ 表示在 $X$ 的分布列中，对所有小于 $x$ 的取值 $x_i$ 相对应的概率求和。如果对某一实数 $x$，在 $X$ 的所有取值中，不存在小于 $x$ 的取值，则此时对应于该实数 $x$ 的函数值 $F(x)=0$。

离散型随机变量的分布列可以用图 2-3 的形式来表示。横坐标表示随机变量所取的值，纵轴的平行线表示随机变量取该值的概率。

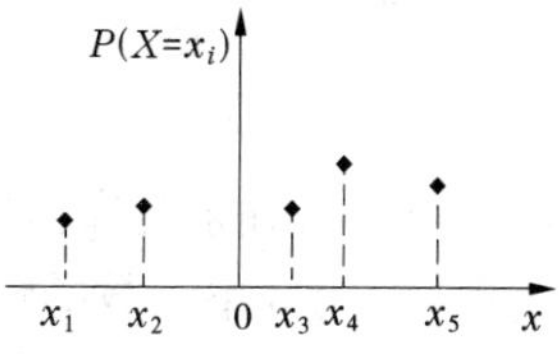


图 2-3

离散型随机变量的分布函数 $F(x)$ 也可用图 2-4 来表示，它是左连续的阶梯函数。它

在 $X$ 的每个可能取值 $x_i$ 处有一个高度为 $P_i$ 的跳跃。

**【例 2-1】** 从一批含有 13 件正品、2 件次品的产品中抽取 3 次,每次抽取 1 件,取后不放回,求抽得次品数 $X$ 的分布列及分布函数。

**解** 从含有 2 件次品的 15 件产品中抽取 3 次,抽得的次品数 $X$ 的可能取值为 0,1,2,则有

$$P(X=0)=\frac{C_2^0C_{13}^3}{C_{15}^3}=\frac{22}{35}$$

$$P(X=1)=\frac{C_2^1C_{13}^2}{C_{15}^3}=\frac{12}{35}$$

$$P(X=2)=\frac{C_2^2C_{13}^1}{C_{15}^3}=\frac{1}{35}$$

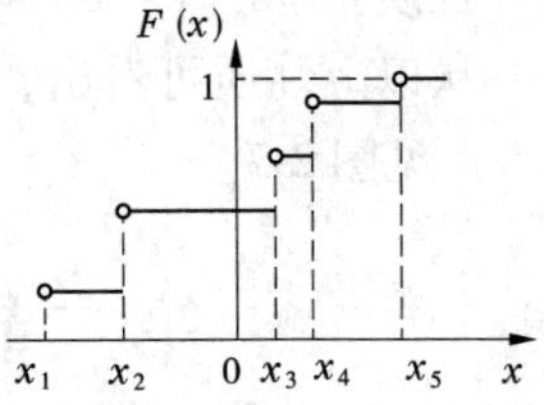

图 2-4

所以,$X$ 的分布列为

| $X$ | 0 | 1 | 2 |
|---|---|---|---|
| $P(X=x_i)$ | 22/35 | 12/35 | 1/35 |

因为当 $x\leqslant 0$ 时 $F(x)=F(X<x)=0$

当 $0<x\leqslant 1$ 时 $F(x)=P(X<x)=P(X=0)=\frac{22}{35}$

当 $1<x\leqslant 2$ 时 $F(x)=P(X<x)=P(X=0)+P(X=1)=\frac{22}{35}+\frac{12}{35}=\frac{34}{35}$

当 $x>2$ 时
$$F(x)=P(X<x)=P(X=0)+P(X=1)+P(X=2)$$
$$=\frac{22}{35}+\frac{12}{35}+\frac{1}{35}=1$$

所以,$X$ 的分布函数为

$$F(x)=\begin{cases}0, & x\leqslant 0\\ \frac{22}{35}, & 0<x\leqslant 1\\ \frac{34}{35}, & 1<x\leqslant 2\\ 1, & x>2\end{cases}$$

**【例 2-2】** 设随机变量 $X$ 的概率分布为

$$P(X=k)=\frac{C}{k^2},k=1,2,\cdots$$

试确定常数 $C$,并求分布函数。

**解** 利用概率函数的性质(2)有

$$1=\sum_{k=1}^{\infty}P(X=k)=\sum_{k=1}^{\infty}\frac{C}{k^2}=C\sum_{k=1}^{\infty}\frac{1}{k^2}=C\frac{\pi^2}{6}$$

从而 $$C=\frac{6}{\pi^2}$$

于是，$X$ 的概率分布为

$$P(X=k)=\frac{6}{\pi^2k^2}\quad(k=1,2,\cdots)$$

$X$ 的分布函数为

$$F(x)=P(X<x)=\sum_{k<x}P(X=k)=\frac{6}{\pi^2}\sum_{k<x}\frac{1}{k^2}$$

**【例 2-3】** 已知随机变量 $X$ 的分布函数为

$$F(x)=\begin{cases}0, & x\leqslant 0\\ \frac{1}{3}, & 0<x\leqslant 1\\ \frac{1}{2}, & 1<x\leqslant 2\\ 1, & x>2\end{cases}$$

求：$P(X<\frac{1}{2})$，$P(1\leqslant X<\frac{3}{2})$，$P(1\leqslant X\leqslant\frac{3}{2})$。

**解** $P(X<\frac{1}{2})=F(\frac{1}{2})=\frac{1}{3}$，由式(2-2)得

$$P(1\leqslant X<\frac{3}{2})=F(\frac{3}{2})-F(1)=\frac{1}{2}-\frac{1}{3}=\frac{1}{6}$$

$$P(1\leqslant X\leqslant\frac{3}{2})=P(1\leqslant X<\frac{3}{2})+P(X=\frac{3}{2})=\frac{1}{6}+0=\frac{1}{6}$$

**【例 2-4】** 对某目标进行独立射击，直到命中为止，如果每次射击的命中率都为 $p$，求射击次数 $X$ 的概率分布与分布函数。

**解** 每次射击命中的概率为 $p$，不命中的概率为 $q=1-p$，假如第 $k$ 次射击才命中，则前 $k-1$ 次都未命中。由于射击相互独立，因此射击 $k$ 次才命中的概率为

$$P(X=k)=q^{k-1}p\quad(k=1,2,\cdots)\tag{2-7}$$

这就是概率分布，这种分布称为几何分布。

因为当 $x\leqslant 1$ 时，$X<x$ 是不可能事件，所以

$$F(x)=P(X<x)=0$$

当 $1<x\leqslant 2$ 时

$$F(x)=P(X<x)=P(X=1)=p=1-q$$

当 $2<x\leqslant 3$ 时

$$\begin{aligned}F(x)&=P(X<x)=P(X=1)+P(X=2)=p+qp\\&=p(1+q)=(1+q)(1-q)=1-q^2\end{aligned}$$

当 $k<x\leqslant k+1$ 时

$$\begin{aligned}F(x)&=P(X<x)=P(X=1)+P(X=2)+\cdots+P(X=k)\\&=p+qp+q^2p+\cdots+q^{k-1}p\\&=p(1+q+q^2+\cdots+q^{k-1})\end{aligned}$$

$$= p \cdot \frac{1 - q^k}{1 - q} = 1 - q^k$$

所以 $X$ 的分布函数为

$$F(x) = \begin{cases} 0, & x \leqslant 1 \\ 1 - q^{[x]}, & x > 1 \end{cases}$$

式中:$[x]$表示小于 $x$ 的最大整数。

## 二、几种重要的离散型随机变量的概率分布

### (一)(0-1)分布(又称两点分布)

设随机变量 $X$ 只可能取 0 和 1 两个值,它的概率分布是

$$P(X = 1) = p, P(X = 0) = 1 - p = q \quad (0 < p < 1)$$

则称 $X$ 服从(0-1)分布,或称 $X$ 具有(0-1)分布。

(0-1)分布的分布列可写成如下形式

| $X$ | 0 | 1 |
|---|---|---|
| $p_i$ | $1-p$ | $p$ |

$X$ 的分布函数为

$$F(x) = \begin{cases} 0, & x \leqslant 0 \\ 1 - p, & 0 < x \leqslant 1 \\ 1, & x > 1 \end{cases}$$

对于一个随机试验,如果它只有两种可能结果,即 $\Omega = \{\omega_1, \omega_2\}$,总能在 $\Omega$ 上定义一个具有(0-1)分布的随机变量

$$X = \begin{cases} 0, \text{当发生 } \omega_1 \\ 1, \text{当发生 } \omega_2 \end{cases}$$

用它来描述这个随机试验的结果。(0-1)分布是经常遇到的一种分布。例如:检验产品的质量是否合格,统计新生婴儿的性别是男还是女,抛硬币观察出现正面还是反面,观察某地每年 5 月 1 日是有雨还是无雨等,都可以用(0-1)分布的随机变量来描述。

### (二)贝努利概型与二项分布

将试验 $E$ 重复进行 $n$ 次,若各次试验的结果互不影响,即每次试验出现什么结果的概率都不依赖于其他各次试验的结果,则称这 $n$ 次试验是相互独立的。

设试验 $E$ 只有两个可能的结果:$A$ 及 $\overline{A}$,记 $P(A) = p, P(\overline{A}) = 1 - p = q(0 < p < 1)$,将 $E$ 独立地重复进行 $n$ 次,则称这一串重复的独立试验为 $n$ 重(次)贝努利试验,简称贝努利试验。

贝努利试验是一种很重要的数学模型,它可以作为客观世界中一类广泛的随机现象的抽象表述,因此有着广泛的应用,是被研究得最多的模型之一。这种模型有时又被称为重复独立试验概型或贝努利概型。

在贝努利概型中,事件 $A$ 可能发生 $0, 1, \cdots, n$ 次,下面来求事件 $A$ 恰好发生 $k$

$(0\leqslant k\leqslant n)$次的概率 $P_n(k)$。

先看一个例子。

**【例 2-5】** 对同一目标作 3 次独立射击，每次命中目标的概率为 $p$，不命中目标的概率是 $q=1-p$，若以 $X$ 表示 3 次射击中击中目标的次数，则 $X$ 是贝努利概型的随机变量，试求 $X$ 的分布列。

**解** 设 $A_i$ 表示"第 $i$ 次射击命中目标"$(i=1,2,3)$，则有：

(1) $(X=0)=\overline{A}_1\ \overline{A}_2\ \overline{A}_3$，含有 $C_3^0=1$ 个基本事件；

(2) $(X=1)=A_1\ \overline{A}_2\ \overline{A}_3+\overline{A}_1\ A_2\ \overline{A}_3+\overline{A}_1\ \overline{A}_2\ A_3$，含有 $C_3^1=3$ 个基本事件；

(3) $(X=2)=A_1\ A_2\ \overline{A}_3+A_1\ \overline{A}_2A_3+\overline{A}_1A_2\ A_3$，含有 $C_3^2=3$ 个基本事件；

(4) $(X=3)=A_1\ A_2\ A_3$，含有 $C_3^3=1$ 个基本事件。

所以，由概率的加法公式和乘法公式（注意应用公式时所要的互斥、独立等条件都是满足的）得

$$P(X=0)=P(\overline{A}_1\ \overline{A}_2\ \overline{A}_3)=P(\overline{A}_1)P(\overline{A}_2)P(\overline{A}_3)=q^3=C_3^0p^0q^3$$

$$\begin{aligned}P(X=1)&=P(A_1\ \overline{A}_2\ \overline{A}_3+\overline{A}_1\ A_2\ \overline{A}_3+\overline{A}_1\ \overline{A}_2\ A_3)\\&=P(A_1\ \overline{A}_2\ \overline{A}_3)+P(\overline{A}_1\ A_2\ \overline{A}_3)+P(\overline{A}_1\ \overline{A}_2\ A_3)\\&=P(A_1)P(\overline{A}_2)P(\overline{A}_3)+P(\overline{A}_1)P(A_2)P(\overline{A}_3)+P(\overline{A}_1)P(\overline{A}_2)P(A_3)\\&=pqq+qpq+qqp\\&=C_3^1pq^2\end{aligned}$$

相仿
$$P(X=2)=C_3^2p^2q,P(X=3)=C_3^3p^3q^0$$

因此 $X$ 的分布列为

| $X$ | 0 | 1 | 2 | 3 |
|---|---|---|---|---|
| $P_i$ | $C_3^0p^0q^3$ | $C_3^1pq^2$ | $C_3^2p^2q$ | $C_3^3p^3q^0$ |

从上述分布列中不难看出，三次射击命中目标 $k$ 次的概率为 $P(X=k)=C_3^kp^kq^{3-k}$，其中 $C_3^k$ 为 3 次射击命中目标 $k$ 次所含的基本事件数。由此，我们可以得出二项分布的一般公式。

在 $n$ 次贝努利试验中，$A$ 恰好出现 $k(k\leqslant n)$次的概率为

$$P_n(X=k)=C_n^kp^kq^{n-k},k=0,1,2,\cdots,n \tag{2-8}$$

由于式(2-8)的右端是二项式$(p+q)^n$展开式的第 $k+1$ 项，所以称此分布为二项分布，随机变量 $X$ 就称服从二项分布，简记为 $X\sim B(n,p)$。其中 $n,p$ 为分布参数。为简单起见，式(2-8)中 $P_n(X=k)$的脚标 $n$ 常省略。

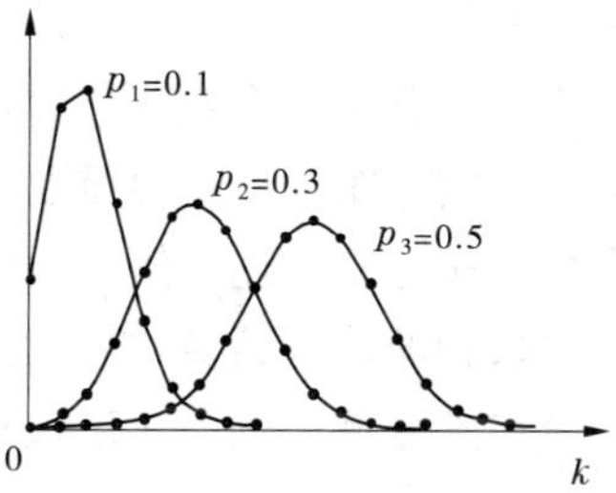

图 2-5

以随机变量的取值 $k$ 作为横坐标，以取值相应的概率为纵坐标，点绘 $n=20,p=0.1,0.3,0.5$ 时的二项分布图（见图 2-5）。从图 2-5 中可直观地看出，$p=0.5$

时的图形是对称的，其他是不对称的。应当注意的是，二项分布是离散的，图中连线只是为了说明 $p$ 不同，则点的位置不同，并不表示二项分布可用连续折线表示。

当 $n=1$ 时，$k$ 只能取 0 和 1，于是有

$$P(X=0)=C_1^0p^0q^1=q$$

$$P(X=1)=C_1^1p^1q^0=p$$

这就是说，当 $n=1$ 时的二项分布就是 $(0-1)$ 分布。

**【例 2-6】** 一座小型水库，每年出现超标洪水的概率为 1/50，假定各年是否出现超标洪水是相互独立的，求：在水库建成后 20 年内恰有 2 年出现超标洪水的概率和出现超标洪水的年数在 4 年以上的概率。

**解** 将每年观测该年的最大洪水看成一次试验，按题意，为 20 次重复独立试验。令 $X$ 表示出现超标洪水的年数，则为 $X\sim B(20,1/50)$ 分布，于是所求概率为

$$P(X=2)=C_{20}^2\left(\frac{1}{50}\right)^2\left(\frac{49}{50}\right)^{20-2}\approx 0.052\,8$$

$$\begin{aligned}P(X\geqslant 4)&=1-P(X<4)\\&=1-[P(X=0)+P(X=1)+P(X=2)+P(X=3)]\\&\approx 1-(0.667\,6+0.272\,5+0.052\,8+0.006\,5)\approx 0.000\,6\end{aligned}$$

**【例 2-7】** 一幢大楼装有 5 个不同型号的供水设备，已知在任一时刻，每个设备被使用的概率为 0.1，求在同一时刻：①恰有 2 个设备被使用的概率；②至少 3 个设备被使用的概率；③至多有 3 个设备被使用的概率；④至少有 1 个设备被使用的概率。

**解** 设 $X$ 为同一时刻被使用设备的个数，则由题意知，$X\sim B(5,0.1)$。

$$P(X=k)=C_5^k(0.1)^k(0.9)^{5-k},k=0,1,2,\cdots,5$$

(1) $P(X=2)=C_5^2(0.1)^2(0.9)^3\approx 0.073$。

(2) $P(X\geqslant 3)=P(X=3)+P(X=4)+P(X=5)$
$=C_5^3(0.1)^3(0.9)^2+C_5^4(0.1)^4(0.9)+C_5^5(0.1)^5\approx 0.008\,6$。

(3) $P(X\leqslant 3)=1-P(X>3)=1-P(X=4)-P(X=5)$
$=1-C_5^4(0.1)^4(0.9)-C_5^5(0.1)^5\approx 0.999\,5$。

(4) $P(X\geqslant 1)=1-P(X=0)=1-C_5^0(0.1)^0(0.9)^5\approx 0.41$。

### (三) 泊松分布

若随机变量 $X$ 的可能取值为 $0,1,2,\cdots$，而 $X=k$ 的概率为

$$P(X=k)=\frac{\lambda^k e^{-\lambda}}{k!},k=0,1,2,\cdots \tag{2-9}$$

则称 $X$ 服从泊松分布，其中参数 $\lambda>0$。泊松分布常记为 $P_\lambda(k)$。

泊松分布是一个很重要的分布，计算也较方便，有表可查（见附表 1），很多实际问题可用泊松分布描述。例如电话交换台在某段时间里接到的呼唤次数，公共汽车站单位时间内来到的乘客数，纺纱机在单位时间内断头的次数，单位面积布面上的疵点数，显微镜下落在某区域中的白血球数等。在水文气象领域，也曾有人将泊松分布用于暴雨、冰雹等现象的研究中。

**【例 2-8】** 某电话交换台，每分钟的呼唤次数 $X$ 服从参数为 4 的泊松分布，求：①每

分钟恰有 8 次呼唤的概率;②每分钟的呼唤次数大于 3 的概率。

**解** $$P(X=k)=\frac{4^k e^{-4}}{k!},k=0,1,2,\cdots$$

① $P(X=8)=\dfrac{4^8 e^{-4}}{8!}\approx 0.0298$。

② $P(X>3)=1-P(X\leqslant 3)=1-\sum\limits_{k=0}^{3}\dfrac{4^k e^{-4}}{k!}$

$$\approx 1-(0.0183+0.0732+0.1465+0.1954)\approx 0.5666。$$

**(四)泊松定理**

设一串随机变量 $X_n(n=1,2,\cdots)$ 服从二项分布,其分布律为

$$P_n(X_n=k)=C_n^k p_n^k(1-p_n)^{n-k},\ k=0,1,2,\cdots,n$$

这里概率 $P_n$ 是与 $n$ 有关的数,又设 $np_n=\lambda>0$ 是常数 $(n=1,2,\cdots)$,则有

$$\lim_{n\to\infty}P_n(X_n=k)=\frac{\lambda^k e^{-\lambda}}{k!} \tag{2-10}$$

显然,定理的条件 $np_n=\lambda$(常数)意味着当 $n$ 很大时,$p_n$ 必定很小。据此上述定理表明当 $n$ 很大,$p$ 很小时有以下的近似式

$$C_n^k p^k(1-p)^{n-k}\approx\frac{\lambda^k e^{-\lambda}}{k!} \tag{2-11}$$

其中 $\lambda=np$。

因此,当 $n$ 很大时,二项分布的计算很麻烦,在这种情况下,可通过泊松分布来求出二项分布的近似值。图 2-6 反映了泊松分布对二项分布的近似情况。

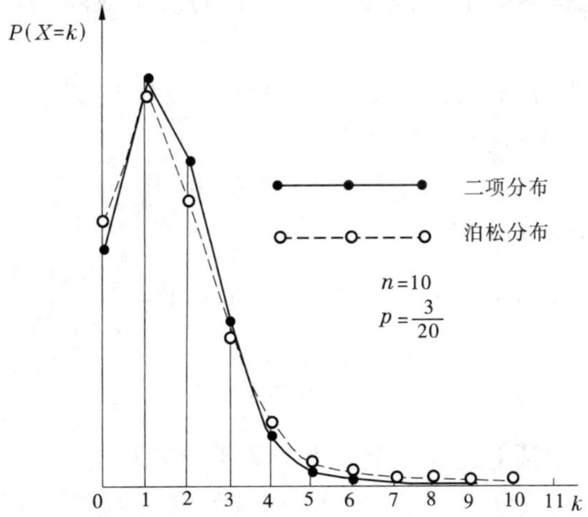


图 2-6

【例 2-9】 据统计,上海夏季 5 ~ 9 月份任一天出现暴雨的概率(实为频率)为 0.019,假定各日是否出现暴雨相互独立,求任一年夏季恰有 4 个暴雨日的概率。

**解** 5 ~ 9 月共有 153 d,把观测每天是否出现暴雨看成一次试验,因假定各日是否出现暴雨相互独立,所以这是贝努利试验。于是,夏季恰有 4 个暴雨日的概率为

$$P(X=4)=C_{153}^4(0.019)^4(1-0.019)^{153-4}\approx 0.1641$$

若用泊松分布公式计算,则 $\lambda = np = 153 \times 0.019 = 2.907$ ,于是有

$$P(X = 4) = \frac{(2.907)^4}{4!}e^{-2.907} = 2.975\ 56 \times 0.054\ 6 = 0.162\ 5$$

二者相差甚小。

**【例 2-10】** 某人进行射击,设每次射击的命中率为 0.02,独立射击 400 次,试求击中的次数大于等于 2 的概率。

**解** 将每次射击看成是一次试验,设击中的次数为 $X$ ,则 $X$ 服从参数为 $n = 400$, $p = 0.02$ 的二项分布,其分布律为

$$P(X = k) = C_{400}^k(0.02)^k(0.98)^{400-k}, k = 0,1,2,\cdots,400$$

于是所求的概率为

$$\begin{aligned}P(X \geqslant 2) &= 1 - [P(X = 0) + P(X = 1)] \\ &= 1 - [(0.98)^{400} + 400(0.02)(0.98)^{399}]\end{aligned}$$

直接计算上式显然是麻烦的,利用近似式(2-11)来计算概率 $P(X \geqslant 2)$ 。因为

$$P(X = k) \approx \frac{\lambda^k e^{-\lambda}}{k!}, \lambda = np = 8$$

于是 $$P(X = 0) \approx e^{-8},\ P(X = 1) \approx 8e^{-8}$$

因此 $$P(X \geqslant 2) \approx 1 - e^{-8} - 8e^{-8} = 1 - 9e^{-8} \approx 1 - 0.003 = 0.997$$

**【例 2-11】** 为了保证设备的正常工作,需要配备适量的维修工人(工人配备多了就浪费,配备少了又要影响生产),现有同类型设备 300 台,各台工作是相互独立的,发生故障的概率都是 0.01,在通常情况下一台设备的故障可由一个人来处理(我们也只考虑这种情况),问至少需要配备多少工人,才能保证当设备发生故障,但不能及时维修的概率小于 0.01?

**解** 设需要配备 $N$ 个工人,记同一时刻发生故障的设备台数为 $X$,那么,$X \sim B(300,0.01)$,所要解决的问题是确定 $N$ 使得

$$P(X > N) \leqslant 0.01$$

由泊松定理(这里 $\lambda = np = 3$)

$$P(X > N) = 1 - P(X \leqslant N) \approx 1 - \sum_{k=0}^{N}\frac{3^k e^{-3}}{k!}$$

于是 $$\sum_{k=0}^{N}\frac{3^k e^{-3}}{k!} \geqslant 0.99$$

解得 $N \geqslant 8$。因此,达到上述要求至少需配备 8 个工人。

类似的问题在其他领域也会遇到。例如,机场的每条跑道不允许同时供多于一架飞机使用,而对每架飞机都修一条跑道显然绝非上策,但又不容许飞机在上空盘旋很久而得不到空闲的跑道,这就要合理地确定修建跑道的条数。

**【例 2-12】** 在例 2-11 中,若由一人负责维修 20 台设备,每台设备发生故障的概率仍为 0.01,求设备发生故障而不能及时处理的概率。若由 3 人共同负责维修 80 台呢?

**解** 前一种情况为同时有两台以上设备发生故障时,所论事件发生,因此所求的概率等于 $P(X \geqslant 2)$ ,这里 $n = 20$, $\lambda = np = 0.2$,则

$$P(X \geqslant 2) \approx \sum_{k=2}^{20} \frac{(0.2)^k e^{-0.2}}{k!} = 1 - P(X < 2) = 0.0175$$

同理,若由 3 人共同负责维修 80 台,则所求的概率为

$$P(X \geqslant 4) \approx \sum_{k=4}^{80} \frac{(0.8)^k e^{-0.8}}{k!} = 1 - P(X < 4) \approx 0.0091$$

从中发现,后一种情况尽管任务重了(每人平均维护约 27 台),但工作质量不仅没有降低,反而提高了。这个例子表明概率方法可以用来讨论国民经济的某些问题,以便达到更有效地使用人力、物力资源的目的。而这正是运筹学的目的,因此概率方法就成为运筹学的一个有力工具。

## 第三节　连续型随机变量与分布密度

### 一、连续型随机变量与分布密度

设随机变量 $X$ 的分布函数为 $F(x)$ ,如果存在非负函数 $f(x)$ ,使对任意实数 $x$ ,有

$$F(x) = \int_{-\infty}^{x} f(x)\,dx \tag{2-12}$$

则称 $X$ 为连续型随机变量。

式中, $f(x)$ 称为概率分布密度函数,简称分布密度函数,或称密度函数、概率密度。注意式(2-12)中 $x$ 的不同含义,该式表示 $F(x) = \int_{-\infty}^{x} f(t)\,dt$ 。

由式(2-12)可知,连续型随机变量的分布函数是连续函数。

连续型随机变量的分布函数,完全由其密度函数所确定,从而连续型随机变量的概率特性也完全由其密度函数所确定,因此在讨论连续型随机变量时,往往使用密度函数作为工具。

由密度函数的定义,易知

$$f(x) \geqslant 0 \tag{2-13}$$

$$\int_{-\infty}^{+\infty} f(x)\,dx = 1 \tag{2-14}$$

反之,满足上述两个条件的任何一个函数 $f(x)$ 都可能为某一连续型随机变量的密度函数,而由式(2-12)所定义的函数 $F(x)$ 是一个连续型分布函数。式(2-13)和式(2-14)反映了密度函数的本质,是密度函数的两条基本性质。

连续型随机变量 $X$ 落在 $[a,b)$ 区间的概率为

$$P(a \leqslant X < b) = F(b) - F(a) = \int_{a}^{b} f(x)\,dx \tag{2-15}$$

图 2-7 表示连续型随机变量的密度函数与分布函数间的关系。$F(x)$ 在任一点 $x_0$ 处的值 $F(x_0)$ 就是图中密度函数曲线 $y = f(x)$ 下 $x_0$ 左边阴影部分的面积;密度函数曲线 $y = f(x)$ 与 $x$ 轴间的面积等于 1;随机变量 $X$ 落在区间 $(x_1, x_2)$ 内的概率等于图中密度函数曲线下介于 $x_1$ 与 $x_2$ 之间的面积。

利用式(2-12),由密度函数 $f(x)$ 可以求得分布函数;反之,由分布函数也可以求得密

度函数，即若$f(x)$在点$x$处连续，则有

$$F'(x) = \frac{dF(x)}{dx} = f(x) \tag{2-16}$$

这是因为在式(2-12)中$F(x)$是积分上限的函数，将式(2-12)两边对积分上限求导数，即得式(2-16)。

为了进一步说明密度函数的意义，我们进行如下的讨论，设$\Delta x > 0$，则

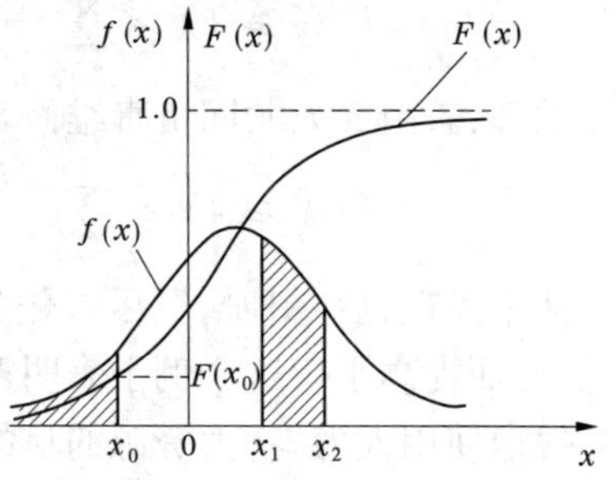


图 2-7

$$\frac{1}{\Delta x}P(x \leqslant X < x + \Delta x) = \frac{1}{\Delta x}[F(x + \Delta x) - F(x)]$$

是随机变量$X$在$x \sim (x+\Delta x)$取值的平均概率，即在区间$[x, x+\Delta x)$上概率分布的平均密集程度。由于

$$\lim_{\Delta x \to 0} \frac{1}{\Delta x} P(x \leqslant X < x + \Delta x) = \lim_{\Delta x \to 0} \frac{1}{\Delta x}[F(x + \Delta x) - F(x)] = F'(x) = f(x)$$

因此，$f(x)$实际上反映了在点$x$处概率分布的密集程度，我们不能将$f(x)$认为是$X$取$x$值的概率。下面我们来证明，若$X$是连续型随机变量，则对任一常数$c$，则$P(X = c) = 0$。这是因为

$$0 \leqslant P(X = c) \leqslant P(c \leqslant X < c + h) = \int_c^{c+h} f(x)\,dx$$

所以

$$0 \leqslant P(X = c) \leqslant \lim_{h \to 0}\int_c^{c+h} f(x)\,dx = 0$$

这就是说连续型随机变量取单个值的概率为0。因此，在讨论连续型随机变量的概率时，总是考虑它取值于某个区间的概率，而不考虑它取某一特定值的概率。而且在进行概率计算时，区间的端点是否包括在内是无关紧要的，这是连续型随机变量与离散型随机变量的重大区别。

最后应当指出的是，在水文计算中，常常关心某种水文变量超过某一数值的概率，为了直观和方便起见，我国水文工作者在描述水文变量的概率分布时，常不采用分布函数$F(x)$，而采用它的余量，即

$$G(x) = P(X \geqslant x) = 1 - F(x) \tag{2-17}$$

并称之为超过制概率(或超过累积频率)，相应地称$F(x)$为不及制概率(或不及累积频率)。

对连续型水文变量$X$有

$$G(x) = \int_x^{+\infty} f(x)\,dx \tag{2-18}$$

它在$x_0$处的值$G(x_0)$是图2-8中$x_0$上边与$f(x)$曲线下面所夹的面积。

按照习惯，我国水文工作者绘制$G(x)$曲线(水文上通常称为频率曲线)时，以纵坐标表示水文变量$x$，以横坐标表示频率$G(x)$。由于大多数水文变量，如径流量、降水量等，其最小值一般都不小于0，而又不能明确它们的物理上限，所以一般取$G(0) = 1$，而曲线上端无限，如图2-8所示。在不造成混淆的情况下，水文工作中有时仍用符号$F(x)$表示

超过制概率。

【例 2-13】 设随机变量 $X$ 具有密度函数

$$f(x)=\begin{cases}ke^{-3x}, & x>0\\0, & x\leqslant 0\end{cases}$$

试确定常数 $k$,并求 $P(X\geqslant 0.1)$。

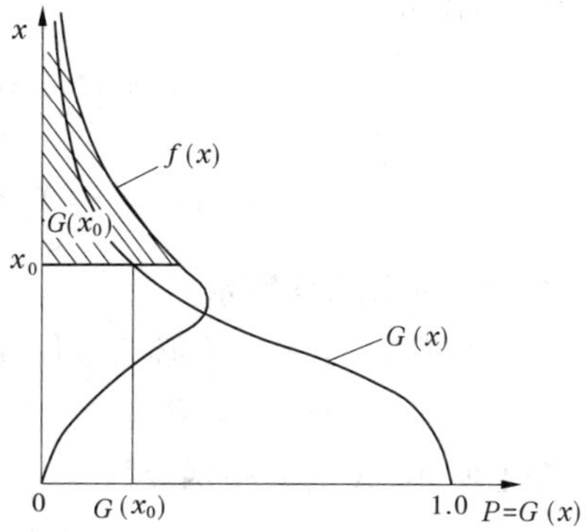

图 2-8

**解** 由于 $\int_{-\infty}^{+\infty}f(x)\mathrm{d}x=1$

因此 $$\int_0^{+\infty}ke^{-3x}\mathrm{d}x=1$$

解得 $$k=3$$

于是 $X$ 的密度函数为

$$f(x)=\begin{cases}3e^{-3x}, & x>0\\0, & x\leqslant 0\end{cases}$$

$$P(X\geqslant 0.1)=1-P(X<0.1)=1-\int_0^{0.1}f(x)\mathrm{d}x=1-\int_0^{0.1}3e^{-3x}\mathrm{d}x=0.740\ 8$$

或者

$$P(X\geqslant 0.1)=\int_{0.1}^{+\infty}f(x)\mathrm{d}x=\int_{0.1}^{+\infty}3e^{-3x}\mathrm{d}x\approx 0.740\ 8$$

若随机变量 $X$ 具有密度函数

$$f(x)=\begin{cases}\lambda e^{-\lambda x}, & x>0\\0, & x\leqslant 0\end{cases}\tag{2-19}$$

其中 $\lambda>0$ 为常数,则称 $X$ 服从参数为 $\lambda$ 的指数分布。其分布函数为

$$F(x)=\begin{cases}1-e^{-\lambda x}, & x\geqslant 0\\0, & x<0\end{cases}\tag{2-20}$$

指数分布常用来作为各种“寿命”分布的近似,例如无线电元件的寿命、动物寿命、电话问题中的通话时间、随机服务系统的服务时间等,都可以用指数分布描述。

指数分布的重要性还表现在它具有“无记忆性”。设随机变量 $X$ 服从指数分布,则对任意实数 $s>0$ 和 $t>0$,有

$$P(X>s+t|X>s)=\frac{P(X>s+t,X>s)}{P(X>s)}=\frac{P(X>s+t)}{P(X>s)}=\frac{e^{-\lambda(s+t)}}{e^{-\lambda s}}=e^{-\lambda t}$$

即

$$P(X>s+t|X>s)=P(X>t)\tag{2-21}$$

假如把 $X$ 解释为寿命,式(2-21)表明,已知寿命大于 $s$ 年,则再活 $t$ 年的概率与年龄 $s$ 无关,好像是把过去的经历全忘了,这就是所谓的“无记忆性”,有时人们还风趣地称指数分布是“永远年轻的”。

【例 2-14】 某射手向一靶子射击,已知靶子是半径为 $R$ 的圆盘,又已知该射手每次射击都能中靶,且击中靶上任一同心圆盘的概率与该圆盘的半径平方成正比,以 $X$ 表示弹着点与圆心的距离,试求随机变量 $X$ 的分布函数。

**解** 当 $x\leqslant 0$ 时,事件 $(X<x)$ 为不可能事件,于是 $F(x)=P(X<x)=0$。

当 $0 < x \leqslant R$ 时,由题意得 $P(0 \leqslant X \leqslant x) = cx^2$,其中 $c$ 为待定常数。由于 $0 \leqslant X \leqslant R$ 为必然事件,因此

$$1 = P(0 \leqslant X \leqslant R) = cR^2, c = \frac{1}{R^2}$$

$$F(x) = P(X < x) = P(0 \leqslant X < x) = \frac{x^2}{R^2}$$

$F(x)$ 的图形如图 2-9 所示。

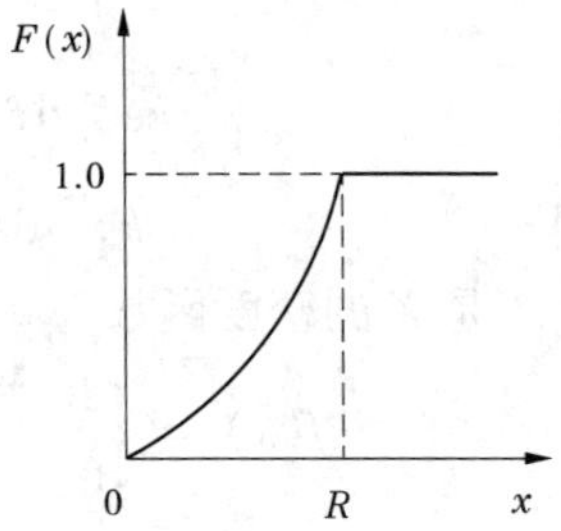


图 2-9

当 $x > R$ 时,$X < x$ 为必然事件,故

$$F(x) = P(X < x) = 1$$

综上所述,$X$ 的分布函数为

$$F(x) = \begin{cases} 0, & x \leqslant 0 \\ \dfrac{x^2}{R^2}, & 0 < x \leqslant R \\ 1, & x > R \end{cases}$$

## 二、几种重要的连续型随机变量的分布

### (一)均匀分布

设随机变量 $X$ 在有限区间 $[a,b]$ 内取值,且其密度函数为

$$f(x) = \begin{cases} \dfrac{1}{b-a}, & a \leqslant x \leqslant b \\ 0, & \text{其他} \end{cases} \tag{2-22}$$

则称 $X$ 在区间 $[a,b]$ 上服从均匀分布,记为 $X \sim U(a,b)$ 。

若有限区间 $[a,b]$ 的长度为 $l$ ,即 $l = b - a$ ,随机变量 $X$ 在 $[a,b]$ 上服从均匀分布,则其密度函数又可表示为

$$f(x) = \begin{cases} \dfrac{1}{l}, & a \leqslant x \leqslant b \\ 0, & \text{其他} \end{cases}$$

由式(2-12)可得 $X$ 的分布函数为

$$F(x) = \int_{-\infty}^{x} f(x)\mathrm{d}x = \begin{cases} 0, & x \leqslant a \\ \dfrac{x-a}{b-a}, & a < x \leqslant b \\ 1, & x > b \end{cases} \tag{2-23}$$

$f(x)$ 和 $F(x)$ 的图形如图 2-10 所示。

若随机变量 $X$ 在区间 $[a,b]$ 上服从均匀分布,则对于 $[a,b]$ 内任一长度为 $d$ 的小区间 $(c,c+d)$ 有

$$P(c < X < c + d) = \int_{c}^{c+d} \frac{1}{b-a}\mathrm{d}x = \frac{d}{b-a}$$

这说明 $X$ 落在 $[a,b]$ 中任一小区间的概率与该小区间的长度 $d$ 成正比,而与小区间的具体位置无关。因此,$X$ 落在 $[a,b]$ 内任意等长小区间内的概率都是相等的,这也是

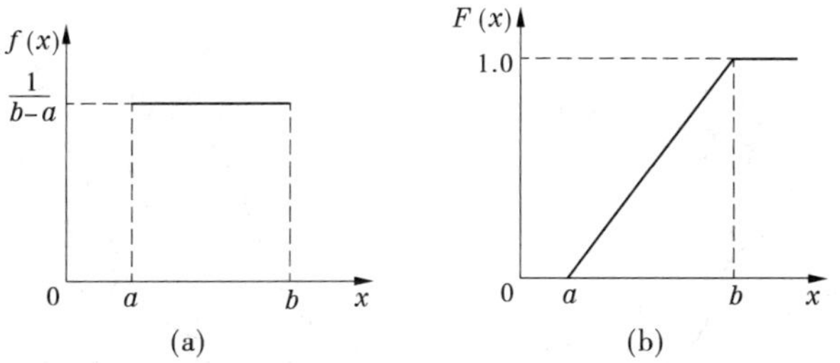


图 2-10

一种等可能性的意思。

【例 2-15】 据气象部门预测,某号台风即将在我国东南沿海某地桩号为 1 000 ~ 2 000 km的海岸线登陆,如果登陆点 $X$ 是在1 000 ~ 2 000 km 的区间内服从均匀分布的随机变量,试求该号台风在桩号为 1 200 ~ 1 700 km 的区间内登陆的概率。

**解** 根据题意, $X$ 的分布密度函数 $f(x)$ 为

$$f(x) = \begin{cases} \dfrac{1}{2\,000 - 1\,000} = \dfrac{1}{1\,000}, & 1\,000 \leqslant x \leqslant 2\,000 \\ 0, & \text{其他} \end{cases}$$

所以
$$P(1\,200 \leqslant X \leqslant 1\,700) = \int_{1\,200}^{1\,700} \frac{1}{1\,000} \mathrm{d}x = \frac{1}{2}$$

这个结果与用几何方法求得的结果是一样的。

**(二)正态分布**

设随机变量 $X$ 的概率密度为

$$f(x) = \frac{1}{\sqrt{2\pi}\sigma} \mathrm{e}^{-\frac{(x-a)^2}{2\sigma^2}}, \quad -\infty < x < +\infty \tag{2-24}$$

其中 $a,\sigma(a,\sigma > 0)$ 为常数,则称 $X$ 服从参数为 $a,\sigma$ 的正态分布,记作 $X \sim N(a,\sigma^2)$。

正态分布的分布函数为

$$F(x) = \frac{1}{\sqrt{2\pi}\sigma} \int_{-\infty}^{x} \mathrm{e}^{-\frac{(x-a)^2}{2\sigma^2}} \mathrm{d}x \tag{2-25}$$

$f(x)$和 $F(x)$的图形如图 2-11 所示。

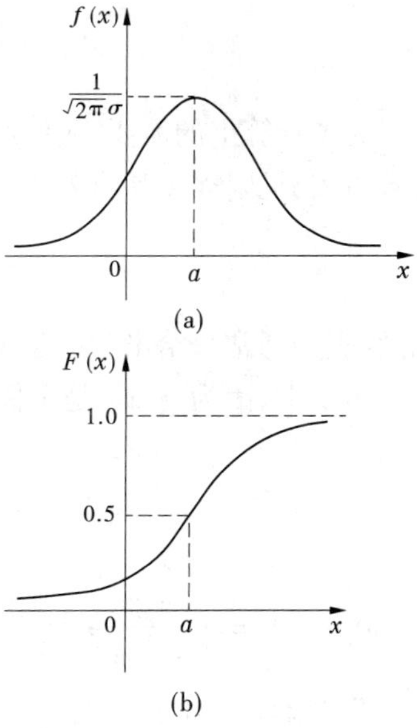


图 2-11

从图 2-11 中可以看出, $f(x)$ 的图形呈钟形,相对于直线 $x = a$ 对称;当 $x \to \pm\infty$ 时,曲线以 $x$ 轴为渐近线;在 $x = a$ 处 $f(x)$ 取得最大值 $f(a) = \dfrac{1}{\sqrt{2\pi}\sigma}$;由于密度函数曲线下的总面积恒等于 1,因此 $\sigma$ 越大,密度函数曲线越平坦, $\sigma$ 越小,曲线越尖瘦,如图 2-12 所示。

另外,如果 $\sigma$ 固定,改变 $a$ 的值,则 $f(x)$ 的图形沿着 $x$ 轴平行移动,而不改变形状,见图 2-13。可见, $f(x)$ 的形状完全由 $\sigma$ 决定,而位置完全由 $a$ 决定。关于参数 $a$ 与 $\sigma$ 的统计意义以后还将详细介绍。

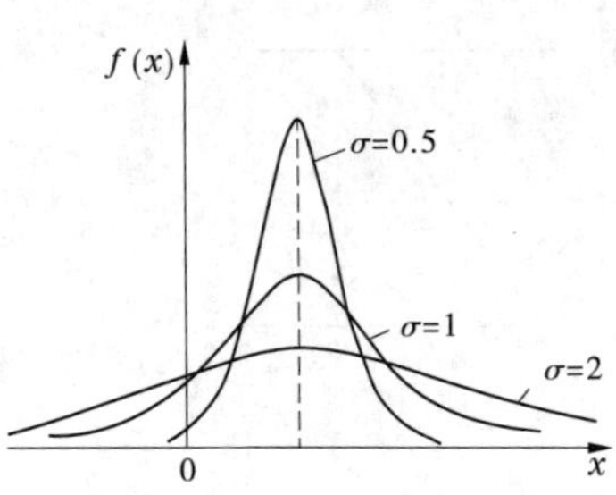


图 2-12

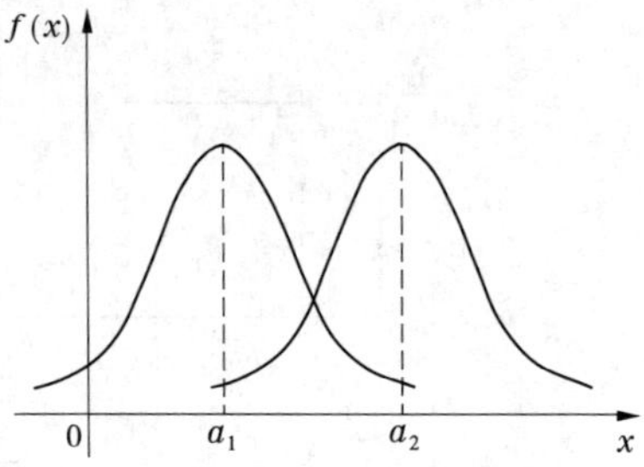


图 2-13

正态分布是概率论中最重要的一个分布,高斯(Gauss)在研究误差理论时曾导出这一分布,所以又称为高斯分布。许多实际问题中的变量,如测量误差、人体身高、作物产量、林中树高、零件尺寸、射击偏差等,都服从或近似服从正态分布。进一步的理论研究表明,一个变量如果受到大量微小的、独立的随机因素的影响,那么这个变量一般是一个正态变量(习惯上,把服从某某分布的随机变量称为某某变量)。

若正态密度函数中 $a=0$ , $\sigma=1$,则称这样的正态分布为标准化正态分布,相应的随机变量为标准化正态变量。

标准化正态分布的密度函数和分布函数分别用 $\varphi(x)$ 和 $\Phi(x)$ 表示,即

$$\varphi(x)=\frac{1}{\sqrt{2\pi}}e^{-\frac{x^2}{2}},\ -\infty<x<+\infty \tag{2-26}$$

$$\Phi(x)=\frac{1}{\sqrt{2\pi}}\int_{-\infty}^{x}e^{-\frac{x^2}{2}}dx,\ -\infty<x<+\infty \tag{2-27}$$

为了计算上的需要,人们编制了标准化正态分布的密度函数 $\varphi(x)$ 和分布函数 $\Phi(x)$ 的数值表,见附表 2 和附表 3。

由于

$$\varphi(-x)=\varphi(x) \tag{2-28}$$

$$\Phi(-x)=1-\Phi(x) \tag{2-29}$$

因此,表中通常只给出对应于 $x>0$ 的值。

事实上,因为 $\varphi(x)$ 是个偶函数,所以式(2-28)成立。

$$\Phi(-x)=\int_{-\infty}^{-x}\frac{1}{\sqrt{2\pi}}e^{-\frac{x^2}{2}}dx$$

令 $y=-x$ ,得

$$\Phi(-x)=\int_{+\infty}^{x}\frac{1}{\sqrt{2\pi}}e^{-\frac{y^2}{2}}(-1)dy=\int_{x}^{+\infty}\frac{1}{\sqrt{2\pi}}e^{-\frac{y^2}{2}}dy=1-\int_{-\infty}^{x}\frac{1}{\sqrt{2\pi}}e^{-\frac{y^2}{2}}dy=1-\Phi(x)$$

本书附表 3 中给出的 $Q(x)$ 是标准化正态随机变量 $X$ 的超过制概率。

$$Q(x)=P(X\geqslant x)=1-P(X<x)=1-\Phi(x) \tag{2-30}$$

将式(2-30)和式(2-29)比较,得

$$\Phi(-x)=Q(x) \tag{2-31}$$

**【例 2-16】** 随机变量 $X\sim N(0,1)$分布,求:①$P(X<-1.4)$;②$P(-0.1\leqslant X<1.2)$。

**解** ①$P(X<-1.4)=\Phi(-1.4)=Q(1.4)=0.080\ 757$。

②$P(-0.1 \leqslant X < 1.2) = \Phi(1.2) - \Phi(-0.1) = 1 - Q(1.2) - Q(0.1)$
$= 1 - 0.115\,07 - 0.460\,17 = 0.424\,76$。

对于一般正态随机变量 $X \sim N(a, \sigma^2)$，可通过下列关系式求得 $F(x)$ 的函数值

$$F(x) = \Phi\left(\frac{x-a}{\sigma}\right) = 1 - Q\left(\frac{x-a}{\sigma}\right) \tag{2-32}$$

事实上

$$F(x) = \int_{-\infty}^{x} \frac{1}{\sqrt{2\pi}\sigma} e^{-\frac{(x-a)2}{2\sigma}} dx$$

令 $t = \dfrac{x-a}{\sigma}$得

$$F(x) = \int_{-\infty}^{\frac{x-a}{\sigma}} \frac{1}{\sqrt{2\pi}} e^{-\frac{t2}{2}} dt = \Phi\left(\frac{x-a}{\sigma}\right) = 1 - Q\left(\frac{x-a}{\sigma}\right)$$

**【例 2-17】** 设 $X$ 服从正态分布 $N(10, 2^2)$，① 求 $P(7 \leqslant X < 15)$；② 求 $d$，使 $P(|X - 10| < d) = 0.9$。

**解** ①$P(7 \leqslant X < 15) = F(15) - F(7) = \Phi\left(\frac{15-10}{2}\right) - \Phi\left(\frac{7-10}{2}\right)$

$= \Phi(2.5) - \Phi(-1.5) = 1 - Q(2.5) - Q(1.5)$

$= 1 - 0.006\,209\,7 - 0.066\,807 = 0.926\,98$

② 因为

$0.9 = P(|X - 10| < d) = P(-d < X - 10 < d) = F(10 + d) - F(10 - d)$

$= \Phi\left(\frac{10 + d - 10}{2}\right) - \Phi\left(\frac{10 - d - 10}{2}\right) = \Phi\left(\frac{d}{2}\right) - \Phi\left(-\frac{d}{2}\right)$

$= 1 - Q\left(\frac{d}{2}\right) - Q\left(\frac{d}{2}\right) = 1 - 2Q\left(\frac{d}{2}\right)$

所以 $Q\left(\dfrac{d}{2}\right) = 0.05$

查附表 3 得 $d/2 = 1.645, d = 3.290$

**【例 2-18】** 设 $X \sim N(a, \sigma^2)$，试求 $P(|X - a| < \sigma)$，$P(|X - a| < 2\sigma)$ 和 $P(|X - a| < 3\sigma)$。

**解** $P(|X - a| < \sigma) = P[(a - \sigma) < X < (a + \sigma)]$

$= F(a + \sigma) - F(a - \sigma)$

$= \Phi\left(\frac{a + \sigma - a}{\sigma}\right) - \Phi\left(\frac{a - \sigma - a}{\sigma}\right)$

$= 1 - Q(1) - Q(1) = 1 - 2Q(1)$

$= 1 - 2 \times 0.158\,66 = 0.682\,68$

同理可求得

$$P(|X - a| < 2\sigma) = 0.954\,5$$

$$P(|X - a| < 3\sigma) = 0.997\,3$$

这说明,随机变量 $X$ 的取值与 $a$ 值的离差绝对值不超过 $\sigma$ 的概率略大于 $\frac{2}{3}$,不超过 $2\sigma$ 的概率在 95% 以上,而超过 $3\sigma$ 的概率不到 0.003。这一点在实际应用中常称为“$3\sigma$ 法则”,详细内容将在后面有关章节中论述。在统计工作中,常用这些关系来判断一种随机变量是否可用正态分布来近似描述。

若 $X \sim N(0,1)$,对给定的 $\alpha\ (0<\alpha<1)$,满足

$$P(X \geqslant u_\alpha) = \alpha \tag{2-33}$$

则 $u_\alpha$ 的值称为 $X$ 的上侧 $\alpha$ 分位点。

**(三)P-Ⅲ型分布**

P-Ⅲ型分布是水文上广泛应用的一种分布,其密度函数为

$$f(x) = \frac{\beta^\alpha}{\Gamma(\alpha)}(x-a_0)^{\alpha-1}e^{-\beta(x-a_0)}, x > a_0 \tag{2-34}$$

P-Ⅲ型分布的密度函数图形如图 2-14 所示。

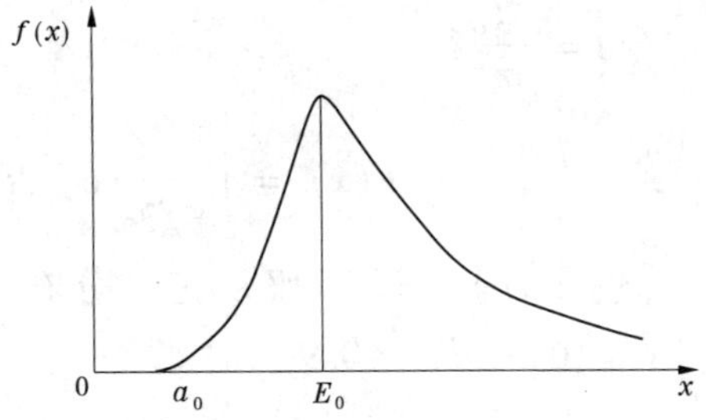

图 2-14

P-Ⅲ型分布密度函数的 $a_0, \alpha, \beta$ 为三个参数,$a_0$ 为变量的最小值。$\Gamma(a)$ 为伽马函数,定义为

$$\Gamma(\alpha) = \int_0^\infty x^{\alpha-1}e^{-x}dx \tag{2-35}$$

Γ 函数具有如下性质

$$\Gamma(\alpha+1) = \alpha\Gamma(\alpha) \tag{2-36}$$

当 $\alpha$ 是正整数时,有

$$\Gamma(\alpha+1) = \alpha! \tag{2-37}$$

$$\Gamma(1) = 1, \Gamma\left(\frac{1}{2}\right) = \sqrt{\pi} \tag{2-38}$$

$a_0=0$ 的 P-Ⅲ分布称为伽马分布或 Γ 分布,简记为 $\Gamma(\alpha,\beta)$,其密度函数为

$$f(x) = \frac{\beta^\alpha}{\Gamma(\alpha)}x^{\alpha-1}e^{-\beta x}, \alpha > 0, x > 0 \tag{2-39}$$

$\alpha=1(\beta>1)$ 的 Γ 分布称为指数分布,其密度函数为

$$f(x) = \beta e^{-\beta x}, \beta > 0, x > 0 \tag{2-40}$$

关于 P-Ⅲ分布的性质和应用,在以后有关章节中还要进一步介绍。

## 第四节 随机变量函数的分布

在实际工作中,常常会遇到这样的问题,已知随机变量 $X$ 的概率分布,$Y$ 是 $X$ 的函数 $Y=g(X)$,要求 $Y$ 的概率分布。例如,在物理学中,已知分子运动速度 $X$ 的概率分布,要求分子动能 $Y=\frac{1}{2}mX^2$ 的概率分布。

一般地，若 $X$ 是随机变量，$Y = g(X)$ 是 $X$ 的单值实函数，则 $Y$ 也是随机变量，且它的分布律可由 $X$ 的分布律导出（此处分布律是指概率函数、分布列、分布函数、密度函数中的任一个）。

先考虑一个简单的例子。

**【例 2-19】** 设 $X$ 为离散型随机变量，其分布列为

| $X$ | $-1$ | $0$ | $1$ | $2$ |
|---|---|---|---|---|
| $P(X=x_i)$ | $\frac{1}{5}$ | $\frac{2}{5}$ | $\frac{1}{5}$ | $\frac{1}{5}$ |

求 $Y = X^2$ 的分布律。

**解** 显然 $Y$ 也是一个离散型随机变量，且只能取 3 个值：0，1，4。由于

$$P(Y = 0) = P(X^2 = 0) = P(X = 0) = \frac{2}{5}$$

$$P(Y = 1) = P(X^2 = 1) = P[(X = -1) \cup (X = 1)] = \frac{2}{5}$$

$$P(Y = 4) = P(X^2 = 4) = P(X = 2) = \frac{1}{5}$$

因此，$Y$ 的分布列为

| $Y$ | $0$ | $1$ | $4$ |
|---|---|---|---|
| $P(Y=y_i)$ | $\frac{2}{5}$ | $\frac{2}{5}$ | $\frac{1}{5}$ |

在水文工作中，通常遇到的大多是连续型随机变量，因此下面着重讨论连续型随机变量函数的情形。

设 $X$ 是连续型随机变量，若 $y = g(x)$ 处处可导，则 $Y = g(X)$ 也是连续型随机变量。为区别起见，$X$ 的密度函数和分布函数分别记为 $f_X(x)$，$F_X(x)$，$Y$ 的密度函数和分布函数分别记为 $f_Y(y)$，$F_Y(y)$。

下面分几种情况进行讨论。

## 一、$y = g(x)$ 是 $x$ 的单调函数

因为 $y = g(x)$ 在 $Y$ 的值域内单调且连续，所以它的反函数 $x = g^{-1}(y)$ 存在，且在 $Y$ 的值域内单调可导。

设 $y = g(x)$ 单调增加，如图 2-15 所示，在 $Y$ 的值域内，对任意实数 $y$，事件 $Y < y$ 等价于事件 $X < g^{-1}(y)$。于是

$$F_Y(y) = P(Y < y) = P[X < g^{-1}(y)] = F_X[g^{-1}(y)]$$

从而 $Y$ 的密度函数为

$$f_Y(y) = F'_Y(y) = \frac{\mathrm{d}}{\mathrm{d}y}F_X[g^{-1}(y)] = f_X[g^{-1}(y)]\frac{\mathrm{d}g^{-1}(y)}{\mathrm{d}y} \tag{2-41}$$

如果 $y = g(x)$ 单调减少，如图 2-16 所示，在 $Y$ 的值域内，对任意实数 $y$，事件 $Y < y$

等价于事件 $X > g^{-1}(y)$，于是有

$$F_Y(y) = P(Y < y) = P[X > g^{-1}(y)] = 1 - P[X \leqslant g^{-1}(y)]$$
$$= 1 - P[X < g^{-1}(y)] - P[X = g^{-1}(y)]$$

因为
$$P[X = g^{-1}(y)] = 0$$
所以
$$F_Y(y) = 1 - P[X < g^{-1}(y)] = 1 - F_X[g^{-1}(y)]$$

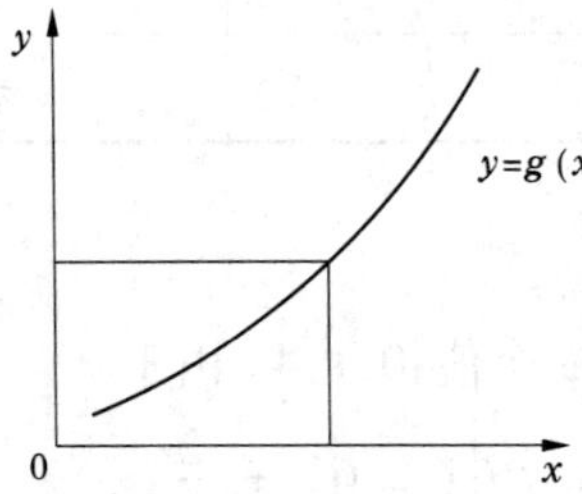


图 2-15

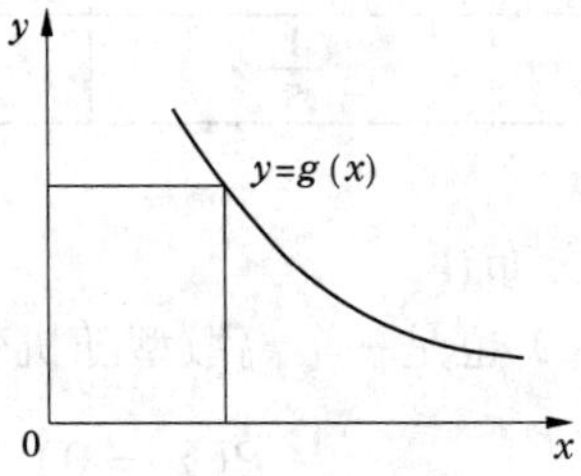


图 2-16

从而 $Y$ 的密度函数为

$$f_Y(y) = F_Y'(y) = \frac{\mathrm{d}}{\mathrm{d}y}\{1 - F_X[g^{-1}(y)]\} = -\frac{\mathrm{d}}{\mathrm{d}y}F_X[g^{-1}(y)]$$
$$= -f_X[g^{-1}(y)]\frac{\mathrm{d}g^{-1}(y)}{\mathrm{d}y} \tag{2-42}$$

当 $y = g(x)$ 单调减少时，$\frac{\mathrm{d}g^{-1}(y)}{\mathrm{d}y} < 0$，所以式(2-41)和式(2-42)可写为如下统一形式

$$f_Y(y) = f_X[g^{-1}(y)]\left|\frac{\mathrm{d}g^{-1}(y)}{\mathrm{d}y}\right| \tag{2-43}$$

**【例 2-20】** 设 $X$ 服从正态分布

$$f_X(x) = \frac{1}{\sqrt{2\pi}\sigma}\mathrm{e}^{-\frac{(x-a)^2}{2\sigma^2}}, -\infty < x < +\infty$$

试求 $Y = \frac{X - a}{\sigma}$ 的密度函数。

**解**
$$x = g^{-1}(y) = \sigma y + a, \quad \left|\frac{\mathrm{d}g^{-1}(y)}{\mathrm{d}y}\right| = |\sigma| = \sigma$$

$$f_Y(y) = \frac{1}{\sqrt{2\pi}\sigma}\mathrm{e}^{-\frac{(\sigma y + a - a)^2}{2\sigma^2}}\sigma = \frac{1}{\sqrt{2\pi}}\mathrm{e}^{-\frac{y^2}{2}}, -\infty < y < +\infty$$

所以，$Y$ 服从标准正态分布。

我们称 $Y = \frac{X - a}{\sigma}$ 的这种变换为标准化变换，以后将看到这种变换是很有用的。

事实上，如果随机变量 $X$ 服从正态分布，则 $X$ 的任意线性函数 $Y = cX + b(c \neq 0)$ 仍为正态变量，只是参数不同而已。

**【例 2-21】** 设随机变量 $X$ 具有连续的分布函数 $F(X)$，求 $Y = F(X)$ 的分布函数。

**解** 当 $0 < y \leqslant 1$ 时

$$F_Y(y) = P(Y < y) = P[F(X) < y] = P[X < F^{-1}(y)] = F|F^{-1}(y)| = y$$

当 $y \leqslant 0$ 时

$$F_Y(y) = P(Y < y) = P[F(X) < y] = P(\varnothing) = 0$$

当 $y > 1$ 时

$$F_Y(y) = P(Y < y) = P[F(X) < y] = P(\Omega) = 1$$

综合起来，$Y = F(X)$ 的分布函数为

$$F_Y(y) = \begin{cases} 0, y \leqslant 0 \\ y, 0 < y \leqslant 1 \\ 1, y > 1 \end{cases}$$

与式(2-23)比较可知，$Y = F(X)$ 服从$[0,1]$上均匀分布。

这一结果很重要，我们可以利用随机产生的$[0,1]$上均匀分布的随机数 $y$，代入 $x = F^{-1}(y)$，可得随机变量 $X$ 的抽样 $x$，这种方法在随机水文学中有重要的应用。

**【例 2-22】** 设随机变量 $X$ 的密度函数为

$$f_X(x) = \begin{cases} 2x^3 e^{-x^2}, & x \geqslant 0 \\ 0, & x < 0 \end{cases}$$

试求：① $y = 2x + 3$；② $y = \ln x$ 的密度函数。

**解** ① $y = 2x + 3, x = g^{-1}(y) = \frac{y-3}{2}$，则

$$\frac{dg^{-1}(y)}{dy}| = \frac{1}{2}$$

$$f_Y(y) = 2\left(\frac{y-3}{2}\right)^3 e^{-(\frac{y-3}{2})^2} \frac{1}{2} = (\frac{y-3}{2})^3 e^{-(\frac{y-3}{2})^2}$$

当 $x \geqslant 0$ 时，$y \geqslant 3$，有

$$f_Y(y) = \begin{cases} \left(\frac{y-3}{2}\right)^3 e^{-(\frac{y-3}{2})^2}, & y \geqslant 3 \\ 0, & y < 3 \end{cases}$$

② $y = \ln x, x = g^{-1}(y) = e^y$，则

$$\left| \frac{dg^{-1}(y)}{dy} \right| = e^y$$

$x > 0$ 时，$y$ 的值域为$(-\infty, +\infty)$。所以

$$f_Y(y) = 2(e^y)^3 e^{-(e^y)^2} e^y = 2e^{4y} e^{-e^{2y}}, \quad -\infty < y < +\infty$$

## 二、一般情况

先看一个例子，设 $Y = g(X)$ 是单值连续函数，但不是单调的，如图 2-17 所示，假定 $Y$ 在$[a,b]$内取值。

当 $y > b$ 时，$Y < y$ 为必然事件，故

$$F_Y(y) = P(Y > y) = 1$$

当 $y \leqslant a$ 时，$Y < y$ 为不可能事件，故

$$F_Y(y) = P(Y > y) = 0$$

当 $y = y_1$ 时,方程 $y_1 = g(x)$ 有解 $x_4 = g^{-1}(y_1)$,于是事件$(Y < y_1)$等价于事件$(X < x_4)$,故有

$$F_Y(y_1) = P(Y < y_1) = P(X < x_4) = F_X(x_4) = F_X[g^{-1}(y_1)]$$

当 $y = y_2$ 时,方程 $y = g(x)$ 有 3 个解

$$g(x_1) = g(x_2) = g(x_3) = y_2,\ x_1 = g_1^{-1}(y),\ x_2 = g_2^{-1}(y), x_3 = g_3^{-1}(y)$$

此时,事件 $Y < y$ 等价于事件$(X < x_1) \cup (x_2 \leqslant X < x_3)$,而且事件 $X < x_1$ 与事件 $x_2 \leqslant X < x_3$ 互斥,于是

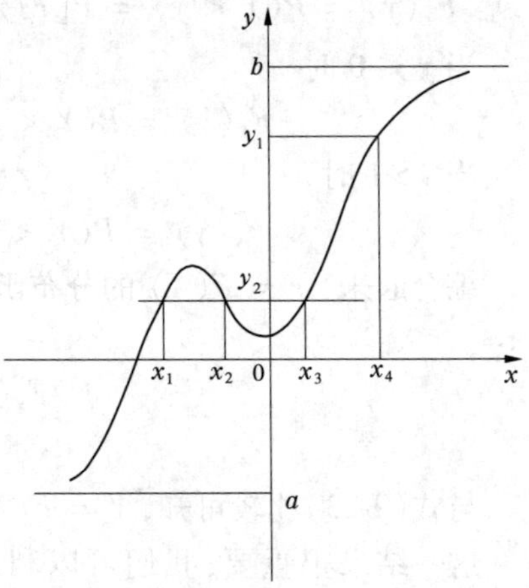


图 2-17

$$F_Y(y) = P(Y < y) = P(X < x_1) + P(x_2 \leqslant X < x_3)$$
$$= F_X(x_1) + F_X(x_3) - F_X(x_2) = F_X[g_1^{-1}(y)] + F_X[g_3^{-1}(y)] - F_X[g_2^{-1}(y)]$$

两侧对 $y$ 求导,得 $Y$ 的密度函数为

$$f_Y(y) = f_X[g_1^{-1}(y)]\frac{dg_1^{-1}(y)}{dy} + f_X[g_3^{-1}(y)]\frac{dg_3^{-1}(y)}{dy} - f_X[g_2^{-1}(y)]\frac{dg_2^{-1}(y)}{dy}$$

由于 $\frac{dg_2^{-1}(y)}{dy} < 0$,故

$$f_Y(y) = \sum_{i=1}^{3} f_X[g_i^{-1}(y)]\left|\frac{dg_i^{-1}(y)}{dy}\right|$$

由此,可引出下述定理:

设随机变量 $X$ 有密度函数 $f_X(x)$,$Y = g(X)$ 是单值连续函数,若方程 $y = g(x)$ 对 $y$ 有实根 $x_1, x_2, \cdots, x_n$,即 $x_i = g_i^{-1}(y), i = 1,2,\cdots,n$,且 $\frac{dg_i^{-1}(y)}{dy}$ $(i = 1,2,\cdots,n)$ 均存在,那么 $Y$ 的密度函数为

$$f_Y(y) = \sum_{i=1}^{n} f_X[g_i^{-1}(y)]\left|\frac{dg_i^{-1}(y)}{dy}\right| \tag{2-44}$$

【例 2-23】 设随机变量 $X$ 服从标准化正态分布 $N(0,1)$,即

$$f(x) = \frac{1}{\sqrt{2\pi}}e^{-\frac{x^2}{2}}, -\infty < x < +\infty$$

求 $Y = \frac{X^2}{2}$ 的密度函数。

**解** $y = \frac{x^2}{2}$ 有两个根:$x = g^{-1}(y) = \pm\sqrt{2y}$,即

$$x_1 = g_1^{-1}(y) = \sqrt{2y}, x_2 = g_2^{-1}(y) = -\sqrt{2y}$$

所以

$$f_Y(y) = f_X[g_1^{-1}(y)]\left|\frac{dg_1^{-1}(y)}{dy}\right| + f_X[g_2^{-1}(y)]\left|\frac{dg_2^{-1}(y)}{dy}\right|$$

$$= \frac{1}{\sqrt{2\pi}} e^{-\frac{(\sqrt{2y})^2}{2}} \left| \frac{d\sqrt{2y}}{dy} \right| + \frac{1}{\sqrt{2\pi}} e^{-\frac{(-\sqrt{2y})^2}{2}} \left| \frac{d(-\sqrt{2y})}{dy} \right|$$

$$= \frac{1}{\sqrt{2\pi}} e^{-y} \frac{1}{\sqrt{2y}} + \frac{1}{\sqrt{2\pi}} e^{-y} \frac{1}{\sqrt{2y}}$$

$$= \frac{1}{\sqrt{\pi}} y^{-\frac{1}{2}} e^{-y} = \frac{1}{\Gamma\left(\frac{1}{2}\right)} y^{-\frac{1}{2}} e^{-y} \quad (y > 0) \tag{2-45}$$

即 $Y$ 服从 $\Gamma$ 分布，也是 $a_0 = 0, \beta = 1, \alpha = \frac{1}{2}$ 的 P－Ⅲ型分布。

**【例 2-24】** 已知 $X \sim N(0,1)$，求 $Z = X^2$ 的分布。

**解** 由例 2-23 知，$Z = 2Y$，而 $Y$ 的密度函数如式(2-45)所示，则

$$z = 2y, y = g^{-1}(z) = \frac{1}{2}z$$

$$f_Z(z) = f_Y[g^{-1}(z)] \left| \frac{dg^{-1}(z)}{dz} \right| = \frac{1}{\Gamma\left(\frac{1}{2}\right)} \left(\frac{z}{2}\right)^{-\frac{1}{2}} e^{-\frac{z}{2}} \times \frac{1}{2} = \frac{1}{\sqrt{2\pi}} z^{-\frac{1}{2}} e^{-\frac{z}{2}}, z > 0 \tag{2-46}$$

上述分布为伽马分布，$\Gamma\left(\frac{1}{2}, \frac{1}{2}\right)$，又称为自由度为 1 的 $\chi^2$ 分布。

下面简单推求一下在水文中讨论较多的另外两个分布密度函数。

**(一) 对数正态分布**

若随机变量 $X$ 的对数 $Y = \ln X$ 服从正态分布

$$f_Y(y) = \frac{1}{\sqrt{2\pi}\sigma_y} e^{-\frac{(y-a_y)^2}{2\sigma_y^2}}$$

则称 $X$ 服从对数正态分布，其密度函数为

$$f_X(x) = \frac{1}{x\sqrt{2\pi}\sigma_y} e^{-\frac{(\ln x - a_y)^2}{2\sigma_y^2}}, x > 0 \tag{2-47}$$

其中，$a_y$，$\sigma_y$ 为两个参数，所以式(2-47)称两参数对数正态分布，其图形如图 2-18 所示。

在两参数对数正态分布中，随机变量 $X$ 的最小值为零，对于最小值大于零的变量不适用，因此还有采用函数 $Y = \ln(X - b)$ 作变换函数得到的三参数对数正态分布，其密度函数为

$$f_X(x) = \frac{1}{(x-b)\sigma_y\sqrt{2\pi}} e^{-\frac{[\ln(x-b) - a_y]^2}{2\sigma_y^2}} \tag{2-48}$$

**(二) 克里茨基－门克尔分布**

若随机变量 $X$ 服从 $\Gamma$ 分布，$\Gamma(\alpha, \alpha)$，则其密度函数为

$$f_X(x) = \frac{\alpha^\alpha}{\Gamma(\alpha)} x^{\alpha-1} e^{-\alpha x}, \alpha > 0, x > 0 \tag{2-49}$$

设 $Y = aX^b$，则称 $Y$ 服从克里茨基－门克尔分布，简称克－门分布，如图 2-19 所示。其密度函数为

$$f_Y(y) = \frac{\alpha^{\alpha}}{a^{\frac{\alpha}{b}} b\Gamma(\alpha)} y^{\frac{\alpha}{b}-1} e^{-\alpha\left(\frac{y}{a}\right)^{\frac{1}{b}}}, y > 0 \tag{2-50}$$

克－门分布在苏联被广泛应用。我国水文工作者也对它作过大量研究，认为对我国北方某些河流拟合较好。

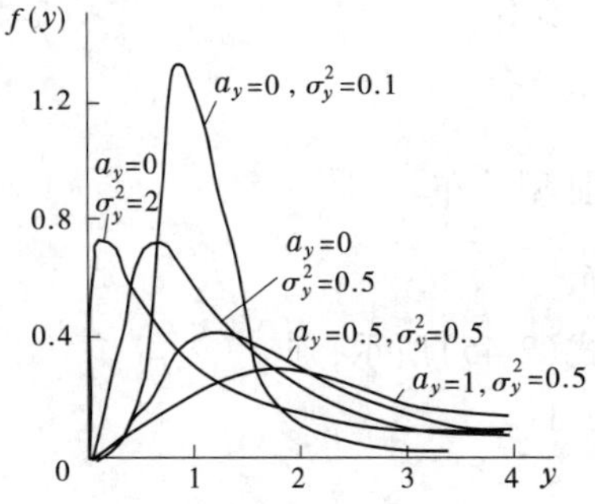


图 2-18

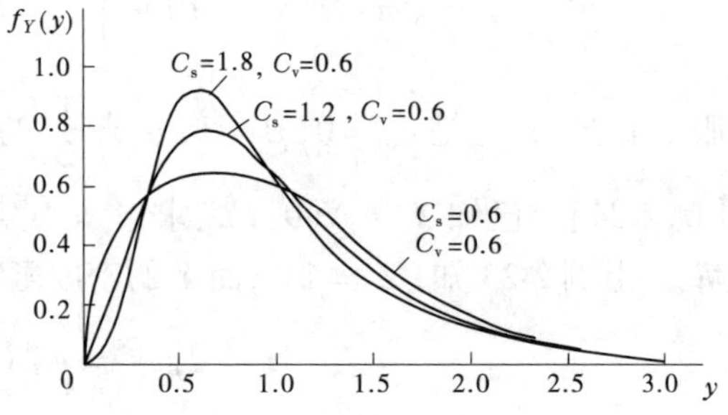


图 2-19

# 第五节　多元随机变量及其分布

## 一、多元随机变量

在本章第四节中，我们讨论了用一个随机变量来描述随机试验的结果。但是，在实际问题中，有些随机试验的结果仅用一个随机变量来描述往往是不够的，需要两个或两个以上的随机变量来共同描述。例如，打靶时，如只观察击中的环数，则用一个随机变量来描述就够了。但如果观察弹着点的位置，则需用平面直角坐标系中的两个随机变量——弹着点的横坐标 $X$ 和纵坐标 $Y$ 来描述（或用极坐标系中的极径 $R$ 和极角 $\theta$ 来描述）。$X$ 与 $Y$ 的不同取值，表示不同的随机事件，即不同的弹着点。再例如，考察钢厂炼出的每炉钢中，钢的硬度、含碳量和含硫量，就要用三个随机变量 $X,Y,Z$ 来描述，这里 $X$ 代表硬度，$Y$ 代表含碳量，$Z$ 代表含硫量。在水文工作中，观测某流域各次洪水的洪峰流量和洪量，记录某地每年的年降水量、降水天数、最高气温和最低气温等，都需由多个随机变量来共同描述。值得注意的是，这些随机变量之间又有某种联系，因而需要把这些随机变量当做一个整体（即向量）来研究。

**定义**　设 $E$ 是一个随机试验，它的基本空间为 $\Omega$，如果对 $E$ 的每个结果 $\omega \in \Omega$，下列每个函数 $X_1 = X_1(\omega), X_2 = X_2(\omega), \cdots, X_n = X_n(\omega)$ 各对应一个实数，则称 $X_1, X_2, \cdots, X_n$ 为 $n$ 元（维）随机变量（或称随机向量）。当 $n \geqslant 2$ 时，称 $X_1, X_2, \cdots, X_n$ 为多元随机变量或多维随机变量。

打靶时的弹着点 $(X,Y)$ 是一个二元随机变量，每炉钢的基本指标 $(X,Y,Z)$（硬度，含碳量，含硫量）是一个三元随机变量。

与一元随机变量的情形类似，多元随机变量也主要分为离散型和连续型两大类。

## 二、联合分布

分布函数 $F(x)$ 描述了一元随机变量的统计规律。类似地,用联合分布来刻画多元随机变量的统计规律。

**定义** 设 $X_1,X_2,\cdots,X_n$ 为多元随机变量, $x_1,x_2,\cdots,x_n$ 是 $n$ 个任意实数,则称

$$F(x_1,x_2,\cdots,x_n) = P(X_1 < x_1,X_2 < x_2,\cdots,X_n < x_n) \tag{2-51}$$

为多元随机变量 $X_1,X_2,\cdots,X_n$ 的联合分布函数,简称联合分布或分布函数。

下面主要讨论二元随机变量。关于二元随机变量的讨论,不难推广到 $n(n>2)$ 元随机变量的情况。

对于二元随机变量 $(X,Y)$ ,分布函数可写为

$$F(x,y) = P(X < x,Y < y) \tag{2-52}$$

如果将二元随机变量 $(X,Y)$ 看成是平面上随机点的坐标,那么分布函数 $F(x,y)$ 在 $(x,y)$ 处的函数值,就是随机点 $(X,Y)$ 落在以点 $(x,y)$ 为顶点的左下方无穷矩形域 $D$ 内的概率(见图 2-20)。与一元的情形相类似,分布函数 $F(x,y)$ 具有下列性质:

(1) $F(x,y)$ 是变量 $x$ 或 $y$ 的非降函数。即对任意固定 $y$ ,当 $x_2 > x_1$ 时, $F(x_2,y) \geq F(x_1,y)$ ;同样对任意固定的 $x$ ,当 $y_2 > y_1$ 时, $F(x,y_2) \geq F(x,y_1)$ ;当 $x_2 > x_1, y_2 > y_1$ 时, $F(x_2,y_2) \geq F(x_1,y_1)$ 。

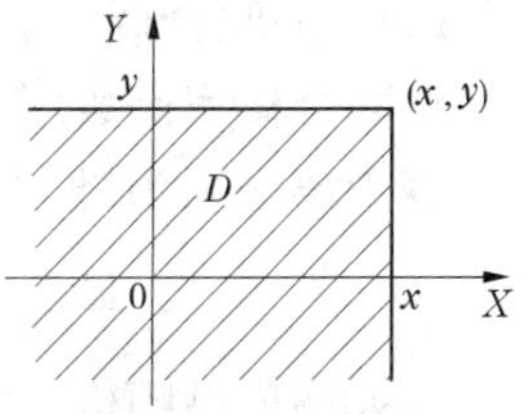

图 2-20

这一性质从图 2-20 上很容易看出,因为当 $x,y$ 增加时,阴影区域 $D$ 只增不减,因而从式(2-52)可知,随机点 $(X,Y)$ 落在区域 $D$ 内的概率不会减小。

(2) $0 \leq F(x,y) \leq 1$。对任意固定的 $y$, $F(-\infty,y) = 0$;对任意固定的 $x$, $F(x,-\infty) = 0$ ; $F(-\infty,-\infty) = 0$ ; $F(+\infty,+\infty) = 1$ 。

因 $F(x,y)$ 是事件 $(X < x) \cup (Y < y)$ 发生的概率,根据概率的性质可知, $0 \leq F(x,y) \leq 1$。

可以用图 2-20 加以说明。在图 2-20 中,将无穷矩形的右边界向左无限移动(即 $x \to -\infty$ ),则随机点 $(X,Y)$ 落在这个矩形内是一个不可能事件,所以其概率趋于 0,即 $F(-\infty,y)=0$;又如当 $x \to +\infty$ , $y \to +\infty$ 时,图 2-20 中的无穷矩形扩展到全平面,随机点 $(X,Y)$ 落在其中是必然事件,所以其概率为 1,即 $F(+\infty,+\infty)=1$。

(3) $F(x,y)$ 是关于 $x$ 或 $y$ 的左连续函数。即 $F(x-0,y) = F(x,y)$ , $F(x,y-0) = F(x,y)$ 。

(4) 对任意 $x_2 > x_1, y_2 > y_1$ ,有

$$P(x_1 \leq X < x_2,y_1 \leq Y < y_2) = F(x_2,y_2) - F(x_1,y_2) - F(x_2,y_1) + F(x_1,y_1) \tag{2-53}$$

式(2-53)可以由图 2-21 明显地看出,随机点( $X,Y$ )落在矩形( $x_1 \leq X < x_2,y_1 \leq Y < y_2$ ) 中的概率等于落在 $A$ 点左下部分的概率 $F(x_2,y_2)$ ,减去落在 $B$ 点的左下部分的概率 $F(x_1,y_2)$ ,再减去落在 $C$ 点左下部分的概率 $F(x_2,y_1)$ ,再加上落在 $D$ 点左下部分的概率 $F(x_1,y_1)$ 。

因为任何事件的概率总是大于等于零的，所以

$$P(x_1 \leqslant X < x_2, y_1 \leqslant Y < y_2) \geqslant 0$$

由式(2-53)可知：对任意 $x_2 > x_1, y_2 > y_1$，下列不等式成立

$$F(x_2,y_2) - F(x_1,y_2) - F(x_2,y_1) + F(x_1,y_1) \geqslant 0 \quad (2\text{-}54)$$

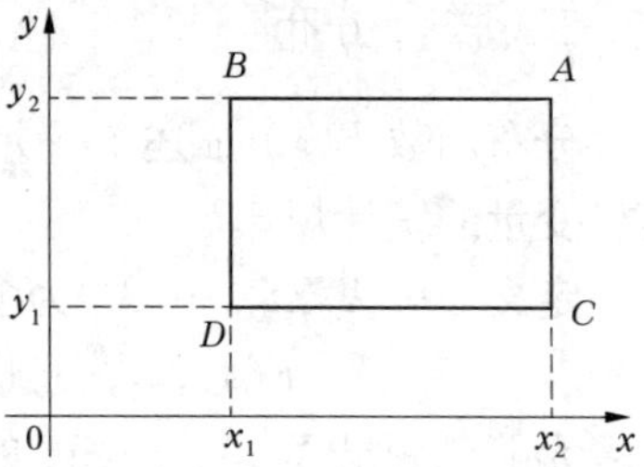


图 2-21

## 三、二元离散型随机变量

如果二元随机变量$(X,Y)$的所有可能取值是有限对或可列无限对，则称$(X,Y)$为二元离散型随机变量。

对于一元离散型随机变量，概率函数或分布列完善地描述了它的统计特性，它不仅指出了随机变量的一切可能取值，而且还给出了所有可能取值的概率。类似地，对二元离散型随机变量，也可用联合概率函数或列联表来描述。我们称 $X = x_i, Y = y_i$ 同时发生的概率

$$P(X = x_i, Y = y_i) = p_{ij}, i = 1,2,\cdots; j = 1,2,\cdots \quad (2\text{-}55)$$

为$(X,Y)$的联合概率函数或联合分布律。

将联合概率函数用表 2-2 的形式列出，通常称之为列联表。

表中第一列为随机变量 $X$ 的一切可能取值，第一行为 $Y$ 的一切可能取值。$p_{ij} = P(X=x_i, Y=y_i)$。显然有 $p_{ij} \geqslant 0$，$\sum\limits_i \sum\limits_j p_{ij} = 1$。

二元离散型随机变量的分布函数为

$$F(x,y) = \sum_{\substack{x_i < x \\ y_i < y}} p_{ij} \quad (2\text{-}56)$$

表 2-2

| $X$ | $Y$ | | | | $p = \sum_j p_{ij}$ |
|---|---|---|---|---|---|
| | $y_1$ | $y_2$ | $\cdots$ | $y_i$ | |
| $x_1$ | $p_{11}$ | $p_{12}$ | $\cdots$ | $p_{1j}$ | $p_{1\cdot} = \sum\limits_j p_{1j}$ |
| $x_2$ | $p_{12}$ | $p_{22}$ | $\cdots$ | $p_{2j}$ | $p_{2\cdot} = \sum\limits_j p_{2j}$ |
| $\vdots$ | $\vdots$ | $\vdots$ | | $\vdots$ | $\vdots$ |
| $x_i$ | $p_{i1}$ | $p_{i2}$ | $\cdots$ | $p_{ij}$ | $p_{i\cdot} = \sum\limits_j p_{ij}$ |
| $p_{\cdot j} = \sum\limits_i p_{ij}$ | $p_{\cdot 1} = \sum\limits_i p_{i1}$ | $p_{\cdot 2} = \sum\limits_i p_{i2}$ | $\cdots$ | $p_{\cdot j} = \sum\limits_i p_{ij}$ | 1 |

**【例 2-25】** 在 5 个产品中有 2 个是正品，每次从中任取一个检验其质量，若不放回地连续抽取两次，用 $X_k = 0$ 表示第 $k$ 次取到正品，$X_k = 1$ 表示第 $k$ 次取到次品，$k = 1,2,$

试写出( $X_1,X_2$ )的列联表。

**解** $P(X_1=0,X_2=0)=P(X_1=0)P(X_2=0|X_1=0)=\frac{2}{5}\times\frac{1}{4}=\frac{1}{10}$

$P(X_1=0,X_2=1)=\frac{2}{5}\times\frac{3}{4}=\frac{3}{10}$

同理 $P(X_1=1,X_2=0)=\frac{3}{5}\times\frac{2}{4}=\frac{3}{10}$

$P(X_1=1,X_2=1)=\frac{3}{5}\times\frac{2}{4}=\frac{3}{10}$

所以( $X_1,X_2$ )的列联表如表 2-3 所示。

**表 2-3**

| $X_1$ | $X_2$ | |
|---|---|---|
| | 0 | 1 |
| 0 | $\frac{1}{10}$ | $\frac{3}{10}$ |
| 1 | $\frac{3}{10}$ | $\frac{3}{10}$ |

## 四、二元连续型随机变量

与一元连续型随机变量的定义相似,设二元随机变量 $(X,Y)$ 的分布函数为 $F(x,y)$ ,如果存在非负函数 $f(x,y)$ ,使对任意实数 $x,y$ ,有

$$F(x,y)=\int_{-\infty}^{y}\int_{-\infty}^{x}f(x,y)\mathrm{d}x\mathrm{d}y \tag{2-57}$$

则称 $(X,Y)$ 是二元连续型随机变量。函数 $f(x,y)$ 称为二元随机变量 $(X,Y)$ 的联合分布密度函数,简称联合密度或密度函数。

注意式(2-57)中 $x,y$ 的不同含义,该式表示 $F(x,y)=\int_{-\infty}^{y}\int_{-\infty}^{x}f(u,v)\mathrm{d}u\mathrm{d}v$

联合密度 $f(x,y)$ 具有下列性质:

**性质 1**
$$f(x,y)\geqslant 0 \tag{2-58}$$

**性质 2**
$$\int_{-\infty}^{+\infty}\int_{-\infty}^{+\infty}f(x,y)\mathrm{d}x\mathrm{d}y=1 \tag{2-59}$$

任意一个具有上述两条性质的二元函数 $f(x,y)$ 都可能为某个二元随机变量的联合密度。

**性质 3** 若 $f(x,y)$ 在点 $(x,y)$ 连续,则

$$\frac{\partial^2 F(x,y)}{\partial x\partial y}=f(x,y) \tag{2-60}$$

**性质 4** 对任意平面区域 $D$ ,有

$$P[(X,Y)\in D]=\iint_D f(x,y)\mathrm{d}x\mathrm{d}y \tag{2-61}$$

在几何上, $z=f(x,y)$ 表示位于 $xoy$ 平面上方的曲面,如图 2-22 所示。性质 2 说明该曲面与 $xoy$ 平面间所夹的全部体积等于 1,性质 4 说明随机点 $(X,Y)$ 落在 $xoy$ 平面上任意区域 $D$ 中的概率等于以 $D$ 为底, $f(x,y)$ 为顶的柱体的体积。

**【例 2-26】** 设二元随机变量的密度函数为

$$f(x,y)=\begin{cases}x^2+\frac{1}{3}xy, & 0\leqslant x<1,0\leqslant y<2\\0, & \text{其他}\end{cases}$$

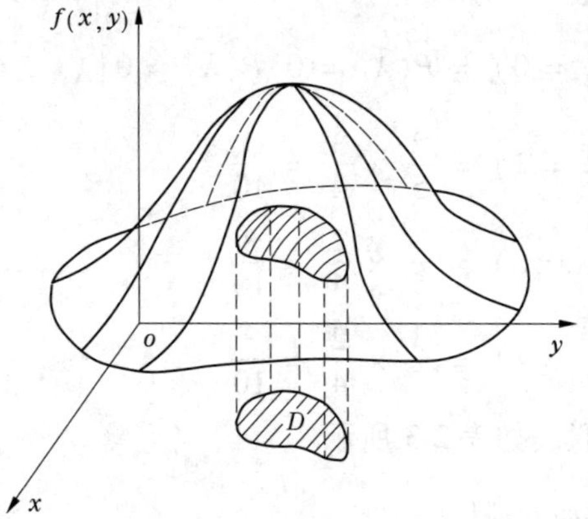


图 2-22

求$(X,Y)$落在区域$x+y\geqslant 1$内的概率。

**解** 如图 2-23 所示,所求概率为

$$P[(X+Y)\geqslant 1]=\iint_D f(x,y)\,\mathrm{d}x\mathrm{d}y$$

$$=\iint_D \left(x^2+\frac{1}{3}xy\right)\mathrm{d}x\mathrm{d}y$$

$$=\int_0^1\left[\int_{1-x}^2\left(x+\frac{1}{3}xy\right)\mathrm{d}y\right]\mathrm{d}x$$

$$=\int_0^1\left(\frac{1}{2}x+\frac{4}{3}x^2+\frac{5}{6}x^3\right)\mathrm{d}x$$

$$=\frac{65}{72}$$

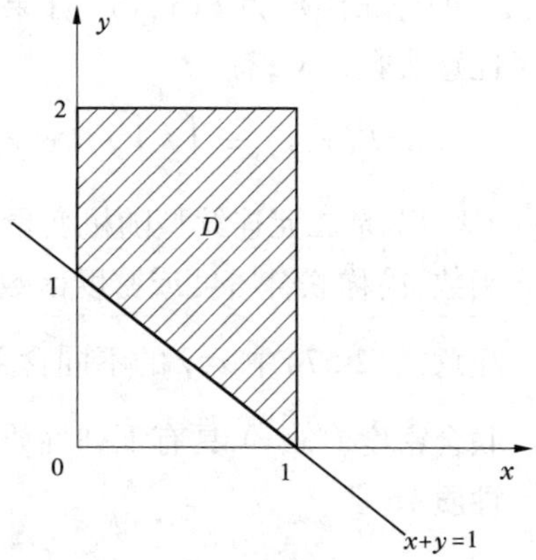


图 2-23

# 学习指导

## 一、本章小结

用随机变量来描述随机试验的结果,对随机现象的研究大大前进了一步,因为这样一来就可以用数学分析的许多成果来研究随机现象了。

随机变量有不同的类型,可以统一用分布函数来刻画它们的统计规律。本章介绍了分布函数的一般定义和性质及几种常见的概率分布模型。

## 二、内容提要

### (一)随机变量与分布函数

1. 随机变量

简单地说,用数量来表示随机试验的结果,这种变量也是变量,称为随机变量。

2. 分布函数

表示随机变量取值统计规律的方法。定义为 $F(x)=P(X<x)$，用 $X<x$ 表示"在试验中随机变量 $X$ 取值小于 $x$ 这个数"这样一个事件（因为一个试验中，$X$ 取什么值不一定。可大于 $x$ 也可小于 $x$）。因此，分布函数 $F(x)$ 是事件 $X<x$ 的概率。显然此概率与 $x$ 的大小有关，所以分布函数 $F(x)$ 是 $x$ 的函数。它有如下性质：

(1) $P(x_1 \leqslant X \leqslant x_2)=F(x_2)-F(x_1)$；

(2) 单调不减：若 $x_1<x_2$，则 $F(x_1)\leqslant F(x_2)$；

(3) $0\leqslant F(x)\leqslant 1$，且 $F(-\infty)=\underset{x\to-\infty}{F(x)}=0$，$F(+\infty)=\underset{x\to+\infty}{F(x)}=1$；

(4) $F(x)$ 是左连续的，即 $F(x-0)=F(x)$。

**（二）离散型随机变量与连续型随机变量**

1. 离散型随机变量

若试验中随机变量 $X$ 的所有可能值有限或可列，则称 $X$ 为离散型随机变量。

表示离散型随机变量概率分布的方法有：

(1) 概率函数。即用公式表示 $X$ 取值 $x$ 的概率：$P(X=x_i)=p_i, i=1,2,\cdots$。

(2) 分布列。用表格表示 $X$ 的分布如下：

| $X$ | $x_1$ | $x_2$ | $\cdots$ | $x_n$ | $\cdots$ |
|---|---|---|---|---|---|
| $P(X=x_i)$ | $p_1$ | $p_2$ | $\cdots$ | $p_n$ | $\cdots$ |

显然应有

$$0\leqslant p_i\leqslant 1, i=1,2,\cdots$$

$$\sum_{i=1}^{\infty} p_i=1$$

(3) 分布函数。
$$F(x)=\sum_{x_i<x} p_i$$

几种重要的离散型分布：

(1) (0－1)分布。若随机变量只能取 0 和 1 两个值，且 $P(X=1)=p, P(X=0)=1-p=q$，则称 $X$ 服从(0－1)分布，其分布函数为

$$F(x)=\begin{cases}0, & x\leqslant 0\\ 1-p, & 0<x\leqslant 1\\ 1, & x>1\end{cases}$$

(2) 二项分布。设试验 $E$ 只有两个可能的结果：$A$ 及 $\overline{A}$，记 $P(A)=p, P(\overline{A})=1-p=q$ $(0<p<1)$，将 $E$ 独立地重复进行 $n$ 次，则称这一串重复的独立试验为 $n$ 重（次）贝努利试验，简称贝努利试验。在贝努利概型中，事件 $A$ 可能发生 $0,1,\cdots,n$ 次，事件 $A$ 恰好发生 $k$ $(0\leqslant k\leqslant n)$ 次的概率 $P_n(k)$ 为

$$P_n(X=k)=C_n^k p^k q^{n-k}, k=0,1,2,\cdots,n$$

(3) 泊松分布。若随机变量 $X$ 的可能取值为 $0,1,2,\cdots$，而 $X=k$ 的概率为

$$P(X=k)=\frac{\lambda^k e^{-\lambda}}{k!}, k=0,1,2,\cdots$$

则称 $X$ 服从泊松分布，其中参数 $\lambda > 0$。

2. 连续型随机变量

若随机变量 $X$ 的分布函数为 $F(x)$，如果存在非负函数 $f(x)$，使对任意实数 $x$，有 $F(x) = \int_{-\infty}^{x} f(x)\mathrm{d}x$，则称 X 为连续型随机变量。连续型随机变量的取值连续充满一个区间，但只有这一条还不一定是连续型随机变量。其中 f(x) 称为概率分布密度函数，满足 $f(x) \geqslant 0, \int_{-\infty}^{+\infty} f(x)\mathrm{d}x = 1$。

已知概率密度函数 $f(x)$，就可求出随机变量在任意区间 $[x_1, x_2]$ 上的概率。

$$P(a \leqslant X < b) = F(b) - F(a) = \int_{a}^{b} F(x)\mathrm{d}x$$

连续型随机变量与离散型随机变量的主要区别是：连续型随机变量取任意“点”值的概率为零，即 $P(X=x)=0$，, $x$ 为任意实数。因此，对连续型随机变量总是讨论它取某区间内值的概率。

几种重要的连续型分布（略）。

**（三）随机变量的函数及其分布**

若随机变量 $X$ 有密度函数 $f_X(x)$，$Y=g(X)$ 是单值连续函数，若方程 $y=g(x)$ 对 $y$ 有实根 $x_1, x_2, \cdots, x_n$，即 $x_i = g_i^{-1}(y), i=1,2,\cdots,n$，且 $\dfrac{\mathrm{d}g_i^{-1}(y)}{\mathrm{d}y}(i=1,2,\cdots,n)$ 均存在，那么 $Y$ 的密度函数为

$$f_Y(y) = \sum_{i=1}^{n} f_X[g_i^{-1}(y)] \left| \frac{\mathrm{d}g_i^{-1}(y)}{\mathrm{d}y} \right|$$

其中 $g_i^{-1}(y)$ 是 $y=g(x)$ 的反函数。

**（四）多元随机变量及其分布（略）**

# 习　题

2-1　$c$ 为何值才能使下列函数成为概率分布？

(1) $P(X=k) = c\dfrac{\lambda^k}{k!}, \quad k=0,1,2,3,\cdots, \lambda > 0$;

(2) $P(X=k) = \dfrac{c}{n}, \quad k=0,1,2,\cdots,n$。

2-2　设随机变量 $X$ 的分布律为 $P(X=k) = \dfrac{k}{15}, k=1,2,3,4,5$，求：

(1) $P(X=1$ 或 $X=2)$；(2) $P(\dfrac{1}{2} < X < \dfrac{5}{2})$；(3) $P(1 \leqslant X \leqslant 2)$。

2-3　某运动员投篮命中的概率为 $P=0.2$，求 $n$ 次投篮中，命中次数的概率分布。

2-4　某盒中有 5 个纪念章，标号为 1,2,3,4,5，从中任取 3 个，用 $X$ 表示纪念章上的最大号码，求 $X$ 的概率分布。

2-5　在 15 只同类零件中有 2 只次品，在其中抽取 3 次，每次抽 1 只，取后不放回，以

$X$ 表示取出的 3 只中所含次品的个数，求 $X$ 的概率分布并画出分布函数的图形。

2-6 每次射击命中目标的概率为0.2，必须进行多少次独立射击，才能使至少命中一次的概率不小于0.9？

2-7 某电话交换台，每分钟的呼唤次数 $X$ 服从 $\lambda=4$ 的泊松分布，求每分钟恰有 3 次呼唤的概率。

2-8 设 $X$ 服从泊松分布，且已知 $P(X=1)=P(X=2)$，求 $P(X=4)$。

2-9 设随机变量 $K$ 服从均匀分布 $u[0,10]$，求方程 $x^2+Kx+1=0$ 有实根的概率。

2-10 函数 $f(x)=1/[\pi(1+x^2)]$ 在区间：(1) $(-\infty,\infty)$，(2) $(0,+\infty)$，(3) $(-\infty,0)$ 是否为某随机变量的概率密度？

2-11 设随机变量 $X$ 的概率密度为

$$f(x)=\begin{cases}\dfrac{A}{\sqrt{1-x^2}}, & |x|<1\\ 0, & |x|\geqslant 1\end{cases}$$

试求：(1) 常数 $A$；(2) $P(|X|<\dfrac{1}{2})$；(3) $X$ 的分布函数。

2-12 设随机变量 $X$ 的分布函数为

$$F(x)=\begin{cases}0, & x\leqslant 0\\ Ax^2, & 0<x\leqslant 1\\ 1, & x>1\end{cases}$$

试求：(1) 常数 $A$；(2) $P(0.3\leqslant X<0.7)$；(3) $X$ 的概率密度。

2-13 设 $X\sim N(0,1)$，求：(1) $P(X<2.5)$；(2) $P(|X|<1.55)$；(3) $P(|X|>2.0)$。

2-14 设 $X\sim N(0,2^2)$，求：(1) $P(X<9)$；(2) $P(7\leqslant X<12)$；(3) $P(X\geqslant 13)$。

2-15 设测量某一距离时的偶然误差 $X\sim N(0,4^2)$ 分布，求：(1) 误差绝对值不超过 3 的概率；(2) 反复 3 次独立测量中，至少有一次误差绝对值不超过 3 的概率。

2-16 设 $X\sim N(5,2^2)$ 分布，求 $c$ 使 $P(X<c)=P(X\geqslant c)$。

2-17 设 $\alpha=0.01$，求标准化正态分布的上侧 $\alpha$ 百分位点 $u_\alpha$。

2-18 已知 $X\sim N(3,5^2)$ 且 $P(X\geqslant x)=0.10$，求 $x$。

2-19 随机变量 $X$ 的密度函数为

$$f(x)=\begin{cases}x\mathrm{e}^{-x}, & x\geqslant 0\\ 0, & x<0\end{cases}$$

求：(1) $Y=\mathrm{e}^X$，(2) $Y=3-2X$，(3) $Y=X^2$ 的密度函数。

2-20 设 $X\sim U[0,1]$，求 $Y=-2\ln X$ 的密度函数。

2-21 设 $X\sim N(0,1)$ 求：(1) $Y=\mathrm{e}^X$，(2) $Y=2X^2+1$，(3) $Y=|X|$ 的密度函数。

2-22 电源电压在不超过 200 V，200 ~ 240 V，超过 240 V 三种状态下，元件损坏的概率分别是 0.1，0.001 和 0.2，设电源电压 $X$ 服从正态分布 $N(220,25^2)$，求：(1) 元件损坏的概率 $\alpha$；(2) 元件损坏时，电压为 200 ~ 240 V 的概率 $\beta$。

2-23 测量圆的直径，设其近似值在区间 $(a,b)$ 内服从均匀分布 $(a>0,b>0)$，求圆面积的概率密度。

2-24 设随机变量 $X\sim N(a,\sigma^2)$ 分布，试证 $X$ 的线性函数 $Y=cX+d$ 也服从正态分布。

# 第三章　随机变量的数字特征

前面介绍了随机变量与分布函数。分布函数能完善地描述随机变量的统计特性，它给出了随机变量的取值范围和取值概率。但是，对一个具体的随机变量，要确定它的分布函数往往很困难。不过在实际问题中，有时并不要求全面地知道随机变量的统计规律，而只要了解几个特征值就够了，因而无需求出它的分布。

例如，某工厂生产了一批灯泡，每个灯泡的使用寿命是不一样的，其是个随机变量。我们感兴趣的是这批灯泡的平均寿命，平均寿命长的质量高，短的质量低。此外，还要了解这批灯泡中各灯泡的使用寿命同平均寿命的离差情况，偏离程度大，说明产品质量不稳定，偏离程度小，说明产品质量稳定。

又如，某流域的年径流量各年是不同的，它围绕着多年平均流量上下摆动。流域的多年平均流量和变化程度是我们最关心的重要水文特征值。

此外，对于某些分布，如二项分布、正态分布、Γ 分布等，只要知道了它们的一些特征值，其分布也就完全确定了。这些特征值在概率论中称为数字特征，主要有：反映随机变量取值集中位置的数字特征，如数学期望、众值、中位数；反映随机变量取值相对于分布中心的集中程度的数字特征，如方差、均方差、离势系数等；反映随机变量各分量之间相关密切程度的数字特征，如协方差、相关系数等。

以后我们会知道，频率分布是与样本相关联的，它随样本的不同而不同；而概率分布则是与总体相关联的（或说是属于总体的）。因此，随机变量的数字特征，也就有频率分布的特征数与概率分布的特征数之分，或分别称为样本的特征数与总体的特征数。

我们先研究频率分布的特征数，即样本的数字特征，进而讨论概率分布的特征数，即总体的数字特征。

## 第一节　样本的数字特征

样本的数字特征主要分为三大类，即说明分布中心的特征数（位置特征）、说明离散程度的特征数和说明分布对称程度的特征数。下面将分别加以讨论。

### 一、位置特征数

#### （一）平均数（分布中心）

平均数（又称均值），以符号 $\bar{x}$ 表示，可以代表样本系列的水平。同时，平均数又可用以比较两个不同系列的水平的高低。例如，当比较甲、乙两班学生在数学上的学习成绩时，通过调查，已知甲班的数学成绩平均 88 分，乙班的数学成绩平均 81 分。显然，甲班的数学成绩优于乙班。这类例子可以列举很多，平均数是用途最广泛的特征数。

1. 平均数的计算方法

平均数由于计算方法不同，可分为算术平均数和加权平均数两种。

（1）算术平均数：若随机变量的实测系列为 $x_1, x_2, x_3, \cdots, x_n$，则这个系列的算术平均数，是把它们的总和除以项数 $n$，即

$$\bar{x} = \frac{1}{n}(x_1 + x_2 + \cdots + x_n) = \frac{1}{n}\sum_{i=1}^{n} x_i \tag{3-1}$$

（2）加权平均数：如果随机变量的取值 $x_i$ 具有不同的权重（或出现次数不同），则权重大的，对平均数的影响大；反之，权重小的，对平均数的影响也小。例如，用泰森多边形法求流域平均降雨量时，必须考虑每个雨量站控制的多边形（区域）面积的大小，由于每个雨量站控制的面积不同，就不能像式(3-1)那样同等对待。此例中，多边形面积就是权重，考虑权重的平均数叫加权平均数。

设随机变量的系列为 $x_1, x_2, x_3, \cdots, x_n$，它们相应的权重分别为 $f_1, f_2, f_3, \cdots, f_n$，则加权平均数为

$$\bar{x} = \frac{x_1 f_1 + x_2 f_2 + \cdots + x_n f_n}{f_1 + f_2 + \cdots + f_n} = \frac{\sum_{i=1}^{n} x_i f_i}{\sum_{i=1}^{n} f_i} \tag{3-2}$$

若 $f_i$ 为各变量出现的次数，例如 $x_1$ 出现 $f_1$ 次，$x_2$ 出现 $f_2$ 次，…，$x_n$ 出现 $f_n$ 次，由于各个 $x$ 值出现次数的和等于总的次数 $n$，即

$$f_1 + f_2 + f_3 + \cdots + f_n = \sum_{i=1}^{n} f_i = n \tag{3-3}$$

此时

$$\bar{x} = \frac{(x_1 f_1 + x_2 f_2 + \cdots + x_n f_n)}{n} = x_1 \times \frac{f_1}{n} + x_2 \times \frac{f_2}{n} + \cdots + x_n \times \frac{f_n}{n} = \sum_{i=1}^{n} x_i \frac{f_i}{n} \tag{3-4}$$

式中：$\frac{f_i}{n}$ 为 $x_i$ 出现的频率。

2. 平均数的数学性质

**说明** 以下各式中 $c$ 为常数，$\sum_{i=1}^{n}$ 简写 $\sum$，因为 $\bar{x} = \frac{\sum x_i}{n}$，故 $n\bar{x} = \sum x_i$。

（1）系列中的变量都加上（或减去）一个常数时，等于其均值加上（或减去）一个常数，即

$$\frac{1}{n}\sum (x_i \pm c) = \bar{x} \pm c \tag{3-5}$$

（2）如果系列中的每一个变量，都乘（或除）以任一常数 $c$ 时，等于所得的算术平均数乘（或除）以此常数 $c$，即

$$\frac{1}{n}\sum (c x_i) = c\bar{x} \text{ 或 } \frac{1}{n}\sum \frac{x_i}{c} = \frac{1}{c}\bar{x} \tag{3-6}$$

（3）系列中每一个变量与算术平均数的差值（称离均差或简称离差）的代数和等于零，即

$$\sum (x_i - \bar{x}) = 0 \tag{3-7}$$

(4) 系列中变量与平均数的离差的平方和为最小,即

$$\sum (x_i - \bar{x})^2 < \sum (x_i - c)^2, \text{ 设 } c \neq \bar{x} \tag{3-8}$$

证明略。

平均数是观测系列的重要特征,它落在频率分布曲线的重心处,用平均数概括地表现系列水平,既意义明确又计算简单。尤其可用来绘制各种水文要素的等值线图,如平均年降雨量等值线图及平均流量等值线图(可参阅各省水文手册),可供缺少观测资料地区插补之用。

**(二)中位数**

把观测系列中的各个数值按大小次序排列,则位置居中的数值就是中位数(或称中值),用符号 $\check{x}$ 表示。

如总项数 $n$ 为奇数,位于最中间的一个数便是中位数,即第 $\frac{n+1}{2}$ 个数值,例如 14、9、6、4、1 系列中,6 是中位数。

如总项数 $n$ 为偶数,应求最中间两个数的算术平均数。例如,按序排列的系列有 36、26、22、20、17、15 六项,其中位数是 $\check{x} = \frac{22+20}{2} = 21$。

中位数的位置只取决于观测系列项数的多少,而与各观测值的大小无关,因此中位数又称位置平均数。由于中位数对系列的概括性较差,不能满足通过中位数来了解系列情况的要求,故一般应用不多。在水文资料整编中,有时需要确定每年的中水位,具体求法是将全年的日平均水位,由大到小按序排列,位置序数为 183 的水位,就是该年的中水位。在确定灌区进水口的高程及设计通航河道时,常常用到中水位。

**(三)众数**

众数是系列中出现次数最多的一个变数,也就是频率分布曲线顶点的横坐标值,以符号 $\hat{x}$ 表示。在分组系列中,取出次数最多的那一组的中值作为众数。众数 $\hat{x}$ 在频率分布曲线的理论分析中有时会用到。由于在短期的水文系列中,众数不易找到,故在水文统计中亦很少用到。

平均数 $\bar{x}$、中位数 $\check{x}$、众数 $\hat{x}$ 是频率分布曲线上的三个特征值。由于它们的数值不同,即在曲线上相应点的位置不同,使频率分布曲线可分为对称及不对称两种形式。

(1)对称分布:三点重合,即 $\bar{x} = \hat{x} = \check{x}$,见图 3-1(a)。此时三点有一个共同的纵坐标,即所谓的对称轴。

(2)不对称分布:三点分而为三,即 $\bar{x} \neq \check{x} \neq \hat{x}$。通常以偏差半径 $d$ 来鉴定分布曲线的不对称程度,即

$$d = \bar{x} - \hat{x} \tag{3-9}$$

当 $d>0$ 时,曲线称为正偏分布,见图 3-1(b);当 $d<0$ 时,曲线称为负偏分布,见图 3-1(c)。

水文现象通常为不对称分布,其频率分布曲线大多是正偏分布曲线。

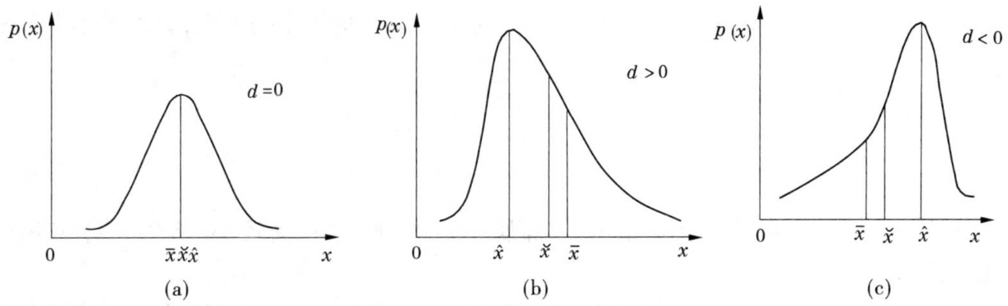


图 3-1

## 二、说明分布离散度的特征数

说明系列对均值的离散程度的特征数有均方差和离差系数，下面分别加以讨论。

**（一）均方差**

均值只能表示变量系列水平的高低，但是均值不能说明变量分布在平均数左右的疏密程度，即离散度的大小。例如，有甲、乙两系列，其数值为

| | | | | | |
|---|---|---|---|---|---|
| 甲系列： | 92 | 98 | 100 | 102 | 108 |
| 乙系列： | 10 | 25 | 100 | 175 | 190 |

甲、乙两系列均值相同，都是 $\bar{x}=100$，然而可以明显看出乙系列变动太大，均值 100 竟是最小值 10 的 10 倍，而最大值 190 又是均值 100 的 1.9 倍。甲系列最大的差值也只有 8%，因此乙系列的离散程度比甲系列大。

显然，在离散度大的系列中，变量的取值与均值相差甚大，也就是说，离均差 $(x_i-\bar{x})$ 很大，平均数的代表性就差；反之，离散度小，即离均差 $(x_i-\bar{x})$ 小，说明平均数的代表性强。可是我们却不能用离均差（简称离差）来衡量系列离散程度的大小。因为逐项写出 $(x_1-\bar{x})$，$(x_2-\bar{x})$，…的一系列离差值，既麻烦又不能说明问题。同时，由于正负离差相互抵消而使 $\sum(x_i-\bar{x})$ 有可能较小，甚至等于 0，因而不可能采用离均差的平均数来衡量系列的离散程度。为了解决这一矛盾，最方便的办法是用离差平方的平均数来表示。因为离差 $x_i-\bar{x}$ 通过平方后，所有正、负离差都变成了正号，从而 $\sum(x_i-\bar{x})^2\neq 0$，便可求得离差平方的平均数，即

$$D_x=\frac{1}{n}\sum_{i=1}^{n}(x_i-\bar{x})^2 \tag{3-10}$$

式中：$D_x$ 为 $x$ 系列的方差。

方差愈小，说明 $x_i$ 愈接近 $\bar{x}$；方差愈大，$x_i$ 愈远离 $\bar{x}$。因此，方差是衡量离散程度的特征数。

方差虽能衡量系列离散程度的大小，但因离差经过平方后，因次同原变量不一致。为了使数值仍保有原来的单位，可用方差的平方根来表示，称为均方差 $\sigma$（或称标准差）。用公式表示为

$$\sigma=\sqrt{\frac{\sum_{i=1}^{n}(x_i-\bar{x})^2}{n}} \tag{3-11}$$

式(3-1)只能用于样本容量较大的情况。对于样本容量较小的系列,必须采用下列修正公式计算,即

$$\sigma = \sqrt{\frac{\sum_{i=1}^{n}(x_i - \bar{x})^2}{n-1}} \tag{3-12}$$

在水文计算中,由于实测资料系列都属于样本,样本容量较小,所以一律采用式(3-12)计算均方差。

从式(3-12)可以看出,如果系列的离差愈大,$\sigma$ 也就愈大;如果观测值都很接近于均值,甚至都等于均值,$\sigma$ 就会很小甚至为零。显然均方差 $\sigma$ 的大小,可以反映系列各个数值在均值两旁的离散程度。

利用均方差,可以判定均值相同的两个系数的离散程度。仍用上例,由甲、乙两系列的均方差,比较两个系列离散度的大小。

$$\sigma_{甲} = \sqrt{\frac{(92-100)^2 + (98-100)^2 + (100-100)^2 + (102-100)^2 + (108-100)^2}{5-1}}$$

$$= \sqrt{34} = 5.831$$

$$\sigma_{乙} = \sqrt{\frac{(10-100)^2 + (25-100)^2 + (100-100)^2 + (175-100)^2 + (190-100)^2}{5-1}}$$

$$= \sqrt{6\,862.5} = 82.84$$

根据计算知:$\sigma_{乙} > \sigma_{甲}$($\sigma_{甲} = \sigma_{乙}/14.2$),说明乙系列的离散程度要比甲系列大得多。可见,均值相同的两个系列,均方差愈大,离散程度愈大;均方差愈小,离散程度也愈小。或者说,$\sigma$ 值大,均值代表性差;$\sigma$ 值小,均值代表性强。

**(二)离差系数 $C_v$**

由上面的讨论已知均方差的大小可以判定两个均值相同的系列的离散程度。现在再讨论:对于均值不同的两种系列,是否能用均方差来比较它们的离散程度,现举均值不同而均方差相等的系列为例。

甲系列:95　　100　105　　$\sigma_{甲} = 5$

乙系列:5　　10　　15　　$\sigma_{乙} = 5$

虽然 $\sigma_{甲} = \sigma_{乙} = 5$,但是甲系列的均值100是乙的均值10的10倍,显而易见,甲系列的离散程度远比乙系列小。可见,对于不同的均值的系列,就不能用均方差的绝对量来比较它们的离散程度,必须采用相对量,即消除均值的影响。用均方差与均值的比值来作比较,这个比值称为离差系数,以符号 $C_v$ 表示,即

$$C_v = \frac{\sigma}{\bar{x}} = \frac{1}{\bar{x}}\sqrt{\frac{\sum_{i=1}^{n}(x_i - \bar{x})^2}{n-1}} = \sqrt{\frac{\sum_{i=1}^{n}(k_i - 1)^2}{n-1}} \tag{3-13}$$

式中:$K_i = \frac{x_i}{\bar{x}}$称为变率(或称模比系数)。

甲系列的 $C_v = \frac{\sigma_{甲}}{\bar{x}_{甲}} = \frac{5}{100} = 0.05$,乙系列的 $C_v = \frac{\sigma_{乙}}{\bar{x}_{乙}} = \frac{5}{10} = 0.5$,甲系列的 $C_v$ 比乙系列

的 $C_v$ 小，故甲系列的离散程度比乙系列的离散程度小。

**【例 3-1】** 比较下列两个系列的离散程度。

甲系列：90　100　110

乙系列：5　10　15

**解**　甲系列：$\sigma_{甲}=10$，$\bar{x}_{甲}=100$，则 $C_v=\dfrac{\sigma_{甲}}{\bar{x}}=\dfrac{10}{100}=0.1$；

乙系列：$\sigma_{乙}=5$，$\bar{x}_{乙}=10$，则 $C_v=\dfrac{\sigma_{乙}}{\bar{x}}=5/10=0.5$。

比较 $C_v$ 值，可知甲系列的离散程度比乙系列的离散程度小。

例 3-1 中，虽然 $\sigma_{甲}>\sigma_{乙}$，但 $C_{v甲}<C_{v乙}$，说明在均值不同的系列中，均方差大不能说明它的离散程度大；反之亦然。通过例 3-1，更充分说明："不能用均方差来比较不同均值的系列的离散程度"。应该用离差系数 $C_v$ 值来衡量它们的离差程度的大小。$C_v$ 值大，系列的离散度就大，$C_v$ 值小，系列的离散度就小。

$C_v$ 值是水文统计中常用的一个重要参数，用来说明水文特征值的变化情况。现有 $C_v$ 等值的系列图可供水文工作者查用。

$C_v$ 值的分布是有规律可循的。由观测资料可知，年流量的离差系数 $C_v$ 各河不同，同一河流的不同地点也有差别。对于有湖泊调节、流量均匀的河流，其 $C_v$ 值比没有调节的河流小。河流具有不同的受水面积（流域面积），就显示着不同的径流变化，$C_v$ 值也就不同，在大的受水面积，由于水流并不同时到达某出口断面，它比较小的受水面积（小流域）产生更为均匀的径流状态，故大流域的 $C_v$ 值比小流域小。此外，$C_v$ 值也与流域有关，一般是狭长流域比枝状流域大。

我国的降雨量和洪水的 $C_v$ 值的分布是：北方大于南方，内陆大于沿海，山区大于平原，其值为 0.1～1.0。

$C_v$ 值大，则设计值增大，工程造价高，故在实际工作中，应当认真分析 $C_v$ 值。

## 三、说明分布对称程度的特征数

前面研究了用绝对量偏差半径 $d=\bar{x}-\hat{x}$ 来鉴定频率分布曲线的不对称程度。为了在不同项数 $n$ 及不同的均方差的系列间，比较它们的不对称性，下面将介绍一种相对量偏差系数 $C_s$（又称偏态系数）。

偏差系数 $C_s$ 的计算公式推演如下：

鉴定系列的偏度，可用离差的立方和 $\sum_{i=1}^{n}(x_i-\bar{x})^3$ 来衡量。

在对称分布时，由于正负离差相互抵消，故此时

$$\sum_{i=1}^{n}(x_i-\bar{x})^3=0$$

在正偏分布时，系列中有为数不多、但数值较大的正离差及为数较多而数值不大的负离差，经立方后，前者较后者增长更大，此时正离差占优势，则

$$\sum_{i=1}^{n}(x_i-\bar{x})^3>0$$

在负偏分布时，负离差占优势，则

$$\sum_{i=1}^{n}(x_i - \bar{x})^3 < 0$$

将 $\sum_{i=1}^{n}(x_i - \bar{x})^3$ 除以系列的项数 $n$ 及均方差的立方 $\sigma^3$ 后，就可消除均方差所引起的影响，同时可约去单位成为相对量（即不名数）。这种系数称为偏差系数，以符号 $C_s$ 表示，即

$$C_s = \frac{\sum_{i=1}^{n}(x_i - \bar{x})^3}{n\sigma^3} \tag{3-14}$$

式(3-14)适用于样本容量较大的情况。对样本容量小的有限系列，应进行修正，修正后的公式为

$$C_s = \frac{\sum_{i=1}^{n}(x_i - \bar{x})^3}{(n-3)\sigma^3} = \frac{\sum_{i=1}^{n}(x_i - \bar{x})^3}{(n-3)\bar{x}^3 \cdot C_v^3} \tag{3-15}$$

将式(3-15)的分子和分母同时除以 $\bar{x}^3$ 后，则得

$$C_s = \frac{\sum_{i=1}^{n}(K_i - 1)^3}{(n-3)C_v^3} \tag{3-16}$$

$C_s$ 值的大小，可反映频率分布的不对称程度。通常 $C_s$ 的绝对值愈大，频率分布曲线愈不对称；相反，如果 $C_s$ 的绝对值愈小，频率分布曲线愈接近于对称。当 $C_s = 0$ 时，称为对称分布（或正态分布）；当 $C_s > 0$ 时，为正偏态分布；当 $C_s < 0$ 时，为负偏态分布，如图 3-2 所示。当资料的项数不多时，计算出来的 $C_s$ 值误差很大。一般认为资料在 100 项以下，$C_s$ 是不能用公式计算的。因为短系列资料，离均差有误差，立方后误差更大，尤其是极端项影响更大。我国大多数实测水文资料都在百年以下，因此在实际工作中一般均采用经验性的方法，比如取 $C_s$ 等于若干倍 $C_v$。如年降雨量或年径流量的计算，则常用 $C_s = 2C_v$ 的关系，对于年最大流量与年最大降雨量，通常取 $C_s$ 等于 $(3\sim4)C_v$。

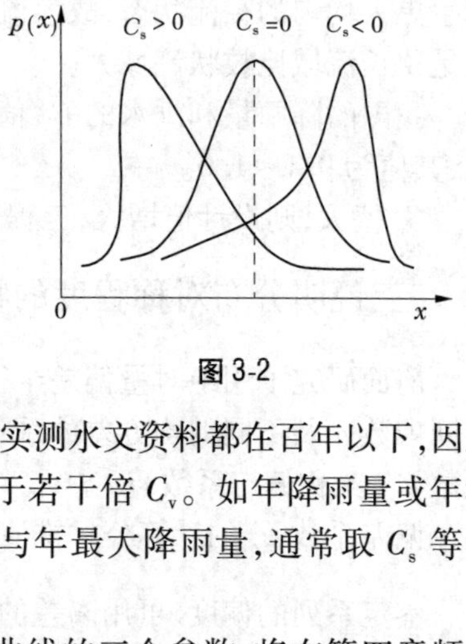

图 3-2

均值 $\bar{x}$、离差系数 $C_v$ 与偏差系数 $C_s$ 称为累积频率曲线的三个参数，将在第四章频率计算中详细讨论。

**【例 3-2】** 某站最大 24 h 降雨量资料列于表 3-1 第 2 栏中，现分别计算各种特征值，其步骤如下：

(1)列表 3-1 计算，第 1 栏写顺序号码。

(2)把各年最大 24 h 暴雨资料按其数量由大到小的顺序排列于第 2 栏中，最后统计总和，计算平均数 $\bar{x}$。

表 3-1

| 序号 | $x_i$(mm) | $K_i$ | $K_i-1$ | $(K_i-1)^2$ | $(K_i-1)^3$ |
|---|---|---|---|---|---|
| 1 | 296.6 | 2.47 | 1.47 | 2.160 9 | 3.176 5 |
| 2 | 222.8 | 1.86 | 0.86 | 0.739 6 | 0.636 1 |
| 3 | 143.4 | 1.19 | 0.19 | 0.036 1 | 0.006 9 |
| 4 | 135.6 | 1.13 | 0.13 | 0.016 9 | 0.002 2 |
| 5 | 132.1 | 1.10 | 0.10 | 0.010 0 | 0.001 0 |
| 6 | 126.2 | 1.05 | 0.05 | 0.002 5 | 0.000 1 |
| 7 | 122.8 | 1.02 | 0.02 | 0.000 4 | 0.000 0 |
| 8 | 115.7 | 0.96 | −0.04 | 0.001 6 | −0.000 1 |
| 9 | 106.4 | 0.89 | −0.11 | 0.012 1 | −0.001 3 |
| 10 | 102.7 | 0.86 | −0.14 | 0.019 6 | −0.002 7 |
| 11 | 96.7 | 0.81 | −0.19 | 0.036 1 | −0.006 9 |
| 12 | 95.5 | 0.80 | −0.20 | 0.040 0 | −0.008 0 |
| 13 | 94.7 | 0.79 | −0.21 | 0.044 1 | −0.009 3 |
| 14 | 93.7 | 0.78 | −0.22 | 0.048 4 | −0.010 6 |
| 15 | 90.5 | 0.75 | −0.25 | 0.062 5 | −0.015 6 |
| 16 | 88.7 | 0.74 | −0.26 | 0.067 6 | −0.017 6 |
| 17 | 79.4 | 0.66 | −0.34 | 0.115 6 | −0.039 3 |
| 18 | 76.7 | 0.64 | −0.36 | 0.129 6 | −0.046 7 |
| 19 | 61.3 | 0.51 | −0.49 | 0.240 1 | −0.117 6 |
| 总和 | 2 281.5 | 19.01 | 0.01 | 3.783 7 | 3.547 1 |

**注**:数字特征计算:

$$\bar{x}=\frac{\sum x_i}{n}=\frac{2\,281.5}{19}=120.1(\text{mm}),\sigma=\bar{x}\sqrt{\frac{\sum(K_i-1)^2}{n-1}}=120.1\times\sqrt{\frac{3.783\,7}{18}}=55.06(\text{mm})$$

$$C_v=\sqrt{\frac{\sum(K_i-1)^2}{n-1}}=\sqrt{\frac{3.783\,7}{18}}=0.46,C_s=\frac{\sum\limits_{i=1}^{n}(K_i-1)^3}{(n-3)C_v^3}=\frac{3.547\,1}{16\times(0.46)^3}=2.28。$$

(3)计算模比系数 $K_i=\frac{x_i}{\bar{x}}$,列于表 3-1 中第 3 栏。注意:第 3 栏总和应等于项数 $n$,即

$$\sum_{i=1}^{n}K_i=\sum_{i=1}^{n}\left(\frac{x_i}{\bar{x}}\right)=\frac{1}{\bar{x}}\sum x_i=\frac{1}{\bar{x}}n\bar{x}=n$$

实际计算时,由于舍入误差,可能稍有出入,如果整数相差,说明计算有错误,应加以核算。

(4)把第 3 栏中各值减去 1,即 $K_i-1$ 列于第 4 栏。$\sum(K_i-1)$应等于零,作为校核之用。即

$$\sum(K_i-1)=\sum K_i-\sum 1=\sum K_i-n=n-n=0$$

(5)计算$(K_i-1)^2$ 列于第 5 栏,计算$(K_i-1)^3$ 列于第 6 栏,将表中总和值代入公式计算各特征值。

表 3-1 中计算所得的 $C_s$ 值约等于 $5C_v$($C_s/C_v\approx5$),一般认为这个 $C_s$ 值偏大。这是因

为资料系列短($n=19$),且受极端项(1、2 两项)影响所致。所以在实际工作中,计算的 $C_s$ 值仅供参考。

## 第二节　总体的数字特征

在本章第一节中,介绍了随机变量的样本特征数,在这个基础上就不难了解总体特征数的概念。因为样本特征数的定义、方法及公式均可平行地用于总体的特征数,如数学期望、方差及各阶矩等。

### 一、数学期望

在式(3-4)中,$\frac{f_i}{n}$是 $x_i$ 出现的频率。因此,加权平均数 $\bar{x}$ 是变量的每个取值 $x_i$ 与其出现的频率的乘积之和。我们知道频率是随机波动的,在大量观察(或试验)中,频率会稳定在概率附近。受式(3-4)的启发,我们来定义随机变量 $X$ 的数学期望值 $E(X)$。

**(一)离散型随机变量的数学期望**

**定义**　设 $X$ 是一个离散型随机变量,它可能取可列个值 $x_1,x_2,x_3,\cdots,x_n$,各值相应的概率分别是 $p_1,p_2,p_3,\cdots,p_n$,则

$$E(X)=\sum_{i=1}^{n}x_ip_i\quad\left(\sum_{i=1}^{n}p_i=1\right)\tag{3-17}$$

称为随机变量 $X$ 的数学期望。当 $X$ 可能取得无穷可列个值时,要求级数 $\sum\limits_{i=1}^{n}x_ip_i$ 绝对收敛,则 $X$ 的数学期望

$$E(X)=\sum_{i=1}^{\infty}x_ip_i\tag{3-18}$$

若 $\sum\limits_{i=1}^{\infty}x_ip_i$ 发散,则 $X$ 的数学期望不存在。

**【例 3-3】**　某射手进行了 10 次射击,结果见表 3-2,试求该射手命中目标的数学期望。

**表 3-2**

| 环数($x_i$) | 10 | 9 | 8 | 7 | 6 |
|---|---|---|---|---|---|
| 成绩 | 3 | 3 | 2 | 1 | 1 |
| $p_i$ | 3/10 | 3/10 | 2/10 | 1/10 | 1/10 |

**解**

$$E(X)=\sum_{i=1}^{5}x_ip_i=10\times3/10+9\times3/10+8\times2/10+7\times1/10+6\times1/10=8.6\ (\text{环})$$

该射手命中目标的数学期望是 8.6 环,这个数与全部可能环数 1,2,3,4,5,6,7,8,9,10 都不同,因此数学期望不是一个具体事物的数量,而是一个综合指标。它反映了随机变量 $X$ 取值的真正平均(见图 3-3)。

**(二)连续型随机变量的数学期望**

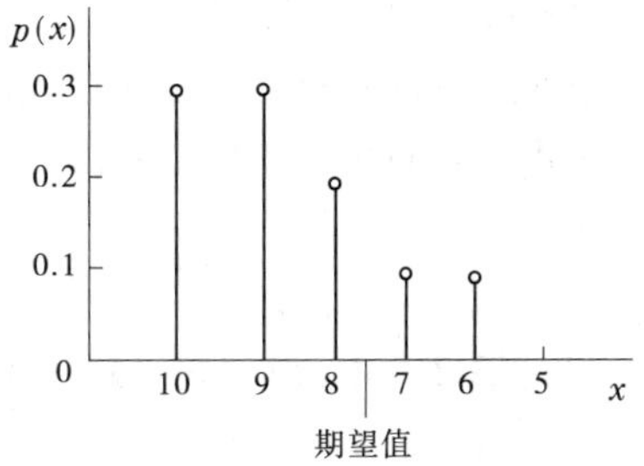

图 3-3

对于连续型随机变量 $X$ 而言,式(3-18)显然是无意义的。我们已经掌握了微积分的知识,容易理解下述定义。

**定义** 设随机变量 $X$ 的密度函数为 $f(x)$,若积分 $\int_{-\infty}^{+\infty} xf(x)\mathrm{d}x$ 绝对收敛,则称它为 $X$ 的数学期望(或均值),记为 $E(X)$,即

$$E(X) = \int_{-\infty}^{+\infty} xf(x)\mathrm{d}x \qquad (3\text{-}19)$$

**【例 3-4】** 设随机变量 $X$ 服从均匀分布,其概率密度为

$$f(x) = \begin{cases} \dfrac{1}{b-a}, a \leqslant x \leqslant b \\ 0, \qquad 其他 \end{cases}$$

求 $X$ 在区间$[a,b]$上的数学期望。

**解** 由式(3-19)得

$$E(X) = \int_{-\infty}^{+\infty} xf(x)\mathrm{d}x = \int_a^b x\frac{1}{b-a}\mathrm{d}x$$

$$= \frac{x^2}{2(b-a)}\bigg|_a^b = \frac{1}{2}\left(\frac{b^2-a^2}{b-a}\right) = \frac{1}{2}(b+a)$$

均匀分布的数学期望 $E(X)=(b+a)/2$。

综上所述,随机变量 $X$ 的数学期望就是 $X$ 所能取的一切可能值,以其相应的概率(或概率密度)为权的加权平均数,称这种平均数为随机变量 $X$ 的数学期望。顾名思义,就是我们期望随机变量在大量观察中平均取得的数值。因此,数学期望有时称为 $X$ 的均值,有时也称做分布的均值。

**(三)随机变量函数的数学期望**

设 $Y$ 是随机变量 $X$ 的函数,$Y=g(X)$,则有:

(1)若 $X$ 是离散型随机变量,设 $X$ 的分布列为

$$P(X=x_i)=p_i \qquad (i=1,2,3,\cdots)$$

则 $Y=g(X)$的数学期望 $E[g(X)]$,可按下式计算

$$E(Y) = E[g(X)] = \sum_{i=1}^{\infty} g(x_i)p_i \qquad (3\text{-}20)$$

式(3-20)中的 $\sum\limits_{i=1}^{\infty} g(x_i)p_i$ 必须绝对收敛;否则,$E[g(X)]$不存在($g(x)$是连续实函数)。

(2)若 $X$ 是连续型随机变量,其密度函数为 $f(x)$,如果 $\int_{-\infty}^{+\infty} g(x)f(x)\mathrm{d}x$ 绝对收敛,则称 $Y=g(X)$ 的数学期望存在,可按下式计算

$$E(Y) = E[g(X)] = \int_{-\infty}^{+\infty} g(x)f(x)\mathrm{d}x \qquad (3\text{-}21)$$

由式(3-21)可知,当我们求 $E(Y)$ 时,不必知道 $Y$ 的分布,直接利用已知的 $g(x)$ 与 $f(x)$ 相乘后,求积分即得($g(x)$ 是连续实函数)。

在式(3-20)中,设 $Y=g(X)=X^2$,则 $g(x_i)=x_i^2$

$$E(Y)=E[g(X)]=E(X^2)=\sum_{i=1}^{n}x_i^2p_i$$

在式(3-21)中,设 $Y=g(x)=X^2$,$X$ 的密度函数为 $f(x)$,$g(x)=x^2$,则有

$$E(Y)=E(X^2)=\int_{-\infty}^{+\infty}x^2f(x)\mathrm{d}x$$

**(四)数学期望的性质**

数学期望具有如下性质:

**性质1** 设 $c$ 是常数,则

$$E(c)=c \tag{3-22}$$

**性质2** 设 $X$ 是随机变量,$c$ 是常数,则

$$E(cX)=cE(X) \tag{3-23}$$

**性质3** 设 $X$,$Y$ 是任意两个随机变量,则

$$E(X\pm Y)=E(X)\pm E(Y) \tag{3-24}$$

性质3可以推广到下列一般情形

$$E(c_1X_1+c_2X_2+\cdots+c_nX_n)=c_1E(X_1)+c_2E(X_2)+\cdots+c_nE(X_n) \tag{3-25}$$

其中,$X_i(i=1,2,\cdots,n)$ 为随机变量,$c_i(i=1,2,\cdots,n)$ 为常数。

**性质4** 设 $X$,$Y$ 是任意两个相互独立的随机变量,则

$$E(XY)=E(X)E(Y) \tag{3-26}$$

性质4也可推广到 $n$ 个相互独立的随机变量之积,即

$$E(X_1X_2\cdots X_n)=E(X_1)E(X_2)\cdots E(X_n) \tag{3-27}$$

**【例3-5】** 设随机变量 $X$ 的分布列为

| $X$ | $-2$ | $-1$ | 0 | 1 | 2 |
|---|---|---|---|---|---|
| $P$ | 1/12 | 1/6 | 1/6 | 1/4 | 1/3 |

试求:(1)$E(X)$;(2)$E(-X)$;(3)$E(X+1)$;(4) $E(-X+1)$;(5)$E(X^2)$

**解** (1)$E(X)=\sum_{i=1}^{5}x_ip_i=(-2)\times\frac{1}{12}+(-1)\times\frac{1}{6}+0\times\frac{1}{6}+1\times\frac{1}{4}+2\times\frac{1}{3}=\frac{7}{12}$

(2)由性质2,得 $E(-X)=-E(X)=-7/12$

(3)由性质3,得 $E(X+1)=E(X)+1=7/12+1=19/12$

(4)由性质2、性质3,得 $E(-X+1)=-E(X)+1=-7/12+1=5/12$

(5)由式(3-20),得

$$\begin{aligned}E(X^2)&=\sum_{i=1}^{5}x_i^2p_i=(-2)^2\times\frac{1}{12}+(-1)^2\times\frac{1}{6}+0\times\frac{1}{6}+1^2\times\frac{1}{4}+2^2\times\frac{1}{3}\\&=\frac{4}{12}+\frac{1}{6}+0+\frac{1}{4}+\frac{4}{3}=\frac{25}{12}\end{aligned}$$

## 二、方差

### (一)方差的概念

第一节中曾讨论过样本的方差 $D_x$ 是衡量系列离散程度的特征数。同样,在总体的系列中,也要知道随机变量的一切可能值在数学期望周围的分散程度。仿式(3-10),我们就用离差平方 $[X-E(X)]^2$ 的均值 $E[X-E(X)]^2$ 来描述它。

### (二)方差的定义

**定义** 设 $X$ 是一个随机变量,若 $E[X-E(X)]^2$ 存在,则称 $E[X-E(X)]^2$ 为 $X$ 的方差,记作 $D(X)$,即

$$D(X) = E[X - E(X)]^2 \tag{3-28}$$

式中:$X-E(X)$ 称做随机变量 $X$ 的离差,因 $E(X)$ 是常量,故

$$E[X - E(X)] = E(X) - E(X) = 0$$

由方差的定义,对于离散型随机变量,由式(3-28),有

$$D(X) = E[X - E(X)]^2 = \sum_{i=1}^{n} [x_i - E(X)]^2 p_i$$

即

$$D(X) = \sum_{i=1}^{n} [x_i - E(X)]^2 p_i \tag{3-29}$$

式中:$p_i = P(X = x_i)(i = 1, 2, \cdots, n)$。

当 $X$ 的可能值是无穷可列个时,式(3-29)可写成

$$D(X) = \sum_{i=1}^{\infty} [x_i - E(X)]^2 p_i$$

对于连续型随机变量,由式(3-28)有

$$D(X) = E[X - E(X)]^2 = \int_{-\infty}^{+\infty} [x - E(X)]^2 f(x)\mathrm{d}x$$

即

$$D(X) = \int_{-\infty}^{+\infty} [x - E(X)]^2 f(x)\mathrm{d}x \tag{3-30}$$

为了计算方便,方差 $D(X)$ 可写成下列形式

$$D(X) = E(X^2) - [E(X)]^2 \tag{3-31}$$

由式(3-28),结合数学期望的性质,可以推出式(3-31)。因为

$$D(X) = E[X - E(X)]^2 = E\{X^2 - 2XE(X) + [E(X)]^2\}$$

$$= E(X^2) - 2E(X)E(X) + [E(X)]^2 = E(X^2) - [E(X)]^2$$

所以

$$D(X) = E(X^2) - [E(X)]^2$$

式(3-31)是计算方差的重要公式。方差是表示随机变量在其数学期望周围离散程度的一个指标。当随机变量的可能值密集在数学期望附近时,方差较小;反之,方差较大。

### (三)方差的性质

**性质 1** 设 $c$ 是常数,则

$$D(c) = 0 \tag{3-32}$$

**性质 2** 设 $X$ 是随机变量,$c$ 是常数,则

$$D(cX) = c^2D(X) \tag{3-33}$$

**性质3** 设 $X,Y$ 是两个随机变量,则

$$D(X \pm Y) = D(X) + D(Y) \pm 2\mathrm{Cov}(X,Y) \tag{3-34}$$

其中,$\mathrm{Cov}(X,Y)=E[(X-E(X))(Y-E(Y))]$。

若 $X$ 与 $Y$ 相互独立,则

$$D(X \pm Y) = D(X) + D(Y) \tag{3-35}$$

**性质4** $$D(X) = E(X^2) - [E(X)]^2 \tag{3-36}$$

**性质5** $$D(X) \leqslant E[(X-a)^2] \quad (a\text{为任意实数}) \tag{3-37}$$

**【例3-6】** 设随机变量 $X$ 在 $[a,b]$ 区间上服从均匀分布,求其方差 $D(X)$。

**解** 因为已知 $E(X)=(a+b)/2$(见例3-4),于是有

$$D(X) = E(X^2) - [E(X)]^2 = \int_a^b \frac{x^2}{b-a}\mathrm{d}x - \frac{(a+b)^2}{2^2}$$

$$= \frac{b^3-a^3}{3(b-a)} - \frac{(a+b)^2}{4} = \frac{(b-a)^2}{12}$$

## 三、几种常用的分布函数的数学期望和方差

### (一)(0-1)分布的数学期望和方差

设随机变量 $X$ 服从(0-1)分布

| $X$ | 0 | 1 |
|---|---|---|
| $P$ | $1-p$ | $p$ |

数学期望:$E(X)=0\times(1-p)+1\times p=p$。

方差:由式(3-31)及式(3-20)可得

$$D(X) = E(X^2) - [E(X)]^2 = 1^2\times p + 0^2\times(1-p) - p^2 = p - p^2 = p(1-p) = pq$$

### (二)二项分布的数学期望和方差

设随机变量 $X$ 服从二项分布,即

$$P(X=k) = C_n^k p^k q^{n-k} \quad (k=0,1,2,\cdots,n)$$

(1)二项分布的数学期望。因为 $p+q=1$,根据式(3-17),有

$$E(X) = \sum_{k=0}^{n} kC_n^k p^k q^{n-k} = \sum_{k=1}^{n} k\frac{n!}{k!(n-k)!}p^k q^{n-k}$$

$$= np\sum_{k=1}^{n}\frac{(n-1)!}{(k-1)!(n-k)!}p^{k-1}q^{n-k}(k=1,2,\cdots,n)$$

$$= np[q^{n-1} + (n-1)pq^{n-2} + \frac{(n-1)(n-2)!}{2!}p^2q^{n-2} + \cdots + (n-1)p^{n-2}q + p^{n-1}]$$

$$= np(q+p)^{n-1} = np$$

(2)二项分布的方差。由式(3-31),$D(X)=E(X^2)-[E(X)]^2$,已知 $E(X)=np$,按式(3-20)有

$$E(X^2) = \sum_{k=0}^{n} k^2 C_n^k p^k q^{n-k} = \sum_{k=1}^{n} k^2\frac{n!}{k!(n-k)!}p^k q^{n-k}$$

$$= \sum_{k=1}^{n} k \frac{n!}{(k-1)!(n-k)!} p^k q^{n-k} = np \sum_{k=1}^{n} (k-1+1) \frac{(n-1)}{(k-1)!(n-k)!} p^{k-1} q^{n-k}$$

$$= n(n-1)p^2 \sum_{k=2}^{n} \frac{(n-2)!}{(k-2)!(n-k)!} p^{k-2} q^{n-k} + np \sum_{k=1}^{n} \frac{(n-1)}{(k-1)!(n-k)!} p^{k-1} q^{n-k}$$

$$= n(n-1)p^2 (p+q)^{n-2} + np(p+q)^{n-1}$$

$$= n(n-1)p^2 + np$$

代入式(3-31),得

$$D(X) = n(n-1)p^2 + np - n^2p^2 = np(1-p) = npq$$

由上述推导,可得:①二项分布的数学期望 $E(X) = np$;②二项分布的方差 $D(X) = npq$。

**(三)泊松分布的数学期望及方差**

设 $X$ 服从泊松分布,即

$$P(X = k) = \frac{\lambda^k}{k!} e^{-\lambda} \quad (k = 0,1,2,\cdots,\lambda > 0)$$

(1)泊松分布的数学期望。由式(3-18),有

$$E(X) = \sum_{k=0}^{\infty} k \frac{\lambda^k}{k!} e^{-\lambda} = e^{-\lambda} \sum_{k=1}^{\infty} \frac{\lambda^{k-1}}{(k-1)!} \lambda = \lambda e^{-\lambda} (1 + \frac{\lambda}{1!} + \frac{\lambda^2}{2!} + \cdots)$$

$$= \lambda e^{-\lambda} \cdot e^{\lambda} = \lambda$$

(2)泊松分布的方差。由式(3-31)及式(3-21),有

$$D(X) = E(X^2) - [E(X)]^2 = \sum_{k=0}^{\infty} k^2 \frac{\lambda^k}{k!} e^{-\lambda} - \lambda^2$$

$$= e^{-\lambda} \sum_{k=1}^{\infty} (k-1+1) \frac{\lambda^{k-1}}{(k-1)!} \lambda - \lambda^2$$

$$= \lambda [ e^{-\lambda} \sum_{k=2}^{\infty} (k-1) \frac{\lambda^{k-2}}{(k-1)(k-2)!} \lambda + e^{-\lambda} \sum_{k=1}^{\infty} \frac{\lambda^{k-1}}{(k-1)!} - \lambda ]$$

$$= \lambda [ e^{-\lambda} \sum_{k=2}^{\infty} \frac{\lambda^{k-2}}{(k-2)!} \lambda + e^{-\lambda} e^{\lambda} - \lambda ]$$

$$= \lambda ( e^{-\lambda} e^{\lambda} \lambda + 1 - \lambda ) = \lambda (\lambda + 1 - \lambda) = \lambda$$

由上述推导,我们知道泊松分布的参数 $\lambda$ 的统计意义,它既是变量 $X$ 的数学期望又是变量 $X$ 的方差,因此只要知道 $\lambda$,泊松分布便可确定。

**(四)正态分布的数学期望和方差**

设随机变量 $X$ 服从正态分布,其密度函数为

$$f(x) = \frac{1}{\sigma \sqrt{2\pi}} e^{-\frac{(x-a)2}{2\sigma^2}} \qquad (-\infty < x < +\infty) \qquad (\sigma > 0)$$

由式(3-19),有

$E(X) = \int_{-\infty}^{+\infty} x f(x) dx = \frac{1}{\sigma \sqrt{2\pi}} \int_{-\infty}^{+\infty} x e^{-\frac{(x-a)2}{2\sigma^2}} dx$(代换:令 $t = \frac{x-a}{\sigma}$,则 $x = a + \sigma t$,$dx = \sigma dt$)

$$= \frac{1}{\sqrt{2\pi}}\int_{-\infty}^{+\infty}(a + \sigma t)e^{-\frac{t^2}{2}}dt$$

$$= \frac{a}{\sqrt{2\pi}}\int_{-\infty}^{+\infty} e^{-\frac{t^2}{2}}dt + \frac{\sigma}{\sqrt{2\pi}}\int_{-\infty}^{+\infty} te^{-\frac{t^2}{2}}dt$$

$$= \frac{a}{\sqrt{2\pi}}\int_{-\infty}^{+\infty} e^{-\frac{t^2}{2}}dt + 0$$

$$= \frac{a}{\sqrt{2\pi}} \cdot \sqrt{2\pi} = a$$

因为第二个积分的被积函数是关于 $t$ 的奇函数，故在对称区间内的积分为零。

已知正态分布的 $E(X) = a$，由式(3-30)，得

$$D(X) = \int_{-\infty}^{+\infty}(x - a)^2 \frac{1}{\sigma\sqrt{2\pi}}e^{-\frac{(x-a)^2}{2\sigma^2}}dx \text{（代换：令 } t = \frac{x - a}{\sigma}, x - a = \sigma t, dx = \sigma dt\text{）}$$

$$= \int_{-\infty}^{+\infty}\sigma^2 t^2 \frac{1}{\sigma\sqrt{2\pi}}e^{-\frac{t^2}{2}}\sigma dt = \frac{\sigma^2}{\sqrt{2\pi}}\int_{-\infty}^{+\infty} t^2 e^{-\frac{t^2}{2}}dt$$

$$= \frac{\sigma^2}{\sqrt{2\pi}}\int_{-\infty}^{+\infty} - t^2 e^{-\frac{t^2}{2}}d\left(-\frac{t^2}{2}\right) = \frac{\sigma}{\sqrt{2\pi}}\left[\left(-t^2 e^{-\frac{t^2}{2}}\right)\Big|_{-\infty}^{+\infty} + \int_{-\infty}^{+\infty} e^{-\frac{t^2}{2}}dt\right]$$

用分部积分法，令 $u = -t, v = e^{-\frac{t^2}{2}}, dv = e^{-\frac{t^2}{2}}d\left(-\frac{t^2}{2}\right), du = -dt$，则

$$D(X) = \frac{\sigma^2}{\sqrt{2\pi}}\int_{-\infty}^{+\infty} e^{-\frac{t^2}{2}}dt = \frac{\sigma^2}{\sqrt{2\pi}} \cdot \sqrt{2\pi} = \sigma^2$$

正态分布的数学期望 $E(X) = a$，方差 $D(X) = \sigma^2$。由此可知参数 $a$ 的统计意义，就是随机变量的平均数；参数 $\sigma$ 的统计意义就是随机变量 $X$ 的均方差（$\sqrt{D(X)} = \sqrt{\sigma^2} = \sigma$）。

数学期望和方差是最常用的数字特征，现将几种重要的一元随机变量的概率函数和分布密度以及它们的数学期望和方差列于表3-3。

表3-3

| 分布 | 概率函数或分布密度 | 数学期望 | 方差 |
|---|---|---|---|
| (0-1)分布 | $P(X=k) = p^k q^{1-k}, k=0,1$<br>$0<p<1, p+q=1$ | $p$ | $pq$ |
| 二项分布 | $P(X=k) = C_n^k p^k q^{n-k}, k=0,1,\cdots,n$<br>$0<p<1, p+q=1$ | $np$ | $npq$ |
| 泊松分布 | $P(X=k) = \frac{\lambda^k}{k!}e^{-\lambda}, k=0,1,2,\cdots, \lambda>0$ | $\lambda$ | $\lambda$ |
| 均匀分布 | $f(x) = \begin{cases} \frac{1}{b-a}, & a<x<b \\ 0, & \text{其他} \end{cases}$ | $\frac{a+b}{2}$ | $\frac{(b-a)^2}{12}$ |
| 指数分布 | $f(x) = \begin{cases} \lambda e^{-\lambda x}, & x>0 \\ 0, & x \leqslant 0 \end{cases}$ | $\frac{1}{\lambda}$ | $\frac{1}{\lambda^2}$ |

续表 3-3

| 分布 | 概率函数或分布密度 | 数学期望 | 方差 |
| --- | --- | --- | --- |
| 正态分布 | $f(x)=\frac{1}{\sigma\sqrt{2\pi}}e^{-\frac{(x-a)2}{2\sigma^2}}\quad(-\infty<x<+\infty)$ | $a$ | $\sigma^2$ |
| P－Ⅲ型分布 | $f(x)=\frac{\beta^\alpha}{\Gamma(\alpha)}(x-a_0)^{\alpha-1}e^{-\beta(x-a_0)}$<br>$\alpha>0,x>a_0$ | $\frac{\alpha}{\beta}+a_0$ | $\frac{\alpha}{\beta^2}$ |

# 第三节　矩

概率统计中,常采用力学中的矩作为工具来描述随机变量的数字特征,本节主要介绍原点矩和中心矩。

## 一、原点矩

以原点作计算零点的各阶矩称为原点矩。随机变量 $X$ 的 $k$ 次幂的数学期望,叫做随机变量 $X$ 的 $k$ 阶原点矩,以 $v_k$ 表示,则

$$v_k = E(X^k)\quad(k=1,2,\cdots,n)\tag{3-38}$$

当 $k=1$ 时,即为一阶原点矩,$v_1=E(X)$,就是 $X$ 的数学期望。

离散型随机变量的原点矩为

$$v_k = \sum_{k=1}^{\infty} x_i^k p_i\tag{3-39}$$

连续型随机变量,若具有密度函数 $f(x)$,则其原点矩为

$$v_k = \int_{-\infty}^{+\infty} x^k f(x)\mathrm{d}x\tag{3-40}$$

## 二、中心矩

用平均数作为计算原点的各阶矩称为中心矩,随机变量 $X$ 的离差的 $k$ 次幂的数学期望,叫做随机变量 $X$ 的 $k$ 阶中心矩,记作 $\mu_k$,即

$$\mu_k = E[X-E(X)]^k\quad(k=0,1,2,\cdots,n)\tag{3-41}$$

离散型随机变量的中心矩为

$$\mu_k = \sum_{k=1}^{\infty}[x_i-E(X)]^k p_i\tag{3-42}$$

连续型随机变量的中心矩为

$$\mu_k = \int_{-\infty}^{+\infty}[x-E(X)]^k f(x)\mathrm{d}x\tag{3-43}$$

显然,当 $k=0$ 时,$\mu_0=1$;

当 $k=1$ 时,$\mu_1=E[X-E(X)]=E(X)-E(X)=0$;

当 $k=2$ 时，$\mu_2=E[X-E(X)]^2=D(X)$ 。

二阶中心矩就是随机变量 $X$ 的方差。

除原点矩、中心矩外，数理统计中还采用以不等于平均数的定点 $A$ 作为计算零点的各阶矩，叫做定点矩。若 $v'_{Ak}=E(X-A)^k$，则 $v'_{Ak}$ 为 $X$ 点的 $k$ 阶定点矩；如果 $A=0$，即为原点矩；如果 $A$ 等于数学期望，即为中心矩。

## 三、中心矩与原点矩之间的关系

中心矩与原点矩有如下关系

$$
\begin{aligned}
\mu_n &= E[X-E(X)]^n = E\{X^n - nX^{n-1}E(X) + \frac{n(n-1)}{2!}X^{n-2}[E(X)]^2 - \\
&\quad \frac{n(n-1)(n-2)}{3!}X^{n-3}[E(X)]^3 + \cdots\} \\
&= E(X^n) - nE(X^{n-1})E(X) + \frac{n(n-1)}{2!}E(X^{n-2})[E(X)]^2 - \\
&\quad \frac{n(n-1)(n-2)}{3!}E(X^{n-3})[E(X)]^3 + \cdots \\
&= v_n - nv_{n-1}v_1 + \frac{n(n-1)}{2!}v_{n-2}v_1^2 - \frac{n(n-1)(n-2)}{3!}v_{n-3}v_1^3 + \cdots
\end{aligned} \tag{3-44}
$$

由式(3-44)得

$$
\left.\begin{aligned}
\mu_0 &= 1 \\
\mu_1 &= 0 \\
\mu_2 &= v_2 - v_1^2 \\
\mu_3 &= v_3 - 3v_2v_1 + 2v_1^3 \\
\mu_4 &= v_4 - 4v_3v_1 + 6v_2v_1^2 - 3v_1^4
\end{aligned}\right\} \tag{3-45}
$$

## 四、矩与数字特征的关系

根据矩的概念，通常用矩表示随机变量 $X$ 的数学期望 $E(X)$，方差 $D(X)$，均方差 $\sigma$，离差系数 $C_v$ 和偏差系数 $C_s$，如下

$$
\left.\begin{aligned}
E(X) &= v_1 \\
D(X) &= \mu_2 = v_2 - v_1^2 \\
\sigma &= \sqrt{D(X)} = \sqrt{\mu_2} = \sqrt{v_2 - v_1^2} \\
C_v &= \frac{\sigma}{\bar{x}} = \frac{\sqrt{v_2 - v_1^2}}{v_1} \\
C_s &= \frac{\mu_3}{\sigma^3} = \frac{v_3 - 3v_2v_1 + 2v_1^3}{(v_2 - v_1^2)^{\frac{3}{2}}}
\end{aligned}\right\} \tag{3-46}
$$

**【例 3-7】** 设随机变量 $X$ 有密度函数

$$f(x) = 4e^{-4x} \qquad 0 \leqslant x < +\infty$$

试求 $X$ 的数学期望 $E(X)$ 和方差 $D(X)$。

**解** 按 $v_k$ 的定义式，则有

$$E(X)=v_1=\int_0^{+\infty}xf(x)\mathrm{d}x=4\int_0^{+\infty}x\mathrm{e}^{-4x}\mathrm{d}x=\frac{1}{4}$$

（注：可查积分表 $\int_0^{\infty}x^n\mathrm{e}^{-a}\mathrm{d}x=\frac{n!}{a^{n+1}}$，$n=1$，$a=4$，故 $E(X)$ 等于 $\frac{1}{4}$）

$$\begin{aligned}D(X)=\mu_2&=\int_0^{+\infty}[x-E(X)]^2f(x)\mathrm{d}x=\int_0^{+\infty}(x-\frac{1}{4})^2 4\mathrm{e}^{-4x}\mathrm{d}x\\&=\int_0^{+\infty}(x^2-\frac{1}{2}x+\frac{1}{16})4\mathrm{e}^{-4x}\mathrm{d}x\\&=4\Big[\int_0^{+\infty}x^2\mathrm{e}^{-4x}\mathrm{d}x-\frac{1}{2}\int_0^{+\infty}x\mathrm{e}^{-4x}\mathrm{d}x+\frac{1}{16}\int_0^{+\infty}\mathrm{e}^{-4x}\mathrm{d}x\Big]\\&=4(\frac{1}{32}-\frac{1}{32}+\frac{1}{64})=\frac{1}{16}\end{aligned}$$

上述求方差 $D(X)$ 的计算过程麻烦。如果利用 $\mu_2=v_2-v_1^2$ 的关系，可以简化计算。先计算 $v_1$，$v_2$，已知 $v_1=1/4$，计算

$$v_2=\int_0^{+\infty}x^2f(x)\mathrm{d}x=4\int_0^{+\infty}x^2\mathrm{e}^{-4x}\mathrm{d}x=\frac{1}{8}$$

因此

$$D(X)=\mu_2=v_2-v_1^2=1/8-1/16=1/16$$

**【例 3-8】** 设随机变量 $X$ 有密度函数

$$f(x)=8\mathrm{e}^{8x}\qquad 0\leqslant x<+\infty$$

试求 $X$ 的数学期望 $v_1$ 和方差 $\mu_2$。

**解** 同例 3-7 解法，可得

$$v_1=1/8$$

$$v_2=1/32$$

而

$$\mu_2=v_2-v_1^2=\frac{1}{32}-\frac{1}{64}=\frac{1}{64}$$

解得 $X$ 的数学期望 $E(X)=v_1=\frac{1}{8}$，方差 $D(X)=\mu_2=\frac{1}{64}$。

## 第四节　大数定律与中心极限定理

极限定理是概率论中最重要的理论之一。我们知道，概率论是研究随机现象统计规律的数学理论，而随机现象的统计规律只有在对随机现象进行大量观测后才呈现出来，为了研究大量随机现象的综合结果，常常采用极限方法，这就导致对极限理论的研究。极限定理内容广泛，主要可分为两大类：一类是用严格的数学形式表达频率的稳定性和大量随机现象平均结果的稳定性的一系列定理，称为大数定律；另一类是研究在什么情况下，独立随机变量的和的极限分布服从正态分布，这一类定理称为中心极限定理。

本节将简略地介绍大数定律与中心极限定理中最基本的定理（不加证明）。

## 一、大数定律

### （一）贝努利大数定理

设 $m$ 是 $n$ 次重复独立试验中，事件 $A$ 出现的次数（$A$ 的频率为 $\frac{m}{n}$），而 $p$ 是事件 $A$ 在每次试验中出现的概率，则对于任何正数 $\varepsilon$，有

$$\lim_{n\to\infty}P\left(\left|\frac{m}{n}-p\right|<\varepsilon\right)=1 \tag{3-47}$$

贝努利定理表明，当试验次数无限增大时，随机事件出现的频率与概率有较大偏差的可能性无限减少，这个论断的正确性，已在一系列的专门试验及大规模的统计工作中得到证实。这个定理以严密的数学形式表述了频率的稳定性，故在实际应用中，当试验次数很大时，便可用事件发生的频率代替事件的概率。

### （二）辛钦大数定理

设 $X_1,X_2,\cdots,X_n$ 是相互独立且有相同分布的随机变量序列，同时具有有限个平均数 $a=E(X_i)$，$i=1,2,\cdots,n$，则对任意正数 $\varepsilon$，有

$$\lim_{n\to\infty}P\left(\left|\frac{1}{n}\sum_{i=1}^{n}X_i-a\right|<\varepsilon\right)=1 \tag{3-48}$$

辛钦大数定理说明，当 $n$ 无限增大时，随机变量的算术平均数 $\frac{1}{n}\sum\limits_{i=1}^{n}X_i$ 接近于数学期望 $E(X_i)=a$，几乎是必然事件（$a$ 是总体的数学期望）。因此，当 $n$ 充分大时，可用算术平均数代替它的总体平均数。

从以上两定理中，不仅看到了在大量随机现象中频率的稳定性，而且还看到一般平均结果的稳定性。

## 二、中心极限定理

中心极限定理给出，在大量的试验中，随机变量和的极限分布服从正态分布（证明从略）。

**定理**　如果相互独立的随机变量序列 $X_1,X_2,\cdots,X_n$ 具有相同的分布，并且各有数学期望 $E(X_i)=a$ 及方差 $D(X_i)=\sigma^2(i=1,2,\cdots,n)$，则当 $n\to\infty$ 时，对一切 $x$ 均有

$$\lim_{n\to\infty}P\left\{\frac{1}{\sqrt{n}\sigma}\sum_{i=1}^{n}(X_i-a)<x\right\}=\frac{1}{\sqrt{2\pi}}\int_{-\infty}^{x}e^{-\frac{t^2}{2}}dt \tag{3-49}$$

式(3-49)表明，随机变量 $\frac{1}{\sqrt{n}\sigma}\sum\limits_{i=1}^{n}(X_i-a)$ 渐近地服从标准正态分布。从定理的条件可知

$$D\left(\frac{X_i-a}{\sqrt{n}\sigma}\right)=\frac{1}{n\sigma^2}D(X_i-a)=\frac{1}{n\sigma^2}D(X_i)=\frac{1}{n\sigma^2}\sigma^2=\frac{1}{n}\to0(n\to\infty) \tag{3-50}$$

式(3-50)说明，各项所起的影响是均匀的微小的。因此，中心极限定理可以解释为：假设被研究的随机变量可以表示为大量独立随机变量的和，其中每个随机变量对于总和只起微小的作用。在这种情况下我们可以认为这个随机变量实际是服从正态分布的。

如果将式(3-49)改写为

$$\lim_{n\to\infty}P\left\{\frac{\frac{1}{n}\sum_{i=1}^{n}X_i - a}{\frac{\sigma}{\sqrt{n}}} < x\right\} = \frac{1}{\sqrt{2\pi}}\int_{-\infty}^{x}e^{-\frac{t^2}{2}}\,dt \qquad (3\text{-}51)$$

式(3-51)中，$\frac{1}{n}\sum_{i=1}^{n}X_i$ 可以看做样本容量为 $n$ 的均值。因此，由式(3-51)可推出一个重要的结论，即：无论总体是什么分布，若总体 $X$ 的数学期望 $E(X)=a$、方差 $D(X)=\sigma^2$ 都存在，则随机样本平均数 $\overline{X}$ 的分布随着样本容量 $n$ 的增大而趋于正态分布 $N(a,\frac{\sigma}{\sqrt{n}})$。

下面将举例验证这个结论的正确性。

**【例 3-9】** 若总体 $X$ 服从 $N(a_X,\sigma_X^2)$ 的正态分布，如果从总体中随机抽样(样本容量为 $n$)，问样本平均数 $\overline{X}$ 服从怎样的正态分布？

**解** 这个问题实质上就是要求解答 $a_{\overline{X}}$，$\sigma_{\overline{X}}^2$是什么值的问题。

$$a_{\overline{X}} = E(\overline{X}) = E\left(\frac{X_1+X_2+\cdots+X_n}{n}\right) = \frac{1}{n}\sum E(X_i) \qquad (i=1,2,\cdots,n)$$

由于 $X_i$ 是服从同一分布的，则有

$$E(\overline{X}) = \frac{1}{n}\sum_{i=1}^{n}E(X_i) = \frac{nE(X)}{n} = E(X) = a_X$$

同样有$\sigma_{\overline{X}}^2 = D(\overline{X}) = D\left(\frac{\sum X_i}{n}\right) = \frac{1}{n^2}\sum D(X_i) = \frac{1}{n^2}nD(X) = \frac{D(X)}{n} = \frac{\sigma_X^2}{n}$

由此得$\overline{X}$的数学期望值与标准差如下：

$$\left.\begin{aligned} a_{\overline{X}} &= a_X \\ \sigma_{\overline{X}} &= \frac{\sigma_X}{\sqrt{n}} \end{aligned}\right\}$$

即样本平均数$\overline{X}$服从 $N\left(a_X,\frac{\sigma_X}{\sqrt{n}}\right)$的正态分布。

中心极限定理可以解释自然界中许多随机变量服从正态分布的原因，故在生产实践中被广泛使用。

# 学习指导

## 一、本章小结

本章主要讨论了随机变量的数字特征，它比较概括地刻画了概率分布的性质，利用数字特征可以更深刻地认识随机变量，也可为以后的研究提供新的工具。

数字特征虽不像分布函数那样完整地描述随机变量的性质，但其有很多优点。首先，它简单明了，较集中地反映了随机变量变化的一些平均特征；其次，许多最重要的分布函数都由一两个数字特征完全确定，而数字特征较易求得；最后，最常用的几个数字特征

(数学期望、方差、相关系数)都有明确的概率意义,同时又具有良好的性质。所有这些都决定了数字特征在概率统计中的重要地位。

## 二、内容提要

### (一)位置特征

位置特征描述了随机变量取值在数轴上分布的变动中心,主要有数学期望、中位数和众数,其中最重要的是数学期望。

1. 数学期望

数学期望是随机变量 $X$ 的取值的概率加权平均值,随机变量的数学期望用 $E(X)$ 表示。

若 $X$ 是离散型随机变量,则

$$E(X) = \sum_{i=1}^{n} x_i p_i$$

若 $X$ 是连续型随机变量,则

$$E(X) = \int_{-\infty}^{+\infty} x f(x)\,\mathrm{d}x$$

2. 随机变量函数的数学期望

$X$ 是随机变量,$Y=g(X)$ 是 $X$ 的函数,则 $Y$ 的数学期望为

$$E(Y) = E[g(X)] = \sum_{i=1}^{n} g(x_i) p_i, \quad \text{当 } X \text{ 是离散型随机变量时}$$

$$E(Y) = E[g(X)] = \int_{-\infty}^{+\infty} g(x) f(x)\,\mathrm{d}x, \quad \text{当 } X \text{ 是连续型随机变量时}$$

式中:$p_i$ 及 $f(x)$ 分别为自变量 $X$ 的概率函数和密度函数。

3. 数学期望的性质

$$E(c) = c,\text{其中 } c \text{ 为常数}$$

$$E(cX) = cE(X)$$

$$E(X \pm Y) = E(X) \pm E(Y)$$

$$E(XY) = E(X)E(Y)$$

### (二)离散特征

主要讨论方差。

1. 方差的定义

一元随机变量的离散特征用方差表示,其定义为

$$D(X) = E[X - E(X)]^2$$

当 $X$ 为离散型随机变量时 $$D(X) = \sum_{i=1}^{n} [x_i - E(X)]^2 p_i$$

当 $X$ 为连续型随机变量时 $$D(X) = \int_{-\infty}^{+\infty} [x - E(X)]^2 f(x)\,\mathrm{d}x$$

方差还可以用下式计算

$$D(X) = E(X^2) - [E(X)]^2$$

2. 方差的性质

(1)常数的方差为零,即 $D(c)=0$;

(2)$c$ 为常数时,则 $D(cX)=c^2D(X)$;

(3)$D(X\pm Y)=D(X)+D(Y)\pm 2Cov(X,Y)$ ,其中, $Cov(X,Y)=E[(X-E(X))(Y-E(Y))]$;

(4)$D(X)=E(X^2)-[E(X)]^2$;

(5)方差的最小性,即当 $a=E(X)$时,$E(X-a)^2$ 取最小值,即 $D(X)\leqslant E[(X-a)^2]$。

**(三)其他数字特征**

1. 对称性表征

偏差系数 $C_s$ 定义为

$$C_s=\frac{\sum_{i=1}^{n}(K_i-1)^3}{(n-3)C_v^3}$$

$C_s=0$ 对称;$C_s<0$ 负偏,大头在右;$C_s>0$ 正偏,大头在左。

2. 矩

原点矩: $v_k=E(X^k)\quad(k=1,2,\cdots,n)$

中心矩: $\mu_k=E[X-E(X)]^k\quad(k=0,1,2,\cdots,n)$

一般随机变量的各种参数都可用矩来表示。

**(四)几种重要随机变量的数字特征**

几种重要随机变量的数字特征值见表 3-3。

**(五)大数定律和中心极限定理(略)**

# 习　题

3-1　说明样本系列分布的特征值有哪几个,试述它们的数值关系对频率分布曲线形状的影响。

3-2　说明样本系列分布离散度的特征数值有哪几个,计算公式是什么形式。

3-3　试述 $C_v$ 值的物理意义及其在我国的地区分布规律。

3-4　某河某站历年最大洪峰流量列表如下:

| 年份 | 1955 | 1956 | 1957 | 1958 | 1959 | 1960 | 1961 | 1962 | 1963 |
|---|---|---|---|---|---|---|---|---|---|
| 流量($m^3/s$) | 103 | 117 | 171 | 101 | 148 | 96.9 | 100 | 97.2 | 125 |
| 年份 | 1964 | 1965 | 1966 | 1967 | 1968 | 1969 | 1970 | 1971 | |
| 流量($m^3/s$) | 109 | 108 | 89.1 | 103 | 37.8 | 174 | 77.5 | 108 | |

试计算:多年平均最大洪峰流量,均方差 $\sigma$,离差系数 $C_v$,偏差系数 $C_s$ 及 $C_s/C_v$,并加以说明。

3-5　在试验时如果各仪器产生故障的概率都等于 $p$,仪器总数为 $n$,求在试验过程中,产生故障仪器数的数学期望。

3-6　设随机变量的分布列为

| $X$ | $-1$ | 0 | 1/2 | 1 | 2 |
|---|---|---|---|---|---|
| $P_x$ | 1/3 | 1/6 | 1/6 | 1/12 | 1/4 |

求 $E(X)$ 和 $D(X)$。

3-7　已知的密度函数为 $f(x)=\begin{cases} e^{-x}, x>0 \\ 0, \quad x\leqslant 0 \end{cases}$，求 $Y_1=2x$ 及 $Y_2=e^{-2x}$ 的数学期望。

3-8　$X\sim N(1,2^2)$，$Y=2X+3$，求 $E(Y)$，$D(Y)$。

3-9　设随机变量 $X$ 服从指数分布，其密度函数为

$$f(x)=\lambda e^{-\lambda x} \quad (0\leqslant x<\infty, \lambda>0)$$

试求原点矩 $v_1$、$v_2$ 与 $v_3$ 的值，并求 $X$ 的方差 $\mu_i$ 的值。

3-10　进行射击时，每次命中的概率为 1/10，试求在 500 次射击中，射中的次数在区间(49,55)之中的概率。

# 第四章　频率计算

## 第一节　概　述

概率可分为事先概率与经验概率两种。如果某一事件出现的可能性是可以用数学方法计算而得的,称为事先概率;如果某一事件的发生与否事先无法预知,只有通过大量的实测资料,用数理统计方法加以估算而得,称为经验概率。经验概率在水文计算中称为频率。

在水利水电工程的规划设计和管理运用中,都需要计算某种水文特征值(如最大流量、枯水径流等),在工程的使用期内,或在今后的若干年中,可能出现的概率是多少。频率计算就是提供这种具有概率意义的设计水文数据,或者称为在一定概率下的水文数据,如设计洪水、设计暴雨或设计径流等。

频率计算的方法一般为:根据概率论的原理,应用过去实测的某种水文特征值作为随机样本,用经验频率计算其分布,再用某种具有数学式表示的频率曲线进行适线(人们常称理论频率曲线),在两者基本吻合的情况下,以理论频率曲线作为外延工具,得出不同频率下的某种水文特征值,作为设计的依据。

频率具有抽象的数学意义,通常用重现期来代替。重现期表示某种变量值大于或等于某一指定值,每出现一次,平均所需的间隔年数,即多少年一遇。例如,在很长的时期内,平均 100 年出现一次,我们就说大于或等于某值的重现期为百年一遇。

设 $T$ 为重现期,它与频率 $P$ 的关系如下:

$$\text{当 } P \leqslant 50\% \text{ 时}, T = \frac{1}{P} \tag{4-1}$$

式(4-1)为研究最大暴雨或洪峰流量时使用,这时的重现期 $T$ 等于频率 $P$ 的倒数。当 $P > 50\%$ 时,则

$$T = \frac{100}{100 - P} \tag{4-2}$$

式(4-2)为研究极小流量或枯水水位时用。注意,式(4-1)、式(4-2)在应用时,$P$ 是不带%的,例如 $P = 0.1\%$,只把 0.1 代入式(4-1)计算 $T = 1\ 000$。$P(\%)$ 与 $T$ 的关系见表 4-1。

值得注意的是,这里所说的设计洪水的重现期为百年一遇,不是说恰好一百年出现一次。它是以长期的平均情况来说的。如果从短期来说,它可能在这一百年中一次都不出现,也可能出现好几次。因此,对百年一遇的正确理解应为:在很长的时间内(如万年,或者更长远的年限内),平均每一百年可能出现一次。

频率计算的途径有经验频率计算与理论频率计算两种。

表 4-1

| P(%) | 0.01 | 0.1 | 0.5 | 1 | 10 | 25 | 50 | 75 | 80 | 90 | 95 | 99 | 99.9 |
|---|---|---|---|---|---|---|---|---|---|---|---|---|---|
| T(年) | 10 000 | 1 000 | 200 | 100 | 10 | 4 | 2 | 4 | 5 | 10 | 20 | 100 | 1 000 |
| T 表示的意义 | 平均多少年一遇的暴雨或洪水 | | | | | | | 平均多少年一遇的枯水 | | | | | |

# 第二节 经验频率计算

将某种水文变量 $x_i$ 系列，按从大到小的次序排列，排列的序号，不仅表示从大到小的次序，而且表示从大到小($X \geq x_i$)的累积次数。例如，某地有 $n$ 年的雨量资料，按从大到小的次序排列，则第一个年雨量(最大值)，表示大于或等于该雨量值，在 $n$ 年中只有一次(年)；第二大的年雨量表示大于或等于这个年雨量有两(年)。依此类推，最后一个年雨量(最小值)，则表示大于或等于该雨量值共有 $n$ 次。

如以经验频率为横坐标，对应的变量 $x_i$ 为纵坐标，根据点群的趋势绘成平滑曲线(见图 4-1)，即为该站年雨量的频率曲线。由于该曲线是直接用实测资料(样本)绘成的，故称为经验频率曲线。

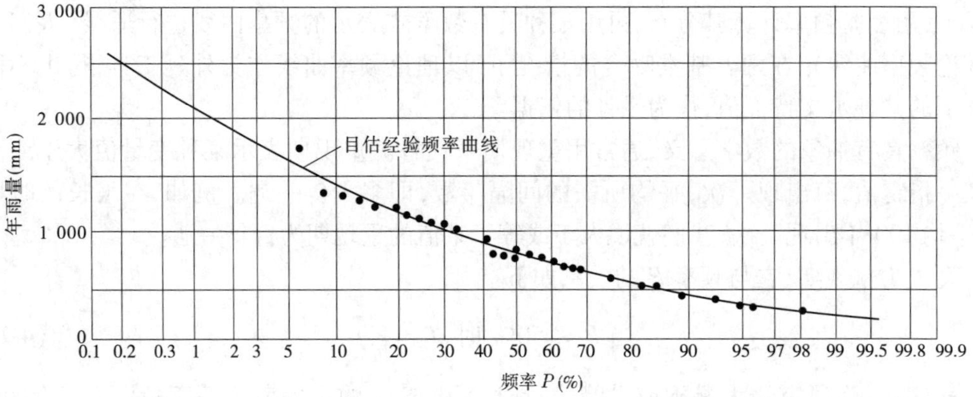


图 4-1

经验频率计算公式最早用式(4-3)表示

$$P = \frac{m}{n} \times 100\% \tag{4-3}$$

式中：$P$ 为大于或等于某变量的经验频率(%)；$m$ 为变量按大小排列的次序；$n$ 为观测的总次数。

式(4-3)中的 $n$ 对应实测资料的总体，这样计算是合理的，如为短系列的样本则不合理。因为当 $m = n$ 时，则认为最末项的 $x_n$ 就是总体的最小值。除此之外，不会出现比 $x_n$ 更小的值，显然不符合实际，因而提出很多改进公式，水文中常用的为期望值公式

$$P = \frac{m}{n+1} \times 100\% \tag{4-4}$$

数学期望公式的意义（指名称的由来）是：①假设从一总体 $X$ 中，任意抽出项数均为 $n$ 的 $K$ 个随机样本；②将这 $K$ 个样本系列按从大到小次序排列；③取各样本中同序号 $m$ 的变量 $x_m$ 及其对应的频率 $P_m$，然后求 $K$ 个 $P_m$ 的数学期望值均值，即得式（4-4），故称该式为均值公式。

期望值公式具有较强的理论基础，而且偏于安全，被各国广泛采用。但是，该公式实际上是假定现有样本系列各项的经验频率等于各样本同序号理论频率的平均值，这一假定未必符合实际。

此外，还有切哥达也夫（中值）公式

$$P = \frac{m - 0.3}{n + 0.4} \times 100\% \tag{4-5}$$

海森公式

$$P = \frac{m - 0.5}{n} \times 100\% \tag{4-6}$$

从经验公式的成果来看，如求百年一遇的设计值（$P = 1\%$），以 $m = 1$ 代入式（4-4），所需资料项数 $n = 99$ 年，这比较符合客观实际，偏于安全，又具有严密的理论基础，因而在水文计算中应用最为广泛。

同样，若求百年一遇的设计值，以 $m = 1$ 分别代入式（4-5）、式（4-6），则分别得出 $n = 70$ 年和 $n = 50$ 年，显然不太合理，同时计算也比较麻烦。因此，水文计算中一般不采用式（4-5）和式（4-6）。

经验频率曲线的计算和绘制都很简单，但需要有很多实测资料。因为在水文计算中，常需推求百年一遇、千年一遇，甚至更稀遇的设计值。而实测资料往往只有 30～50 年，远远不能满足设计要求。所以，只好借助于由数学方程式表示的频率曲线来延长使用，这种曲线称为理论频率曲线。

我国目前常用的理论频率曲线为皮尔逊Ⅲ型曲线，简称 P－Ⅲ型曲线。这种曲线的方程式，经过数学推导，可以转换成 Γ 分布的形式，所以在水文计算中 P－Ⅲ型分布与 Γ 分布两种称呼并用。我国大多数水文特征值的随机系列服从于 Γ 分布的线型。

# 第三节　P－Ⅲ型曲线

## 一、曲线的由来

1895 年，英国统计学家皮尔逊（Person），从大量的物理、生物及经济等方面的试验资料中发现，凡经过统计整理的资料，其分布曲线具有以下两个共同的特点：一是单峰铃形，峰的两侧变量出现的次数逐渐地减少；二是曲线的一端或两端以横轴为渐近线或与横轴相切，如图 4-2 所示。于是皮尔逊提出建立这种铃形曲线方程的两个条件：

（1）在曲线的峰顶即众值处，切线的斜率$\frac{dy}{dx} = 0$，若取坐标原点在均值 $\bar{x}$ 的位置，并令 $\hat{x}$ 与 $\bar{x}$ 之间的距离为 $d$，则当 $x = -d$ 时，$\frac{dy}{dx} = 0$。

(2)曲线的两端或一端以横轴为渐近线,或与横轴相切。即当 $y\to0$ 时,或者当 $y=0$ 时,$\frac{dy}{dx}=0$。

根据上述两个条件,皮尔逊建立了密度函数曲线所应满足的微分方程,即

$$\frac{dy}{dx}=\frac{(x+d)y}{b_0+b_1x+b_2x^2} \tag{4-7}$$

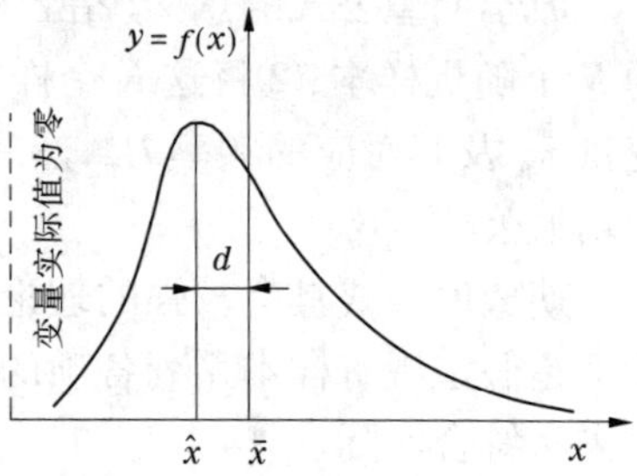

图 4-2

式(4-7)为皮尔逊曲线族的微分方程的一般形式。式中的 $d$、$b_0$、$b_1$、$b_2$ 为待定参数,可以用资料中的各阶矩来表示。现在变量实际值为零。

(1)当 $x=-d$ 时,$\frac{dy}{dx}=0$,与第一条符合;

(2)当曲线与横轴相切时,$y=0$,于是有$\frac{dy}{dx}=\frac{(x+d)\cdot0}{b_0+b_1x+b_2x^2}=0$,与第条件(2)符合。

把微分方程式(4-7)积分后,可以求出密度函数 $y=f(x)$。

由于式中各参数 $b_0$、$b_1$、$b_2$ 的不同,故 $b_0+b_1x+b_2x^2=0$ 的两个根有各种情况,如等根、实根、虚根以及根的符号相同与否等。根据这些根的不同组合情况,积分后的 $y$ 有不同的结果。皮尔逊把它们分成 13 种类型,称为皮尔逊曲线族。当 $b_1=0$、$b_2=0$ 时为第Ⅰ型,即正态曲线;当 $b_2=0$ 时,为 P－Ⅲ型曲线的微分方程。

## 二、曲线族的参数与矩的关系

在微分方程(4-7)中,有 $d$、$b_0$、$b_1$、$b_2$ 四个未定参数,我们可以用 1～4 阶中心矩来表示。把式(4-7)写成下列形式

$$(b_0+b_1x+b_2x^2)dy=(x+d)ydx$$

两端同乘以 $x^n$,并对 $x$ 进行积分,得

$$\int_{t_1}^{t_2}(b_0+b_1x+b_2x^2)x^n\frac{dy}{dx}\cdot dx=\int_{t_1}^{t_2}(x+d)x^n ydx \tag{4-8}$$

式中:$t_1$、$t_2$ 分别为曲线的起点与终点的横坐标。将式(4-8)左端进行分部积分,并设

$$u=(b_0+b_1x+b_2x^2)x^n,dv=dy$$

则

$$du=[nb_0x^{n-1}+(n+1)b_1x^n+(n+2)b_2x^{n+1}]dx,v=y$$

得

$$\int_{t_1}^{t_2}(b_0+b_1x+b_2x^2)x^n dy=(b_0+b_1x+b_2x^2)x^n y\Big|_{t_2}^{t_1}-$$
$$\int_{t_1}^{t_2}[b_0nx^{n-1}+b_1(n+1)x^n+b_2(n+2)x^{n+1}]ydx \tag{4-9}$$

根据条件(2),在曲线的两端 $y\to0$,即当 $x=t_1$ 及 $x=t_2$ 时,$y\to0$,故知式(4-9)右端的第一项为 0,再把它整理后得

$$\int_{t_1}^{t_2}(b_0+b_1x+b_2x^2)x^n dy=-b_0n\int_{t_1}^{t_2}x^{n-1}ydx-b_1(n+1)\int_{t_1}^{t_2}x^n ydx-b_2(n+2)\int_{t_1}^{t_2}x^{n+1}ydx$$

代入式(4-8),经移项合并同类项得

$$b_0 n\int_{t_1}^{t_2} x^{n-1} y\mathrm{d}x + [b_1(n+1)+d]\int_{t_1}^{t_2} x^n y\mathrm{d}x + [b_2(n+2)+1]\int_{t_1}^{t_2} x^{n+1} y\mathrm{d}x = 0 \tag{4-10}$$

因 $y=f(x)$ 为密度函数,而 $\bar{x}=0$(因坐标原点在均值处),由中心矩的定义知

$$\mu_k = \int_{t_1}^{t_2} x^k y\mathrm{d}x \quad (k=0,1,2,\cdots)$$

因此式(4-10)可化为下列形式

$$nb_0\mu_{n-1} + [d+b_1(n+1)]\mu_n + [1+b_2(n+2)]\mu_{n+1} = 0 \tag{4-11}$$

已知 $\mu_0=1,\mu_1=0,\mu_2=v_2-v_1^2=\sigma^2$,令 $n=0,1,2$,分别代入式(4-11),得

(1)当 $n=0$ 时,则式(4-11)为

$$0+(d+b_1)\mu_0+(1+2b_2)\mu_1=0$$

得

$$d+b_1=0$$

(2)当 $n=1$ 时,因 $\mu_1=0$,得

$$b_0+(3b_2+1)\mu_2=0$$

(3)当 $n=2$ 时,则 $\mu_{n-1}=\mu_1=0$,得

$$(3b_1+d)\mu_2+(4b_2+1)\mu_3=0$$

综合上述关系,得出

$$\left.\begin{aligned} &d+b_1=0\\ &b_0+(3b_2+1)\mu_2=0\\ &(3b_1+d)\mu_2+(4b_2+1)\mu_3=0 \end{aligned}\right\} \tag{4-12}$$

若令 $b_2=0$,解方程组(4-12)可得 P-Ⅲ型曲线的微分方程中参数与矩的关系如下

$$\left.\begin{aligned} b_1&=-d\\ b_0&=-\sigma^2\\ d&=\frac{1}{2}\frac{\mu_3}{\mu_2} \end{aligned}\right\} \tag{4-13}$$

## 三、P-Ⅲ型曲线

### (一)P-Ⅲ型微分方程的建立

在式(4-7)中,当 $b_2=0$ 时,则微分方程为

$$\frac{\mathrm{d}y}{\mathrm{d}x}=\frac{(x+d)y}{b_0+b_1x} \tag{4-14}$$

式(4-14)的坐标原点在均值 $\bar{x}$ 处,如将坐标原点由均值移到 $\hat{x}$ 处,需要以 $x-d$ 代替式(4-14)中的 $x$,则得

$$\frac{\mathrm{d}y}{\mathrm{d}x}=\frac{xy}{b_0+b_1(x-d)}=\frac{xy}{b_1(x+\frac{b_0}{b_1}-d)}$$

令 $a=\frac{b_0}{b_1}-d$,并由式(4-13)中 $b_1=-d$ 得

$$\frac{dy}{dx} = \frac{xy}{b_1(x+a)} = \frac{xy}{-d(x+a)}$$

分离变量后得

$$\frac{dy}{y} = \frac{x}{-d(x+a)}dx = -\frac{1}{d}\left(1-\frac{a}{x+a}\right)dx \tag{4-15}$$

把式(4-15)两端积分后得

$$\ln y = -\frac{x}{d}\ln e + \frac{a}{d}\ln(x+a) + \ln c = \ln c(x+a)^{\frac{a}{d}}e^{-\frac{x}{d}}$$

所以
$$y = c(x+a)^{\frac{a}{d}}e^{-\frac{x}{d}} \tag{4-16}$$

式中:$c$ 为积分常数,可用已知条件确定。

令 $x=0, y=y_0$,则得

$$y_0 = ca^{\frac{a}{d}} \text{ 或 } c = y_0 a^{-\frac{a}{d}}$$

代入式(4-16)就成为一般所常见的 P－Ⅲ型曲线(概率密度曲线)的方程式

$$y = y_0\left(1+\frac{x}{a}\right)^{\frac{a}{d}}e^{-\frac{x}{d}} \tag{4-17}$$

这是坐标原点在众值处常见的 P－Ⅲ型曲线的表达式,如图 4-3 所示。可见 $a$ 是曲线起点与众值间的距离,$y_0$ 为其最大的纵坐标,曲线的右端趋于无穷远。

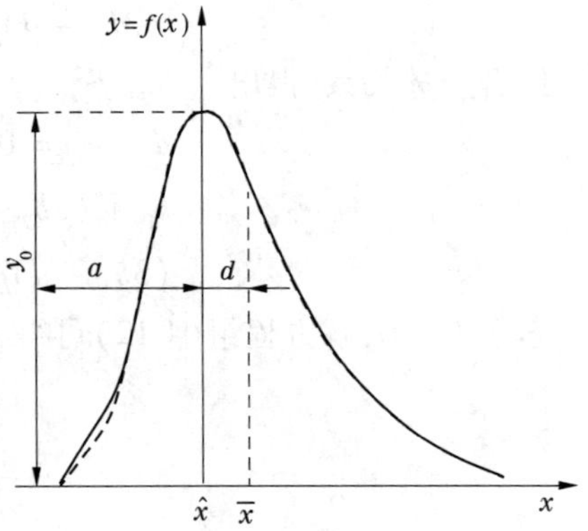


图 4-3

如果把式(4-17)的坐标原点从众值 $\hat{x}$ 处平移到曲线左端起点处,则方程式的 $x$ 要用 $x-a$ 来代替,于是得到

$$y = y_0\left(\frac{x}{a}\right)^{\frac{a}{d}}e^{-\frac{x}{d}+\frac{a}{d}} \tag{4-18}$$

若令
$$\alpha = \frac{a}{d}+1, \beta = \frac{1}{d} \tag{4-19}$$

将式(4-19)代入式(4-18),则得

$$y = y_0\left(\frac{x}{a}\right)^{\alpha-1}e^{-\beta x}e^{\alpha-1} = y_0\left(\frac{e}{a}\right)^{\alpha-1}x^{\alpha-1}e^{-\beta x}$$

$$y = y_1 x^{\alpha-1}e^{-\beta x} \tag{4-20}$$

式中:$y_1 = y_0\left(\frac{e}{a}\right)^{\alpha-1}$,其值可用概率分布的特性,即曲线下的全面积等于 1 而得出。

$$1 = \int_0^\infty y dx = y_1\int_0^\infty x^{\alpha-1}e^{-\beta x}dx$$

利用代换积分法,令 $t=\beta x$,则 $x=\frac{t}{\beta}$,$dx=\frac{1}{\beta}dt$,上式变为

$$1 = \frac{y_1}{\beta^\alpha}\int_0^\infty t^{\alpha-1}e^{-t}dt = \frac{y_1}{\beta^\alpha}\Gamma(\alpha)$$

或参数
$$y_1 = \frac{\beta^\alpha}{\Gamma(\alpha)} \tag{4-21}$$

将式(4-21)代入式(4-20)中,则得

$$y = \frac{\beta^{\alpha}}{\Gamma(\alpha)} x^{\alpha-1} e^{-\beta x} \tag{4-22}$$

式(4-22)为坐标原点在曲线左边起点处的 P－Ⅲ型概率密度曲线的表达式。因其形式与 Γ 分布的概率密度函数相同,故又称为 Γ 分布。

如将式(4-22)的坐标原点平移到水文系列的实际零点 $a_0$ 处,则 P－Ⅲ型的密度曲线又可写为

$$y = \frac{\beta^{\alpha}}{\Gamma(\alpha)}(x - a_0)^{\alpha-1} e^{-\beta(x-a_0)} \tag{4-23}$$

式中:$a_0$ 为 P－Ⅲ型密度曲线的起点与水文系列的实际零点间的距离,如图 4-4 所示 。

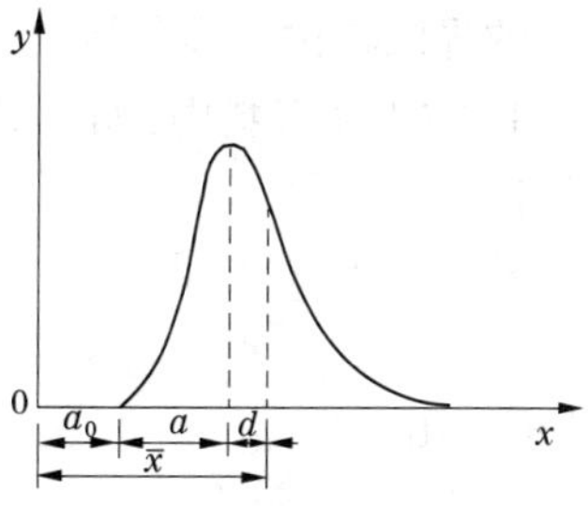

图 4-4

式(4-17)、式(4-22)、式(4-23)都是经常在水文计算书中看到的 P－Ⅲ型密度曲线的方程式,究竟采用哪一种形式,视具体情况而定。

**(二)P－Ⅲ型密度曲线中参数的确定**

P－Ⅲ型密度曲线的方程中有三个参数:$\alpha,\beta,a_0$(或 $y_0,a,d$)。这些参数可以利用式(4-11)、式(4-13)进行换算,并用 $\bar{x},C_v,C_s$ 来表示。因 $\mu_2 = D(X) = \sigma^2, \mu_3 = \delta^3 C_s, b_2 = 0$,则

$$\left.\begin{aligned} b_0 &= -\mu_2 = -\sigma^2 = -\bar{x}^2 C_v^2 \\ b_1 &= -\frac{\mu_3}{2\mu_2} = -\frac{\sigma C_s}{2} = -\frac{\bar{x} C_v C_s}{2} \\ d &= -b_1 = \frac{\sigma C_s}{2} = \frac{\bar{x} C_v C_s}{2} \end{aligned}\right\} \tag{4-24}$$

将式(4-24)结果代入参数 $a = \frac{b_0}{b_1} - d$ 中,则得

$$\left.\begin{aligned} a &= \frac{b_0}{b_1} - d = \frac{\bar{x} C_v (4 - C_s^2)}{2C_s} \\ a + d &= \frac{b_0}{b_1} = \frac{2\bar{x} C_v}{C_s} \end{aligned}\right\} \tag{4-25}$$

再由式(4-19)得

$$\left.\begin{aligned} \alpha &= \frac{a}{d} + 1 = \frac{4}{C_s^2} \\ \beta &= \frac{1}{d} = \frac{2}{\bar{x} C_v C_s} \end{aligned}\right\} \tag{4-26}$$

最后,根据图 4-4 得

$$a_0 = \bar{x} - (a + d) = \bar{x}\left(1 - \frac{2C_v}{C_s}\right) \tag{4-27}$$

以上把 P－Ⅲ型曲线方程中的各种参数,都用 $\bar{x},C_v,C_s$ 三个统计参数表示出来。由

式(4-26)可以看到参数 $\alpha$ 与 $\beta$ 的意义。因 $\alpha$ 与 $C_s^2$ 成反比,因此 $\sigma$ 是表示偏态的参数。而 $\beta=\dfrac{2}{\bar{x}C_vC_s}=\dfrac{2}{\sigma C_s}$,当 $C_s$ 固定时,$\beta$ 与 $\sigma$ 成反比,即 $\beta$ 为表示离散度的参数。

**(三)$C_s$ 的界限**

从式(4-26)看出,P－Ⅲ型曲线方程中的参数 $\alpha,\beta,a_0$ 等都与 $C_s$ 有密切的关系。下面对 $C_s$ 的界限作进一步分析。

(1)在水文资料中,如年降水量、洪峰流量等都不可能出现负值,故 $a_0$ 必须大于或等于零,即

$$a_0=\bar{x}\left(1-\frac{2C_v}{C_s}\right)\geqslant 0 \tag{4-28}$$

由此可解出

$$C_s\geqslant 2C_v \tag{4-29}$$

当 $a_0=0$ 时,$C_s=2C_v$,即密度曲线的起点与坐标原点重合。如 $C_s<2C_v$,则 $a_0$ 出现负值,不符合一般水文现象的性质。

(2)在水文资料不很长的情况下,则实测资料的最小值 $a_{\min}$ 可能大于总体的最小值 $a_0$,即

$$a_{\min}\geqslant a_0=\bar{x}\left(1-\frac{2C_v}{C_s}\right)$$

若以 $K_{\min}$ 代表 $a_{\min}$ 的模比系数,则有

$$K_{\min}=\frac{a_{\min}}{\bar{x}}\geqslant 1-\frac{2C_v}{C_s}$$

或

$$C_s\leqslant\frac{2C_v}{1-K_{\min}} \tag{4-30}$$

综合式(4-29)、式(4-30),得

$$2C_v\leqslant C_s\leqslant\frac{2C_v}{1-K_{\min}} \tag{4-31}$$

由于实测资料的系列短,计算样本的 $C_s$ 值时误差大。一般计算时,不用 $C_s$ 的公式计算,而用 $C_s$ 与 $C_v$ 的倍比关系,由经验确定。这些问题将在水文计算中讨论。

**(四)P－Ⅲ型曲线的特殊形式**

P－Ⅲ型曲线在大多数情况下为偏态铃形,如图4-4所示,但有时也会出现单调的“捺”字形曲线。下面分别讨论参数 $\alpha$ 对曲线形状的影响。

(1)$0<\alpha<1$,这时 $C_s=\dfrac{2}{\sqrt{\alpha}}>2$,因 $\alpha-1<0$,故当 $x\to 0$ 时,式(4-22)中的 $x^{\alpha-1}\to\infty$,从而 $p(x)\to\infty$,即曲线的左端以 $y$ 轴为渐近线,如图4-5(a)所示。

(2)当 $\alpha=1$ 时,$C_s=2$,在 $x\to 0$ 时,式(4-22)中 $x^{\alpha-1}=1$,$e^{-\beta x}\to 1$,$\Gamma(1)=1$,这时 $p(x)=\beta_0$;当 $x\to\infty$ 时,$p(x)\to 0$,曲线为“捺”字形,左端有定值 $\beta_0$(表示当 $x\to 0$ 时的 $\beta$ 值),曲线右端以 $x$ 轴为渐近线,如图4-5(b)所示。

从上述讨论可知,当某些水文特征值如降雨、径流、洪水等服从 P－Ⅲ型分布时,从理

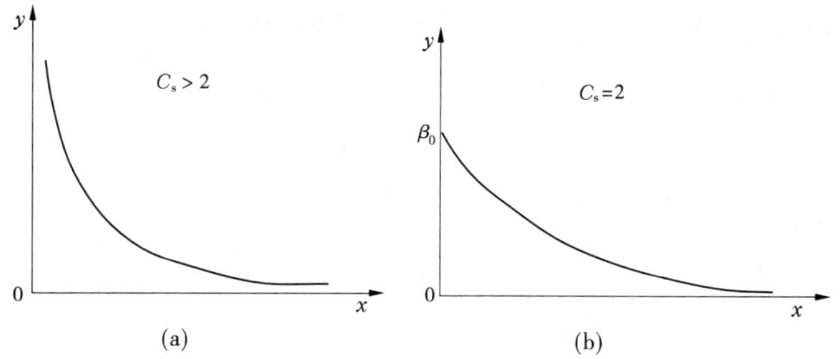


图 4-5

论上讲,应该要求:$0<C_s<2$。在 $C_s\geqslant 2$ 时,密度曲线呈"捺"字形。铃形曲线或"捺"字形的曲线,水文上都有应用。

## 四、P-Ⅲ型分布函数曲线(累积频率曲线)的计算

在水文计算中,一般要求出指定概率 $P$ 所对应的变量 $x_p$,如图 4-6 所示,即要求从式(4-32)的分布函数中解出 $x_p$ 值

$$F(X)=P(X\geqslant x_p)=\frac{\beta^\alpha}{\Gamma(\alpha)}\int_{x_p}^{+\infty}(x-a_0)^{\alpha-1}e^{-\beta(x-a_0)}dx \tag{4-32}$$

这种分布函数 $P(X\geqslant x_p)$ 的曲线,在水文计算中称为累积频率曲线,或称频率曲线。用代换积分法,令 $t=\beta(x-a_0)$,得

$$P=\frac{1}{\Gamma(\alpha)}\int_{t_p}^{+\infty}t^{\alpha-1}e^{-t}dt \tag{4-33}$$

其中
$$t_p=\beta(x_p-a_0) \tag{4-34}$$

在式(4-33)中,当 $P$ 为已知时,$t_p$ 只依赖于 $\alpha$ 或 $C_s$ 而变(因 $\alpha=\frac{4}{C_s^2}$)。再由式(4-34)可得

$$x_p=\frac{t_p}{\beta}+a_0=\frac{\bar{x}C_vC_s}{2}t_p+\bar{x}-\frac{2\bar{x}C_v}{C_s}$$

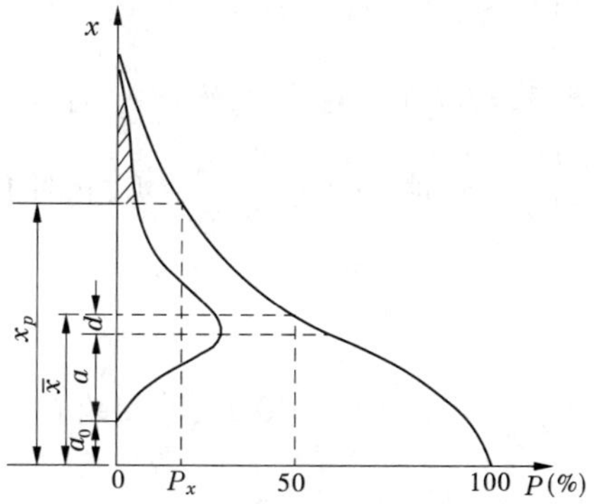


图 4-6

移项整理得

$$\frac{x_p-\bar{x}}{\bar{x}}=\frac{C_vC_s}{2}t_p-\frac{2C_v}{C_s} \tag{4-35}$$

再把式(4-35)右端 $C_v$ 移项后得

$$\frac{x_p-\bar{x}}{C_v\bar{x}}=\frac{C_s}{2}t_p-\frac{2}{C_s} \tag{4-36}$$

令
$$\Phi=\frac{x_p-\bar{x}}{C_v\bar{x}}=\frac{K_p-1}{C_v} \tag{4-37}$$

则
$$\Phi=\frac{K_p-1}{C_v}=\frac{C_s}{2}t_p-\frac{2}{C_s} \tag{4-38}$$

式中：$K_p$ 为模比系数（$K_p=\frac{x_p}{\bar{x}}$）；$\Phi$ 为离均系数或福氏系数。

当 $P$ 及 $C_s$ 已知后，$t_p$ 即可算出。$x_p$ 也可以由式(4-39)算出。因

$$\Phi = \frac{K_p - 1}{C_v}$$

则

$$K_p = \Phi C_v + 1$$

因此

$$x_p = \bar{x}(\Phi C_v + 1) = K_p \bar{x} \tag{4-39}$$

频率曲线的计算方法是：先假定一系列的 $p_i = p_1, p_2, \cdots, p_n$，求出对应的 $x_p = x_1, x_2, \cdots, x_n$，绘成 $p_i \sim x_p$ 曲线。但一般这样算不出来，需要从已给出的水文系列，先求出 $\bar{x}$、$C_v$、$C_s$ 各参数，再由 $\alpha=\frac{4}{C_s^2}$求出 $\alpha$ 值，然后代入式(4-33)中求出 $t_p$ 值，再将 $t_p$ 代入式(4-38)中求出 $\Phi$ 值，最后由式(4-39)求出 $P$ 对应的 $x_p$ 值。

上述计算过程很烦琐，已由福斯特(Foster)假定各种 $C_s$ 值和 $P$ 值，制成 $\Phi$ 值表(见附表5)，使计算过程大为简化。

## 五、离均系数 $\Phi$ 值的计算

当 $\alpha$ 为正整数(即 $\alpha \geqslant 1$，或 $C_s \leqslant 2$ 的区域内)，$P$ 为已知时，将 $\alpha=\frac{4}{C_s^2}$代入式(4-33)即可求出 $P=f(t_p)$ 的关系式，解出 $t_p$ 后，再代入式(4-38)求出 $\Phi$ 值。

当 $\alpha \to \infty$ 时，则 $C_s=\sqrt{\frac{4}{\alpha}} \to 0$，此时 P－Ⅲ型曲线为正态分布，$t_p$ 可用下式解出

$$P = \frac{1}{\sqrt{2\pi}}\int_{t_p}^{\infty} e^{-\frac{t^2}{2}} dt \tag{4-40}$$

当 $C_s = 2$ 及 $C_s = 0$ 时，不同的 $P$ 对应的 $t_p$ 值易于求出。当 $C_s = 2$ 时，$\alpha = \frac{4}{C_s^2} = 1$，代入式(4-33)，得 $P = \int_{t_p}^{\infty} e^{-t} dt = e^{-t_p}$，则 $t_p = -\ln P = \ln\frac{1}{P}$，可直接查自然对数表或反查 $e^{-t}$ 表。当 $C_s = 0$ 时，可直接查正态函数表。

随着 $\alpha$ 的增大，$P \sim t_p$ 关系趋于复杂；当 $t_p$ 为小数时，需用试算法求解，这里不作讨论。下面举例说明。

**【例4-1】** 求 $C_s=2$，$P=0.01\%$ 及 $P=95\%$ 时的 $\Phi$ 值。

**解** 由式(4-33)，当 $C_s = 2$ 时，$\alpha = \frac{4}{C_s^2} = 1$，$P = \int_{t_p}^{\infty} t^{1-1} e^{-t} dt = e^{-t_p}$，则

$$t_p = \frac{\lg P}{\lg e} = -2.3026\lg P \quad 或 \quad t_p = -\ln P$$

$$\Phi = \frac{C_s}{2}t_p - \frac{2}{C_s} = t_p - 1$$

当 $P=0.01\%$ 时，$t_p = -2.3026 \times (-4) = 9.210$，则

$$\Phi = 9.210 - 1 = 8.210$$

当 $P=95\%$ 时，$t_p = -\ln 0.95 = 0.051$，则

$$\Phi = 0.051 - 1 = -0.949$$

**【例 4-2】** 求 $C_s = 1$ 时，$P = 5\%$ 的 $\Phi$ 值。

**解** 因 $\alpha = \dfrac{4}{C_s^2} = 4$，$\Gamma(\alpha) = 3! = 6$，则

$$P = \frac{1}{\Gamma(\alpha)}\int_{t_p}^{+\infty} t^{\alpha-1}e^{-t}dt = \frac{1}{6}\int_{t_p}^{+\infty} t^3 e^{-t}dt = \frac{1}{6}e^{-t_p}(t_p^3 + 3t_p^2 + 6t_p + 6)$$

用试算法：设 $t_p = 7.74$，得 $P = 5.05\%$；

设 $t_p = 7.75$，得 $P = 5.01\%$；

设 $t_p = 7.76$，得 $P = 4.89\%$。

内插得 $P = 5\%$ 的 $t_p = 7.75$，故

$$\Phi = \frac{C_s}{2}t_p - \frac{2}{C_s} = \frac{1}{2}t_p - 2 = 1.875$$

对于给定的 $\alpha$、$C_s$ 值，$P \sim t_p$ 的关系如下：

当 $\alpha = 1$ 时，$C_s = 2$，$P = e^{-t_p}$；

当 $\alpha = 2$ 时，$C_s = \sqrt{2}$，$P = e^{-t_p}(1 + t_p)$；

当 $\alpha = 3$ 时，$C_s = \dfrac{2}{\sqrt{3}}$，$P = \dfrac{1}{2}e^{-t_p}(t_p^2 + 2t_p + 2)$；

当 $\alpha = 4$ 时，$C_s = 1$，$P = \dfrac{1}{6}e^{-t_p}(t_p^3 + 3t_p^2 + 6t_p + 6)$。

可见，随着 $\alpha$ 的增大，$P \sim t_p$ 关系就趋于复杂，只能用试算法求得。当 $\alpha$ 为非整数时，则需用图解试算法，这里亦不作讨论。

## 六、各种特征值对频率曲线的影响

### （一）均值对频率曲线的影响

由式(4-39)可见，当 $C_v$，$C_s$ 不变而改变均值 $\bar{x}$ 时，则曲线的形状不变，只改变 $x_p$ 沿纵坐标作上下平行移动，如图 4-7 所示。

### （二）变差系数 $C_v$ 对频率曲线的影响

设均值 $\bar{x} = 1$，而当 $C_s$ 为常数时，随着 $C_v$ 的增大而参数 $a$ 及 $d$ 也增大。因

$$a = \frac{\bar{x}C_v(4 - C_s^2)}{2C_s}, \quad d = \frac{\bar{x}C_vC_s}{2}$$

得

$$a + d = \frac{2C_v}{C_s} \quad (\bar{x} = 1)$$

因此 $C_v$ 愈大，则 $a + d$ 也愈大，密度曲线离散度也大。此时，密度曲线的形状随着 $C_v$ 的增大而变得矮而胖。这样就使得频率曲线也跟着向两端扩张，其斜度 $C_v$ 也随着增大而使频率曲线变得陡峻；反之，$C_v$ 愈小时，频率曲线就愈平坦。当 $C_v = 0$ 时，频率曲线变成 $K_p = 1$ 的水平线，如图 4-8 所示。

### (三)偏差系数 $C_s$ 对频率曲线的影响

当 $C_v$ = 常数时,随着 $C_s$ 的增大,频率曲线的上端变陡,下端逐渐变平,如图 4-9 所示。因 $a+d=\frac{2\bar{x}C_v}{C_s}$,当 $\bar{x}$,$C_v$ 一定时,则 $a+d$ 与 $C_s$ 成反比。可见,$C_s$ 越大,则 $a+d$ 越小,曲线的偏度加剧。反映在频率曲线上,便是上端变陡,下端变平缓的状态。

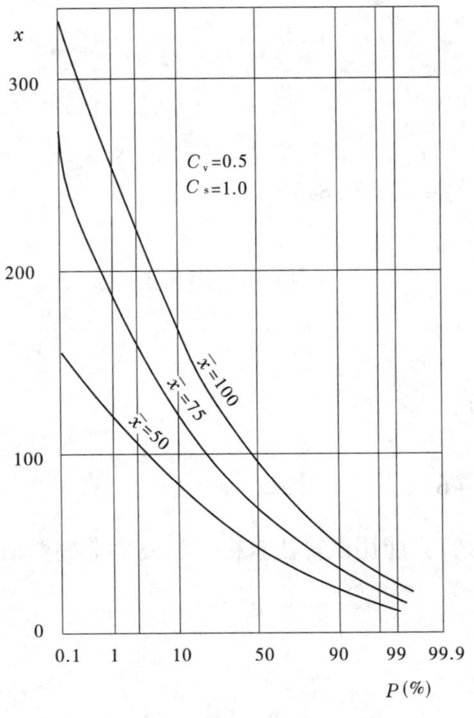


图 4-7

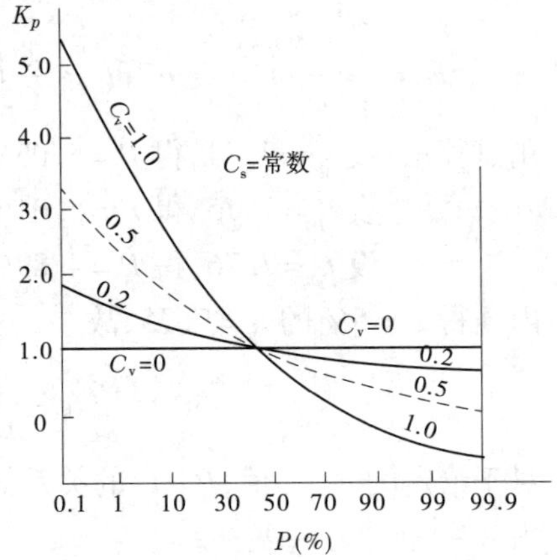


图 4-8

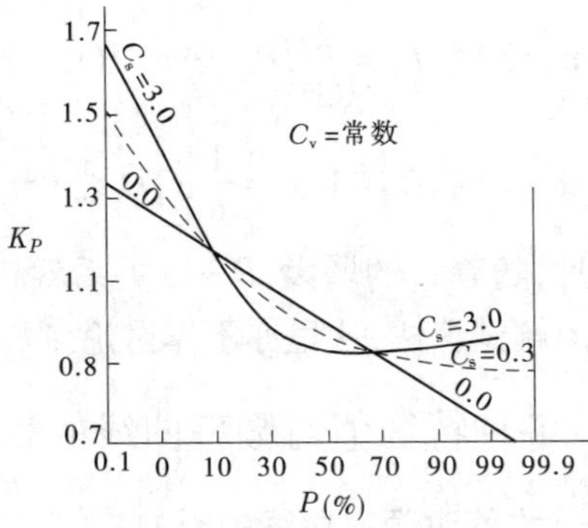


图 4-9

## 七、抽样误差

在水文计算中,所用的资料是无限总体中的一个有限样本。样本的分布不等于总体分布。因此,用样本的统计参数来代替总体的统计参数存在一定的误差,这种误差称为抽样误差。抽样误差的大小随抽取样本的不同而变。水文现象的抽样由于总体无法求得,只能借助于概率论来探讨。由概率论可知,假定一个样本具有一个完整的概率分布,当项数足够大时,则样本特征值的数学期望与总体同一特征值很接近。这样,我们就可以通过样本来对总体作近似的估算。

各种参数的抽样误差都是以均方差来表示的,为了区别于其他误差称为均方误。

水文计算中常用的参数有 $\bar{x}$,$C_v$,$C_s$,除均值的均方误直接计算外,其他参数的计算,均通过原点矩的均方误和中心矩的均方误来计算。由于公式的推导比较烦琐,这里不详细介绍。只将公式列出,以供使用。

水文现象的总体为 P－Ⅲ型分布时，采用矩法公式计算参数，则各参数的均方误（绝对误差）的一般公式如下

$$
\left.\begin{aligned}
\sigma_{\bar{x}} &= \frac{\sigma}{\sqrt{n}} \\
\sigma_{C_v} &= \frac{C_v}{\sqrt{2n}}\sqrt{1+2C_v^2+\frac{3}{4}C_s^2-2C_vC_s} \\
\sigma_{C_s} &= \sqrt{\frac{6}{n}\left(1+\frac{3}{2}C_s^2+\frac{5}{16}C_s^4\right)}
\end{aligned}\right\} \tag{4-41}
$$

如果 $C_s=2C_v$ 时，则各均方误的公式为

$$
\left.\begin{aligned}
\sigma_{\bar{x}} &= \frac{\sigma}{\sqrt{n}} \\
\sigma_{C_v} &= \frac{C_v}{\sqrt{2n}}\sqrt{1+C_v^2} \\
\sigma_{C_s} &= \sqrt{\frac{6}{n}\left(1+6C_v^2+5C_v^4\right)}
\end{aligned}\right\} \tag{4-42}
$$

式中：$\sigma_{\bar{x}}$，$\sigma_{C_v}$，$\sigma_{C_s}$分别为样本参数 $\bar{x}$，$C_v$，$C_s$ 的抽样误差；$n$ 为样本容量。

由方程组(4-41)和方程组(4-42)可见，抽样误差的大小，随样本的项数 $n$ 及 $C_v$ 值的大小而变。当 $n=100$ 时，$C_s$ 的相对均方误为 42%～126%。当 $n=10$ 时，则 $C_s$ 的均方误都超过 100%。水文资料的系列 $n$ 一般都小于 100，因而用资料直接计算 $C_s$ 的误差很大，不能满足要求。对于参数 $\bar{x}$，$C_v$，如 $C_v<1.0$，其误差可以控制在 20% 以下。

## 八、频率曲线的绘制方法——适线法

频率曲线的绘制方法，目前广泛采用的是适线法，其基本原理是：①用实测的水文系列在几率格纸上绘出经验频率曲线；②用求矩法求出系列的统计参数 $\bar{x}$，$C_v$，假定$\frac{C_s}{C_v}$的倍比关系，利用 $\Phi$ 值表绘出 2～3 条频率曲线，称为理论频率曲线；③采用与经验线配合得最好的那条理论频率曲线。这种方法称为适线法。具体做法如下：

(1)列表，将样本系列 $x_1, x_2, x_3, \cdots, x_n$ 按由大到小的次序排列，然后用公式 $P=\frac{m}{n+1}\times 100\%$ 计算每个与变量 $x_i$ 对应的频率 $p_i$，再以 $x_i$ 为纵坐标，$p_i$ 为横坐标，绘在几率格纸上。

(2)计算样本系列的统计参数 $\bar{x}=\frac{\sum_1^n x_i}{n}$，$C_v=\sqrt{\frac{\sum_1^n (K_i-1)^2}{n-1}}$，并确定$\frac{C_s}{C_v}$的倍比系数。

(3)根据式(4-41)计算各统计参数的抽样误差，作为调整之用。

(4)根据计算的参数 $\bar{x}$，$C_v$ 和确定的倍比系数$\frac{C_s}{C_v}$，在 P－Ⅲ型曲线的 $\Phi$ 值表上，查出各种频率的 $\Phi$ 值。

(5)列表计算各种频率 $p_i$ 对应的设计变量 $x_p=\bar{x}(1+\Phi C_v)=\bar{x}K_p$。

(6)将与各种频率 $p_i$ 对应的设计变量 $x_p$ 再绘在几率纸上，并连成平滑曲线，看其与经验点据是否配合得很好。在绘制暴雨—洪水的频率曲线时，应特别注意曲线左上端配合较好；当进行年径流总量的变化计算时，应注意频率曲线右下端配合较好。如与经验点据配合不好，可在 $\bar{x} \pm \sigma_{\bar{x}}$ 和 $C_v \pm \sigma_{C_v}$ 的范围内重新确定 $\bar{x}$ 和 $C_v$ 值；或改变 $\frac{C_s}{C_v}$ 的倍比关系，选配一条理论频率曲线与经验点据配合，直至配合好为止(一般采用改变 $\frac{C_s}{C_v}$ 的倍比关系重新适线)。

**【例 4-3】** 某站有 35 年的实测洪峰流量资料(见表 4-2)，要求绘出最大流量的频率曲线，以及相应于 $P=1\%$ 和 $P=0.1\%$ 的最大流量值。

**表 4-2**

| 序号 | 最大流量 $Q(m^3/s)$ | 模比系数 $K_i$ | $K_i-1$ | $(K_i-1)^2$ | 经验频率 $P=\frac{m}{n+1}\times 100\%$ |
|---|---|---|---|---|---|
| (1) | (2) | (3) | (4) | (5) | (6) |
| 1 | 18 500 | 2.09 | 1.09 | 1.188 1 | 2.8 |
| 2 | 17 700 | 2.00 | 1.00 | 1.000 0 | 5.6 |
| 3 | 13 900 | 1.57 | 0.57 | 0.324 9 | 8.3 |
| 4 | 13 300 | 1.50 | 0.50 | 0.250 0 | 11.1 |
| 5 | 12 800 | 1.44 | 0.44 | 0.193 6 | 13.9 |
| 6 | 12 100 | 1.37 | 0.37 | 0.136 9 | 16.7 |
| 7 | 12 000 | 1.35 | 0.35 | 0.122 5 | 19.4 |
| 8 | 11 500 | 1.30 | 0.30 | 0.090 0 | 22.2 |
| 9 | 11 200 | 1.26 | 0.26 | 0.067 6 | 25.0 |
| 10 | 10 800 | 1.22 | 0.22 | 0.048 4 | 27.8 |
| 11 | 10 800 | 1.22 | 0.22 | 0.048 4 | 30.6 |
| 12 | 10 700 | 1.21 | 0.21 | 0.044 1 | 33.3 |
| 13 | 10 600 | 1.20 | 0.20 | 0.040 0 | 36.1 |
| 14 | 10 500 | 1.19 | 0.19 | 0.036 1 | 38.9 |
| 15 | 9 690 | 1.09 | 0.09 | 0.008 1 | 41.7 |
| 16 | 8 500 | 0.96 | -0.04 | 0.001 6 | 44.4 |
| 17 | 8 220 | 0.93 | -0.07 | 0.004 9 | 47.2 |
| 18 | 8 150 | 0.92 | -0.08 | 0.006 4 | 50.0 |
| 19 | 8 020 | 0.91 | -0.09 | 0.008 1 | 52.8 |
| 20 | 8 000 | 0.90 | -0.10 | 0.010 0 | 55.6 |
| 21 | 7 850 | 0.89 | -0.11 | 0.012 1 | 58.3 |
| 22 | 7 450 | 0.84 | -0.16 | 0.025 6 | 61.1 |
| 23 | 7 290 | 0.82 | -0.18 | 0.032 4 | 63.9 |
| 24 | 6 160 | 0.70 | -0.30 | 0.090 0 | 66.7 |
| 25 | 5 960 | 0.67 | -0.33 | 0.108 9 | 69.4 |
| 26 | 5 950 | 0.67 | -0.33 | 0.108 9 | 72.2 |
| 27 | 5 590 | 0.63 | -0.37 | 0.136 9 | 75.0 |
| 28 | 5 490 | 0.62 | -0.38 | 0.144 4 | 77.8 |
| 29 | 5 340 | 0.60 | -0.40 | 0.160 0 | 80.6 |
| 30 | 5 220 | 0.59 | -0.41 | 0.168 1 | 83.3 |
| 31 | 5 100 | 0.58 | -0.42 | 0.176 4 | 86.1 |
| 32 | 4 520 | 0.51 | -0.49 | 0.240 1 | 88.9 |
| 33 | 4 240 | 0.48 | -0.52 | 0.270 4 | 91.7 |
| 34 | 3 650 | 0.41 | -0.59 | 0.348 1 | 94.4 |
| 35 | 3 220 | 0.36 | -0.64 | 0.409 6 | 97.2 |
| 总计 | 310 010 | 35.00 | 0 | 6.061 6 | |

**解**　(1)将已审查的最大流量系列，按由大到小的次序排列，填入表 4-2 的第(2)栏，并计算其均值。

$$\overline{Q} = \frac{\sum_{1}^{35} Q_i}{n} = \frac{310\ 010}{35} \approx 8\ 860(\mathrm{m^3/s})$$

(2)将表 4-2 的第(2)栏中各流量值除以均值得模比系数 $K_i$，填入第(3)栏。

(3)计算$(K_i - 1)$、$(K_i - 1)^2$，填入第(4)、第(5)两栏，计算参数 $C_v$

$$C_v = \sqrt{\frac{\sum_{1}^{n}(K_i - 1)^2}{n - 1}} = \sqrt{\frac{6.061\ 6}{34}} = 0.42$$

(4)用经验频率公式 $P = \frac{m}{n+1} \times 100\%$ 或查表，求出各流量值对应的经验频率，填入第(6)栏，并将经验点据绘在几率纸上，如图 4-10 所示。

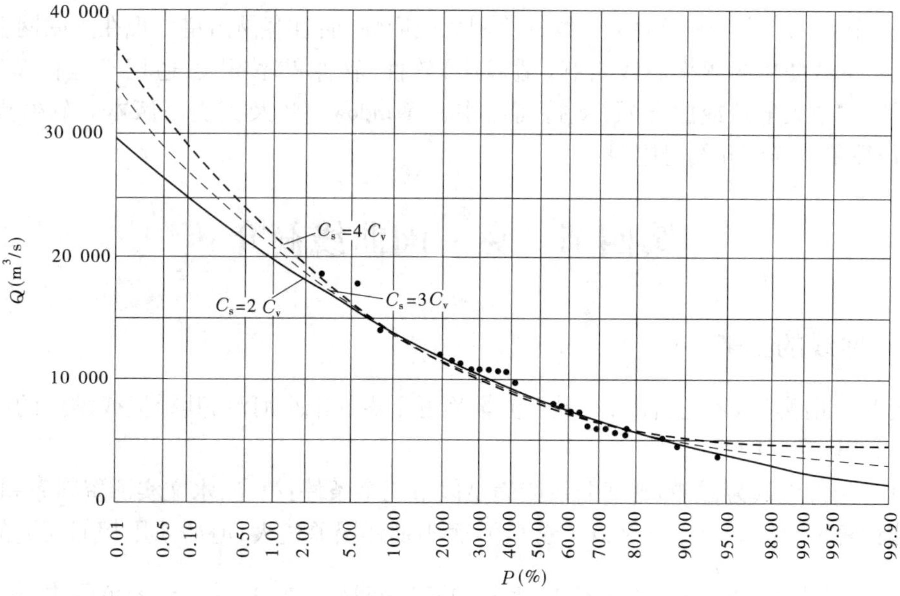


图 4-10

(5)由统计参数 $\overline{Q} = 8\ 860\ \mathrm{m^3/s}$，$C_v = 0.42$，$\frac{C_s}{C_v} = 2$、3、4，查附表 5 得 $\Phi$ 值，并代入式 $Q_p = \overline{Q}(1 + C_v\Phi)$，列表计算设计频率，如表 4-3 所示，并将表 4-3 中的 $P \sim Q_p$ 值点在几率纸上，得理论频率曲线，如图 4-10 所示

(6)适线情况。$C_s = 2C_v$ 的曲线，在头部与开始的两个点子离得稍远，其他部位配合得很好。$C_s = 4C_v$ 的曲线虽头部配合较好，稍有一点偏离，但尾部偏离了好几点。$C_s = 3C_v$ 的频率曲线，上下配合得较好，故确定统计参数值为：$\overline{Q} = 8\ 860\ \mathrm{m^3/s}$，$C_v = 0.42$，$C_s = 3C_v = 1.26$。由表 4-3 查得 $P = 1\%$ 的 $Q_{1\%} = 20\ 700\ \mathrm{m^3/s}$，$P = 0.1\%$ 的 $Q_{0.1\%} = 27\ 000\ \mathrm{m^3/s}$。

表 4-3

| $C_s/C_v$ | 项目 | $P(\%)$ | | | | | | | | | |
|---|---|---|---|---|---|---|---|---|---|---|---|
| | | 0.1 | 1 | 5 | 10 | 25 | 50 | 75 | 90 | 95 | 99 |
| 2 | $\Phi$ | 4.30 | 2.91 | 1.85 | 1.34 | 0.58 | -0.14 | -0.73 | -1.16 | -1.37 | -1.71 |
| $(C_s=0.84)$ | $K_p=1+\Phi C_v$ | 2.81 | 2.22 | 1.78 | 1.56 | 1.24 | 0.94 | 0.69 | 0.51 | 0.42 | 0.28 |
| | $Q_p=K_p\overline{Q}$ | 24 900 | 19 700 | 15 800 | 13 800 | 11 000 | 8 330 | 6 110 | 4 520 | 3 720 | 2 480 |
| 3 | $\Phi$ | 4.89 | 3.19 | 1.92 | 1.34 | 0.51 | -0.20 | -0.74 | -1.07 | -1.22 | -1.41 |
| $(C_s=1.26)$ | $K_p=1+\Phi C_v$ | 3.05 | 2.34 | 1.81 | 1.56 | 1.21 | 0.92 | 0.69 | 0.55 | 0.49 | 0.41 |
| | $Q_p=K_p\overline{Q}$ | 27 000 | 20 700 | 16 000 | 13 800 | 10 700 | 8 150 | 6 110 | 4 870 | 4 340 | 3 630 |
| 4 | $\Phi$ | 5.48 | 3.43 | 1.97 | 1.32 | 0.44 | -0.27 | -0.72 | -0.97 | -1.07 | -1.15 |
| $(C_s=1.68)$ | $K_p=1+\Phi C_v$ | 3.30 | 2.44 | 1.83 | 1.55 | 1.18 | 0.89 | 0.70 | 0.59 | 0.55 | 0.52 |
| | $Q_p=K_p\overline{Q}$ | 29 200 | 21 600 | 16 200 | 13 700 | 10 500 | 7 890 | 6 200 | 5 230 | 4 870 | 4 610 |

提醒读者：用手工进行频率曲线的绘制比较麻烦，而且容易出错。现在互联网上有几种可免费下载使用的频率曲线绘制（适线法）软件，软件程序不大，适用于运行 Windows 操作系统的个人电脑或服务器，支持简体中文 Windows 98 及其更高版本。软件界面直观，操作简单。详细介绍见附录。

# 第四节　克－闵曲线简介

## 一、曲线的由来

用 P－Ⅲ型适线不适合时，如最小流量趋近于零的中小河流，其径流或洪水的频率计算，可以使用克－闵曲线。

克－闵二氏认为，新的密度曲线应满足以下三个条件：第一，水文实测资料系列短，一般只能计算两个统计参数 $\bar{x}$ 和 $\sigma$（或 $C_v$），否则抽样误差过大，但如采用相似河流的综合分析，仍能估算 $C_s$ 或$\frac{C_s}{C_v}$的倍比；第二，水文的各种变量 $x$，在 $0<x<\infty$ 的范围内；第三，每一水文系列只能有一个众值（即密度曲线为单峰）。

## 二、密度曲线方程的建立

根据上述第二条，克里茨基与闵开里认为创立的新线型，上方可以不受限制，亦即上限可以趋于无穷大，下限（系列的最小值）应固定在零点。由于 P－Ⅲ型曲线的起点与$\frac{C_s}{C_v}$的比值大小有一定的关系，要使曲线的起点恰好在坐标原点（即零点），则必须取 $C_s=2C_v$。这样，就使得式(4-23)中的参数 $a_0=0$。于是，他们以 $C_s=2C_v$ 的 P－Ⅲ型曲线作为基础，经过函数变换方法，求出一种能符合上述三个假定的新的密度曲线方程，具体转换方法简述如下：

根据上述假定,取 $C_{sz}=2C_{vz}$ 及均值 $\bar{z}=1$ 的 P－Ⅲ型曲线为

$$f(z)=\frac{\alpha^{\alpha}}{\Gamma(\alpha)}z^{\alpha-1}e^{-\alpha x} \tag{4-43}$$

式中:$\alpha=\frac{4}{C_{sz}^{2}}=\frac{4}{(2C_{vz})^{2}}=\frac{1}{C_{vz}^{2}}$,并令新旧变量服从于下列关系作为转换基础

$$\left.\begin{aligned} x &= az^{b} \\ z &= (\frac{x}{a})^{\frac{1}{b}} \end{aligned}\right\} \tag{4-44}$$

式中:$a$、$b$ 为常数,可用统计参数来表示。

因此,克－闵曲线的密度方程为

$$f(x)=f(z)\frac{dz}{dx}$$

或

$$f(x)=\frac{\alpha^{\alpha}}{a^{\frac{\alpha-1}{b}}\Gamma(\alpha)}x^{\frac{\alpha-1}{b}}e^{-\alpha(\frac{x}{a})^{\frac{1}{b}}} \tag{4-45}$$

其中,$x$ 在 0 ~ $+\infty$ 之间变化。

## 三、频率曲线的计算

用矩法求出式(4-45)中的常数 $a$、$b$ 后,再经过转换可以求出频率曲线的分布函数,即

$$P(X\geqslant x)=F(x)=\int_{x}^{\infty}f(x)\mathrm{d}x \tag{4-46}$$

为了便于计算,柯林尼斯托夫已制成 $C_s=(1,1.5,2,3,4,5,6)C_v$ 的七张 $K_p$ 值表($C_v$ 的变化范围为 0.1 ~ 0.2),以供应用。

频率计算时,只需将系列的 $\bar{x}$、$\sigma$、$C_v$ 算出后,再选用 $\frac{C_s}{C_v}$ 的倍比,在 $K_p$ 值表中查出后,则所求变量 $x_p=K_p\bar{x}$,即可绘制频率曲线。

克－闵曲线的起点固定在系列零点,对我国一部分中小河流来说是不适用的,因为这些河流的最小流量不可能等于零,故这些假定不完全符合我国具体情况。但它在 $\frac{C_s}{C_v}$ 为任何比值时,曲线都通过 $z=0$ 的起点,不会出现负值,适线的弹性较强,故目前仍在应用。

# 学习指导

## 一、本章小节

频率计算在水文资料分析中应用的非常广泛,是统计学和水文学结合十分密切的一个点,掌握好这一点对于水文专业来说,其效果是立竿见影的。

本章主要讲述经验频率和理论频率,在理论频率中又主要阐述了 P－Ⅲ型曲线的建立、特征以及使用方法,其中,它在水文学上的使用方法是我们学习的重点,在以后的有关专业课中还会经常提到。最后,还涉及了在水文计算中偶尔用到的克－闵曲线。

## 二、内容提要

**(一)频率计算**

(1)将一水文系列的数据抽出。

(2)把数据按由大到小排好的顺序,计算每一数据的经验频率,具体公式可根据实际情况而定,常用的公式如下

$$P = \frac{m}{n+1} \times 100\%$$ ($m$ 为变量按由大到小的次序排列,$n$ 为观测的总次数)

(3)在频率纸上绘制经验频率曲线。

**(二)P-Ⅲ型曲线**

(1)曲线的由来。

(2)曲线族的参数与距的关系。

(3)P-Ⅲ型曲线。

(4)P-Ⅲ型分布函数曲线(累积频率曲线)的计算。

(5)离均系数 $\Phi$ 值的计算。

(6)各种特征值对频率曲线的影响。

(7)抽样误差。

(8)频率曲线的绘制方法。

①列表。

②计算样本系列的统计参数,并确定 $C_s/C_v$ 的倍比系数。

③计算各统计参数的抽样误差,作为调整参数之用。

④根据计算结果,查 $\Phi$ 值表。

⑤列表计算各种频率对应的设计变量。

⑥改变参数,绘制多条P-Ⅲ型曲线,从中选择一条和经验点据拟合最好的作为符合水文资料的理论频率曲线。

**(三)克-闵曲线**

(1)曲线的由来。

(2)密度曲线方程的建立。

(3)频率曲线的计算。

# 习　题

4-1　什么叫频率计算?在水文计算中有何用处?

4-2　设计频率与重现期是否相同?二者之间有什么关系?

4-3　经验频率的三个公式中,为什么说均值公式比较合理,其余两式不太合理?试加以说明。

4-4　已知频率 $P=0.5\%$ 及 $P=99.5\%$,问重现期 $T$ 各等于多少?表示什么意义?

4-5　根据水文的哪些特性可证明水文系列的参数 $C_s$ 满足下列关系?

$$2C_v \leqslant C_s \leqslant \frac{2C_v}{1 - K_{min}}$$

4-6　根据 P－Ⅲ 型曲线的分布函数 $P(X \geqslant x_p) = \int_{x_p}^{\infty} p(x)\mathrm{d}x$ 导出 $x_p$ 的计算公式

$$x_p = \bar{x}(1 + \Phi C_v)$$

4-7　求 $\alpha = 3, P = 0.01\%$ 时的 $\Phi$ 值。

4-8　利用式(4-41)写出 $C_s = 4C_v$ 时的各参数的抽样误差公式：$\sigma_{\bar{x}}$，$\sigma_{C_v}$及 $\sigma_{C_s}$。

4-9　已知 $\bar{x} = 1\ 000$ mm、$C_v = 0.45$，取 $C_s = 2C_v$，计算表中各指定频率下的 $x_p$ 值。

| $P(\%)$ | 0.01 | 0.1 | 1 | 10 | 25 | 50 | 75 | 90 | 95 | 99 |
|---|---|---|---|---|---|---|---|---|---|---|
| $\Phi$ | | | | | | | | | | |
| $\Phi C_v$ | | | | | | | | | | |
| $K_p = \Phi C_v + 1$ | | | | | | | | | | |
| $x_p = \bar{x} \cdot K_p$ | | | | | | | | | | |

4-10　用适线法绘制频率曲线时，判断经验点据与理论频率曲线拟合是否良好，应遵从哪些原则？试加以讨论。

4-11　以岷江出口某站年最大洪峰流量资料，用 P－Ⅲ型适线法绘制频率曲线（资料见表 4-4）。

表 4-4　（单位：$m^3/s$）

| 年份 | $Q_m$ | 年份 | $Q_m$ | 年份 | $Q_m$ | 年份 | $Q_m$ |
|---|---|---|---|---|---|---|---|
| 1939 | 25 200 | 1948 | 27 300 | 1957 | 16 600 | 1966 | 26 200 |
| 1940 | 13 300 | 1949 | 27 300 | 1958 | 18 900 | 1967 | 16 800 |
| 1941 | 21 200 | 1950 | 16 200 | 1959 | 27 700 | 1968 | 18 700 |
| 1942 | 17 000 | 1951 | 12 300 | 1960 | 21 100 | 1969 | 13 100 |
| 1943 | 24 700 | 1952 | 14 400 | 1961 | 34 100 | 1970 | 15 200 |
| 1944 | 13 400 | 1953 | 14 700 | 1962 | 16 300 | 1971 | 13 800 |
| 1945 | 29 200 | 1954 | 18 400 | 1963 | 13 100 | 1972 | 17 700 |
| 1946 | 15 100 | 1955 | 30 400 | 1964 | 17 600 | 1973 | 21 500 |
| 1947 | 23 400 | 1956 | 20 700 | 1965 | 12 600 | 1974 | 18 400 |

4-12　$C_s$ 的取值范围与 P－Ⅲ型曲线的形状有什么关系？

# 第五章　统计估计

前面几章介绍了事件、概率、随机变量、分布函数以及数字特征等方面的内容，这些都属于概率论的范畴。在概率论的许多问题中，概率分布通常是已知的，或是通过某些已知条件能严格地推导出来的，概率论是对随机现象统计规律进行演绎研究。但是，在实际中遇到的随机变量，如年径流量、年最大洪峰流量等，如果要问它们的概率分布是什么，它们的数字特征是什么，等等，单靠前面几章的知识就不够了。一般来说，对于一个实际的随机变量，很难通过分析其物理机制来求得它的概率分布，而只能通过大量试验或观测，在掌握了大量观测资料的基础上，再进行科学的抽象和概括，然后去估计或推断其概率性质。

在实际工作中，由于种种限制，对于所研究的问题，往往不可能获得大量充分的资料。例如，上述的水文问题，由于观测的是年径流量和年最大洪峰流量，观测一年才能取得一个观测值。迄今为止，我国最长的水文观测资料也只有100多年。再例如，某工厂生产灯泡，为了了解灯泡耐用时间的概率分布，只有将所有灯泡一一进行试验，即全部点燃到破坏为止，求出每个灯泡的点燃时间，这样就可以求出其准确的概率分布，显然这样做是不现实的。虽然从理论上讲，只要对随机现象进行充分的观测，其统计规律就一定能清楚地呈现出来，但实际上观测次数只能是有限的，有时甚至是少量的，在破坏性试验场合，更是如此。这样，一方面，要求我们注意试验方法，合理地收集资料；另一方面，要求我们最有效地利用有限资料对随机现象的概率特性做出正确推断。当然，根据有限或者少数观测试验所做出的推断，不可能完全准确，总有一定程度的不确定性，可用概率的大小来表明推断的可靠程度，这种伴有一定概率的推断称为统计推断。研究统计推断理论和方法的学科称为数理统计，相对概率论而言，数理统计是对随机现象统计规律进行归纳研究。

数理统计在科学研究、工农业生产、医疗卫生、生物遗传、水文气象以及社会经济、人文学科等领域都有着广泛的应用。电子计算机的普及为统计方法的研究和应用开辟了更加广阔的前景。

数理统计的内容很丰富，主要有抽样技术、试验设计、估计理论、假设检验、回归分析等。

## 第一节　简单随机抽样

### 一、总体与样本

#### （一）总体

在数理统计中，常把所研究对象的全体称为总体（又称为母体），而把组成母体的每一个成员称为个体。例如，某工厂生产某种规格的灯泡10万只，如果研究这10万只灯泡的质量，那么这10万只灯泡就是一个总体，每只灯泡是一个个体；某钢铁厂某天生产了1万根钢筋，要研究这批钢筋的强度，那么这1万根钢筋强度是总体，每根钢筋的强度是一个个体；某水文站，在河流整个生命期的所有年平均流量的全体是一个总体，而每一年的平均流量则是一个个体。

按其所含个体的多少，总体可以分为有限总体和无限总体。例如上述例子中，含有10万只灯泡的总体是有限总体，含有1万根钢筋强度的总体也是有限总体，而含有某水文站的年平均流量的总体则是无限总体。水文现象的总体具有区域和时间双重概念。例如，我们研究某流域的年降雨量，则全流域各地的年降雨量构成一个总体。如果就时间方面来说，某站年降雨量应该包括该站自古迄今，再延展至未来无限年代中，所有各年的降雨量在内，它是无限系列。以后我们谈论的水文现象的总体都是以时间过程来表示的，因此它是无限集合。如果我们对某一水文现象，进行重复观测，就是从它的无限总体中进行随机抽样。现在所取得的资料，不过是无限总体中的一个很小的随机样本。

人们所研究的对象往往是某一特性值，如灯泡的耐用时间、钢筋的强度等，每个数据就代表一个个体。一般来讲，不同的个体所具有的特性值也不同。不难理解，可以将特性值看成一个随机变量。从总体中随机抽取一个个体，所得个体的特性值就是随机变量的一个取值。耐用时间在1 000～2 000 h的灯泡占10万只灯泡的百分比，就是代表灯泡耐用时间的随机变量取值在1 000～2 000 h的概率；强度在70～80 kg/mm$^2$的钢筋在1万根中所占的比例就是代表钢筋强度的随机变量取值在70～80 kg/mm$^2$的概率。很明显，总体正好体现一个随机变量的分布。以下，凡是提到总体就必然与一个随机变量相联系，所谓总体已知，就是指随机变量的概率分布已知。以后，常用表示随机变量的大写字母$X,Y,Z$等表示总体。

**（二）样本**

为了研究总体的性质，需要进行试验或观测。在数理统计中，把这种试验或观测称为抽样，把通过试验或观测得到的总体中一部分个体构成的集合称为样本。实际工作中，常通俗地称之为观测资料或实测资料，水文中习惯地称之为实测系列。样本中所含个体的数目称之为样本容量，水文中常称之为系列长度，记为$n$。例如，我们从一批灯泡中抽检了40只灯泡的耐用时间，得到了一个容量为40的样本$x_1,x_2,\cdots,x_{40}$；在一条河流的某一断面处观测年最大洪峰流量，观测50年，就得到一个长度为50的年最大洪峰流量的实测系列。

总体与样本之间既有一定的区别，又有密切的联系。由于样本是总体中的一部分，因而样本的特征在一定程度上反映了总体的特征，即总体的规律，可以借助于样本的规律来逐步地认识。因此可根据大量观测资料，经过加工整理，应用数理统计的方法，推算并估计总体特征的近似情况。这就是我们目前利用实测水文资料来推算并估计总体的依据。随着科学技术的发展，资料和经验的积累，总体的规律终将被人们所认识。

应当注意，对任一随机现象来说，它的总体中的元素的多少和它的概率分布都是客观存在的，完全确定的，不随是否进行试验而改变。

## 二、简单随机抽样

因为在概率论和数理统计中所说的试验都是指随机试验，所以所得样本就叫做随机样本。用样本去推断总体，首先要求样本能够代表总体（即有代表性）。为了使样本有代表性,最简单的抽样方法就是使每次抽样时,总体中每个个体被抽的机会保持不变(即各次试验应独立、随机地进行),这样的抽样方法称为简单随机抽样,得到的样本称为简单随机样本。本书讨论的都是简单随机样本,并简称为样本(或子样)。

下面将举例作进一步说明。

袋中装有 2 个白球和 3 个红球,现有放回地从中随机抽球,每次抽 1 球,观察球的颜色,设 $X=0$ 表示抽得白球,$X=1$ 表示抽得红球,则 $P(X=0)=\frac{2}{5}$,$P(X=1)=\frac{3}{5}$,抽取 $n$ 次以后,即得容量为 $n$ 的样本 $x_1,x_2,\cdots,x_n$。

$x_1$ 为第一次抽球结果,可能值为 0 和 1,为 0 的概率为$\frac{2}{5}$,为 1 的概率为$\frac{3}{5}$,因此 $x_1$ 可以看做是随机变量 $X_1$ 的取值,而且 $X_1$ 的分布与 $X$ 的分布相同。

第二次抽球结果 $x_2$ 的可能值也是 0 和 1,可看做随机变量 $X_2$ 的取值。由于是有放回地抽球,所以各次抽球都是相互独立的,$X_1$ 的取值不影响 $X_2$ 的取值。容易看出,与 $X_1$ 一样,$X_2$ 也具有与 $X$ 相同的分布,所以 $X_1$ 与 $X_2$ 是独立同分布的随机变量。

同理,$x_i(i=1,2,\cdots,n)$都可以看做是 $X_i(i=1,2,\cdots,n)$的取值,而且 $X_i(i=1,2,\cdots,n)$是相互独立的,都具有与总体 $X$ 相同的分布。

所以,在第 $n$ 次抽球之前,不知道哪个结果会发生,容量为 $n$ 的样本可以看做是各分量相互独立且同分布的 $n$ 元随机变量 $X_1,X_2,\cdots,X_n$,一旦第 $n$ 次抽球完成后,即可获得一个实际样本(或称现实值、观察值)$x_1,x_2,\cdots,x_n$,这个实际样本可以看做是随机变量 $X$ 的 $n$ 次试验的结果,也可以看做是 $n$ 元随机变量 $X_1,X_2,\cdots,X_n$ 一次试验的结果。

以后,我们研究的情形大多与上述例子类似,都是简单随机抽样,因此为了分析样本的特性,以便合理地作出统计推断,通常将样本看做 $n$ 元随机变量。必须注意的是 $x_1$,$x_2,\cdots,x_n$ 与 $X_1,X_2,\cdots,X_n$ 的区别。

如前所述,由于 $X_1,X_2,\cdots,X_n$ 是独立同分布的随机变量,若总体 $X$ 的分布函数为 $F(x)$,则 $X_1,X_2,\cdots,X_n$ 的联合分布函数应为

$$\begin{aligned}F(x_1,x_2,\cdots,x_n) &= P(X_1<x_1,X_2<x_2,\cdots,X_n<x_n)\\&= P(X_1<x_1)P(X_2<x_2)\cdots P(X_n<x_n)\\&= \prod_{i=1}^{n}F(x_i)\end{aligned} \tag{5-1}$$

若总体 $X$ 为连续型随机变量,其密度函数为 $f(x)$,则 $X_1,X_2,\cdots,X_n$ 的联合密度函数为

$$f(x_1,x_2,\cdots,x_n)=\prod_{i=1}^{n}f(x_i) \tag{5-2}$$

## 第二节　抽样分布的概念

### 一、统计量

设 $X_1,X_2,\cdots,X_n$ 为总体的一个样本,$U=U(X_1,X_2,\cdots,X_n)$为样本的连续函数,如果

函数中不包含任何未知参数,则称 $U$ 为统计量。因为 $X_1, X_2, \cdots, X_n$ 是 $n$ 元随机变量,所以其函数——统计量,即是多元随机变量的函数,也是随机变量。

设 $X \sim N(a, \sigma^2)$,若 $a$ 已知,$\sigma^2$ 未知,$X_1, X_2, \cdots, X_n$ 为 $X$ 的一个样本,则 $U_1 = \frac{1}{n}\sum_{i=1}^{n}(X_i - a)^2$ 是统计量,而 $U_2 = \dfrac{\sigma}{\frac{1}{n}\sum_{i=1}^{n}(X_i - \overline{X})^2}$ 则不是统计量。因为函数 $U_2$ 中含有未知参数 $\sigma$。

常用的统计量有以下几种:

**样本均值** $$\overline{X} = \frac{1}{n}\sum_{i=1}^{n} X_i$$

**样本方差(修正)** $S^2 = \dfrac{1}{n-1}\sum_{i=1}^{n}(X_i - \overline{X})^2$,$S^2$ 称为修正样本方差

$S_0^2 = \frac{1}{n}\sum_{i=1}^{n}(X_i - \overline{X})^2$ 称为未修正样本方差。今后我们所提到的样本方差,均指修正样本方差 $S^2$。

**样本标准差** $$S = \sqrt{\frac{1}{n-1}\sum_{i=1}^{n}(X_i - \overline{X})^2} \tag{5-3}$$

**样本 $k$ 阶原点矩** $$A_k = \frac{1}{n}\sum_{i=1}^{n} X_i^k (k = 1, 2, \cdots) \tag{5-4}$$

**样本 $k$ 阶中心矩** $$M_k = \frac{1}{n}\sum_{i=1}^{n}(X_i - \overline{X})^k (k = 1, 2, \cdots) \tag{5-5}$$

**样本离势系数** $$C_{vn} = \frac{S}{\overline{X}} = \sqrt{\frac{1}{n-1}\sum_{i=1}^{n}(K_i - 1)^2} \tag{5-6}$$

**样本偏态系数** $$C_{sn} = \frac{M_3}{S^3} = \frac{\sum_{i=1}^{n}(K_i - 1)^3}{(n-1)C_{vn}} \tag{5-7}$$

其中 $K_i = \dfrac{X_i}{\overline{X}}$ $(i = 1, 2, \cdots, n)$ 称为模比系数。

**样本相关系数** $$R = \frac{\sum_{i=1}^{n}(X_i - \overline{X})(Y_i - \overline{Y})}{\sqrt{\sum_{i=1}^{n}(X_i - \overline{X})^2 \sum_{i=1}^{n}(Y_i - \overline{Y})^2}} \tag{5-8}$$

## 二、抽样分布的概念

样本是进行统计推断的主要依据,统计量则是根据特定的统计推断需要而对样本进行的加工和整理,是进行统计推断的主要手段和工具。统计量也是随机变量,它的分布称为抽样分布,抽样分布在统计推断理论和方法中具有极其重要的意义。因此,推导出各种统计量的概率分布是数理统计的首要和基本课题。

统计量的分布有精确分布和极限分布(或称渐近分布)两种形式。若总体 $X$ 的分布函数表达式已知,如对任一自然数 $n$,都能给出统计量 $U=U(X_1,X_2,\cdots,X_n)$ 的分布函数,则称此分布函数为统计量 $U$ 的精确分布。

导出统计量的精确分布是用小样本进行统计推断的基础和前提,但是要导出各种统计量的精确分布,仅在某些特别简单的情况下才能做到,在大多数情况下是很难做到的,甚至是不可能做到的。

若统计量 $U$ 的精确分布无法求得,则可退而求其次,求出其当 $n\to\infty$ 时的极限分布,这是用大样本进行统计推断的一般做法。

应当注意的是,在实际问题中,应用极限分布作统计推断时,应有足够大的样本容量 $n$,但究竟 $n$ 有多大才算大样本,并没有严格的限定,而且对于不同的统计量,要求也是不一样的。例如,在作随机变量数学期望的统计推断时,理论上希望 $n>100$,在实际应用中,一般也要求至少 $n>50$(也有学者认为至少应有 $n>30$)。但在作随机变量概率分布的统计推断时,要求样本容量就更大一些了。

## 三、几种统计量的抽样分布

(1)设 $X_1,X_2,\cdots,X_n$ 为抽自总体 $X\sim N(a,\sigma^2)$ 的一个样本,则

①样本平均数 $\overline{X}$ 服从均值为 $a$,方差为 $\frac{\sigma^2}{n}$ 的正态分布,即 $\overline{X}\sim N\left(a,\frac{\sigma^2}{n}\right)$;

② $U=\frac{\overline{X}-a}{\sigma/\sqrt{n}}$ 服从标准正态分布,即 $U=\frac{\overline{X}-a}{\sigma/\sqrt{n}}\sim N(0,1)$;

③ $\chi^2=\frac{nS_0^2}{\sigma^2}\sim\chi^2(n-1)$ 分布(简称 $\chi^2$ 分布);

④ $T=\frac{(\overline{X}-a)\sqrt{n-1}}{S_0}=\frac{(\overline{X}-a)\sqrt{n}}{S}\sim t(n-1)$ 分布。

其中 $\overline{X}=\frac{1}{n}\sum_{i=1}^{n}X_i$; $S^2=\frac{1}{n-1}\sum_{i=1}^{n}(X_i-\overline{X})^2$; $S_0^2=\frac{1}{n}\sum_{i=1}^{n}(X_i-\overline{X})^2$

以下仅对①证明如下:

因为 $X_1,X_2,\cdots,X_n$ 相互独立且均服从正态分布,所以 $X_1,X_2,\cdots,X_n$ 的线性组合仍服从正态分布。

又

$$E(\overline{X})=E\left(\frac{1}{n}\sum_{i=1}^{n}X_i\right)=\frac{1}{n}\sum_{i=1}^{n}E(X_i)=\frac{1}{n}\cdot na=a$$

$$D(\overline{X})=D\left(\frac{1}{n}\sum_{i=1}^{n}X_i\right)=\frac{1}{n}\sum_{i=1}^{n}D(X_i)=\frac{1}{n^2}\cdot n\sigma^2=\frac{\sigma^2}{n}$$

于是 $\overline{X}\sim N\left(a,\frac{\sigma^2}{n}\right)$。

设 $\chi^2(n)$ 服从自由度为 $n$ 的 $\chi^2$ 分布,对于给定的 $\alpha$,$0<\alpha<1$,满足 $P\{\chi^2(n)>\lambda\}=\alpha$ 的点 $\lambda$,称为自由度为 $n$ 的 $\chi^2$ 分布的 $\alpha$ 水平上侧分位数,记作 $\chi_\alpha^2(n)$(见图 5-1)。对不同的 $\alpha$ 和 $n$,$\chi_\alpha^2(n)$ 的值已制成表格,可查看附表 6。

**【例 5-1】** 已知 $X\sim\chi^2(10)$，求满足 $P\{X>\lambda_1\}=0.05$，$P\{X<\lambda_2\}=0.1$ 的 $\lambda_1$ 和 $\lambda_2$。

**解** 由 $n=10,\alpha=0.05$ 查附表 6 可得 $\lambda_1=\chi^2_{0.05}(10)=18.31$。由于 $P\{X<\lambda_2\}=1-P\{X\geqslant\lambda_2\}=0.1$，有 $P\{X\geqslant\lambda_2\}=0.9$，查附表 6 得 $\lambda_2=4.865$。

(2)设总体 $X$ 服从参数为 $\lambda$ 的泊松分布，则 $\overline{X}$ 服从参数为 $n\lambda$ 的泊松分布。即

$$P(\overline{X}=\frac{k}{n})=e^{-n\lambda}\frac{(n\lambda)^k}{k!},k=0,1,2,\cdots\text{(证明略)}$$

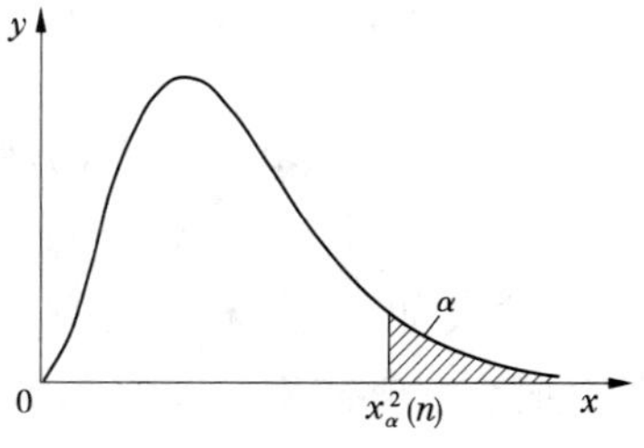


图 5-1

(3)设 $X\sim N(a_1,\sigma_1^2)$，$Y\sim N(a_2,\sigma_2^2)$，而 $X_1,X_2,\cdots,X_{n_1}$ 及 $Y_1,Y_2,\cdots,Y_{n_2}$ 分别为 $X$ 和 $Y$ 的样本，且 $X$ 和 $Y$ 相互独立，则

①$Z=\overline{X}-\overline{Y}\sim N\{(a_1-a_2),(\frac{\sigma_1^2}{n_1}+\frac{\sigma_2^2}{n_2})\}$ 分布；

②$V=\dfrac{(\overline{X}-\overline{Y})-(a_1-a_2)}{\sqrt{\dfrac{\sigma_1^2}{n_1}+\dfrac{\sigma_2^2}{n_2}}}\sim N(0,1)$ 分布；

③$F=\dfrac{n_1S_{01}^2(n_2-1)\sigma_2^2}{n_2S_{02}^2(n_1-1)\sigma_1^2}=\dfrac{S_1^2\sigma_2^2}{S_2^2\sigma_1^2}\sim F(n_1-1,n_2-1)$ 分布；

④当 $\sigma_1^2=\sigma_2^2=\sigma^2$ 时，有

$$T=\frac{(\overline{X}-\overline{Y})-(a_1-a_2)}{S_w\sqrt{\dfrac{1}{n_1}+\dfrac{1}{n_2}}}\sim t(n_1+n_2-2)\text{(简称 } t \text{ 分布)}$$

其中 $S_{01}^2=\dfrac{1}{n_1}\sum\limits_{i=1}^{n_1}(X_i-\overline{X})^2$ $\quad S_{02}^2=\dfrac{1}{n_2}\sum\limits_{i=1}^{n_2}(Y_i-\overline{Y})^2$ $\quad S_1^2=\dfrac{1}{n_1-1}\sum\limits_{i=1}^{n_1}(X_i-\overline{X})^2$

$$S_2^2=\frac{1}{n_2-1}\sum_{i=1}^{n_2}(Y_i-\overline{Y})^2\qquad S_w=\sqrt{\frac{n_1S_{01}^2+n_2S_{02}^2}{n_1+n_2-2}}$$

对于给定 $\alpha$，$0<\alpha<1$，称满足条件 $P\{|t(n>\lambda)|\}=\alpha$ 的实数 $\lambda$ 为自由度为 $n$ 的分布的 $\alpha$ 水平双侧分位数。记作 $t_{\frac{\alpha}{2}}(n)$（见图 5-2）。显然有 $P\{t(n)>t_{\frac{\alpha}{2}}(n)\}=\dfrac{\alpha}{2}$，$P\{t(n)<-t_{\frac{\alpha}{2}}(n)\}=\dfrac{\alpha}{2}$。当 $n$ 很大时，$t$ 分布近似于 $N(0,1)$ 分布。

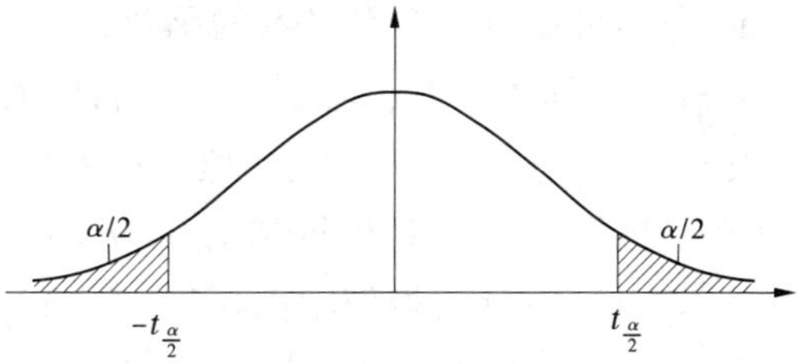


图 5-2

# 第三节　顺序统计量及其分布

## 一、顺序统计量的概念

设$(X_1,X_2,\cdots,X_n)$为 $X$ 的样本，定义样本函数 $X_m^*$

$$X_m^* = g(X_1,X_2,\cdots,X_n) \quad (m = 1,2,\cdots,n) \tag{5-9}$$

其含义如下：当 $X_1,X_2,\cdots,X_n$ 取值为 $x_1,x_2,\cdots,x_n$ 时，$X_m^*$ 取 $x_1,x_2,\cdots,x_n$ 中从大到小排列的第 $m$ 项数值。即当 $x_1,x_2,\cdots,x_n$ 按由大到小的顺序排列成 $x_1^* \geqslant x_2^* \geqslant \cdots \geqslant x_m^* \geqslant \cdots \geqslant x_n^*$ 时，$X_m^*$ 取值 $x_m^*$。显然，$X_m^*$ 的取值 $x_m^*$ 完全由样本 $x_1,x_2,\cdots,x_n$ 决定，如果样本不同，则 $x_m^*$ 就不同，$X_m^*$ 的取值也就不同，所以 $X_m^*$ 是 $X_1,X_2,\cdots,X_n$ 的函数，称 $X_m^*$ 为 $X_1,X_2,\cdots,X_n$ 的顺序统计量（或称次序统计量）。

## 二、顺序统计量的分布

假定 $X$ 为连续型随机变量，其分布函数为 $F(x)$，密度函数为 $f(x)$。记 $X_m^*$ 的分布函数为 $F_m(x)$，密度函数为 $f_m(x)$，可推导出（过程略）

$$f_m(x) = \frac{n!}{(m-1)!(n-m)!}(F(x))^{n-m}(1-F(x))^{m-1}f(x) \tag{5-10}$$

可以证明：当 $m=n$ 时，就能得到极小值的密度函数 $f_n(x)=n(1-F(x))^{n-1}f(x)$。

如果 $X_m^*$ 的分布已知，$Y_m^* = P(X \geqslant X_m^*) = 1-F(X_m^*)$，可以证明

$$E(Y_m^*) = \frac{m}{n+1} \tag{5-11}$$

式(5-11)的意义如表 5-1 所示。

**表 5-1**

| 样本编号 | $X_1,X_2,\cdots,X_n$ | $X_m^*$ | $Y_m^* = P(X \geqslant X_m^*) = 1-F(X_m^*)$ |
|---|---|---|---|
| 1 | $(x_1,x_2,\cdots,x_n)_1$ | $x_{m,1}^*$ | $y_{m,1}^* = P\{X \geqslant x_{m,1}^*\}$ |
| 2 | $(x_1,x_2,\cdots,x_n)_2$ | $x_{m,2}^*$ | $y_{m,2}^* = P\{X \geqslant x_{m,2}^*\}$ |
| ⋮ | ⋮ | ⋮ | ⋮ |

由于样本 $X_1,X_2,\cdots,X_n$ 是随机变量，$X_m^*$ 是样本的函数，$Y_m^*$ 是 $X_m^*$ 的函数，所以 $X_m^*$ 与 $Y_m^*$ 也是随机变量。对于第一个具体样本$(x_1,x_2,\cdots,x_n)_1$，将其按从大到小顺序排列后，即可得从大到小的 $m$ 项 $x_{m,1}^*$，即 $X_m^*$ 的第一个观测值。在表 5-1 中，$\{X \geqslant x_{m,1}^*\}$ 的概率为 $y_{m,1}^*$，即随机变量 $Y_m^*$ 的第一个观测值，同理可得到 $y_{m,2}^* = P\{X \geqslant x_{m,2}^*\}$，即随机变量 $Y_m^*$ 的第二个观测值。由于样本 $X_1,X_2,\cdots,X_n$ 的随机性，所以 $x_{m,1}^*,x_{m,2}^*,\cdots$都不尽相同，有一个分布 $f_m(x)$。同样，$y_{m,1}^*,y_{m,2}^*,\cdots$也彼此不同，有一个分布 $h_m(y)$，但是这许多 $y_{m,1}^*$，$y_{m,2}^*,\cdots$的平均值，即 $E(Y_m^*)$却是完全确定的，即为$\frac{m}{n+1}$（其中 $m=1\sim n$）。简言之，式(5-11)

表明,随机变量 $X$ 大于等于样本中按大至小排列的第 $x_m^*$ 的概率 $P(X \geqslant x_m^*)$,虽然在不同的样本中有不同的数值,但如对无数样本取其平均,则为$\frac{m}{n+1}$。这就是我国水文频率计算中常用的经验频率公式,称为期望值公式或 Weiball 公式。

# 第四节　估计理论简述

估计理论是数理统计的重要内容之一,其基本内容可分为参数估计和非参数估计两类。从前面几章可以看到,随机变量的分布函数常常含有一些参数,因此如果只知道某一随机变量的分布函数的形式,而不知道其中的参数,仍然是无法计算概率的。例如,某一产品的寿命 $X$ 服从正态分布 $N(a,\sigma^2)$,但其中的参数 $a,\sigma$ 却未知。此外,在许多场合,即使不知道总体的分布函数,如果能知道它的数学期望、方差等数字特征,也就掌握了随机变量的主要统计特性了。如何根据随机变量的样本,采用适当的方法,对总体分布中的未知参数或数字特征作出估计,这就是参数估计问题。

参数估计有两种常用的形式,即点估计和区间估计。所谓点估计就是寻找一个合适的统计量 $\hat{\theta}$ 来估计某个未知参数 $\theta$;区间估计就是估计参数所在的区间,即用一个范围区间来表示未知参数,并给出此范围包含未知参数的概率。

非参数估计的内容很多。例如,当总体分布未知时对其分布(包括分布密度、分布函数的类型等)进行估计就是非参数估计问题。很显然,非参数估计要比参数估计复杂得多。

## 一、参数的点估计

假设 $\theta$ 为总体 $X$ 的未知参数,样本 $X_1,X_2,\cdots,X_n$ 为来自总体 $X$ 的样本,用样本构成一个统计量 $\hat{\theta}=\hat{\theta}(X_1,X_2,\cdots,X_n)$ 来估计 $\theta$,并称统计量 $\hat{\theta}$ 为 $\theta$ 的估计量。

当有了一个具体样本 $x_1,x_2,\cdots,x_n$ 时,把它代入 $\hat{\theta}$ 的表达式,就得到 $\hat{\theta}$ 的一个观测值 $\hat{\theta}=\hat{\theta}(x_1,x_2,\cdots,x_n)$,并称其为 $\theta$ 的估计值。估计量是样本的函数,是随机变量,估计值是一个具体数值,它是估计量 $\hat{\theta}$ 的一个取值。这就是点估计的思想方法。

例如,对于正态总体 $X \sim N(a,\sigma^2)$,其中 $a,\sigma^2$ 为未知参数,我们一般用样本的平均值作为总体数学期望($a$)的估计量,用样本的方差 $S_0^2$ 作为总体方差($\sigma^2$)的估计量,即 $\hat{a}=\overline{X}=\frac{1}{n}\sum_{i=1}^{n}X_i,\hat{\sigma}^2=S_0^2=\frac{1}{n}\sum_{i=1}^{n}(X_i-\overline{X})^2$。

求未知参数点估计的方法很多,本书仅介绍最重要和最常用的矩法和极大似然法。

### (一)矩法

样本来自总体,是总体的代表,自然地,我们就可用样本的特征代表总体的特征,用样本的矩来估计与之相应的总体的矩。

设总体 $X$ 的分布函数为 $F(x;\theta_1,\theta_2,\cdots,\theta_l)$,其中 $\theta_1,\theta_2,\cdots,\theta_l$ 是 $l$ 个未知参数,总体 $X$ 的 $k$ 阶原点矩 $E(X^k)$ 也是 $\theta_1,\theta_2,\cdots,\theta_l$ 的函数,记

$$\nu_k = E(X^k) = g_k(\theta_1,\theta_2,\cdots,\theta_l) = \int_{-\infty}^{+\infty} x^k \mathrm{d}F(x;\theta_1,\theta_2,\cdots,\theta_l) \tag{5-12}$$

列出 $l$ 个方程组

$$\begin{cases}\nu_1 = g_1(\theta_1,\theta_2,\cdots,\theta_l)\\ \nu_2 = g_2(\theta_1,\theta_2,\cdots,\theta_l)\\ \vdots \\ \nu_l = g_l(\theta_1,\theta_2,\cdots,\theta_l)\end{cases} \tag{5-13}$$

可解得

$$\begin{cases}\hat{\theta}_1 = f_1(\nu_1,\nu_2,\cdots,\nu_l)\\ \hat{\theta}_2 = f_2(\nu_1,\nu_2,\cdots,\nu_l)\\ \vdots \\ \hat{\theta}_l = f_l(\nu_1,\nu_2,\cdots,\nu_l)\end{cases} \tag{5-14}$$

设 $X_1,X_2,\cdots,X_n$ 为 $X$ 的样本,则其 $k$ 阶原点矩为

$$A_k = \frac{1}{n}\sum_{i=1}^{n} X_i^k$$

用 $A_k$ 作为 $\nu_k$ 的估计量,然后代入式(5-14)中,求出 $\hat{\theta}_1,\hat{\theta}_2,\cdots,\hat{\theta}_l$,作为 $\theta_1,\theta_2,\cdots,\theta_l$ 的估计量。这种估计未知参数的方法称为矩法估计。

类似地也可用中心矩 $\mu_k = E[X-E(X)]^k$ 进行估计。

**【例 5-2】** 已知某公司生产的一种产品的寿命服从正态分布 $N(a,\sigma^2)$,现从中随机抽取 10 个产品进行试验,测得使用寿命(单位:d)如下:

1 050,1 200,1 040,1 120,1 200,1 250,1 080,1 130,1 300,1 100

试求 $a,\sigma^2$ 的矩估计。

**解** 用样本平均值 $\overline{X} = \frac{1}{n}\sum_{i=1}^{n} X_i$ 估计总体数学期望 $E(X)$,用样本方差(未修正)$S_0^2 = \frac{1}{n}\sum_{i=1}^{n}(X_i-\overline{X})^2$ 估计总体方差 $D(X)$,于是有

$$\overline{X} = \frac{1}{10}(1\,050+1\,200+1\,040+1\,120+1\,200+1\,250+1\,080+1\,130+1\,300+1\,100) = 1\,147$$

$$S_0^2 = \frac{1}{10}[(1\,050-1\,147)^2+(1\,200-1\,147)+\cdots+(1\,100-1\,147)^2] = 6\,821$$

所以 $a$ 的估计值为 1 147 d,$\sigma^2$ 的估计值为 6 821 $d^2$。

**【例 5-3】** 设总体 $X$ 服从指数分布,其密度函数为

$$f(x;\lambda) = \begin{cases}\lambda e^{-\lambda x}, & x>0\\ 0, & x\leqslant 0\end{cases}$$

其中 $\lambda(\lambda>0)$ 为未知参数,现有 $X$ 的一组样本值:0.17,0.05,0.15,0.06,0.28,0.05,试求 $\lambda$ 的估计量和估计值。

**解** 首先要找出未知参数 $\lambda$ 与总体分布的矩的关系。根据已知的密度函数,可求出其一阶原点矩为

$$\nu_1 = E(X) = \int_{-\infty}^{+\infty} x f(x;\lambda)\,dx = \int_0^{+\infty} x(\lambda e^{-\lambda x})\,dx = \frac{1}{\lambda}$$

所以 $$\lambda = \frac{1}{\nu_1}$$

按矩估计法，$\lambda$ 的估计量 $\hat{\lambda}$ 为

$$\hat{\lambda} = \frac{1}{\overline{X}}$$

根据给定的样本值，得

$$\bar{x} = \frac{1}{n}\sum_{i=1}^{n} x_i = \frac{1}{6}(0.17 + 0.05 + 0.15 + 0.06 + 0.28 + 0.05) = 0.127$$

所以 $\lambda$ 的估计值 $$\hat{\lambda} = \frac{1}{\bar{x}} = \frac{1}{0.127} = 7.874$$

**【例 5-4】** 设总体 $X$ 在 $[a,b]$ 区间上服从均匀分布，求 $a,b$ 的矩估计量。

**解** $X$ 的密度函数为

$$f(x;a,b) = \begin{cases} \dfrac{1}{b-a}, & a \leqslant x \leqslant b \\ 0, & \text{其他} \end{cases}$$

因为 $$\begin{cases} \nu_1 = E(X) = \dfrac{a+b}{2} \\ \mu_2 = D(X) = \dfrac{(b-a)^2}{12} \end{cases}$$

由此可解得 $$\begin{cases} a = \nu_1 - \sqrt{3\mu_2} \\ b = \nu_1 + \sqrt{3\mu_2} \end{cases}$$

因此，$a,b$ 的矩估计量为

$$\begin{cases} \hat{a} = \overline{X} - \sqrt{3S^2} = \overline{X} - \sqrt{3}S \\ \hat{b} = \overline{X} + \sqrt{3S^2} = \overline{X} + \sqrt{3}S \end{cases}$$

**（二）极大似然法**

由经验可知，若某项试验有多种可能的结果，它们发生的概率各不相同，那么在一次试验之前，可以合理地认为发生概率最大的那个事件将要发生，这就是极大似然原理。更直观地讲，极大似然原理就是将在试验中发生概率最大的事件推断为最可能出现的事件。例如，甲、乙、丙三人同时射击，各射一发子弹，结果发现只有一弹击中目标，如果甲本身就是一名专业射击运动员，而乙和丙是从未有过射击经验的人，问击中目标的这发子弹是谁发射的？毫无疑问，在正常情况下，这发子弹应该是甲发射的，因为甲命中的概率最大，所以自然认为击中目标的那发子弹是由甲发射的。又如：设有两个箱子，甲箱装有 99 只红球，1 只白球；乙箱装有 1 只红球，99 只白球。现随机地抽取一箱，从中任取一球，结果是红球，问此红球来自哪一箱？显然此红球应该来自甲箱，因为甲箱中取到红球的概率要比乙箱中取到红球的概率大得多。现在“取得红球”这个事件发生了，我们有理由认为此红球来自甲箱。

下面给出样本的似然函数的定义：

设连续型的总体 $X$ 的密度函数为 $f(x;\theta_1,\theta_2,\cdots,\theta_l)$，其中 $\theta_1,\theta_2,\cdots,\theta_l$ 是 $l$ 个未知参

数，设 $X_1,X_2,\cdots,X_n$ 是来自总体 $X$ 的一个样本，则 $X_1,X_2,\cdots,X_n$ 的联合密度函数为

$$\prod_{i=1}^{n} f(x_i;\theta_1,\theta_2,\cdots,\theta_l) \tag{5-15}$$

对于给定的一组样本值 $x_1,x_2,\cdots,x_n$，将

$$L(x_1,x_2,\cdots,x_n;\theta_1,\theta_2,\cdots,\theta_l) = \prod_{i=1}^{n} f(x_i;\theta_1,\theta_2,\cdots,\theta_l) \tag{5-16}$$

称为样本的似然函数（以后为书写方便，简记为 $L$）。

对于固定的样本值 $x_1,x_2,\cdots,x_n$，根据最大似然原理，选取 $\hat{\theta}_i(i=1,2,\cdots,l)$，使得 $L(x_1,x_2,\cdots,x_n;\hat{\theta}_1,\hat{\theta}_2,\cdots,\hat{\theta}_l)=\max L(x_1,x_2,\cdots,x_n;\theta_1,\theta_2,\cdots,\theta_l)$，则取 $\hat{\theta}_i(i=1,2,\cdots,l)$ 作为相应参数的估计值，因为取参数 $\hat{\theta}_i(i=1,2,\cdots,l)$ 时，$x_1,x_2,\cdots,x_n$ 出现的可能性最大。

**定义** 如果似然函数 $L(x_1,x_2,\cdots,x_n;\theta_1,\theta_2,\cdots,\theta_l)$ 在 $\hat{\theta}_i(i=1,2,\cdots,l)$ 处取得最大值，则称 $\hat{\theta}_i(i=1,2,\cdots,l)$ 为 $\theta_i(i=1,2,\cdots,l)$ 的最大似然估计量。

由定义可知，求参数 $\theta_i(i=1,2,\cdots,l)$ 的最大似然估计值 $\hat{\theta}_i(i=1,2,\cdots,l)$ 的问题，就是求似然函数 $L(x_1,x_2,\cdots,x_n;\theta_1,\theta_2,\cdots,\theta_l)$ 极大值的问题。由微积分中求极值的方法知，使 $L$ 达到最大的 $\hat{\theta}_i(i=1,2,\cdots,l)$，可由下述方程组解得

$$\begin{cases} \dfrac{\partial L}{\partial \theta_1} = 0 \\ \dfrac{\partial L}{\partial \theta_2} = 0 \\ \vdots \\ \dfrac{\partial L}{\partial \theta_l} = 0 \end{cases} \tag{5-17}$$

由于 $\ln L$ 与 $L$ 同时达最大值，故只求 $\ln L$ 的最大值即可，$\theta$ 的最大似然估计也可从式(5-18)中求得

$$\begin{cases} \dfrac{\partial \ln L}{\partial \theta_1} = 0 \\ \dfrac{\partial \ln L}{\partial \theta_2} = 0 \\ \vdots \\ \dfrac{\partial \ln L}{\partial \theta_l} = 0 \end{cases} \tag{5-18}$$

方程组(5-17)及方程组(5-18)都称为极大似然方程组。

**【例 5-5】** 设总体 $X\sim P_\lambda(k)$（泊松分布），如果已得一个样本的观测值$(x_1,x_2,\cdots,x_n)$，求 $\lambda$ 的极大似然估计。

**解** 泊松分布的分布函数为

$$P(X=x) = \frac{\lambda^x e^{-\lambda}}{x!}$$

得似然函数

$$L(x_1,x_2,\cdots,x_n;\lambda) = \prod_{i=1}^{n} \frac{\lambda^{x_i}e^{-\lambda}}{x_i!} = \frac{\lambda^{\sum_{i=1}^{n} x_i}}{x_1!x_2!\cdots x_n!}e - n\lambda$$

两边取对数得

$$\ln L = (\sum_{i=1}^{n} x_i)\ln\lambda - \sum_{i=1}^{n}\ln(x_i!) - n\lambda$$

对 $\lambda$ 求偏导,并令其等于零,得

$$\frac{\partial(\ln L)}{\partial\lambda} = \frac{\sum_{i=1}^{n} x_i}{\lambda} - n = 0$$

求解得

$$\lambda = \frac{\sum_{i=1}^{n} x_i}{n} = \bar{x}$$

所以 $\lambda$ 的极大似然估计值为 $\hat{\lambda} = \bar{x}$

【例 5-6】 设总体 $X$ 的密度函数为

$$f(x;\alpha) = \begin{cases} \alpha x^{\alpha-1}, 0 < x < 1 \\ 0, \quad 其他 \end{cases}$$

其中 $\alpha>0$ 为未知参数,设 $x_1,x_2,\cdots,x_n$ 为 $X$ 的样本,试求 $\alpha$ 的矩估计和极大似然估计。

**解** ①矩估计。

因为 $$E(X) = \int_{-\infty}^{+\infty} xf(x;\alpha)\mathrm{d}x = \int_0^1 x\alpha x^{\alpha-1}\mathrm{d}x = \frac{\alpha}{\alpha+1}$$

$$\alpha = \frac{E(X)}{1-E(X)}$$

所以,$\alpha$ 的矩估计值为 $$\hat{\alpha} = \frac{\bar{x}}{1-\bar{x}}$$

②极大似然估计。

因为似然函数为 $$L(\alpha) = \prod_{i=1}^{n}(\alpha x_i^{\alpha-1}) = \alpha^n \prod_{i=1}^{n} x_i^{\alpha-1}$$

$$\ln L(\alpha) = n\ln\alpha + (\alpha-1)\sum_{i=1}^{n}\ln x_i$$

两边对 $\alpha$ 求偏导,并令其等于零,即

$$\frac{\partial[\ln L(\alpha)]}{\partial\alpha} = \frac{n}{\alpha} + \sum_{i=1}^{n}\ln x_i = 0$$

解得

$$\hat{\alpha} = -\frac{n}{\sum_{i=1}^{n}\ln x_i}$$

由此可见,矩法和极大似然法求得的结果一般不相同,但也可相同。

【例 5-7】 设一批产品的废品率为 $p$,从中随机抽取 100 件产品,发现有 10 件废品,用极大似然法估计 $p$。

**解** 设第 $i$ 次抽得的结果用 $x_i$ 表示,即 $x_i=\begin{cases}1,\text{第 } i \text{ 次取得废品}\\0,\text{第 } i \text{ 次取得正品}\end{cases}$,则

$$P(X=x_i)=p^{x_i}q^{1-x_i}\quad(q=1-p;x_i=0,1)$$

于是似然函数

$$L=\prod_{i=1}^{n}p^{x_i}(1-p)^{1-x_i}$$

两边取对数

$$\ln L=(\sum_{i=1}^{n}x_i)\ln p+(n-\sum_{i=1}^{n}x_i)\ln(1-p)$$

对 $p$ 求偏导数并令其等于零后计算得

$$\hat{p}=\frac{1}{n}\sum_{i=1}^{n}x_i$$

由题意可知,$n=100$,总废品数$\sum_{i=1}^{n}x_i=10$,故

$$\hat{p}=\frac{1}{n}\sum_{i=1}^{n}x_i=\frac{10}{100}=0.1$$

## 二、参数的区间估计

### (一)置信区间的概念

前面介绍了参数的点估计,即选择一个统计量,然后将实际样本值代入该统计量的表达式,即得到待估参数的估计值,将这个估计值作为未知参数的近似值。实际上,点估计并不能准确地回答未知参数"等于什么"的问题。比如,我们能说样本均值$\overline{X}$就等于数学期望$E(X)$吗?当然不能,我们只能说,样本容量比较大时,$\overline{X}$的取值多数是接近$E(X)$。但是,"比较大"大到什么程度呢?"多数"多到什么程度呢?"接近"又近到什么程度呢?这些都不是很清楚。可见,点估计一般无法知道这个近似值的误差有多大。然而,在实际工作中,有时不一定要了解待估参数的确切数值,只希望能估出一个范围,并给出这个范围包含参数的可靠程度。例如,检验工厂生产的一大批灯泡的使用寿命,我们不一定要知道这批灯泡确切的平均使用寿命,只希望知道这批灯泡平均使用寿命可能所处的范围以及可能性的大小就可以了,这就是参数的区间估计问题。

粗略地说,参数的点估计回答的问题是未知参数"等于什么"的问题,而参数的区间估计则是回答未知参数"在什么范围内"的问题。

假设用 $\hat{\theta}(x_1,x_2,\cdots,x_n)$ 作为未知参数 $\theta$ 的估计值,其误差小于某一正数 $\varepsilon$ 的概率为 $1-\alpha$,即

$$P(|\hat{\theta}-\theta|<\varepsilon)=1-\alpha$$

或

$$P(\hat{\theta}-\varepsilon<\theta<\hat{\theta}+\varepsilon)=1-\alpha$$

亦即随机区间$(\hat{\theta}-\varepsilon,\hat{\theta}+\varepsilon)$包含参数 $\theta$ 的真值的概率为 $1-\alpha$,则区间$(\hat{\theta}-\varepsilon,\hat{\theta}+\varepsilon)$称为置信区间,而概率 $1-\alpha$ 称为置信度。置信区间表示估计结果的精度,而置信度则表示这一结果的可信度。结合起来,我们就可以说,"我们有百分之$(1-\alpha)\times100$ 的把握断言未知参数 $\theta$ 的真值在区间$(\hat{\theta}-\varepsilon,\hat{\theta}+\varepsilon)$内"。下面给出置信区间的一般定义:

设 $\theta$ 为总体 $X$ 的未知参数，$X_1, X_2, \cdots, X_n$ 为样本，对于给定的 $\alpha, 0<\alpha<1$，若存在统计量 $U_1 = U_1(X_1, X_2, \cdots, X_n)$，$U_2 = U_2(X_1, X_2, \cdots, X_n)$，使得

$$P(U_1 < \theta < U_2) = 1 - \alpha = P_\alpha \tag{5-19}$$

则称区间$(U_1, U_2)$为参数 $\theta$ 的置信区间，$U_1$ 与 $U_2$ 分别称为置信下限和置信上限，$P_\alpha = 1-\alpha$称为置信概率或置信度。

式(5-19)的意义可解释如下：若从总体中进行 $l$ 次随机抽样，就可得到 $l$ 个容量相同的样本，即$(x_{1k}, x_{2k}, \cdots, x_{nk})$$(k=1,2,\cdots,l)$，相应地，就可得到 $l$ 个随机区间$(u_{1k}, u_{2k})$ $(k=1, 2,\cdots,l)$，其中有的包含 $\theta$，有的不包含 $\theta$，但若试验次数 $l$ 很多时，则大约有 $100P_\alpha$ 个区间包含 $\theta$，有 $100(1-P_\alpha)$个区间不包含 $\theta$。

以下只讨论正态总体数学期望和方差的区间估计。

**（二）正态总体参数的区间估计**

1. 正态总体数学期望 $a$ 的区间估计

正态总体数学期望 $a$ 的区间估计方法，根据总体方差已知和未知两种情况分别处理。

（1）方差 $\sigma^2$ 已知时，正态总体数学期望 $a$ 的区间估计。

当总体方差 $\sigma^2$ 为已知时，样本均值$\bar{X} \sim N\left(a, \dfrac{\sigma^2}{n}\right)$分布，从而统计量 $U = \dfrac{\bar{X}-a}{\sigma/\sqrt{n}}$服从(0, 1)分布，于是对给定的置信概率 $P_\alpha = 1-\alpha$，由标准化正态分布表可查得 $u_{\frac{\alpha}{2}}$（见图5-3），使其满足下式

$$P\left(\left|\frac{\bar{X}-a}{\sigma/\sqrt{n}}\right| < u_{\frac{\alpha}{2}}\right) = 1-\alpha$$

即

$$P\left(\bar{X} - u_{\frac{\alpha}{2}}\frac{\sigma}{\sqrt{n}} < a < \bar{X} + u_{\frac{\alpha}{2}}\frac{\sigma}{\sqrt{n}}\right) = 1-\alpha \tag{5-20}$$

若用具体样本的平均值 $\bar{x}$ 代替式中的$\bar{X}$，就可求得正态总体均值 $a$ 的置信概率 $P_\alpha = 1-\alpha$的置信区间为$\left(\bar{x} - u_{\frac{\alpha}{2}}\dfrac{\sigma}{\sqrt{n}}, \bar{x} + u_{\frac{\alpha}{2}}\dfrac{\sigma}{\sqrt{n}}\right)$。

**【例 5-8】** 设总体 $X \sim (a, 12^2)$分布，$x_1, x_2, \cdots, x_{100}$为总体的一个容量为 100 的样本，$\bar{x}=80$，求样本均值 $a$ 的置信度为 95% 的置信区间。

**解** 已知 $\bar{x}=80, \sigma=12, n=100, 1-\alpha=0.95$，查附表 3 得 $u_{\frac{\alpha}{2}}=1.96$。所以均值 $a$ 的置信概率为 95% 的置信区间为$\left(80-1.96\times\dfrac{12}{\sqrt{100}}, 80+1.96\times\dfrac{12}{\sqrt{100}}\right)$，即(77.6, 82.4)。

（2）方差 $\sigma^2$ 未知时，正态总体均值 $a$ 的区间估计。

统计量 $U = \dfrac{\bar{X}-a}{S/\sqrt{n-1}}$服从自由度为$n-1$ 的 $t$ 分布，即$\dfrac{\bar{X}-a}{S/\sqrt{n-1}} \sim t(n-1)$。对于给定的置信概率 $P_\alpha = 1-\alpha$，查自由度为$n-1$ 的 $t$ 分布表（附表 7）可得 $t_{\frac{\alpha}{2}}$，使其满足

$$P\left(\left|\frac{\bar{X}-a}{S/\sqrt{n-1}}\right| < t_{\frac{\alpha}{2}}\right) = 1-\alpha$$

从而有

$$P\left(\bar{X} - t_{\frac{\alpha}{2}}\frac{S}{\sqrt{n-1}} < a < \bar{X} + t_{\frac{\alpha}{2}}\frac{S}{\sqrt{n-1}}\right) = 1-\alpha \tag{5-21}$$

**【例 5-9】** 对一段距离(单位:km)测量 16 次,测得数据为:2.14,2.10,2.13,2.15,2.13,2.12,2.13,2.10,2.15,2.12,2.14,2.10,2.13,2.11,2.14,2.11。设测量值 $X$ 服从 $N(a,\sigma^2)$ 分布,试在下列情况下求实际距离为 $a$ 的 95% 的置信区间:①已知 $\sigma=0.01$;②$\sigma$ 未知。

**解** ①由 $1-\alpha=0.95$,查附表 3 得 $u_{\frac{\alpha}{2}}=1.96$。又由已知数据算得 $\bar{x}=\frac{1}{n}\sum_{i=1}^{n}x_i=2.125$,代入式(5-20)可求得置信区间为(2.12,2.13)。

②因 $\sigma$ 未知,以自由度 $n-1=15$ 查 $t$ 分布表得,$t_{\frac{\alpha}{2}}=2.131$,又由已知数据算得 $S=0.0017$,代入式(5-21)可求得置信区间为(2.116,2.134)。

对于不是服从正态分布的总体,当样本容量 $n\to\infty$ 时,由中心极限定理知,$\frac{\bar{X}-a}{S/\sqrt{n}}$近似于服从标准正态分布 $N(0,1)$,仍可用式(5-20)计算,但要用样本方差 $S^2$ 代替 $\sigma^2$。

2. 正态总体方差的区间估计

我们知道,若 $S^2$ 为抽自正态总体的样本方差,则统计量$\chi^2=\frac{(n-1)S^2}{\sigma^2}$服从自由度为 $n-1$ 的$\chi^2$ 分布。于是可用 $\chi^2$ 分布计算方差 $\sigma^2$ 的置信区间。即对于给定的置信概率 $P_\alpha=1-\alpha$,查自由度为 $n-1$ 的$\chi^2$ 分布表可得两个临界值 $\lambda_1$ 和 $\lambda_2$(见图 5-3),使得$\chi^2$ 分布

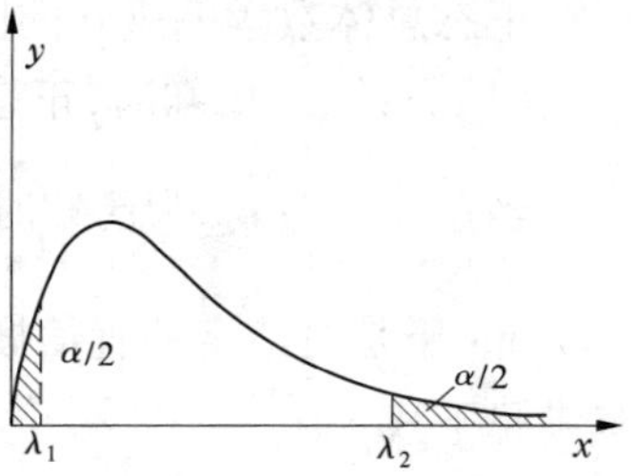


图 5-3

$$P\left\{\lambda_1<\frac{(n-1)S^2}{\sigma^2}<\lambda_2\right\}=1-\alpha \tag{5-22}$$

其中
$$P\left\{\frac{(n-1)S^2}{\sigma^2}>\lambda_2\right\}=\frac{\alpha}{2}$$

$$P\left\{\frac{(n-1)S^2}{\sigma^2}<\lambda_1\right\}=\frac{\alpha}{2}\quad 或\quad P\left\{\frac{(n-1)S^2}{\sigma^2}>\lambda_1\right\}=1-\frac{\alpha}{2}$$

将式(5-22)化简得

$$P\left\{\frac{(n-1)S^2}{\lambda_2}<\sigma^2<\frac{(n-1)S^2}{\lambda_1}\right\}=1-\alpha \tag{5-23}$$

因此,$\sigma^2$ 的置信概率为 $1-\alpha$ 的置信区间为$\left[\frac{(n-1)S^2}{\lambda_2},\frac{(n-1)S^2}{\lambda_1}\right]$。

**【例 5-10】** 设零件长度 $X$ 服从正态分布,从自动机床加工同类零件中抽取 16 件,测得长度(单位:mm)如下:

12.15,12.12,12.01,12.08,12.09,12.16,12.03,12.01,12.06,12.13,12.07,12.11,12.08,12.01,12.03,12.06

求零件长度的方差的估计值和置信区间($\alpha=0.10$)。

**解** 因零件长度 $X$ 服从正态分布,根据给定的数据,计算样本均值和方差如下

$$\bar{x}=\frac{1}{16}\sum_{i=1}^{16}x_i\approx 12.08(\text{mm})$$

$$S^2 = \frac{1}{n-1}\sum_{i=1}^{16}(x_i - \bar{x})^2 \approx 0.002\,5（总体方差 \sigma^2 的估计值）$$

已知 $\alpha = 0.10$，参看图 5-4 可知

$$P(\chi^2 > \lambda_2) = \frac{\alpha}{2} = 0.05$$

而
$$P(\chi^2 > \lambda_1) = 1 - P(\chi^2 \leqslant \lambda_1) = 1 - \frac{\alpha}{2} = 1 - 0.05 = 0.95$$

由自由度 $n-1=15$，及 $\lambda_1$ 对应的概率 0.95，查附表 6 得，$\lambda_1 = 7.261$；

由自由度 $n-1=15$，及 $\lambda_2$ 对应的概率 0.05，查附表 6 得，$\lambda_2 = 24.996$。

将上述各值代入式（5-23）对应区间端点整理得 $\left[\frac{(16-1)\times 0.002\,5}{24.996}, \frac{(16-1)\times 0.002\,5}{7.261}\right]$，即方差 $\sigma^2$ 的置信区间为（0.001 5，0.005 1）。

## 三、估计量好坏的评选标准

从前面几节的讨论中可以看到，参数估计的方法有很多，对于总体的某一参数，可以构造出许多不同的估计量。例如，对于数学期望的估计，可以用样本平均值 $\bar{X} = \frac{1}{n}\sum_{i=1}^{n} X_i$ 估计，也可以用样本的加权平均值 $\hat{X} = \sum_{i=1}^{n}\alpha_i X_i$ 估计，其中 $\alpha_i$ 是满足 $\sum_{i=1}^{n}\alpha_i = 1$ 的任意一组实数。于是就产生了一个问题：哪种估计量比较好呢？为此，必须有一种衡量估计量好坏的标准。

显然，一个好的估计量应当有较小的误差。由于估计量是随机变量，当用不同样本代入估计量的公式时，所得到的估计值是不同的，因此各估计值的误差也是不同的。那么怎样描述估计量的误差呢？现介绍如下。

### （一）抽样误差

由于估计量是样本的函数，对于样本 $X_1, X_2, \cdots, X_n$ 的不同取值，由该估计量求得的估计值的误差是不同的，因此在描述估计量的误差时，我们应当用平均误差来表示，即

$$W_U = E[(U-\theta)^2] \tag{5-24}$$

并称 $W_U$ 为估计量 $U$ 的抽样误差，而称

$$w_U = \sqrt{E[(U-\theta)^2]} \tag{5-25}$$

为 $U$ 的（抽样）均方误差。

可推导出
$$w_U = \sqrt{E[(U-\theta)^2]} = \sqrt{\sigma_U^2 + [E(U)-\theta]^2} \tag{5-26}$$

式中：$\sigma_U^2 = E[U - E(U)]^2$ 为 $U$ 的抽样方差。

若记 $b = E(U) - \theta$，则称 $b$ 为估计量 $U$ 对 $\theta$ 的偏。

例如，在总体 $X$ 中抽出 $k$ 组样本 $(x_1, x_2, \cdots, x_n)_j\ (j=1,2,\cdots,k)$，第一组 $(x_1, x_2, \cdots, x_n)_1$ 样本的平均数 $\bar{x}_1$ 对总体平均数 $\bar{x}_{总}$ 的离差（$\Delta\bar{x}_1 = \bar{x}_1 - \bar{x}_{总}$ 便是第一组样本平均数的抽样误差。显然各组样本的抽样误差是不同的，其大小与其抽样分布密切相关。由于 $\bar{x}_{总}$

是未知的，对某一特定的样本，其样本平均数的抽样误差无法准确地求得，我们只能在概率意义下作出某种估计。当样本容量较大时，抽样分布通常符合正态分布。这样我们常有下列描述样本平均数抽样误差的关系式

$$P(\bar{x} - \sigma_{\bar{x}} \leqslant \bar{x}_{总} \leqslant \bar{x} + \sigma_{\bar{x}}) = 68.3\%$$

$$P(\bar{x} - 3\sigma_{\bar{x}} \leqslant \bar{x}_{总} \leqslant \bar{x} + 3\sigma_{\bar{x}}) = 99.7\%$$

式中：$\sigma_{\bar{x}}$为抽样分布离散程度的均方差。

上述式子说明，如果随机取一个样本，以此样本的均值作为总体均值的估计值时，有68.3%的可能性其误差不超过 $\sigma_{\bar{x}}$，有 99.7% 的可能性其误差不超过 $3\sigma_{\bar{x}}$。

**（二）估计量的评选标准**

从抽样误差的分析中可以看出，一个好的估计量应当满足下面几点要求。

1. 无偏性

设 $U$ 是未知参数 $\theta$ 的估计量，如果对任意自然数 $n$ 都有

$$E(U) = \theta \tag{5-27}$$

则称 $U$ 为 $\theta$ 的无偏估计量。

通俗地讲，无偏估计量是没有"系统误差"的估计量，如果 $E(U) > \theta$，说明 $U$ 有偏大于 $\theta$ 的倾向；如果 $E(U) < \theta$，说明 $U$ 有偏小于 $\theta$ 的倾向；而当 $E(U) = \theta$ 时，说明 $U$ 与 $\theta$ 无系统的偏差。对无偏估计量 $U$ 来讲，虽然不同的样本，它的取值也不同，但这些取值的平均数等于参数 $\theta$。

从式(5-24)可看出，对于无偏估计量，其抽样误差就等于抽样方差，$U$ 的取值在真值 $\theta$ 附近摆动。

**【例 5-11】** 设 $X_1, X_2, \cdots, X_n$ 为 $X$ 的样本，$E(X) = a, D(X) = \sigma^2$，试问下列统计量是否分别是 $a, \sigma^2$ 的无偏估计量？

① $\overline{X} = \frac{1}{n}\sum_{i=1}^{n} X_i$；② $S_0^2 = \frac{1}{n}\sum_{i=1}^{n}(X_i - \overline{X})^2$

**解** ① 由于 $E(\overline{X}) = E(\frac{1}{n}\sum_{i=1}^{n} X_i) = a$，所以 $\overline{X} = \frac{1}{n}\sum_{i=1}^{n} X_i$ 是 $a$ 的无偏估计量。

② 由于
$$\begin{aligned} E(S_0^2) &= E\left\{\frac{1}{n}\sum_{i=1}^{n}[(X_i - E(X))^2 - (\overline{X} - E(X)]^2\right\} \\ &= \frac{1}{n}\sum_{i=1}^{n} E[(X_i - E(X))^2] - E[(\overline{X} - E(X))^2] \\ &= \frac{1}{n} nD(X) - D(\overline{X}) = D(X) - \frac{D(X)}{n} \\ &= \frac{n-1}{n}\sigma^2 \neq \sigma^2 \end{aligned}$$

所以，$S_0^2$ 不是 $\sigma^2$ 的无偏估计量。

为了得到 $\sigma^2$ 的无偏估计量，可将样本方差公式修改为

$$S^2 = \frac{n}{n-1}S_0^2 = \frac{n}{n-1}\frac{1}{n}\sum_{i=1}^{n}(X_i - \overline{X})^2 = \frac{1}{n-1}\sum_{i=1}^{n}(X_i - \overline{X})^2$$

可以证明，$S^2$ 是 $\sigma^2$ 的无偏估计量。

把一个有偏估计量修改为无偏估计量的方法称为纠偏。

应当注意的是，若 $U$ 是 $\theta$ 的无偏估计量，$g(\theta)$ 是 $\theta$ 的任意函数，一般来说，$g(U)$ 不是 $g(\theta)$ 的无偏估计量，即一般 $E[g(U)] \neq E[g(\theta)]$。

在水文上常用的参数计算式有

$$C_{\mathrm{v}} = \sqrt{\frac{1}{n-1}\sum_{i=1}^{n}(K_i - 1)^2}$$

$$C_{\mathrm{s}} = \frac{\sum_{i=1}^{n}(K_i - 1)^3}{(n-3)C_{\mathrm{v}}^3}$$

它们都是通过纠偏后的近似无偏估计量$\left(\text{式中 } K_i = \frac{X_i}{\overline{X}}\right)$。

2. 有效性

仅仅要求估计量无偏还不够，事实上，总体的同一个未知参数可能有许多无偏估计量。例如，设 $\theta = E(X)$，$\overline{X} = \frac{1}{n}\sum_{i=1}^{n}X_i$，前面已证明 $E(\overline{X}) = \theta$，即 $\overline{X}$ 是 $\theta$ 的无偏估计量，若一组常数 $\alpha_i(i = 1,2,\cdots,n)$ 满足 $\sum_{i=1}^{n}\alpha_i = 1$，则容易验证，$\tilde{X} = \sum_{i=1}^{n}\alpha_i X_i$ 也是总体期望值 $a$ 的无偏估计量。因此，就要在同一参数的几个无偏估计量之间比较好坏，由于各无偏估计量的取值都是围绕待估参数摆动，其好坏标准自然应当是在样本容量相同时，摆动愈小愈好，而刻画摆动程度的指标是方差，方差愈小，摆动愈小，抽样误差也就愈小，因此方差愈小的无偏估计量愈好，这就是有效性的概念。

设 $U_1$，$U_2$ 都是参数 $\theta$ 的无偏估计量，若对任一 $n$，有

$$D(U_1) < D(U_2) \tag{5-28}$$

成立，则称估计量 $U_1$ 较 $U_2$ 有效。

可以证明，在满足某些条件下，对一般的总体 $F(x;\theta)$，都存在一个正数 $D_e$，使得 $\theta$ 的任何无偏估计量 $U$ 的方差 $D(U)$ 都不会小于 $D_e$，这个 $D_e$ 值称为无偏估计量的方差下界。

如果一个无偏估计量的方差恰好等于 $D_e$，则称此估计量为 $\theta$ 的有效估计量。例如，正态总体的样本均值就是数学期望的有效估计量。

3. 一致性

若参数 $\theta$ 的估计量 $U$，对任意 $\varepsilon > 0$ 具有性质

$$\lim_{n\to\infty}P(|U - \theta| < \varepsilon) = 1 \tag{5-29}$$

则称 $U$ 为 $\theta$ 的一致性估计量。

估计量作为样本的函数，与样本容量 $n$ 有关，$n$ 越大，包含信息越多。一个好的估计量应随着 $n$ 的增大而愈加精确，当 $n$ 无限增大时，估计量的取值与参数真值十分接近几乎是必然的，这就是一致性的含义。

前面已经证明，样本均值是总体均值的无偏估计量。利用大数定律，还可证明样本均值 $\overline{X}$ 也是总体均值的一致性估计量。所以，在实际工作中总是用 $\overline{X}$ 作为总体均值 $E(X)$ 的估计量。而且，样本的 $k$ 阶原点矩 $A_k = \frac{1}{n}\sum_{i=1}^{n}X_i^k$ 也是 $E(X^k)$ 的一致性估计量。

一般说，矩法求得的估计量其抽样误差往往比极大似然法求得的估计量大，也就是说矩法估计量的有效性较差，特别是高阶矩更是如此。极大似然法虽然理论上比较优越，但计算复杂，而且对某些分布(如P－Ⅲ分布)极大似然法无解。

# 学习指导

## 一、本章小结

前面几章讨论的是随机现象的基本性质，说明了研究随机现象数量规律的方法。本章研究的则是如何通过实际观测或试验数据估计随机现象概率性质的方法。

本章首先介绍了总体、样本、简单随机抽样及分布、统计量及顺序统计量等基本概念；其次，较详细地介绍了参数估计的原理和具体方法，这是数理统计中最基本和最重要的内容，对理论研究和实际应用都须有重要意义，读者必须牢固掌握。

## 二、内容提要

### (一)简单随机抽样及样本分布

1. 总体与样本

总体指的是由随机变量的全部可能值构成的集合；样本是通过对随机变量的试验(或观测)所得到的若干个观测值所构成的集合，其中观测值的个数称为样本容量。

获得随机变量样本的方法称为随机抽样。若抽样时，各次试验是随机和独立进行的，则称为简单随机抽样。

样本分布是指把一个样本的各观测值看成是一个新的离散型随机变量的取值，这个离散型随机变量的分布称为样本分布，而这个新的离散型随机变量的数字特征则称为样本的数字特征。

在进行统计理论研究时，我们把样本看成是一个 $n$ 元的随机变量 $X_1,X_2,\cdots,X_n$ 来研究，一批具体的试验结果 $x_1,x_2,\cdots,x_n$ 则是 $X_1,X_2,\cdots,X_n$ 的一个观测值。

数理统计研究的主要是 $X_1,X_2,\cdots,X_n$ 的统计性质，而不是以 $x_1,x_2,\cdots,x_n$ 为研究对象。

样本 $X_1,X_2,\cdots,X_n$ 不含未知参数的函数表达式称为统计量。统计量的分布称为抽样分布。因此，$X_1,X_2,\cdots,X_n$ 的平均值、方差等都是随机变量。

2. 几种重要统计量的分布

(1)正态总体样本平均值及方差的分布。

若 $X\sim N(a,\sigma^2)$，$X_1,X_2,\cdots,X_n$ 为总体 $X$ 的样本，则有：

样本平均数 $\overline{X}$ 服从均值为 $a$，方差为 $\frac{\sigma^2}{n}$ 的正态分布，即 $\overline{X}\sim N\left(a,\frac{\sigma^2}{n}\right)$；

$U=\frac{\overline{X}-a}{\sigma/\sqrt{n}}$ 服从标准正态分布，即 $U=\frac{\overline{X}-a}{\sigma/\sqrt{n}}\sim N(0,1)$；

$$\chi^2 = \frac{nS_0^2}{\sigma^2} \sim \chi^2(n-1)\text{分布};$$

$$T = \frac{(\overline{X}-a)\sqrt{n-1}}{S_0} = \frac{(\overline{X}-a)\sqrt{n}}{S} \sim t(n-1)\text{分布};$$

设 $X \sim N(a_1,\sigma_1^2)$，$Y \sim N(a_2,\sigma_2^2)$，而 $X_1,X_2,\cdots,X_{n_1}$ 及 $Y_1,Y_2,\cdots,Y_{n_2}$ 分别为 $X$ 和 $Y$ 的样本，且 $X$ 和 $Y$ 相互独立，则有：

$$Z = \overline{X} - \overline{Y} \sim N\left\{(a_1 - a_2),\left(\frac{\sigma_1^2}{n_1} + \frac{\sigma_2^2}{n_2}\right)\right\}\text{分布};$$

$$V = \frac{(\overline{X}-\overline{Y}) - (a_1 - a_2)}{\sqrt{\dfrac{\sigma_1^2}{n_1} + \dfrac{\sigma_2^2}{n_2}}} \sim N(0,1)\text{分布};$$

$$F = \frac{n_1 S_{01}^2 (n_2 - 1)\sigma_2^2}{n_2 S_{02}^2 (n_1 - 1)\sigma_1^2} = \frac{S_1^2\sigma_2^2}{S_2^2\sigma_1^2} \sim F(n_1 - 1, n_2 - 1)\text{分布};$$

当 $\sigma_1^2 = \sigma_2^2 = \sigma^2$ 时，有：$T = \dfrac{(\overline{X}-\overline{Y}) - (a_1 - a_2)}{S_w\sqrt{\dfrac{1}{n_1} + \dfrac{1}{n_2}}} \sim t(n_1 + n_2 - 2)$分布。

(2)设总体 $X$ 服从参数为 $\lambda$ 的泊松分布，则 $\overline{X}$ 服从参数为 $n\lambda$ 的泊松分布。即

$$P\left(\overline{X} = \frac{k}{n}\right) = e^{-n\lambda}\frac{(n\lambda)^k}{k!}, k = 0,1,2,\cdots$$

3. 顺序统计量的分布

设 $X_1,X_2,\cdots,X_n$ 为 $X$ 的样本，将 $X_1,X_2,\cdots,X_n$ 按从大到小顺序排队，取其中的 $X_m^*$ 值，则 $X_m^*$ 是 $X_1,X_2,\cdots,X_n$ 的函数，称为顺序统计量。其分布较复杂，不要求读者作出推导，但应知道由顺序统计量的性质可导出水文上常用的经验频率计算式

$$E(Y_m^*) = \frac{m}{n+1} \quad (m = 1,2,\cdots,n)$$

**(二)点估计法**

(1)矩法：用样本原点矩作为总体同阶原点矩的近似值，由此可解得待估计的参数。

(2)极大似然法：用使似然函数 $L = \prod_{i=1}^{n} f(x_i;\theta_1,\theta_2,\cdots,\theta_l)$ 达最大时的参数 $\theta$ 作为待求参数的估计值。应当注意的是，$L = \prod_{i=1}^{n} f(x_i;\theta_1,\theta_2,\cdots,\theta_l)$ 是 $(X_1,X_2,\cdots,X_n)$ 的联合密度函数，当 $X_1,X_2,\cdots,X_n$ 取样本值 $x_1,x_2,\cdots,x_n$ 时，$L$ 成为未知量 $\theta$ 的函数，而 $\theta$ 不是随机变量，所以 $L$ 称为 $\theta$ 的似然函数。令 $\dfrac{\partial L}{\partial \theta} = 0$，或 $\dfrac{\partial \ln L}{\partial \theta} = 0$ 可求得 $\theta$ 值。

**(三)区间估计法**

用总体 $X$ 的一个样本 $X_1,X_2,\cdots,X_n$ 构造两个统计量 $U_1 = U_1(X_1,X_2,\cdots,X_n)$，$U_2 = U_2(X_1,X_2,\cdots,X_n)$，对于给定的 $\alpha$，$0<\alpha<1$，使得 $P(U_1 < \theta < U_2) = 1 - \alpha = P_\alpha$，则称区间 $(U_1,U_2)$ 为参数 $\theta$ 的置信区间，$U_1$ 与 $U_2$ 分别称为置信下限和置信上限，$\alpha$ 称为信度，$P_\alpha =$

$1-\alpha$ 称为置信概率或置信度。

**(四)抽样误差**

用样本的特征代替总体的特征,存在的误差称为抽样误差。一般用平均误差来表示,即 $W_U=E[(U-\theta)^2]$ 或用均方误差 $w_U=\sqrt{E[(U-\theta)^2]}$ 来表示。值得注意的是,对某一特定的样本,其样本的抽样误差无法准确地求得,我们只能在概率意义下作出某种估计,而且与其抽样分布密切相关。

**(五)估计量好坏评价标准**

(1)无偏性:要求 $E(U)=\theta$,则 $U$ 的观测值将在 $\theta$ 附近变动。

(2)有效性:要求估计量的方差愈小愈好。

(3)一致性:要求当样本的容量增大时,$U$ 的取值愈接近于真值 $\theta$。

## 习　题

5-1　设 $X$ 服从 $[0,\theta]$ 上的均匀分布,密度函数为

$$f(x;\theta)=\begin{cases}\dfrac{1}{\theta},0\leqslant x\leqslant\theta\\0,\ 其他\end{cases}$$

求:①未知参数 $\theta$ 的矩估计量;②当样本为 0.3,0.8,0.27,0.35,0.62,0.55 时,求 $\theta$ 的矩估计值。

5-2　设 $X$ 服从指数分布,密度函数为

$$f(x;\theta)=\begin{cases}\lambda e^{-\lambda x},x>0\\0,\quad x\leqslant 0\end{cases}$$

当 $\lambda>0$ 为未知参数,求 $\lambda$ 的极大似然估计量。

5-3　设总体 $X$ 的密度函数为

$$f(x;\theta)=\begin{cases}\sqrt{\theta}x^{\sqrt{\theta}-1},0\leqslant x\leqslant 1\\0,\quad 其他\end{cases}$$

又 $X_1,X_2,\cdots,X_n$ 为 $X$ 的样本,求未知参数 $\theta$ 的矩估计量和极大似然估计量。

5-4　设 $X$ 在 $[1,2,\cdots,N]$ 上均匀分布,即

$$P(X=k)=\frac{1}{N},k=1,2,\cdots,N$$

其中,$N$ 为未知正整数,若 $X_1,X_2,\cdots,X_n$ 为 $X$ 的样本,试求 $N$ 的矩估计量。

5-5　设总体 $X$ 的密度函数为

$$f(x;\theta)=\begin{cases}(\theta+1)x^{\theta},0<x<1\\0,\quad 其他\end{cases}$$

其中,$\theta>-1$ 为未知参数,$X_1,X_2,\cdots,X_n$ 为 $X$ 的样本,试求 $\theta$ 的矩估计量和极大似然估计量。

5-6　设总体 $X$ 的密度函数为

$$f(x;\lambda)=\begin{cases}\lambda\alpha e^{-\lambda\alpha x}x^{\alpha-1}, & x>0\\ 0, & x\leqslant 0\end{cases}$$

其中,$\alpha$ 为已知常数,$\lambda$ 为未知参数,求 $\lambda$ 极大似然估计量。

5-7 设总体 $X$ 的密度函数为

$$f(x;\alpha)=\begin{cases}\dfrac{2}{\alpha^2}(\alpha-x), & 0<x<\alpha\\ 0, & \text{其他}\end{cases}$$

试求 $\alpha$ 的矩估计量。

5-8 设总体 $X$ 的密度函数为

$$f(x;\theta)=\begin{cases}C^{\frac{1}{\theta}}\cdot\dfrac{1}{\theta}x^{-(1+\frac{1}{\theta})}, & x>C\\ 0, & x\leqslant C\end{cases}$$

其中,$\theta$ 为未知参数,且 $0<\theta<1$,$C>0$ 为已知常数,求 $\theta$ 的矩估计量。

# 第六章　假设检验

## 第一节　一般概念

### 一、问题的提出

统计假设检验也是根据样本信息来推断总体概率性质的一种方法。它是先对总体的某种需要了解的未知统计性质作出假设,然后根据样本资料,用一定方法来检验所作的假设是否合理,从而决定接受假设或拒绝假设。现在用一个例子来说明假设检验问题是怎样提出来的。

设已知某水体的某种污染物近似正态分布,且由大量本底调查数据得知该水体中原有的该污染物的平均水平 $a_0=1.23$,现要了解目前该水体的污染水平是否大于以往本底水平。在该水体中于规定期间随机地采集水样样品 20 个,计算得平均污染物含量 $\bar{x}=1.30$,均方差 $S^*=0.24$,问目前水体污染水平是否大于以往本底水平。对于这个问题,我们能否根据目前调查的样品平均值 $\bar{x}=1.30$ 大于本底值 $a_0=1.23$ 就断定目前的水平已大于本地水平呢？这样下结论是不够妥当的,因为即使目前水平与以往本底水平一致,由于抽样的随机性,所抽得的样品的平均值也不见得恰好等于 $a_0$,也就是说,$a_0$ 与 $\bar{x}$ 总会有一些差异的。因此,不能简单地只根据 $\bar{x}$ 不等于 $a_0$,就断定目前的水平是高了或低了。然而,我们又必须根据这一样本的信息即对 $\bar{x}$ 的大小对目前水平(设记为 $a$)作出判断,那么应该怎样利用这个信息呢？为了解决这个问题,我们还是来分析 $\bar{x}$ 与 $a_0$ 的差异 $|\bar{x}-a_0|$,显然,产生这种差异的原因不外乎两种:一种是目前的 $a$ 与以往的 $a_0$ 并没有差别,即 $a=a_0$,而由于抽样的波动性使得样本的 $\bar{x}$ 不等于 $a_0$,如果差异是由这一原因引起的,我们就应当断定目前水平 $a$ 与以往水平 $a_0$ 没有差别;另一种是目前的水平 $a$ 的确比以往水平 $a_0$ 高了,因而 $\bar{x}$ 与 $a_0$ 的差异不仅仅是抽样的随机性引起,还有本质的原因即水平本身的变化。如果差异是由这种原因引起的,我们就不能认为目前的 $a$ 与 $a_0$ 没有差别。显然,由抽样引起的 $\bar{x}$ 与 $a_0$ 的差异一般是不会太大的,如果这种差别很大,则很可能还有本质的原因即水平本身的变化,为了判断这种差别达到多大才不能认为是抽样的随机性引起的,就要有一个界限,这个界限常称为临界值,假设检验理论提供了一种方法,使我们能够根据样本的信息来判断产生这种差异的原因属于哪一种。

### 二、小概率原理

小概率原理也称实际推断原理,指如果一个事件发生的概率很小,那么可以推断在一次试验中该事件几乎是不会发生的,或者说它是一个不可能事件。小概率原理是统计假设检验中决定取舍假设的标准,它是人们在实践中总结出来而被普遍接受的一条概率原理。

根据小概率原理决定接受假设或拒绝假设的想法是这样的:为了判断某一假设(通常以 $H_0$ 表示并称为原假设)是否成立,我们设法构造一个事件 $A$,且知道,在 $H_0$ 成立的条件下,事件 $A$ 出现的概率很小(以 $\alpha$ 表示)。现在,我们假设 $H_0$ 成立(一般也说成 $H_0$ 为真),并且作一次试验,如果在该次试验中事件 $A$ 没有发生,则我们就接受假设 $H_0$(因为在 $H_0$ 成立时 $A$ 在一次试验中出现是小概率事件,按实际推断原理,它是不会发生的)。这个试验结果与小概率原理相符合,所以没有理由否定 $H_0$ 的正确性。反之,若在这一次试验中事件 $A$ 竟然发生了,则我们应拒绝假设 $H_0$。因为在 $H_0$ 成立时 $A$ 是一个小概率事件,根据小概率原理,它在一次试验中本不应发生,而现在恰恰发生了,这就与小概率原理相矛盾。为什么会矛盾呢? 追究原因,只能是假设 $H_0$ 不成立,在这个条件下,$A$ 就不是小概率事件了,因此我们就应拒绝假设 $H_0$,即认为 $H_0$ 不成立。

显然,小概率事件并非绝对不可能事件,但实践经验证明,小概率事件在一次观测或试验中,几乎是不可能发生的,实际上可以看做为不可能事件(称为实际不可能事件)。这就是所谓的小概率原理,也称为实际推断原理。

小概率原理是假设检验的灵魂,任何假设检验都是以这一基本原理为基础的。

当然,多大的概率算是小概率,这在不同的实际问题中可以有不同的标准,通常使用的是5%或1%,也有的取10%。

## 三、假设检验的一般步骤

假设检验的基本方法是所谓的概率反证法。其基本方法是对所研究的问题先提出某种假设(猜想、看法),并假定该假设成立,然后经过严格推理,推出一个小概率事件,把它看成实际不可能事件,然后通过一次试验,看该小概率事件是否发生,如果发生,则反过来说明原假设实际不可能成立,从而否定原假设。

假设检验的内容、形式很多,但归纳起来,各种检验方法均按如下顺序进行:

(1)根据实际情况提出假设 $H_0$,并设 $H_0$ 为真;

(2)选取适当的小概率 $\alpha$,这个概率称为信度或显著性水平;

(3)构造适当的统计量用以刻画假设与实际间的差异;

(4)利用上述统计量构造一个事件 $A$,使得在 $H_0$ 成立条件下,事件 $A$ 发生的概率等于 $\alpha$,即使 $A$ 满足

$$P(\text{事件 } A/H_0 \text{ 为真}) = \alpha \tag{6-1}$$

(5)根据样本的信息观察 $A$ 是否已发生,如 $A$ 发生了,则拒绝 $H_0$;如 $A$ 没有发生则接受 $H_0$。

在假设检验中,$H_0$ 称为原假设,而与 $H_0$ 对立的假设为备择假设。例如在前面的例子中,原假设为 $H_0: a = a_0$,而备择假设(一般记为 $H_1$)为 $H_1: a \neq a_0$,通常拒绝原假设就意味着接受备择假设。

**【例 6-1】** 某车间用一台自动包装机包装奶粉,额定标准为每袋净重 0.5 kg,设包装机称得的奶粉质量服从正态分布,且根据长期的经验知其标准差 $\sigma = 0.015$ kg,某天开工后,为检验包装机的工作是否正常,随机抽取它所包装的奶粉 9 袋,称得净重(单位:kg)分别为:0.497,0.506,0.518,0.524,0.488,0.511,0.510,0.515,0.512。问这天包装机的

工作是否正常？

**解**　设这天包装机所包装的奶粉质量为 $X$，根据题意，$X \sim N(a, 0.015^2)$，现在的问题是，$a$ 是否等于 0.5 kg（或者说 $a$ 与 0.5 kg 是否存在显著差异）？如果 $a$ 等于 0.5 kg，则包装机工作正常；否则，包装机工作不正常。

首先假设 $a = 0.5$，记作

$$H_0: a = 0.5$$

如果这个假设成立，那么 $X \sim N(0.5, 0.015^2)$，虽然每袋奶粉的质量不会都等于 0.5 kg。但是，如果假设 $a = 0.5$ 成立，则样本均值 $\overline{X}$ 与 0.5 kg 不应该有显著差异，即 $|\overline{X} - 0.5|$ 不应该很大，从而 $\left|\dfrac{\overline{X} - 0.5}{0.015/\sqrt{9}}\right|$ 不应该很大。因此，考虑统计量

$$U = \frac{\overline{X} - 0.5}{0.015/\sqrt{9}}$$

根据假设可知，如果 $H_0$ 成立，则统计量

$$U = \frac{\overline{X} - 0.5}{0.015/\sqrt{9}} \sim N(0,1)$$

显然，若 $H_0$ 成立，则 $|U| = \left|\dfrac{\overline{X} - 0.5}{0.015/\sqrt{9}}\right|$ 不应太大，因此可以选取一临界值，使之在 $H_0$ 成立的条件下，$\left|\dfrac{\overline{X} - 0.5}{0.015/\sqrt{9}}\right|$ 大于临界值是小概率事件。于是，设

$$P\left(\left|\frac{\overline{X} - 0.5}{0.015/\sqrt{9}}\right| > u_{\frac{\alpha}{2}}\right) = \alpha \quad (0 < \alpha < 1)$$

当 $\alpha$ 很小时，比如取 $\alpha = 0.05$，则 $\left(\left|\dfrac{\overline{X} - 0.5}{0.015/\sqrt{9}}\right| > u_{\frac{\alpha}{2}}\right)$ 是一个小概率事件，由附表 3 查得 $u_{\frac{\alpha}{2}} = 1.96$（$u_{\frac{\alpha}{2}}$ 称为临界值）。

对于所给的样本值，计算得到 $\bar{x} = 0.509$。因为

$$|u| = \left|\frac{\bar{x} - 0.5}{0.015/\sqrt{9}}\right| = \left|\frac{0.509 - 0.5}{0.015/\sqrt{9}}\right| = 1.8 < 1.96$$

表明小概率事件 $\left(\left|\dfrac{\overline{X} - 0.5}{0.015/\sqrt{9}}\right| > u_{\frac{\alpha}{2}}\right)$ 没有发生，因此就没有理由否定原来的假设，只能认为原假设成立，接受 $H_0$，即认为这天包装机工作正常。这种检验又称显著性检验。

**【例 6-2】**　在例 6-1 中，包装机在另一天仍按例 6-1 中的规格包装奶粉，从中任取 9 袋，如果算得 $\bar{x} = 0.511$ kg，问这天包装机的工作是否正常。任取 $\alpha = 0.05$。

**解**　仍假设

$$H_0: a = 0.5$$

因为一切条件都与例 6-1 相同，所以采用同样的方法来检验。这时

$$|u| = \left|\frac{\bar{x} - 0.5}{0.015/\sqrt{9}}\right| = \left|\frac{0.511 - 0.5}{0.015/\sqrt{9}}\right| = 2.2 > 1.96$$

这就是说小概率事件$\left(\left|\frac{\bar{X}-0.5}{0.015/\sqrt{9}}\right| > u_{\frac{\alpha}{2}}\right)$居然发生了，这与小概率事件的原理相矛盾，因而认为原来的假设 $a=0.5$ 不成立，拒绝 $H_0$，即这天包装机工作不正常。

从例 6-1 中可以看出，“$H_0: a=0.5$”为原假设或零假设，“$H_1: a\neq 0.5$”为备择假设，给定的小概率 $\alpha=0.05$ 为显著性水平。如果拒绝 $H_0$，则接受 $H_1$。通常把拒绝原假设 $H_0$ 的区域称为拒绝域或否定域，接受原假设的区域称为接受域，如图 6-1 所示。

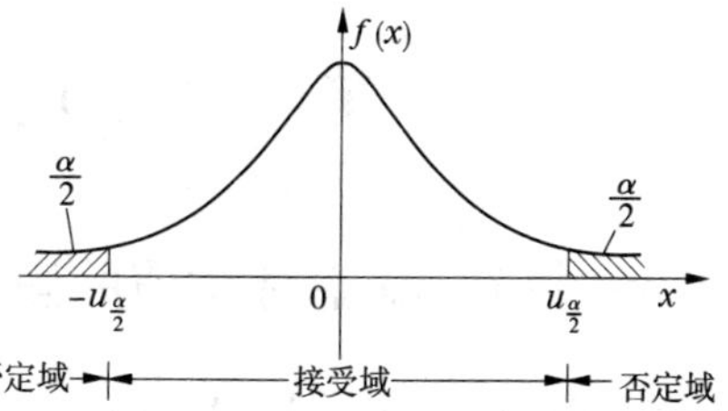


图 6-1

根据样本，如果求得的统计量的观察值 $u$“落入否定域，则认为原假设不成立，称做在显著性水平 $\alpha$ 下拒绝 $H_0$，否则认为原假设成立，称做在显著性水平 $\alpha$ 下接受 $H_0$。

## 四、两类错误

从前面介绍的假设检验的过程可以看出，在原假设 $H_0$ 为真的情况下，如果一次试验中，小概率事件 $A$ 发生了，就拒绝 $H_0$。实际上，在 $H_0$ 成立的条件下，虽然事件 $A$ 发生的概率很小（等于显著水平 $\alpha$），但是，它还是有可能发生的，一旦发生，就拒绝 $H_0$，即把一个正确的假设给否定了。这种错误称做第一类错误，又称为“弃真”错误。很明显，犯第一类错误的概率恰为 $\alpha$。

在进行假设检验的时候，当接受原假设 $H_0$ 时，并不能保证 $H_0$ 一定是正确的。在例 6-1 中，当 $a\neq 0.5$ kg$(a_0)$，$a=a_1$ 时，统计量 $u$ 的观测值也有可能落在接受域$(-u_{\frac{\alpha}{2}}, u_{\frac{\alpha}{2}})$内，只要 $|u| < u_{\frac{\alpha}{2}}$ 就接受 $H_0: a=0.5$ kg。实际上，这是一个错误的推断，因为 $a=a_1$。这样的错误称为第二类错误，又称“取伪”错误，犯第二类错误的概率为图 6-2 中的 $\beta$。

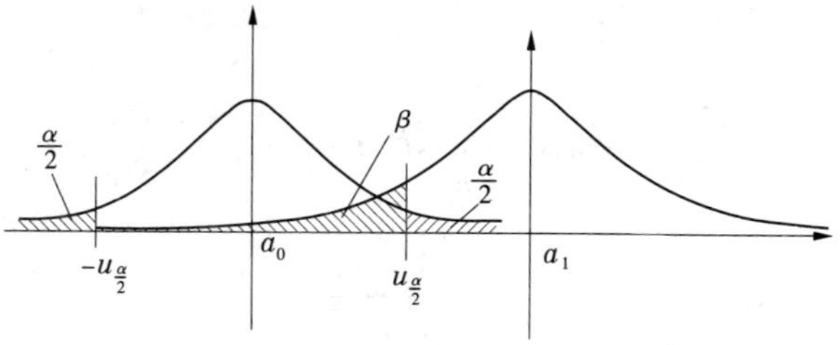


图 6-2

当然，人们总希望尽可能地减小犯两类错误的概率。但是，在样本容量一定的情况下，若 $\alpha$ 减小，则必增大 $\beta$；反之，若减小 $\beta$，则必增大 $\alpha$，不可能二者同时减小。欲使 $\alpha$ 和 $\beta$ 都减小，必须增加样本容量。因为 $n$ 越大，$\frac{\sigma^2}{n}$越小，分布越集中。

对于同一个原假设，同一组样本，$\alpha$ 值不同可能有不同的判别结果，甚至可能得出完全相反的结论。因此，$\alpha$ 值的选择也很重要，一般需根据实际情况来确定。例如，在检验药品时，判别某种成分是否等于规定指标，因为其关系到人民的生命安全，我们情愿犯“以真作假”的错误，也不愿犯“以假作真”的错误，即宁可将合格药品判为不合格药品，也不愿将不合格药品判为合格药品，此时，应把 $\alpha$ 取大一些。而在另外一些场合，例如，检查盒装螺丝钉的质量，就不必那么严格，$\alpha$ 值可以取小一些。

# 第二节 正态总体均值的假设检验

## 一、一个正态总体均值的假设检验

设 $X\sim N(a,\sigma^2)$，$X_1,X_2,\cdots,X_n$ 为 $X$ 的样本，$\overline{X}$ 和 $S^{*2}$ 分别为样本均值和方差，现要检验总体均值 $a$ 是否等于已知常量 $a_0$。

### （一）$\sigma^2$ 已知

$$H_0:a=a_0,H_1:a\neq a_0$$

选择统计量

$$U=\frac{\overline{X}-a_0}{\sigma/\sqrt{n}} \tag{6-2}$$

当 $H_0$ 成立时，$U\sim N(0,1)$。对给定的 $\alpha$，由 $P(|U|>u_{\frac{\alpha}{2}})=\alpha$ 确定临界值 $u_{\frac{\alpha}{2}}$。根据样本，计算 $U$ 的观测值 $u=\dfrac{\bar{x}-a_0}{\sigma/\sqrt{n}}$。

若 $|u|>u_{\frac{\alpha}{2}}$，则拒绝 $H_0$；否则接受 $H_0$，上述假设检验方法又称 $u$ 检验，见例 6-1 和例 6-2。

若 $X$ 不服从正态分布，当 $n$ 很大时，因为 $U=\dfrac{\overline{X}-a_0}{\sigma/\sqrt{n}}$ 的极限分布为 $N(0,1)$，所以仍可用上述检验方法。

### （二）$\sigma^2$ 未知

$$H_0:a=a_0,H_1:a\neq a_0$$

选择统计量

$$T=\frac{\overline{X}-a_0}{S^*/\sqrt{n}} \tag{6-3}$$

当 $H_0$ 成立时，$T\sim t(n-1)$。

对给定的 $\alpha$，由 $P(|T|>t_{\frac{\alpha}{2}})=\alpha$ 确定临界值 $t_{\frac{\alpha}{2}}$。根据样本，计算 $T$ 的观测值 $t=\dfrac{\bar{x}-a_0}{S^*/\sqrt{n}}$。其中 $S^*=\sqrt{\dfrac{1}{n-1}\sum\limits_{i=1}^{n}(x_i-\bar{x})^2}$。

若 $|T|>t_{\frac{\alpha}{2}}$，则拒绝 $H_0$；否则接受 $H_0$。因为检验统计量服从 $t$ 分布，所以上述假设检验方法又称 $t$ 检验。

【例 6-3】 由生产经验知，某种钢筋的强度服从正态分布 $N(a,\sigma^2)$，但 $a,\sigma^2$ 均未知，今随机抽取 6 根钢筋进行强度试验，测得强度（单位：kg/mm²）分别为：48.5，49.0，53.5，49.5，56.0，52.5，问：能否认为该种钢筋的平均强度为 52.0 kg/mm²（$\alpha=0.05$）？

**解** $H_0: a=52, H_1: a\neq 52$

在 $H_0$ 成立条件下，$T=\dfrac{\overline{X}-52}{S^*/\sqrt{n}}\sim t(n-1)$。

由 $\alpha=0.05$，查 $t$ 分布表（见附表 7）得

$$t_{\frac{\alpha}{2}}=2.57$$

由题中给定的样本资料计算得 $\bar{x}=51.5, S^*=2.99$。代入下式计算得

$$|T|=\left|\frac{51.5-52}{2.99/\sqrt{6}}\right|=0.41<t_{\frac{\alpha}{2}}=2.57$$

所以，接受 $H_0$，即可认为钢筋的平均强度为 52.0。

**（三）正态总体均值的双侧假设检验与单侧假设检验**

在例 6-1 中给出的原假设是 $H_0: a=a_0$，备择假设是 $H_1: a\neq a_0$ 的形式，这类假设检验的否定域分布在接受域的两侧。在例 6-1 中，否定域为 $(-\infty,-1.96)\cup(1.96,+\infty)$，在例 6-3 中，否定域为 $(-\infty,-2.57)\cup(2.57,+\infty)$，称这类假设检验为双侧假设检验。有时还会提出下述形式的原假设

$$H_0: a\leqslant a_0 \quad 或 \quad H_0: a\geqslant a_0$$

对应的备择假设为

$$H_1: a>a_0 \quad 或 \quad H_1: a<a_0$$

称这类假设检验为单侧假设检验，见图 6-3。

## 二、两个正态总体均值的假设检验

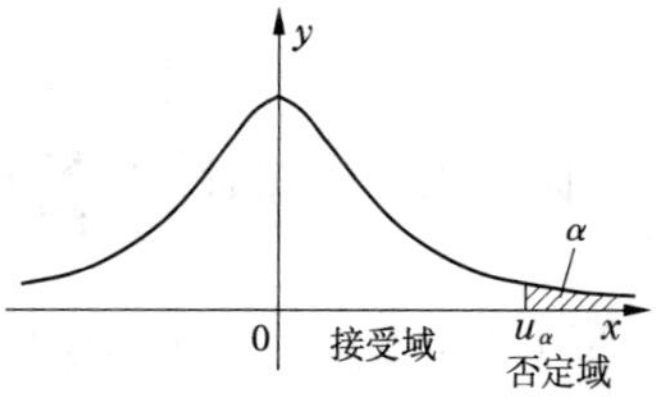


图 6-3

设 $X\sim N(a_1,\sigma_1^2)$，$Y\sim N(a_2,\sigma_2^2)$，$X$ 与 $Y$ 相互独立。$X_1,X_2,\cdots,X_{n_1}$ 和 $Y_1,Y_2,\cdots,Y_{n_2}$ 分别为来自 $X$ 和 $Y$ 的样本，若 $\sigma_1^2$ 和 $\sigma_2^2$ 已知，现要检验两正态总体均值是否相等。

$$H_0: a_1=a_2, H_1: a_1\neq a_2$$

第五章已指出，$\overline{X}\sim N(a_1,\sigma_1^2/n_1)$，$\overline{Y}\sim N(a_2,\sigma_2^2/n_2)$。由于 $X$ 与 $Y$ 相互独立，所以 $\overline{X}$ 与 $\overline{Y}$ 也相互独立，所以有 $\overline{X}-\overline{Y}\sim N(a_1-a_2,\sigma_1^2/n+\sigma_2^2/n_2)$，从而当 $H_0$ 成立时，统计量

$$U=\frac{\overline{X}-\overline{Y}}{\sqrt{\dfrac{\sigma_1^2}{n_1}+\dfrac{\sigma_2^2}{n_2}}}\sim N(0,1) \tag{6-4}$$

由给定的 $\alpha$，查附表 3 求出满足 $P(|U|>u_{\frac{\alpha}{2}})=\alpha$ 的临界值 $u_{\frac{\alpha}{2}}$。由样本计算 $U$ 的观测值 $u$，若 $|u|>u_{\frac{\alpha}{2}}$，则拒绝 $H_0$，反之接受 $H_0$。

【例 6-4】 设我国南方甲、乙两市的年降水量 $X,Y$ 分别服从正态分布 $X\sim N(a_1,\sigma_1^2)$，

$Y \sim N(a_2, \sigma_2^2)$，且已知 $\sigma_1 = 250$ mm，$\sigma_2 = 260$ mm，根据甲市的15年降水资料计算得平均年降水量 $\overline{X} = 1\ 050$ mm，又根据乙市13年降水资料计算得平均年降水量 $\overline{Y} = 1\ 000$ mm，试在 $\alpha = 0.05$ 下检验两市年降水量的均值有无显著差异？

**解** $$H_0: a_1 = a_2, H_1: a_1 \neq a_2$$

选择统计量
$$U = \frac{\overline{X} - \overline{Y}}{\sqrt{\frac{\sigma_1^2}{n_1} + \frac{\sigma_2^2}{n_2}}}$$

由 $\alpha = 0.05$，查附表3得 $u_{\frac{\alpha}{2}} = 1.96$。

根据已知条件 $\overline{X} = 1\ 050$ mm，$\overline{Y} = 1\ 000$ mm，$\sigma_1 = 250$ mm，$\sigma_2 = 260$，$n_1 = 15$，$n_2 = 13$。计算得

$$u = \frac{\overline{X} - \overline{Y}}{\sqrt{\frac{\sigma_1^2}{n_1} + \frac{\sigma_2^2}{n_2}}} = \frac{1\ 050 - 1\ 000}{\sqrt{\frac{250^2}{15} + \frac{260^2}{13}}} = 0.53$$

因为 $u = 0.53 < 1.96$，所以接受 $H_0: a_1 = a_2$，即两市年降水量的均值无显著差异。

## 第三节　正态总体方差的假设检验

### 一、一个正态总体方差的假设检验

设 $X \sim N(a, \sigma^2)$，$X_1, X_2, \cdots, X_n$ 为 $X$ 的样本，$\overline{X}$ 和 $S^{*2}$ 分别为样本均值和方差，现要检验总体方差 $\sigma^2$ 是否等于已知常量 $\sigma_0^2$。

**（一）$a$ 已知**

$$H_0: \sigma^2 = \sigma_0^2, H_1: \sigma^2 \neq \sigma_0^2$$

因为当 $a$ 已知时，$\frac{1}{n}\sum_{i=1}^{n}(X_i - a)^2$ 是总体方差 $\sigma^2$ 的无偏估计，如果 $H_0$ 成立，则比值 $\frac{1}{n}\sum_{i=1}^{n}(X_i - a)^2/\sigma_0^2$ 相差很大，这时，原假设 $H_0$ 是不能接受的。现将上述公式稍作修改，选择如下统计量

$$\chi^2 = \sum_{i=1}^{n}(X_i - a)^2/\sigma_0^2 \tag{6-5}$$

在 $H_0$ 为真时，上述统计量服从自由度为 $n$ 的 $\chi^2$ 分布。由给定的 $\alpha$，查 $\chi^2$ 分布表，得满足下列关系的 $\chi_{\frac{\alpha}{2}}^2(n)$ 和 $\chi_{1-\frac{\alpha}{2}}^2(n)$

$$P[\chi^2 < \chi_{1-\frac{\alpha}{2}}^2(n)] = P[\chi^2 > \chi_{\frac{\alpha}{2}}^2(n)] = \frac{\alpha}{2} \tag{6-6}$$

若用样本算出的 $\chi^2$ 观测值 $\sum_{i=1}^{n}(X_i - a)^2/\sigma_0^2$ 小于 $\chi_{1-\frac{\alpha}{2}}^2(n)$ 或大于 $\chi_{\frac{\alpha}{2}}^2(n)$，则拒绝 $H_0$；否则，就接受 $H_0$，见图6-4。

（二）$a$ 未知

$$H_0:\sigma^2 = \sigma_0^2, H_1:\sigma^2 \neq \sigma_0^2$$

此时，用样本均值$\overline{X}$去代替式(6-5) 中的总体均值 $a$，在 $H_0$ 成立的条件下，统计量

$$\chi^2 = \sum_{i=1}^{n}(X_i - \overline{X})^2/\sigma_0^2 \quad (6\text{-}7)$$

服从自由度为 $n-1$ 的$\chi^2$ 分布。

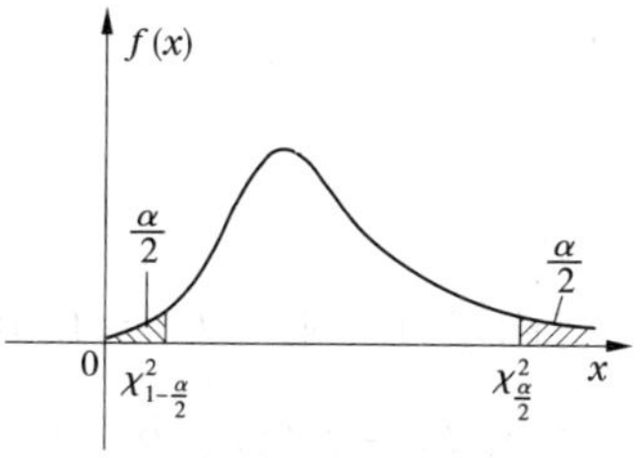

图 6-4

由给定的 $\alpha$，查$\chi^2$ 分布表，得满足下列关系的$\chi^2_{\frac{\alpha}{2}}(n-1)$和$\chi^2_{1-\frac{\alpha}{2}}(n-1)$

$$P[\chi^2 < \chi^2_{1-\frac{\alpha}{2}}(n-1)] = P[\chi^2 > \chi^2_{\frac{\alpha}{2}}(n-1)] = \frac{\alpha}{2} \quad (6\text{-}8)$$

若用样本算出的$\chi^2$ 观测值$\sum\limits_{i=1}^{n}(X_i - \overline{X})^2/\sigma_0^2$ 小于$\chi^2_{1-\frac{\alpha}{2}}(n-1)$ 或大于$\chi^2_{\frac{\alpha}{2}}(n-1)$，则拒绝 $H_0$；否则，就接受 $H_0$。

由式(6-5)和式(6-7)作为检验统计量的方法利用了$\chi^2$ 分布，所以称为$\chi^2$ 检验。

**【例 6-5】** 某车间生产的钢丝折断力在正常情况下服从 $N(a,\sigma^2)$，按规定生产精度 $\sigma^2=64$，某天抽取 10 根钢丝作折断试验，结果为(单位：kg) 578，572，570，568，572，570，572，596，584，570。试问该天生产的精度有无显著变化(取 $\alpha=0.05$)？

**解** $H_0:\sigma^2=64, H_1:\sigma^2\neq 64$

在 $H_0$ 成立的条件下，有

$$\chi^2 = \sum_{i=1}^{n}(X_i - \overline{X})^2/64 \sim \chi^2(10-1)$$

由给定的 $\alpha=0.05$，查$\chi^2$ 分布表，得满足下列关系的$\chi^2_{\frac{\alpha}{2}}(9)=19.0$ 和$\chi^2_{1-\frac{\alpha}{2}}(9)=2.7$

根据样本算得 $\overline{X}=575.2$，$\sum\limits_{i=1}^{10}(X_i - \overline{X})=681.6$，所以

$$\chi^2 = \sum_{i=1}^{10}(X_i - \overline{X})/64 = 681.6/64 = 10.65$$

$2.7<10.65<19.0$，故接受原假设 $H_0$，即认为该天生产的精度符合要求。

## 二、两个正态总体方差的假设检验

有时候，我们需要对两个正态总体的方差是否相等(又称方差的齐性)作检验，下面就来建立这种检验法。

设 $X\sim N(a_1,\sigma_1^2)$，$Y\sim N(a_2,\sigma_2^2)$，$X$ 与 $Y$ 相互独立。$X_1,X_2,\cdots,X_{n_1}$和 $Y_1,Y_2,\cdots,Y_{n_1}$分别为来自 $X$ 和 $Y$ 的样本，现要检验 $\sigma_1^2$ 和 $\sigma_2^2$ 是否相等。

$$H_0:\sigma_1^2 = \sigma_2^2, H_1:\sigma_1^2 \neq \sigma_2^2$$

选择统计量

$$F = \frac{S_1^{*2}}{S_2^{*2}} \quad (6\text{-}9)$$

其中
$$S_1^{*2}=\frac{1}{n_1-1}\sum_{i=1}^{n_1}(X_i-\overline{X})^2 \tag{6-10}$$

$$S_2^{*2}=\frac{1}{n_2-1}\sum_{i=1}^{n_2}(Y_i-\overline{Y})^2 \tag{6-11}$$

由第五章第二节知,在 $H_0$ 成立的条件下,$F$ 服从自由度为$(n_1-1,n_2-1)$的 $F$ 分布。如果$\frac{S_1^{*2}}{S_2^{*2}}$很大或很小,$H_0$ 都不太可能成立。因此,根据给定的 $\alpha$,由 $F$ 分布表和式(6-12)求得满足下列关系的 $F_{1-\frac{\alpha}{2}}$和 $F_{\frac{\alpha}{2}}$。

$$F_{1-\frac{\alpha}{2}}(n_1,n_2)=\frac{1}{F_{\frac{\alpha}{2}}(n_2,n_1)} \tag{6-12}$$

$$P(F<F_{1-\frac{\alpha}{2}})=\frac{\alpha}{2} \tag{6-13}$$

$$P(F>F_{\frac{\alpha}{2}})=\frac{\alpha}{2} \tag{6-14}$$

若由样本算出的 $F$ 值小于 $F_{1-\frac{\alpha}{2}}$或大于 $F_{\frac{\alpha}{2}}$,则拒绝 $H_0$;否则,就接受 $H_0$,见图 6-5。

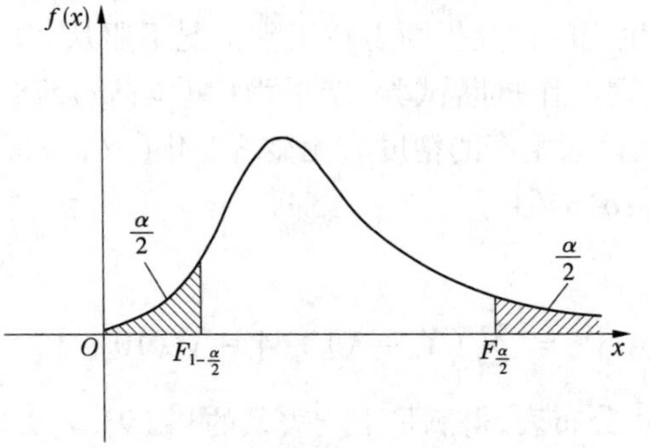


图 6-5

【例 6-6】 对 $A,B$ 两批同类无线电原件的电阻(单位:Ω)进行测试,各抽 6 件,根据测试结果,求得 $S_A^{*2}=7.5\times10^{-6}$,$S_B^{*2}=7.1\times10^{-6}$,能否认为这两批元件电阻的方差相等($\alpha=0.02$)。

**解** $H_0:\sigma_1^2=\sigma_2^2$,$H_1:\sigma_1^2\neq\sigma_2^2$

选择统计量

$$F=\frac{S_A^{*2}}{S_B^{*2}}$$

在 $H_0$ 成立的条件下,$F\sim F(5,5)$分布。(因为 $n_1=n_2=6$)

由 $\alpha=0.02$,查 $F$ 分布表得 $F_{\frac{\alpha}{2}}=10.967$。所以

$$F_{1-\frac{\alpha}{2}}=\frac{1}{F_{\frac{\alpha}{2}}}=\frac{1}{10.967}\approx0.09$$

根据已知条件,求得 $F$ 的计算值为

$$F=\frac{S_A^{*2}}{S_B^{*2}}=7.5\times10^{-6}/(7.1\times10^{-6})=1.06$$

因为 $0.09<1.06<10.967$,所以可以认为这两批元件电阻的方差无显著差异。

# 学习指导

## 一、本章小结

假设检验是统计推断方法之一,其基本思想是根据以往的知识或实际需要,对所研究的随机现象的某种概率性质作出某种假设,然后通过试验或观测获得该现象的样本,判断对这个样本检验所作的假设是否可以接受。所作的假设称为原假设(或统计假设),用 $H_0$ 表示。

参数假设检验的一般步骤如下:

(1)提出原假设 $H_0$;

(2)构造适当统计量 $U=U(X_1,X_2,\cdots,X_n)$,并由样本的观测值 $x_1,x_2,\cdots,x_n$ 计算统计量 $U$ 的观测值 $u=U(x_1,x_2,\cdots,x_n)$;

(3)给定显著性水平 $\alpha(0<\alpha<1)$,在 $H_0$ 成立条件下,由 $U$ 的分布求出临界值 $u_\alpha$(或 $u_{\frac{\alpha}{2}}$);

(4)若 $|u|<u_\alpha$(或 $u_{\frac{\alpha}{2}}$),则接受假设,否则拒绝假设。

两种错误:

(1)假设 $H_0$ 为真而被拒绝了,叫做犯第一类错误或"弃真"错误,即

$$P(\text{拒绝 } H_0/H_0 \text{ 为真}) = \alpha$$

(2)假设 $H_0$ 不真而被接受了,叫做犯第二类错误或"取伪"错误,即

$$P(\text{接受 } H_0/H_0 \text{ 不真}) = \beta$$

## 二、内容提要

### (一)正态总体均值的假设检验

1.一个正态总体均值的假设检验

(1)$\sigma^2$ 已知。

$$H_0:a = a_0, H_1:a \neq a_0$$

选择统计量

$$U=\frac{\overline{X}-a_0}{\sigma/\sqrt{n}}$$

(2)$\sigma^2$ 未知。

$$H_0:a = a_0, H_1:a \neq a_0$$

选择统计量

$$T=\frac{\overline{X}-a_0}{S^*/\sqrt{n}}$$

(3)正态总体均值的双侧假设检验与单侧假设检验,有时还会提出下述形式的原假设

$$H_0:a \leqslant a_0 \quad 或 \quad H_0:a \geqslant a_0$$

对应的备择假设为

$$H_1: a > a_0 \quad 或 \quad H_1: a < a_0$$

2. 两个正态总体均值的假设检验

设 $X \sim N(a_1, \sigma_1^2)$, $Y \sim N(a_2, \sigma_2^2)$, $X$ 与 $Y$ 相互独立。$X_1, X_2, \cdots, X_{n_1}$ 和 $Y_1, Y_2, \cdots, Y_{n_2}$ 分别为来自 $X$ 和 $Y$ 的样本,若 $\sigma_1^2$ 和 $\sigma_2^2$ 已知,现要检验两正态总体均值是否相等。

$$H_0: a_1 = a_2, H_1: a_1 \neq a_2$$

选择统计量

$$U = \frac{\overline{X} - \overline{Y}}{\sqrt{\frac{\sigma_1^2}{n_1} + \frac{\sigma_2^2}{n_2}}}$$

**(二)正态总体方差的假设检验**

1. 一个正态总体方差的假设检验

(1) $a$ 已知

$$H_0: \sigma^2 = \sigma_0^2, H_1: \sigma^2 \neq \sigma_0^2$$

选择统计量
$$\chi^2 = \sum_{i=1}^{n} (X_i - a)^2 / \sigma_0^2$$

(2) $a$ 未知

$$H_0: \sigma^2 = \sigma_0^2, H_1: \sigma^2 \neq \sigma_0^2$$

选择统计量
$$\chi^2 = \sum_{i=1}^{n} (X_i - \overline{X})^2 / \sigma_0^2$$

2. 二个正态总体方差的假设检验

$$H_0: \sigma_1^2 = \sigma_2^2, H_1: \sigma_1^2 \neq \sigma_2^2$$

选择统计量
$$F = \frac{S_1^{*2}}{S_2^{*2}}$$

其中
$$S_1^{*2} = \frac{1}{n_1 - 1} \sum_{i=1}^{n_1} (X_i - \overline{X})^2$$

$$S_2^{*2} = \frac{1}{n_2 - 1} \sum_{i=1}^{n_2} (Y_i - \overline{Y})^2$$

# 习　题

**6-1**　设随机变量 $X \sim N(a, 5^2)$, $\overline{X} = 27.3$ 为 $X$ 的容量 $n = 100$ 的样本均值。试在 $\alpha = 0.05$ 下,检验 $H_0: a = 26$。

**6-2**　某产品在正常情况下,每件质量 $X$ 服从正态分布 $N(100, 1.15^2)$,某日开工后,随机抽查 10 件,质量(单位:g)如下:99.3,98.9,100.5,100.1,99.9,99.7,100.0,100.2,99.5,100.9。问该日工作是否正常,即该日产品的数学期望与 100 是否有显著差异($\alpha = 0.05$,且该日 $\sigma^2 = 1.15$)?

**6-3**　独立测量一段道路 5 次,各得长度(单位:km)为 1.27,1.34,1.26,1.31,1.29,设测量值 $X \sim N(a, \sigma^2)$ 分布,试在 $\alpha = 0.05$ 下,检测 $H_0$:该道路长 1.30 km。

6-4　已知甲、乙两煤矿的含灰率分别服从 $N(a_1, 7.5^2)$ 及 $N(a_2, 2.6^2)$，现从两矿各抽几个试件，分析其含灰率(%)如下

甲矿：24.3，20.8，23.7，21.3，17.4；

乙矿：18.2，16.9，20.2，16.7。

取 $\alpha = 0.10$，问甲、乙两矿所采煤的含灰率的数学期望有无显著差异？

6-5　某厂对废水进行处理，要求某种有毒物质的浓度不超过 19 mg/L，抽样检查得到 10 个数据，其样本均值 $\bar{x} = 17.1$ mg/L，假设有毒物质的含量服从正态分布，且已知方差 $\sigma^2 = 8.5$ mg/L。问在显著水平 $\alpha = 0.05$ 下处理后的废水是否合格？

6-6　有容量为 100 的样本，其 $\bar{x} = 2.7$，而 $\sum_{i=1}^{100}(x_i - \bar{x}) = 225$，试以 $\alpha = 0.01$ 检验假设 $H_0: E(X) = 3$。

6-7　对上题的样本，以 $\alpha = 0.01$ 检测假设 $H_0: \sigma^2 = 2.5$。

# 第七章　相关分析

## 第一节　总　述

### 一、相关的意义与作用

自然界中所存在的许多变量,并不是各自独立变化的,某些变量在变化过程中相互之间有着一定的联系,变量之间的相互关系,大致可分为以下两类:

(1)设有变量 $x$ 和 $y$,对于变量 $x$ 的每一个可能取的值,变量 $y$ 都按照一定的规律,有一个确定的值和它对应。例如,水下压强 $p$,随着水的深度 $h$ 变化而变化,即 $p = dh$ ( $d$ 为常量);圆周长 $C$ 与半径 $r$ 的关系为 $C = 2\pi r$ 等。这些关系是确定性的,称为函数关系。函数关系是数学分析研究的内容。

(2)若对于变量 $x$ 的每一个可能取值,变量 $y$ 由于受到许多因素错综复杂的影响,其值是不确定的。但通过大量的观察或测验,则可发现 $x$ 与 $y$ 之间确实存在某种不确定的关系,这种关系在数理统计中称为相关关系(或称统计相关),对这种关系的分析,称为相关分析。

上述的函数关系,即变量的一切取值都能满足一个方程式 $y = f(x)$,数理统计中给这种(函数)关系一个名称,称为完全相关。

在水文工作中所研究的一些变量,大多属于相关关系。例如,通过某测流断面的径流量与断面以上流域内的平均降雨量之间有密切的关系。但是,由于径流量除受降雨量的影响外,还受其他一些因素的影响,如蒸发、渗透、植被、地形及地貌等。因此,降雨量和径流量之间的关系是不确定的,对于相同的降雨量,并不对应着一个确定的径流量,只是一种相关关系。又如,两条邻近河流的年径流量,是由同一地区内的相同气候条件所形成的,虽然具体地点不同,但它们之间也可能具有一定的相关关系。此外,降水与蒸发之间的关系、输沙率与径流的关系、河流某断面上水位与流量的关系等都属于相关关系。

在水文分析与计算中,经常会遇到某一变量的实测资料系列较短,而与其有关的另一变量的实测资料系列比较长。在这种情况下,可用相关分析的方法,首先鉴定两变量间的关系密切程度,然后建立两变量间的相关关系,便可利用系列长的变量的值去延长、插补系列较短的变量的可能数值。这就是我们研究变量之间的相关关系的主要作用。例如,当找出某一地区的降雨量与径流量之间的关系以后,就可利用降雨量的实测资料,延长或插补缺测的径流量资料。

### 二、相关的种类

根据所研究的变量的个数不同,相关可分如下三种:

### (一)简单相关

简单相关为两变量的相关,可分为线性相关和非线性相关两种。本章主要介绍两个变量的线性相关。

在线性相关中,可能遇到如下三种情况:

(1)如果倚变量可随自变量增加而增加,这种相关称为正相关,见图 7-1(a)所示;

(2)如果 $x$ 增大,$y$ 有减小的趋势见图 7-1(b),这种相关称为负相关或称逆相关;

(3)如果关系点非常散乱见图 7-1(c),表示变量 $x$ 与 $y$ 之间没有关系或称零相关。

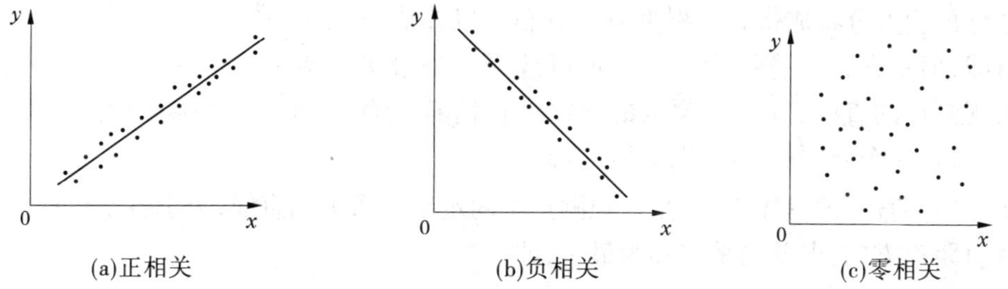


图 7-1

### (二)复相关

多于两个变量的相关称为复相关,就是多个自变量同时影响一个倚变量的相关。本章只对三个变量的线性相关作简单的介绍。

### (三)偏相关

在若干自变量中,只研究一个自变量对倚变量的影响,而将其他自变量看做常量,这种相关称为偏相关。

## 三、相关分析的内容

由于水文现象中相关变量之间不存在确定性的关系,因此可以用数理统计方法,对于大量的在水文物理成因方面确实有联系的观测数据,分析它们之间的相关关系。从而有助于我们进一步了解它们内部之间联系的规律性。概括说来,相关分析主要解决以下几方面的问题:

(1)判定几个变量间是否存在相关关系,如果存在,就建立它们之间的相关关系的方程式;

(2)根据一个或几个变量的值,预报或插补另一个变量的估值,并且对该估值进行误差分析;

(3)进行因素分析,在对于共同影响一个变量的许多影响因素中,确定哪些是主要因素,哪些是次要因素,并找出这些因素间的关系。

相关分析已在工农业生产和科研工作中得到广泛的应用。在水文分析与计算及水文预报中,相关分析也是一种不可缺少的工具。

# 第二节　两变量的线性相关

## 一、回归直线与回归方程式

通常采用作图的方法研究两个变量之间的关系。今设 $x_i, y_i$ 为两系列对应的观测值，计有 $n$ 对，将此 $n$ 对 $(x_i, y_i)$ 绘于直角坐标纸上，如图 7-2 所示。从图 7-2 中可以直观地看出测点分布成带状。根据测点分布可以连成很多条直线，但是在许多直线中。我们可以选择一条最接近所有观测点的直线，其与实测点的误差比任何其他直线都小，符合这个原则的直线叫做回归直线。

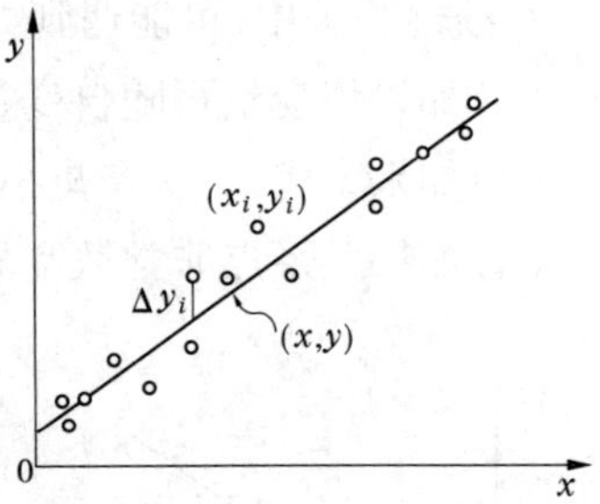

图 7-2　直线配合图（$y$ 倚 $x$）

确定回归直线的具体方法，是在观测点中间定出一条平均直线，力求各坐标点与该直线在垂直距离方向，误差的平方和为最小，即

$$\sum_{i=1}^{n}(\Delta y_i)^2 = \text{最小}$$

这条直线称为 $y$ 倚 $x$ 的回归直线。此直线的方程则称为 $y$ 倚 $x$ 的回归方程。设此直线方程为

$$y = a + bx \tag{7-1}$$

式中：$x$ 为自变量；$y$ 为倚变量；$a$ 为常数项；$b$ 为回归系数。

注意：图 7-2 中 $x_i, y_i$ 表示实测值；$x$、$y$ 表示回归线上的值。

回归直线的斜率 $b$ 称为回归系数，它表示当 $x$ 增加一个单位时，$y$ 平均增加的数量，$a$ 是直线方程的常数项。

从图 7-2 中可以看出，观测点与配合直线在垂直方向有离差 $y_i - y$，或 $y_i - y = y_i - a - bx$（此处 $x = x_i$）。根据最小二乘法的原理来选择这条最佳配合线，即选择出 $a, b$ 使离差 $y_i - y$ 的平方和为最小，令

$$Q = \sum_{i=1}^{n}(y_i - y)^2 = \sum_{i=1}^{n}(y_i - a - bx_i)^2 \text{ 为最小（以下} \sum_{i=1}^{n} \text{简写} \sum \text{）} \tag{7-2}$$

根据数学分析中的极值原理，欲求 $\sum(y_i - a - bx_i)^2$ 为最小，只需分别对式中 $a, b$ 求一阶偏导数，并令其等于零，再解出 $a$ 和 $b$ 即可。$a, b$ 的值为（其演算过程略）

$$b = r\frac{\sqrt{\sum(y_i - \bar{y})^2}}{\sqrt{\sum(x_i - \bar{x})^2}} = r\frac{\sigma_y}{\sigma_x} \tag{7-3}$$

$$a = \bar{y} - r\frac{\sigma_y}{\sigma_x}\bar{x} \tag{7-4}$$

$$r = \frac{\sum(x_i - \bar{x})(y_i - \bar{y})}{\sqrt{\sum(x_i - \bar{x})^2\sum(y_i - \bar{y})^2}} \tag{7-5}$$

式中：$\sigma_y$ 为 $y_i$ 系列的均方差；$r$ 为相关系数；$\sigma_x$ 为 $x_i$ 系列的均方差。

式(7-1)可以写成

$$y = \bar{y} - r\frac{\sigma_y}{\sigma_x}\bar{x} + r\frac{\sigma_y}{\sigma_x}x$$

或

$$y - \bar{y} = r\frac{\sigma_y}{\sigma_x}(x - \bar{x}) \qquad (7\text{-}6)$$

式(7-6)就是 $y$ 倚 $x$ 的回归方程，当 $x_i$(即 $x$)已知时，即可由该方程式求得 $y_i$ 的平均值(即直线上的 $y$ 值)。

在上列回归方程式中，$r\frac{\sigma_y}{\sigma_x}$ 为回归线的斜率，又称为 $y$ 倚 $x$ 的回归系数，并以符号 $R_{y/x}$ 来表示，即

$$R_{y/x} = r\frac{\sigma_y}{\sigma_x} \qquad (7\text{-}7)$$

$R$ 右下角标 $y/x$ 其分子表示倚变量，分母表示自变量。

同理，可以推出 $x$ 倚 $y$ 的回归方程式，如图 7-3 所示。此时 $x$ 为倚变量，$y$ 为自变量，设其所配出的回归方程式为

$$x = a' + b'y \qquad (7\text{-}8)$$

式中：$a'$，$b'$为使观测点与配合直线间误差平方和为最小的待定常数。

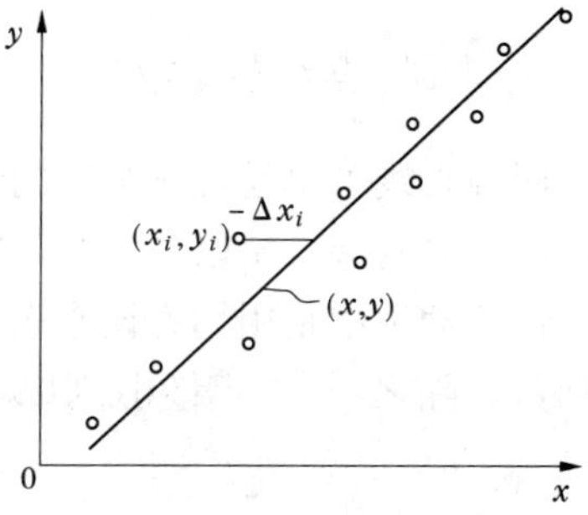


图 7-3

由于误差为

$$x_i - x = x_i - a' - b'y (此处\ y = y_i)$$

要求 $\sum (x_i - x)^2 = \sum (x_i - a' - b'y)^2$ 为最小，分别对式中 $a'$ 及 $b'$ 求一阶偏导数并令其为零，可得

$$a' = \bar{x} - r\frac{\sigma_x}{\sigma_y}\bar{y} \qquad (7\text{-}9)$$

$$b' = r\frac{\sigma_x}{\sigma_y} \qquad (7\text{-}10)$$

则 $x$ 倚 $y$ 的回归方程式为

$$x - \bar{x} = r\frac{\sigma_x}{\sigma_y}(y - \bar{y}) \qquad (7\text{-}11)$$

$x$ 倚 $y$ 的回归系数为

$$R_{x/y} = r\frac{\sigma_x}{\sigma_y} \qquad (7\text{-}12)$$

由式(7-6)及式(7-11)可见，当 $r = \pm 1$ 时两根回归直线完全重合，其他情况下两直线不重合而有一个交角。由于两根回归线都通过点($\bar{x}$,$\bar{y}$)，所以两线交于 $x = \bar{x}$ 及 $y = \bar{y}$ 处。

在实际工作中，必须根据分析的需要，正确地选定倚变量与自变量的系列。

## 二、相关系数

在直线相关下，两变量之间的关系的密切程度可用相关系数 $r$ 来判定。由式(7-3)可知，相关系数的取值范围是 $|r| \leqslant 1$ 。

当 $|r| = 1$ 时，为完全相关，即 $x_i$ 与 $y_i$ 之间存在函数关系；当 $r = 0$ 时，为零相关；当 $|r| \leqslant \pm 1$，则为统计相关即相关关系，$r > 0$，称为正相关，$r < 0$，称为负相关。完全相关和零相关是相关关系中的两种极端情况。

在统计相关中，$|r|$ 愈接近1，说明两变量的相关程度愈密切。在水文计算中一般认为 $|r| > 0.8$，可作为计算中的参考。

在进行相关分析之前，必须认真分析两个变量之间是否确有关系。对于水文资料来说，则可从气候条件、自然地理条件等方面来分析，决不能仅凭相关系数的数字(因为这个数字有时会有偶然的巧合)。同时，还必须注意资料的一致性。例如，天然河道的水情与修建水库、闸坝以后的河道水情是显然不同的，所以不能将修建水库前后的资料放在一起分析。

## 三、回归直线的误差

回归直线虽然是观测资料的最佳配合线，但观测点不可能完全落在直线上，而是散布在回归线的两旁。所以，回归线并不能完全代表两变量间的关系，而有一定的误差。

误差理论中是用均方误来表达误差的，其意义为观测点与回归线间的距离的平方和以项数 $n$ 除之(样本容量小，则以 $n-1$ 除之)，再开方，即

$$S_y = \sqrt{\frac{\sum (y_i - y)^2}{n-1}} \tag{7-13}$$

$$S_x = \sqrt{\frac{\sum (x_i - x)^2}{n-1}} \tag{7-14}$$

式中：$S_y$ 为 $y$ 倚 $x$ 时的估计均方误；$S_x$ 为 $x$ 倚 $y$ 时的估计均方误。

利用式(7-13)和式(7-14)具体计算时，还必须读出回归线上的各个 $y$ 值或 $x$ 值，这样比较麻烦，故需简化，简化式如下

$$S_y = \pm \sigma_y \sqrt{1 - r^2} \tag{7-15}$$

$$S_x = \pm \sigma_x \sqrt{1 - r^2} \tag{7-16}$$

采用式(7-15)、式(7-16)计算时，只要知道系列的均方差 $\sigma_y$ 或 $\sigma_x$ 和相关系数 $r$，估计均方误的计算就很简便。

算出估计均方误以后，便可在相关图上描绘出回归线的误差范围。根据误差为正态分布的性质有

$$P(y - S_y < y_i < y + S_y) = 68.3\%$$

$$P(y - 2S_y < y_i < y + 2S_y) = 95.4\%$$

$$P(y - 3S_y < y_i < y + 3S_y) = 99.7\%$$

如图7-4 所示，以 $y$ 倚 $x$ 为例，实线表示回归直线 $y = a + bx$，在这条直线的每一点

上，均加上一个均方误，便可绘出上面的一条虚线，即 $y = a + bx + S_y$；同样减去一个均方误便得到下面一条虚线，即 $y = a + bx - S_y$。这就表示，当我们绘出了回归直线 $y = a + bx$ 以后，就可以估计有 68.3% 的点子可能落在直线 $y = a + bx - S_y$ 与 $y = a + bx + S_y$ 之间。如有必要亦可加、减 2 倍或 3 倍的均方误，分别绘出 $y = a + bx \pm 2S_y$ 和 $y = a + bx \pm 3S_y$ 四条虚线，如图 7-4 所示。

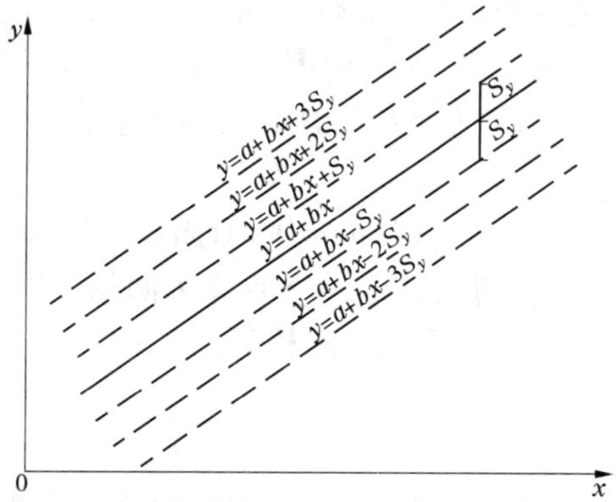


图 7-4

## 四、相关系数的误差

我们所要研究的是两变量总体之间的相关关系。现在我们根据样本系列计算的相关系数来估计总体的相关系数，必然会产生抽样误差。

当两个系列 $x_i$ 及 $y_i$ 均服从正态分布时，相关系数的均方误为

$$\sigma_r = \pm \frac{1 - r^2}{\sqrt{n}} \tag{7-17}$$

相关系数的机误为

$$E_r = \pm 0.674\,5\sigma_r = \pm 0.674\,5 \frac{1 - r^2}{\sqrt{n}} \tag{7-18}$$

由式(7-18)可以看出，当 $n$ 和 $r$ 愈大时，则机误 $|E_r|$ 愈小。因通常以 $|4E_r|$ 表示 $r$ 的最大误差范围，故在水文分析中常认为当 $|r| > |4E_r|$ 时，$y$ 与 $x$ 的相关关系良好。

## 五、相关系数的显著性检验

在前面有关章节中，曾介绍 $t$ 分布及其应用于参数的区间估计和假设检验方面的方法。这里再简略地介绍，利用 $t$ 分布进行相关系数 $r$ 的显著性检验的方法，使

$$r_\alpha = \frac{t_\alpha}{\sqrt{t_\alpha^2 + n - 2}} \quad \text{（推导过程从略）} \tag{7-19}$$

在给定信度 $\alpha$ 的情况下，以自由度 $n - 2$ 查 $t$ 分布表，得临界值 $t_\alpha$ 代入式(7-19)计算 $r_\alpha$。由不同的 $n$，$\alpha$ 可制成相关系数显著性检验表，以供查用（见附表 9，$m = 1$）。当 $|r| \geq r_\alpha$ 时，认为相关显著。其中，$r$ 为根据样本资料计算的相关系数，$r_\alpha$ 为根据样本容量 $n$ 和信度 $\alpha$ 从附表 9 中查得的数值。

前面曾提到,在水文计算中一般认为 $|r| > 0.8$ 可作为计算中的参考。现在从附表 9 可知这个数字是如何得来的。如果我们设信度 $\alpha = 0.01, m = 1$,当($x,y$)有 8 对(即 $n = 8$)时,查得 $r_{0.01} = 0.83$;当 $n = 9, r_{0.01} = 0.8$;当 $n = 10, r_{0.01} = 0.76$。即当 $n > 9$ 时,才能满足 $|r| > 0.8 > r_{\alpha}$(水文计算中要求 $n > 10 \sim 12$)。从而可以认为变量 $x$ 与 $y$ 间的相关关系密切。必须注意的是,绝对不能不问 $n$ 等于多少,而笼统地认为一定要 $|r| > 0.8$,相关关系才是良好的。有时 $n$ 较大,虽然 $|r| < 0.8$,但是 $|r| > r_{\alpha}$。在这种情况下,还可认为变量之间相关显著(不过信度 $\alpha$ 的取值不同,有时会得出不同的结论)。

**【例 7-1】** 已知变量($x,y$)共有 20 对,计算的相关系数 $r = 0.74$(小于 0.8),讨论两系列是否相关。

**解** 已知,$|r| = 0.74$ 按 $\alpha = 0.01, m = 1$,查附表 9 得 $r_{0.01} = 0.56$($r_{0.05} = 0.44$),$0.74 > 0.56$,即 $|r| > r_{\alpha}$,所以得出结论:$x,y$ 两系列间相关显著。同时,算得 $|4E_r| = 0.27$,可知 $|r| > |4E_r|$,故可认为两系列间相关关系密切。

## 六、相关计算举例

已知甲、乙两地年降雨量值,见表 7-1。在所列的 21 年的资料中,甲站资料完整,但乙站有两年记录不全,一年缺测。今取 18 年完整的资料求其相关关系,然后把乙站的年降雨量插补值算出。设甲站年降雨量系列为 $x_i$,乙站的年降雨量系列为 $y_i$,依次列于表 7-2 第(2)、第(3)栏。

相关计算步骤如下:

(1)把两站相应的 18 年的年降雨量列于表 7-2 的前三栏内,并把 $x_i$ 与 $y_i$ 的对应值点绘于图 7-5 上,然后计算,得

$$\bar{x} = \frac{1}{18} \times 19\,152.4 = 1\,064.0 \text{ (mm)}$$

$$\bar{y} = \frac{1}{18} \times 19\,924.8 = 1\,106.9 \text{ (mm)}$$

(2)计算模比系数 $K_x = \frac{x_i}{\bar{x}}$ 及 $K_y = \frac{y_i}{\bar{y}}$ 列于第(4)、第(5)栏,总和均应等于 18(由于舍入误差有时略有出入)。

(3)计算 $K_x - 1$ 及 $K_y - 1$ 项,列于第(6)、第(7)栏,总和应等于零。

(4)计算 $(K_x - 1)^2$ 及 $(K_y - 1)^2$ 项,列于第(8)、第(9)栏。统计总和,计算离差系数,得

$$C_{vx} = \sqrt{\frac{\sum (K_x - 1)^2}{n - 1}} = \sqrt{\frac{0.976\,8}{17}} = 0.24$$

$$C_{vy} = \sqrt{\frac{\sum (K_y - 1)^2}{n - 1}} = \sqrt{\frac{0.733\,4}{17}} = 0.21$$

从而可算得均方差为

$$\sigma_x = \bar{x} C_{vx} = 1\,064.0 \times 0.24 = 255 \text{(mm)}$$

$$\sigma_y = \bar{y} C_{vy} = 1\,106.9 \times 0.21 = 232 \text{(mm)}$$

**表 7-1　1951～1971 年甲、乙站年雨量表**　（单位：mm）

| 年份 | 甲站年降雨量 $x_i$ | 乙站年降雨量 $y_i$ | 年 份 | 甲站年降雨量 $x_i$ | 乙站年降雨量 $y_i$ |
|---|---|---|---|---|---|
| 1951 | 1 027.2 | 记录不全 | 1962 | 1 411.2 | 1 373.0 |
| 1952 | 1 266.6 | 1 393.2 | 1963 | 1 011.7 | 1 097.1 |
| 1953 | 983.9 | 1 152.5 | 1964 | 1 085.6 | 1 122.6 |
| 1954 | 1 622.7 | 1 472.5 | 1965 | 1 211.1 | 1 087.9 |
| 1955 | 945.7 | 缺测 | 1966 | 616.6 | 672.0 |
| 1956 | 1 509.4 | 记录不全 | 1967 | 729.6 | 918.1 |
| 1957 | 1 025.3 | 1 013.7 | 1968 | 813.2 | 858.8 |
| 1958 | 1 097.5 | 986.8 | 1969 | 921.7 | 1 091.4 |
| 1959 | 1 010.1 | 920.4 | 1970 | 1 029.2 | 1 286.3 |
| 1960 | 1 334.8 | 1 452.6 | 1971 | 753.2 | 786.1 |
| 1961 | 1 228.1 | 1 239.0 | | | |

**注：**表中资料系采用江苏省某两站的实测年雨量。

**表 7-2　甲站、乙站年雨量相关计算表**

| 年份 | $x_i$ (mm) | $y_i$ (mm) | $K_x$ | $K_y$ | $K_x-1$ | $K_y-1$ | $(K_x-1)^2$ | $(K_y-1)^2$ | $(K_x-1)(K_y-1)$ |
|---|---|---|---|---|---|---|---|---|---|
| (1) | (2) | (3) | (4) | (5) | (6) | (7) | (8) | (9) | (10) |
| 1952 | 1 266.6 | 1 393.2 | 1.19 | 1.26 | 0.19 | 0.26 | 0.036 1 | 0.067 6 | 0.049 4 |
| 1953 | 983.9 | 1 152.5 | 0.92 | 1.01 | −0.08 | 0.04 | 0.006 4 | 0.001 6 | −0.003 2 |
| 1954 | 1 622.7 | 1 472.5 | 1.53 | 1.33 | 0.53 | 0.33 | 0.280 9 | 0.108 9 | 0.174 9 |
| 1957 | 1 025.3 | 1 013.7 | 0.96 | 0.92 | −0.04 | −0.08 | 0.001 6 | 0.006 4 | 0.003 2 |
| 1958 | 1 097.5 | 986.8 | 1.03 | 0.89 | 0.03 | −0.11 | 0.000 9 | 0.012 1 | −0.003 3 |
| 1959 | 1 010.1 | 920.4 | 0.95 | 0.83 | −0.05 | −0.17 | 0.002 5 | 0.028 9 | 0.008 5 |
| 1960 | 1 334.8 | 1 452.6 | 1.25 | 1.31 | 0.25 | 0.31 | 0.062 5 | 0.096 1 | 0.077 5 |
| 1961 | 1 228.1 | 1 239.0 | 1.15 | 1.12 | 0.15 | 0.12 | 0.022 5 | 0.014 4 | 0.018 0 |
| 1962 | 1 411.2 | 1 373.0 | 1.33 | 1.21 | 0.33 | 0.24 | 0.108 9 | 0.057 6 | 0.079 2 |
| 1963 | 1 011.7 | 1 097.1 | 0.95 | 0.99 | −0.05 | −0.01 | 0.002 5 | 0.000 1 | −0.000 5 |
| 1964 | 1 085.6 | 1 122.8 | 1.02 | 1.01 | 0.02 | 0.01 | 0.000 4 | 0.000 1 | 0.000 2 |
| 1965 | 1 211.1 | 1 087.9 | 1.14 | 0.98 | 0.14 | −0.02 | 0.019 6 | 0.004 | −0.002 8 |
| 1966 | 616.6 | 672.8 | 0.58 | 0.61 | −0.42 | −0.39 | 0.176 4 | 0.152 1 | 0.163 8 |
| 1967 | 729.6 | 918.1 | 0.69 | 0.83 | −0.31 | −0.17 | 0.096 1 | 0.028 9 | 0.052 7 |
| 1968 | 813.2 | 858.8 | 0.76 | 0.78 | −0.24 | −0.22 | 0.057 6 | 0.048 1 | 0.052 8 |
| 1969 | 921.7 | 1 091.4 | 0.87 | 0.99 | −0.13 | −0.01 | 0.016 9 | 0.000 1 | 0.001 3 |
| 1970 | 1 029.2 | 1 286.3 | 0.97 | 1.16 | −0.03 | 0.16 | 0.000 9 | 0.025 6 | 0.001 8 |
| 1971 | 753.2 | 786.1 | 0.71 | 0.71 | −0.29 | −0.29 | 0.084 1 | 0.084 1 | 0.084 1 |
| 总计 | 19 152.1 | 19 924.8 | 18.00 | 18.00 | 0 | 0 | 0.976 8 | 0.733 4 | 0.752 0 |
| 平均 | 1 064.0 | 1 106.9 | | | | | | | |

(5)计算 $(K_x-1)(K_y-1)$ 的值列于第(10)栏。以第(8)、第(9)、第(10)三栏总和由式(7-5)计算相关系数

$$r=\frac{\sum(x_i-\bar{x})(y_i-\bar{y})}{\sqrt{\sum(x_i-\bar{x})^2\sum(y_i-\bar{y})^2}}$$

$$=\frac{\sum(K_x-1)(K_y-1)}{\sqrt{\sum(K_x-1)^2\sum(K_y-1)^2}}$$

$$=\frac{0.752\ 0}{\sqrt{0.976\ 8\times0.733\ 4}}=0.89$$

(6)计算回归系数,由式(7-3)得

$$b=r\frac{\sigma_y}{\sigma_x}=0.89\times\frac{232}{255}=0.81$$

(7)由式(7-6)求得 $y$ 倚 $x$ 的回归方程式

$$y-1\ 106.9=0.81(x-1\ 064.0)$$

或

$$y=0.81x+245.1$$

把此方程式的直线图形绘于图 7-5 上,此直线应通过($\bar{x}$,$\bar{y}$)点。

(8)由式(7-15)计算回归线的均方误,得

$$S_y=\pm\sigma_y\sqrt{1-r^2}=\pm232\sqrt{1-0.89^2}=\pm232\times0.46=\pm107(\text{mm})$$

把加减一个均方误的两条直线(绘虚线)表示误差范围线绘在图 7-5 上。可以看出约有 68.3% 的点即 12 个点落在两条虚线之间(说明这 12 个点子的绝对误差不超过一个均方误)。

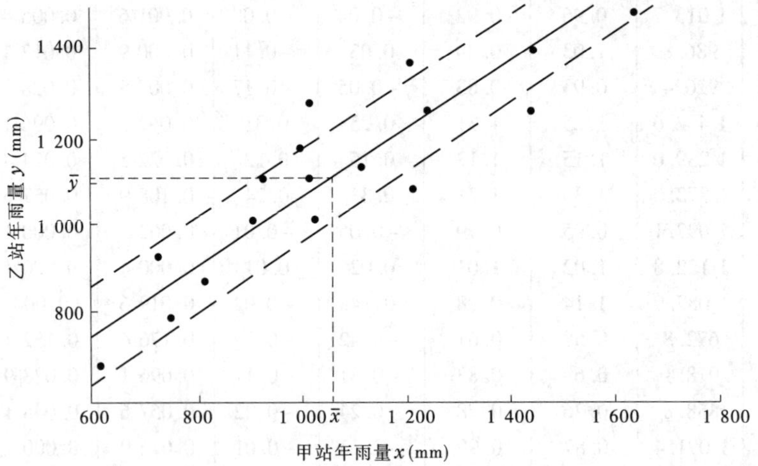


图 7-5

(9)计算相关系数的机误,由式(7-18)得

$$E_r=\pm0.674\ 5\frac{1-r^2}{\sqrt{n}}=\pm0.674\ 5\times\frac{1-0.89^2}{\sqrt{18}}=\pm0.674\ 5\times\frac{0.207\ 9}{4.242\ 6}=\pm0.033$$

$$|r| > |4E_r|，即 |0.89| > |0.13|$$

因此,可以认为甲、乙两地年雨量是相关的,且其关系甚为密切。

再进行相关系数的显著性检验。以 $n = 18$,取信度 $\alpha = 0.01, m = 1$ 查附表 9,得 $r_{0.01} = 0.59$, $|0.89| > 0.59$,即 $|r| > r_a$,表明甲、乙两地年雨量之间相关显著。

(10)可按回归方程式或直接从图上插补出乙站的缺测和记录不全年份的年雨量,如表 7-3 所示。

**表 7-3　乙站年雨量插补表**　　(单位:mm)

| 年　份 | 甲站 $x_i$ | 乙站 $y_i$ |
|---|---|---|
| 1951 | 1 027.2 | 1 077.1 |
| 1955 | 945.7 | 1 011.1 |
| 1956 | 1 509.4 | 1 467.7 |

# 第三节　复相关

## 一、复相关的概念

第二节所讨论的是倚变量对一个自变量的相关关系,这类相关关系不论是线性相关或是非线性相关统称简单相关。即只限于两个变量的回归关系和相关关系,而对其他次要因素则忽略不计。

有时,一个变量是受两个或两个以上的变量所影响,其中任何一个因素(变量)都不可忽略。例如,研究几条支流汇合口以下的流量,显然各条支流的流量与汇合口以下的流量都有关系。在类似这种情况下,我们就需要研究倚变量对于两个或两个以上自变量的相关关系,这种相关称为复相关。

## 二、三个变量的线性相关

如果三个变量为线性相关时,也可用回归方程式表示。设 $y$ 倚 $x_1$ 及 $x_2$ 相关,其回归方程式为

$$y = a_0 + a_1 x_1 + a_2 x_2 \tag{7-20}$$

式中: $a_0, a_1, a_2$ 为待定常数。

同简单相关的原理一样,可用最小二乘法原理求得式(7-20)中的常数,其结果为

$$\begin{cases} a_0 = \bar{y} - a_1 \bar{x}_1 - a_2 \bar{x}_2 \\ a_1 = \dfrac{r_{yx_1} - r_{x_1x_2} r_{yx_2}}{1 - r_{x_1x_2}^2} \dfrac{\sigma_y}{\sigma_{x_1}} \\ a_2 = \dfrac{r_{yx_2} - r_{x_1x_2} r_{yx_1}}{1 - r_{x_1x_2}^2} \dfrac{\sigma_y}{\sigma_{x_2}} \end{cases} \tag{7-21}$$

式中: $\bar{y}, \bar{x}_1, \bar{x}_2$ 分别为 $y, x_1, x_2$ 系列的均值; $\sigma_y, \sigma_{x_1}, \sigma_{x_2}$ 分别为 $y, x_1, x_2$ 系列的均方差; $r_{yx_1}$, $r_{yx_2}, r_{x_1x_2}$ 分别为 $y$ 与 $x_1$, $y$ 与 $x_2$, $x_1$ 与 $x_2$ 的相关关系。

将式(7-21)中的 $a_0,a_1,a_2$ 的关系代入式(7-20)中,得回归方程为

$$y-\bar{y}=\frac{r_{yx_1}-r_{x_1x_2}r_{yx_2}}{1-r_{x_1x_2}^2}\frac{\sigma_y}{\sigma_{x_1}}(x_1-\bar{x}_1)+\frac{r_{yx_2}-r_{x_1x_2}r_{yx_1}}{1-r_{x_1x_2}^2}\frac{\sigma_y}{\sigma_{x_2}}(x_2-\bar{x}_2) \tag{7-22}$$

复相关系数的公式为

$$r=\sqrt{\frac{r_{yx_1}^2+r_{yx_2}^2-2r_{yx_1}r_{yx_2}r_{x_1x_2}}{1-r_{x_1x_2}^2}} \tag{7-23}$$

## 三、算例

设某河上游洪峰水位 ($H_{上t}$) 为 $x_1$,下游站的相应洪峰水位( $H_{下t+\Delta t}$ )为 $y$,见表7-4。以下游站的同时水位( $H_{下t}$ )为参数,设为 $x_2$ (下角标 $t$ 为洪峰水位出现的时间)。

(1)试求 $y$ 倚 $x_1,x_2$ 的复回归方程;

(2)当 $x_1=24.66$ m,$x_2=19.20$ m 时,估计 $y$ 值。

**表7-4 某河上下游站水位表** (单位:m)

| 序号 | $x_1$ | $y$ | $x_2$ | 序号 | $x_1$ | $y$ | $x_2$ | 序号 | $x_1$ | $y$ | $x_2$ |
|---|---|---|---|---|---|---|---|---|---|---|---|
| 1 | 23.45 | 17.58 | 17.08 | 6 | 22.26 | 16.74 | 16.60 | 11 | 25.56 | 20.17 | 19.80 |
| 2 | 23.99 | 18.17 | 17.70 | 7 | 25.03 | 19.02 | 18.49 | 12 | 24.37 | 19.78 | 19.55 |
| 3 | 24.28 | 18.24 | 17.55 | 8 | 23.44 | 18.48 | 18.38 | 13 | 22.67 | 17.11 | 16.90 |
| 4 | 25.83 | 20.13 | 19.71 | 9 | 26.92 | 20.91 | 20.30 | 14 | 25.07 | 19.93 | 19.72 |
| 5 | 23.04 | 18.33 | 18.10 | 10 | 24.57 | 19.40 | 19.00 | 15 | 24.15 | 19.12 | 18.95 |

**解** (1)列表7-5计算,计算步骤如下:

①将表7-4中的资料列于表7-5的第(2)、第(3)、第(4)栏内,统计总和,计算平均值。

$$\bar{x}_1=\frac{\sum x_i}{n}=\frac{364.63}{15}=24.31(\text{m})$$

$$\bar{y}=\frac{\sum y}{n}=\frac{283.11}{15}=18.87(\text{m})$$

$$\bar{x}_2=\frac{\sum x_2}{n}=\frac{277.83}{15}=18.52(\text{m})$$

②计算 $K_{x_1},K_y,K_{x_2}$ 列于表7-5的第(5)、第(6)、第(7)栏内,其总和应为 $n=15$,可作校核计算之用(因有舍入误差,故总和稍有出入)。

③分别计算 $(K_{x_1}-1)$、$(K_y-1)$、$(K_{x_2}-1)$ 的值,列于表7-5中第(8)、第(9)、第(10)栏内,其总和应等于零,可作校核计算用。

④计算 $(K_{x_1}-1)^2$、$(K_y-1)^2$、$(K_{x_2}-1)^2$ 的值,列于表7-5中第(11)、第(12)、第(13)栏内,统计总和,用以计算均方差的值。

$$\sigma_{x_1}=\bar{x}_1\cdot C_{v_{x_1}}=\bar{x}_1\cdot\sqrt{\frac{\sum(K_{x_1}-1)^2}{n-1}}=24.31\sqrt{\frac{0.0373}{14}}=1.26(\text{m})$$

表 7-5　复相关计算表

| 序号 | $x_1$ (m) $H_{上t}$ | $y$ (m) $H_{下t+\Delta t}$ | $x_2$ (m) $H_{下t}$ | $K_{x_1}$ | $K_y$ | $K_{x_2}$ | $K_{x_1}-1$ | $K_y-1$ | $K_{x_2}-1$ | $(K_{x1}-1)^2$ | $(K_y-1)^2$ | $(K_{x2}-1)^2$ | $(K_y-1)\cdot(K_{x1}-1)$ | $(K_y-1)\cdot(K_{x2}-1)$ | $(K_{x1}-1)\cdot(K_{x2}-1)$ |
|---|---|---|---|---|---|---|---|---|---|---|---|---|---|---|---|
| (1) | (2) | (3) | (4) | (5) | (6) | (7) | (8) | (9) | (10) | (11) | (12) | (13) | (14) | (15) | (16) |
| 1 | 23. 45 | 17. 58 | 17. 08 | 0. 96 | 0. 93 | 0. 92 | -0. 04 | -0. 07 | -0. 08 | 0. 001 6 | 0. 004 9 | 0. 006 4 | 0. 002 8 | 0. 005 6 | 0. 003 2 |
| 2 | 23. 99 | 18. 17 | 17. 70 | 0. 99 | 0. 96 | 0. 96 | -0. 01 | -0. 04 | -0. 04 | 0. 000 1 | 0. 001 6 | 0. 001 6 | 0. 000 4 | 0. 001 6 | 0. 000 4 |
| 3 | 24. 28 | 18. 24 | 17. 55 | 1. 00 | 0. 97 | 0. 95 | 0. 00 | -0. 03 | -0. 05 | 0. 000 0 | 0. 000 9 | 0. 002 5 | 0. 000 0 | 0. 001 5 | 0. 000 0 |
| 4 | 25. 83 | 20. 13 | 19. 71 | 1. 06 | 1. 07 | 1. 00 | 0. 06 | 0. 07 | 0. 06 | 0. 003 6 | 0. 004 9 | 0. 003 6 | 0. 004 2 | 0. 004 2 | 0. 003 6 |
| 5 | 23. 04 | 18. 33 | 18. 10 | 0. 95 | 0. 97 | 0. 98 | -0. 05 | -0. 03 | -0. 02 | 0. 002 5 | 0. 000 9 | 0. 000 4 | 0. 001 5 | 0. 000 6 | 0. 001 0 |
| 6 | 22. 26 | 16. 74 | 16. 60 | 0. 92 | 0. 89 | 0. 90 | -0. 08 | -0. 11 | -0. 10 | 0. 006 4 | 0. 012 1 | 0. 010 0 | 0. 008 8 | 0. 011 0 | 0. 008 0 |
| 7 | 25. 03 | 19. 02 | 18. 49 | 1. 03 | 1. 01 | 1. 00 | 0. 03 | 0. 01 | 0. 00 | 0. 000 9 | 0. 000 1 | 0. 000 0 | 0. 000 3 | 0. 000 0 | 0. 000 0 |
| 8 | 23. 44 | 18. 48 | 18. 38 | 0. 96 | 0. 98 | 0. 90 | -0. 04 | -0. 02 | -0. 01 | 0. 001 6 | 0. 000 4 | 0. 000 1 | 0. 000 8 | 0. 000 2 | 0. 000 4 |
| 9 | 26. 92 | 20. 91 | 20. 30 | 1. 11 | 1. 11 | 1. 10 | 0. 11 | 0. 11 | 0. 10 | 0. 012 1 | 0. 012 1 | 0. 010 0 | 0. 012 1 | 0. 011 0 | 0. 011 0 |
| 10 | 24. 57 | 19. 40 | 19. 00 | 1. 01 | 1. 03 | 1. 03 | 0. 01 | 0. 03 | 0. 03 | 0. 000 1 | 0. 000 9 | 0. 000 9 | 0. 000 3 | 0. 000 0 | 0. 000 3 |
| 11 | 25. 56 | 20. 17 | 19. 80 | 1. 05 | 1. 07 | 1. 07 | 0. 05 | 0. 07 | 0. 07 | 0. 002 5 | 0. 004 9 | 0. 004 9 | 0. 003 5 | 0. 004 9 | 0. 003 5 |
| 12 | 24. 37 | 19. 78 | 19. 55 | 1. 00 | 1. 05 | 1. 06 | 0. 00 | 0. 05 | 0. 06 | 0. 000 0 | 0. 002 5 | 0. 003 6 | 0. 000 0 | 0. 003 0 | 0. 000 0 |
| 13 | 22. 67 | 17. 11 | 16. 90 | 0. 93 | 0. 91 | 0. 91 | -0. 07 | -0. 09 | -0. 09 | 0. 004 9 | 0. 008 1 | 0. 008 1 | 0. 006 3 | 0. 008 1 | 0. 006 3 |
| 14 | 25. 07 | 19. 93 | 16. 72 | 1. 03 | 1. 06 | 1. 06 | 0. 03 | 0. 06 | 0. 06 | 0. 000 0 | 0. 003 6 | 0. 003 6 | 0. 001 8 | 0. 003 6 | 0. 001 8 |
| 15 | 24. 15 | 19. 12 | 16. 95 | 0. 99 | 1. 01 | 1. 02 | -0. 01 | 0. 01 | 0. 02 | 0. 000 1 | 0. 000 1 | 0. 000 4 | -0. 000 1 | 0. 000 2 | -0. 000 2 |
| 合计 | 364. 63 | 283. 11 | 272. 83 | 14. 99 | 15. 02 | 15. 01 | -0. 01 | 0. 02 | 0. 01 | 0. 037 3 | 0. 058 0 | 0. 056 1 | 0. 042 7 | 0. 056 4 | 0. 039 3 |

$$\sigma_y = \bar{y} \cdot C_{vy} = \bar{y} \cdot \sqrt{\frac{\sum (K_y - 1)^2}{n - 1}} = 18.87\sqrt{\frac{0.058\ 0}{14}} = 1.21(\mathrm{m})$$

$$\sigma_{x_2} = \bar{x}_2 \cdot C_{vx_2} = \bar{x}_2 \cdot \sqrt{\frac{\sum (K_{x_2} - 1)^2}{n - 1}} = 18.52\sqrt{\frac{0.056\ 1}{14}} = 1.17(\mathrm{m})$$

⑤计算 $(K_y - 1)(K_{x_1} - 1)$、$(K_y - 1)(K_{x_2} - 1)$、$(K_{x_1} - 1)(K_{x_2} - 1)$ 列于表 7-5 中第(14)、第(15)、第(16)栏内,统计总和,用以计算相关系数。

$$r_{yx_1} = \frac{\sum (K_y - 1)(K_{x_1} - 1)}{\sqrt{\sum (K_y - 1)^2 \sum (K_{x_1} - 1)^2}} = \frac{0.042\ 7}{\sqrt{0.037\ 3 \times 0.058\ 0}} = 0.92$$

$$r_{yx_2} = \frac{\sum (K_y - 1)(K_{x_2} - 1)}{\sqrt{\sum (K_y - 1)^2 \sum (K_{x_2} - 1)^2}} = \frac{0.056\ 4}{\sqrt{0.058\ 0 \times 0.056\ 1}} = 0.98$$

$$r_{x_1x_2} = \frac{\sum (K_{x_1} - 1)(K_{x_2} - 1)}{\sqrt{\sum (K_{x_1} - 1)^2 \sum (K_{x_2} - 1)^2}} = \frac{0.039\ 3}{\sqrt{0.037\ 3 \times 0.056\ 1}} = 0.86$$

计算复相关系数

$$r = \sqrt{\frac{r_{yx_1}^2 + r_{yx_2}^2 - 2r_{yx_1}r_{yx_2}r_{x_1x_2}}{1 - r_{x_1x_2}^2}} = \sqrt{\frac{0.92^2 + 0.98^2 - 2 \times 0.92 \times 0.98 \times 0.86}{1 - 0.86^2}} = 0.99$$

进行显著性检验:本例中,已知 $n = 15$,$m = 2$(自变量的个数),若取信度 $\alpha = 0.01$,查附表 9,得 $r_{0.01} = 0.73$,可知 $0.99 > 0.73$,即 $|r| > r_a$,所以上述变量 $y$ 与 $x_1$,$x_2$ 之间的相关显著(即 $y$ 与 $x_1$、$x_2$ 的关系密切)。

⑥用式(7-21)计算 $a_0$,$a_1$,$a_2$ 的值

$$a_1 = \frac{r_{yx_1} - r_{x_1x_2}r_{yx_2}}{1 - r_{x_1x_2}^2}\frac{\sigma_y}{\sigma_{x_1}} = \frac{0.92 - 0.86 \times 0.98}{1 - (0.86)^2}\frac{1.21}{1.26} \approx 0.30$$

$$a_2 = \frac{r_{yx_2} - r_{x_1x_2}r_{yx_1}}{1 - r_{x_1x_2}^2}\frac{\sigma_y}{\sigma_{x_2}} = \frac{0.98 - 0.86 \times 0.92}{1 - (0.86)^2}\frac{1.21}{1.17} \approx 0.75$$

$$a_0 = \bar{y} - a_1\bar{x}_1 - a_2\bar{x}_2$$
$$= 18.87 - 0.30 \times 24.31 - 0.75 \times 18.52 = -2.31$$

最后得回归方程为 $y = 0.30x_1 + 0.75x_2 - 2.31$

⑦将 $y$,$x_1$,$x_2$ 系列的对应值,点绘在方格纸上,以 $y$ 为纵坐标,$x_1$ 为横坐标,$x_2$ 值为参数,注在 $(x_1,y)$ 点上,且以 $(x_1,y)$ 的点兼做参数的小数点用,见图 7-6。

令 $x_2$ 等于 17、18、19 及 20 从回归方程求得四条回归直线,同绘于图上,以备查算之用。

(2)将 $x_1 = 24.66$,$x_2 = 19.20$ 代入回归方程中,得

$y = 0.30 \times 24.66 + 0.75 \times 19.20 - 2.31 = 19.49$ 或直接从图 7-6 查读,如图中虚线所示。

解(2)的结果说明,当上游站出现洪峰水位 $H_{上t} = 24.66$ m,下游站的同时水位 $H_{下t} = 19.20$ m 时,预估下游站将要出现的洪峰水位 $H_{下t+\Delta t} = 19.49$ m。

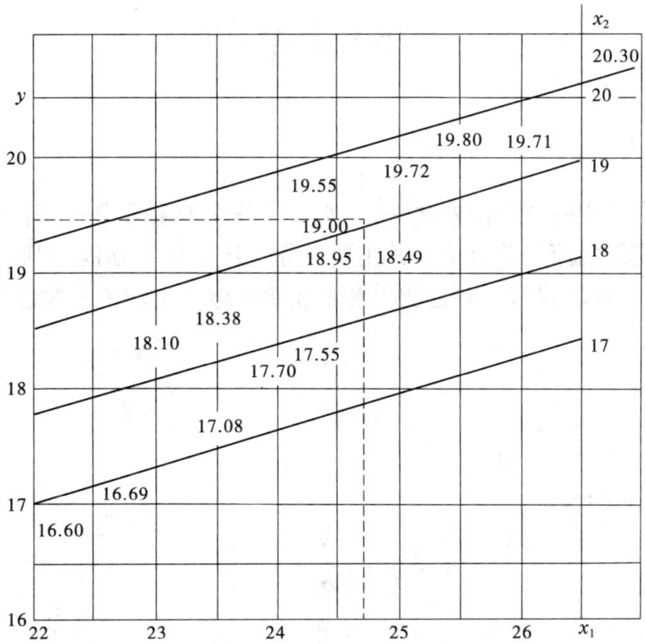


图 7-6

## 第四节　等级相关简介

在前两节中，计算相关系数相当麻烦。在实际水文计算中，有时不需要推求回归方程，只需判定两变量系列间的相关关系的密切程度，并不要求很高的精确度，在这种情况下，用等级相关方法求相关系数简便省时。其基本思路为：将二系列中的各个数值分别自大到小（或自小到大）按序编号。如果按自大到小的顺序编号，则系列中的最大值的序号为 1，次大值的序号为 2，…，直到系列中的最小值其序号为 $n$。然后以顺序号作为变量的值，再按前面的方法计算其相关系数，为等级相关系数。又称秩相关系数或序列相关系数。

设 $m_x$ 为 $x$ 系列的序号，设 $m_y$ 为 $y$ 系列的序号。现以 $m_x$ 代替 $x_i$，以 $m_y$ 代替 $y_i$；以 $\bar{m}_x$ 代替 $\bar{x}$，以 $\bar{m}_y$ 代替 $\bar{y}$，将式(7-3)换成等级相关系数，计算公式如下

$$r_{rank}=\frac{\sum(m_x-\bar{m}_x)(m_y-\bar{m}_y)}{\sqrt{\sum(m_x-\bar{m}_x)^2\sum(m_y-\bar{m}_y)^2}} \tag{7-24}$$

式中：$m_x$，$m_y$ 都是自然数。

实际计算时，如果系列中有几个数值相同，处理的办法是将其应占有的序号求平均值，各数对应的序号均取该平均值。

# 学习指导

## 一、本章小结

相关分析是本课程的重点内容之一，在水文工作中有着非常重要的应用。我们比较详细地介绍了二变量的简相关分析。其主要任务是建立相关方程（回归方程），进行显著性检验，分析相关方程的误差。对复相关和秩相关的概念也作了一般性介绍。

## 二、内容提要

1. 相关的作用、意义及种类

2. 两变量的线性相关分析

(1) $y$ 倚 $x$ 的回归方程。

$$y = \bar{y} - r\frac{\sigma_y}{\sigma_x}\bar{x} + r\frac{\sigma_y}{\sigma_x}x$$

或

$$y - \bar{y} = r\frac{\sigma_y}{\sigma_x}(x - \bar{x})$$

其中　相关系数

$$r = \frac{\sum (x_i - \bar{x})(y_i - \bar{y})}{\sqrt{\sum (x_i - \bar{x})^2 \sum (y_i - \bar{y})^2}}$$

$y$ 倚 $x$ 的回归系数

$$R_{y/x} = r\frac{\sigma_y}{\sigma_x}$$

其中

$$\sigma_y = \sqrt{\frac{\sum (y_i - \bar{y})^2}{n - 1}}$$

$$\sigma_x = \sqrt{\frac{\sum (x_i - \bar{x})^2}{n - 1}}$$

(2) $x$ 倚 $y$ 的回归方程。

$$x - \bar{x} = r\frac{\sigma_x}{\sigma_y}(y - \bar{y})$$

$x$ 倚 $y$ 的回归系数为

$$R_{x/y} = r\frac{\sigma_x}{\sigma_y}$$

(3) 回归直线的误差。

$y$ 倚 $x$ 时的均方误

$$S_y = \sqrt{\frac{\sum (y_i - y)^2}{n - 1}} \quad \text{或} \quad S_y = \pm \sigma_y \sqrt{1 - r^2}$$

$x$ 倚 $y$ 时的均方误

$$S_x = \sqrt{\frac{\sum (x_i - x)^2}{n - 1}} \quad \text{或} \quad S_x = \pm \sigma_x \sqrt{1 - r^2}$$

(4)相关系数的误差。

相关系数的均方误为 $\sigma_r = \pm \frac{1 - r^2}{\sqrt{n}}$

3. 三个变量的线性相关

$y$ 倚 $x_1$ 及 $x_i$ 的回归方程式为

$$y - \bar{y} = \frac{r_{yx_1} - r_{x_1x_2} r_{yx_2}}{1 - r_{x_1x_2}^2} \frac{\sigma_y}{\sigma_{x_1}}(x_1 - \bar{x}_1) + \frac{r_{yx_2} - r_{x_1x_2} r_{yx_1}}{1 - r_{x_1x_2}^2} \frac{\sigma_y}{\sigma_{x_2}}(x_2 - \bar{x}_2)$$

复相关系数的公式为

$$r = \sqrt{\frac{r_{yx_1}^2 + r_{yx_2}^2 - 2r_{yx_1} r_{yx_2} r_{x_1x_2}}{1 - r_{x_1x_2}^2}}$$

4. 等级相关系数

$$r_{rank} = \frac{\sum (m_x - \bar{m}_x)(m_y - \bar{m}_y)}{\sqrt{\sum (m_x - \bar{m}_x)^2 \sum (m_y - \bar{m}_y)^2}}$$

# 习　题

7-1　已知某河相邻甲、乙两站的年径流总量资料如下表:

(单位:万 $m^3$)

| 年份 | 甲站 $x_i$ | 乙站 $y_i$ | 年份 | 甲站 $x_i$ | 乙站 $y_i$ |
|---|---|---|---|---|---|
| 1981 | 520 | 502 | 1986 | 1 148 | 1 076 |
| 1982 | 766 | 706 | 1987 | 598 | 542 |
| 1983 | 1 076 | 766 | 1988 | 1 217 | 897 |
| 1984 | 1 176 | 823 | 1989 | 854 | 768 |
| 1985 | 498 | 466 | 1990 | 658 | 610 |

试问两站的年径流总量是否相关?相关程度是否密切?

7-2　利用表 7-1 的资料计算等级相关系数 $r_{rank}$,并与进行 $r$ 比较,加以说明。

7-3　设 $y$ 为倚变量,$x_1$、$x_2$ 为自变量,相应的资料如下表。试求复回归方程。

| | | | | | |
|---|---|---|---|---|---|
| $y$ | 1 | 3 | 2 | 5 | 4 |
| $x_1$ | 0 | 1 | 3 | 6 | 8 |
| $x_2$ | 4 | 4 | 3 | 2 | 0 |

# 第八章　误差分析基础

## 第一节　误差的来源及分类

### 一、近似值与误差

在科学研究中，常常首先通过测量，取得客观对象的定量知识，再用逻辑推理的方法进行各种理论分析。任何一个被测量，如某两固定点之间的距离、某物体的质量等，都有一个客观的值，这个值称为真值。测量的任务就是测出被测量的真值。但是，由于受测量仪器、测量方法、周围环境以及测量人员的技术水平等的限制和影响，所以真值常常是无法测到的。因此，实际所获得的测量值一般都是近似值，它是对被测量值的近似表达。

设被测量的真值为 $a$ ，测得的近似值为 $x$ ，则称

$$\Delta x = x - a \tag{8-1}$$

为近似值 $x$ 的误差。

研究量测误差具有十分重要的意义。首先，它有助于正确运用量测数据，以便在一定条件下得到更接近于实际情况的最佳结果；其次，可合理地估计所得结果的误差，以免因误差估计得过小而造成危害，或因误差估计得过大而造成人力物力的浪费；最后，可帮助人们合理地制定量测方案，例如选择适当的仪器，控制量测条件及规定量测方法，以使用最低的成本，在最短的时间内，得到某种预期的结果。

误差分析除具有以上作用外，还可以获得一些其他重要的信息，如果加以认真思考，可能还会取得意外的发现。例如，1894 年，雷莱对不同来源和用不同方法制备的氮气的密度进行了测定，得到由化学法制备的氮的平均密度为 2. 299 71 ±0. 000 41，由大气中提取的氮的平均密度为 2. 310 22 ±0. 000 19，两者相差 0. 010 51，这一差异使雷莱以后发现了惰性气体氩。

在实际工作中，可把下述三种量值看做是真实值。

(1)理论真值。

根据一定的理论，在严格的条件下，按定义确定的数值。例如，三角形的三个内角之和为 180°，理论真值又称为定义值。

(2)约定真值。

约定真值又称为指定值。它是由国际计量大会确定，并得到国际上公认的各种基准或标准的指标值。例如，米的长度等于光在真空中 1/299 792 458 s 的时间间隔内所经路程；时间单位秒是 $^{133}$铯原子基态的两个超精细能级之间跃迁所对应的辐射的9 192 631 770 个周期的持续时间；质量单位千克(或公斤)是铂铱合金的国际千克原器的质量等。

(3)相对真值。

认定精度高一个数量级的仪器的测定值作为低精度仪器的真值，这种真值是相对比

较而言的，所以称之为相对真值或标准值。

标准值是真值的近似值，也可以将多次测量结果的平均值作为标准值，或者将用精密法测得的结果作为标准值。例如，在水文测验中，用精测法测得的流量，作为简测法测流的标准值。

## 二、误差的来源与分类

### （一）误差的来源

误差的来源主要有两个：原始误差和计算误差。

1. *原始误差*

原始误差就是原始数据的误差，包括直接观测和间接观测的误差。直接观测是指用仪器、测具对所测的对象进行直接测量，如用量杯直接测量降水量，用水尺直接测量水位等；间接观测则不是直接测量未知量，而是通过测量其他有关量，然后按照某种方法推求出未知量，如用水位推求流量，用上、下断面的水位差推求水面比降等。

2. *计算误差*

计算误差包括方法误差和修整误差。方法误差是由于在计算过程中，采用的基本假定和计算方法等欠精确所造成的。例如，建立数学模型时，某些近似假定产生的误差；在计算河道过水断面的湿周时，以折线代替曲线造成的误差等，都属于方法误差。修整误差是在计算过程中，对小数的取舍等原因造成的误差。

在实际工作中，计算结果往往既含有原始误差，又含有计算误差，二者不能一一分清。但是，原始误差的大小往往对计算成果影响较大。如果原始资料的误差很大，那么，即使分析计算方法很好，也不可能获得理想的成果。因此，提高原始资料的精度，具有十分重要的意义。

### （二）误差的分类

误差根据其特性，可分为过失误差、随机误差和系统误差三种。

1. *过失误差*

过失误差又称为粗差，是由量测者的粗心大意，如记错、读错、算错或量测过程中量测设备发生故障等造成的差错。含有过失误差的测量数据不能采用，必须剔除。

2. *随机误差*

随机误差又称偶然误差，是由随机因素造成的，其大小和符号是不确定的。因此，若干随机误差累积起来有互相抵偿的作用。虽然单个随机误差是不可预测的，也不可控制，但就大量的随机误差的总体而言，却具有一定的统计规律，从而可以运用概率统计理论进行研究。

3. *系统误差*

系统误差在反复测量中，始终保持同一规律，在有些情况下，甚至可能具有固定的数值，彼此不能通过增加测量次数来消除，因此它们是累积的。例如，用名义上长度为 20 m，而实际正确长度为 20.003 m 的卷尺测量距离，每量一次后，就产生了使距离短 0.003 m 的误差，量的次数越多，则累积的误差越大。在方法误差中，也可能存在系统误差，例如上面提到的在计算河道过水断面的湿周时，以折线代替曲线，总是得到偏小的结果。

总之，过失误差是人为的差错，或者是由仪器设备发生故障引起的，必须尽量避免。随机误差与系统误差没有明显的界限。随着人们对误差来源及其变化规律认识的加深，有可能把以往认识不到而归为随机误差的某项误差予以澄清而明确为系统误差，并在技术上加以适当处理。类似地，在对粗差的处理中，有时也不见得一定能区分出到底是一项随机误差，还是一个差错。

**（三）各种误差的相互关系**

总的来说，在任何测量工作中，真值是一个理想值、定义值。过失误差是人为的差错，必须尽量避免发生。随机误差与系统误差没有明显的界限，当系统误差的影响远大于随机误差的影响时，相对说来随机误差就可忽略不计，基本上按纯粹的系统误差来处理；当系统误差很小，或已经改正时，按纯粹的随机误差来处理；当系统误差与随机误差的影响差不多时，二者均不可忽略，此时应按不同的方法来处理。

下面用图形来说明对某一量进行若干次测量以后，真值、标准值和各种误差相互关系。

图 8-1 中以观测值 $x$ 为纵坐标，测量的历时 $t$ 为横坐标，对某一量进行若干次的观测以后，得若干个观测值 $x_i$，对应的时间为 $t_i$。先将明显的过失误差剔除以后，取 $x_i$ 的平均值 $\bar{x}$ 作为这次测量的标准值 $x_0$

$$\bar{x} = \frac{\sum_{i=1}^{n} x_i}{n} \tag{8-2}$$

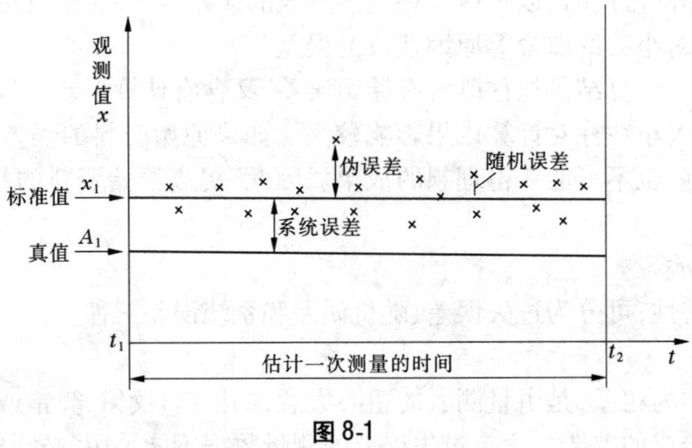


**图 8-1**

各观测值与标准值的离差 $\delta_i = x_i - \bar{x}$ 就是随机误差。真值是一理论值，与标准值的离差就是系统误差。

## 三、误差的表示方法

在实际工作和理论研究中，针对不同的目的和需要，有多种表示误差的方法。

**（一）绝对误差**

绝对误差即式（8-1）所表示的误差，即

$$\Delta x = x - a$$

称 $\Delta x$ 为近似值 $x$ 的绝对误差。

**（二）相对误差**

绝对误差虽然重要，但有时它不足以说明近似值的近似程度，即它不能给出近似值好坏的完整概念。例如，在用天平称物体的质量时，只知道绝对误差是 0.1 g 是不够的，因为如果所称物体的质量有几十克,那么绝对误差 0.1 g 表明此次称重的精度是高的;但若所称物体的质量只有 1 ~ 2 g,那么 0.1 g 的绝对误差就很大了。显然,为了判断近似值的好坏,必须将绝对误差与所测物体的真值进行比较,也就是采用相对误差,相对误差一般用百分数表示,即

$$\varepsilon_a = \frac{\Delta x}{a} \times 100\% \tag{8-3}$$

式中: $\varepsilon_a$ 为实际相对误差。

由于 $a$ 大多是未知的,实际应用中常用近似值 $x$ 代替 $a$ ,并称这种相对误差为标称相对误差,即

$$\frac{\Delta x}{x} \times 100\% \tag{8-4}$$

由于 $\Delta x \ll x$ 且 $x \approx a$ ,所以这两种相对误差基本上没有区别。

在实际工作中,还有其他不同形式的绝对误差和相对误差。例如,在测量仪表中的额定相对误差,其定义是

$$\frac{\Delta x}{x_{max}} \times 100\% \tag{8-5}$$

式中: $x_{max}$ 为仪表的满量程值。

由于在一定条件下测量某一物理量时,测量的近似值实际上是一个随机变量,因此随机误差也是随机变量。随机变量的均方差反映了随机变量取值的分散程度,所以在实际应用和理论研究中,还常用均方差 $\sigma$ 来表示测量误差,并称之为均方误差或标准误差。

**(三)不确定度与置信概率**

由于被测量的真值通常是未知的,因此无法根据式(8-1)将 $\Delta x$ 计算出来,所以在实际工作中,常常需要估计出 $\Delta x$ 取值的最大范围,也就是说估计出 $\Delta x$ 的绝对值的一个上界 $U$ ,即

$$U = \sup|\Delta x| \tag{8-6}$$

或

$$|\Delta x| = |x - a| < U \tag{8-7}$$

这个上界 $U$ 通常称为不确定度,也称为极限误差或绝对误差限。

因为 $U$ 是估计的,自然就有一个可信程度的问题,这个可信程度可以用置信概率来表示,不确定度 $U$ 与置信概率 $p_u$ 的关系为

$$P(|\Delta x| < U) = p_u \tag{8-8}$$

显然,对于同一测量结果,如果 $U$ 的值较小,则 $|\Delta x|$ 超过 $U$ 的可能性就较大,存在对误差估计不足的风险。反之,若 $U$ 的值较大,则 $|\Delta x|$ 小于 $U$ 的可能性就较大。但是,如果不确定度给得过大,则测量结果就没有意义。在实际中 $U$ 值究竟取多大,取决于测量的目的和条件,不能一概而论。置信概率通常取 68%、90%、95%、99%、99.5%、99.73% 等值。

## 四、测量的精密度、准确度及精确度

下面简要介绍一下测量中采用的三个基本概念:精密度、准确度及精确度。

(1)精密度。表示对同一被测量进行多次重复测量,各量测值之间的接近程度。在量测中,随机误差越大,则各量测值之间的差别也越大,表明量测值的精密度越低。反之,

随机误差越小,则各量测值之间的差别就越小,表明量测值的精密度越高。可见,精密度反映了测量的随机误差。由于量具示值的稳定性反映了在同样条件下对同一被测量多次重复测量时,示值的变化情况,因此示值稳定性反映的主要是量具的精密度。

(2)准确度。表示测量结果与被测量的真值之间的偏离程度。系统误差越大,则量测结果与真值的差别越大,两者的接近程度越差。反之,则两者的接近程度越好。因此,准确度反映的是测量的系统误差。例如量具的示值误差,是其示值与它反映的真值之间的偏差,所以示值误差所反映的主要是量具的准确度。精密度与准确度分别是对两类不同性质的误差的描述。

(3)精确度又称精度,它是测量结果的精密度与准确度的综合反映。只有当随机误差和系统误差都小时,才能说精确度高。即精确度描述了对同一被测量作多次重复测量时,所有量测结果对其真值的接近程度和各量测结果之间的接近程度。

下面以射击为例说明上述定义。

如图 8-2 所示,靶心相当于真值,弹孔相对靶心位置的距离则是测量值。图 8-2(a)表示系统误差大,准确度低,即弹孔普遍距靶心较远,但弹孔与弹孔之间比较密集,随机误差小,精密度高。图 8-2(b)表示系统误差小,准确度高,而随机误差大,精密度低。图 8-2(c)表示系统误差和随机误差都小,精确度高。

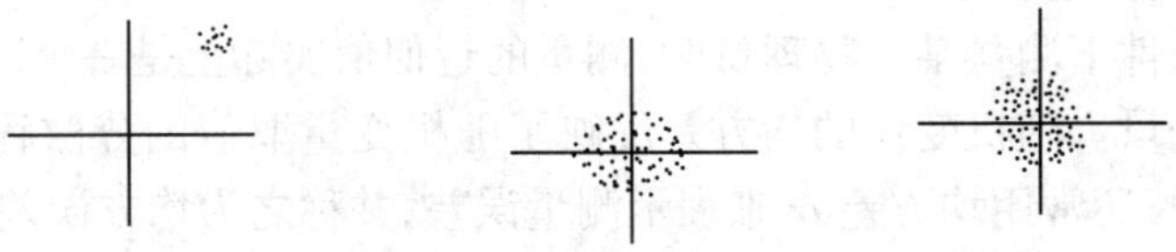

(a) (b) (c)

图 8-2

由于目前在国际上对误差理论中所用的有些名称还没有明确的统一规定,所以可能出现同一名称有不同的含义,或者同一含义拥有不同名称的情况。

## 第二节 随机误差

随机误差是由为数众多而影响微小的因素造成的,这些因素对于测量结果的影响,还没有被认识,或者还没有被完全认识,因此对这些因素的影响还不能加以控制。或者虽可以在一定程度内控制,但经济上并不合算。这些因素诸如:试验或测量环境的微小变化,如温度、湿度、气压、气流、电场、磁场、光照以及大气中尘埃降落等;试验或测量手段、工作状态的微小波动,如仪器设备内部机械结构间的摩擦、润滑、部件的弹性变形等波动,电、液系统工作不稳定等;以及测量者生理心理状态变化引起的感觉判别能力的波动等。这些因素的影响出现与否、出现大小等都带有随机性,因而它们的综合影响所造成的误差也必然带有随机性。

随机误差的出现具有随机性,必须经过多次的重复测量,发现它所遵循的统计规律,借助概率论和数理统计学的原理来进行研究。

研究随机误差,不仅是为了能对测量结果中的随机误差作出科学的评价,而且能够指导合理地安排测量方案,设法减小随机误差对测量结果的影响,充分发挥现有仪表的测量精度，从而对测量所得数据进行正确的处理，使测量达到预期的目的。

## 一、随机误差的统计特性

随机误差通常具有如下基本特性：

（1）绝对值相等的正负误差出现的概率相等；

（2）在一定的观测条件下，随机误差的绝对值不会超过某一上限；

（3）绝对值小的误差一般比绝对值大的误差出现的概率大，且误差越大往往出现的概率越小。

每次测量只能有一个随机误差存在，所以随机误差是互不相容的。

在一次测量中，随机误差的出现并不会影响另一次测量所产生的随机误差，它们之间是相互独立的。

根据上述随机误差的性质可知，随机误差可以用一个随机变量来描述，从而可用概率统计方法进行研究，这就可以估计出随机误差的变化范围，这虽不能得到其确切的具体值，但能够满足实用需要。

## 二、随机误差的正态分布规律

根据随机误差的统计性质，高斯（C. F. Gauss）于 1809 年推导出描述随机误差统计规律的解析方程式。

设对某一固定量 $a$（真值）作等精度 $n$ 次测量，则测量值 $x$ 的概率密度函数为

$$f(x)=\frac{1}{\sqrt{2\pi\sigma}}e^{-\frac{(x-\bar{x})^2}{2\sigma^2}} \tag{8-9}$$

式中：$x$ 为误差；$\bar{x}$ 为误差系列的期望值；$\sigma$ 为系列的均方误。

所谓均方误是指误差 $x$ 落在均值 $\bar{x}$ 两旁各 1 个均方差 $\sigma$ 间的概率恰好为一个常数，等于 68.3%；落在 $\bar{x}$ 两旁各 2 个均方差 $\sigma$ 间的概率恰为 95.4%；落在 $\bar{x}$ 两旁各 3 个均方差 $\sigma$ 间的概率为 99.7%（参见第二章例 2-18）。均方误的分布图见图 8-3。算术平均值 $\bar{x}$ 是被测量真值 $a$ 的最佳估计值，所以用算术平均值 $\bar{x}$ 作为测量结果是一种最接近真值的表示方法。因此，对于精密测量，必须经过多次测量，用算术平均值表示测量结果才能满足需要。

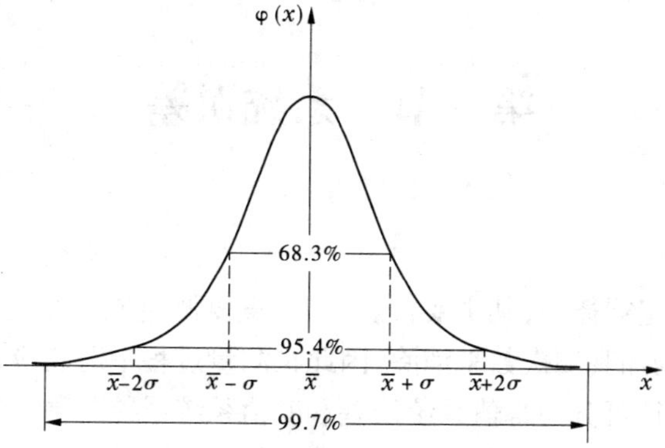


图 8-3

## 三、随机误差的非正态分布

随机误差的出现规律,绝大多数服从正态分布。从理论上说,这正是概率论中中心极限定理的必然结果,但应该指出的是,中心极限定理是有条件的:一是构成总的偶然误差的分量数很多,二是每一分量对总和的影响都很小而且各分量相互独立。事实上,正态分布只是对在这些条件被不同程度满足时的实际分布的一种近似。随着对误差研究的深入,人们发现,在许多情况下,偶然误差的分布是非正态的。下面介绍两种常见的非正态的误差分布。

**(一)均匀分布**

在误差理论中,均匀分布的重要性并不亚于正态分布。对于不少误差,往往只能估计出其大致在某一范围 $\pm\Delta$ 之内,而对其分布完全不知,在此情况下,认为该误差在区间 $(-\Delta,\Delta)$ 内任一处出现的概率都相等(均匀分布)是合情合理的。前面已指出,在测量数据中,通过舍入原则取有效数字时引进的舍入误差(截尾误差、修整误差)也都认为是均匀分布。

**(二)三角形分布**

其概率密度为

$$f(x)=\begin{cases}\dfrac{a+x}{a^2}, & -a<x\leqslant 0\\[2mm] \dfrac{a-x}{a^2}, & 0<x<a\end{cases} \tag{8-10}$$

密度函数的图形如图 8-4 所示。还有许多其他形式的分布,在此不一一列举了。

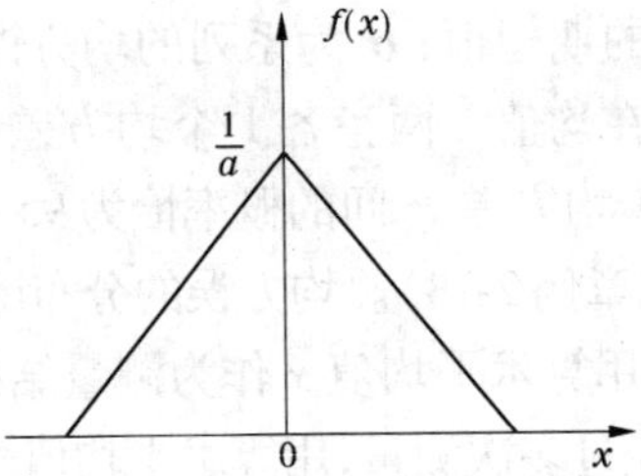


图 8-4

# 第三节 系统误差

## 一、概述

系统误差具有一定规律性,其主要特点是,在重复测量同一量时,系统误差不具有抵偿性,一般不能通过增加观测次数来消除,因此在测量过程中对它应特别注意。

系统误差按其特征可分为常值系统误差和变值系统误差两种。常值系统误差在整个测量过程中,符号和大小都保持不变,这是一种最简单和最常见的系统误差。而变值系统误差在整个测量过程中,大小或符号随某些因素的变化而变化。

## 二、识别系统误差的方法

为了判断测量数据中是否存在系统误差，首先应当仔细检查测量设备、测量方法、测量环境和测量人员的习惯等，看其是否存在产生系统误差的可能。由此常可确定各种系统误差的性质和大小。

除上述基本方法外，下面介绍几种通过对测量数据的分析，发现系统误差的方法。

**(一)剩余误差观察法**

设 $x_1, x_2, \cdots, x_n$ 为某量 $a$ 的一组测量值，各值分别有系统误差 $l_i$ 和偶然误差 $v_i (i = 1, 2, \cdots, n)$，即

$$x_i = a + l_i + v_i \quad (i = 1,2,\cdots,n) \tag{8-11}$$

求观测值的算术平均值

$$\bar{x} = a + \bar{l} + \frac{1}{n}\sum_{i=1}^{n} v_i \approx a + \bar{l}$$

其中，$\bar{l} = \frac{1}{n}\sum_{i=1}^{n} l_i$ 是系统误差的平均值，由于 $x_i$ 的误差 $\Delta x_i = x_i - a = l_i + v_i$，所以有

$$\frac{1}{n}\sum_{i=1}^{n} \Delta x_i = \frac{1}{n}\sum_{i=1}^{n} (l_i + v_i) \approx \frac{1}{n}\sum_{i=1}^{m} l_i = \bar{l}$$

因此，$\bar{l}$ 也近似等于观测误差的平均值。

$x_i$ 的残差 $d_i$ 为

$$d_i = x_i - \bar{x} = a + l_i + v_i - (a + \bar{l}) = (l_i - \bar{l}) + v_i \quad (i = 1,2,\cdots,n) \tag{8-12}$$

当存在系统误差时，一般 $l_i - \bar{l} \gg v_i$，因此式(8-12)中的 $v_i$ 可忽略，故有

$$d_i \approx l_i - \bar{l} \tag{8-13}$$

式(8-13)表明，任一测量值的残差等于系统误差与测量列误差平均值之差。据此，可用于判断测量中是否有系统误差，方法是点绘剩余误差 $d_i$ 与 $i$ 的相关图，如图 8-5 所示。图 8-5 中点的变化趋势取决于系统误差的变化规律，图点的微小波动系由偶然误差所致。

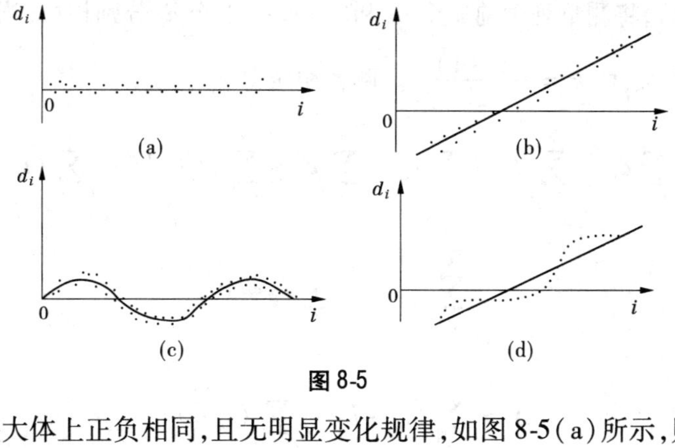

**图 8-5**

若剩余误差大体上正负相同，且无明显变化规律，如图 8-5(a)所示，则说明测量中没有规律性，但不能排除存在常值系统误差的可能性。因为此时有 $l_1 = l_2 = \cdots = l_n = \bar{l}$，所以按式(8-13)有 $d_i \approx 0$。

若剩余误差有规律的递增或递减，且测量开始与结束时误差符号相反，如图 8-5(b)所示，则测量中存在线性变化的系统误差。

若剩余误差呈如图 8-5(c)中所示的变化规律，则测量中存在周期性变化的系统误差。

若剩余误差如图 8-5(d)中形式，则存在变化规律复杂的系统误差。

**【例 8-1】** 恒温箱内温度(单位:℃)测量结果如下表所示。

| $t_i$ | $d_i$ | $t_i$ | $d_i$ |
|---|---|---|---|
| 20.06 | -0.06 | 20.12 | 0.00 |
| 20.07 | -0.05 | 20.14 | +0.02 |
| 20.06 | -0.06 | 20.18 | +0.06 |
| 20.08 | -0.04 | 20.10 | +0.06 |
| 20.10 | -0.02 | 20.21 | +0.09 |

将 $d_i$ 与 $i$ 绘图，如图 8-6 所示。可见存在明显线性系统误差。

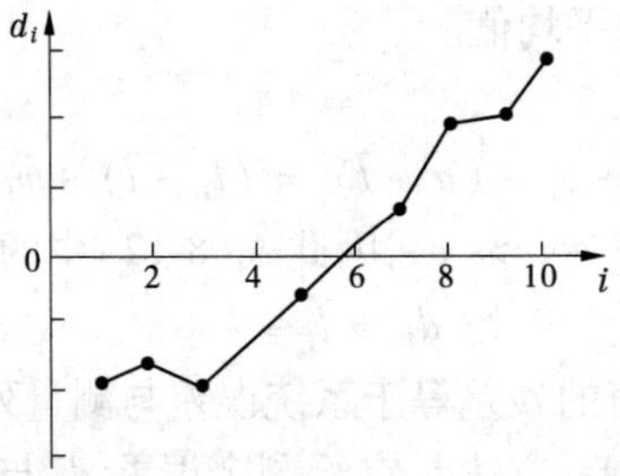


**图 8-6**

**(二)剩余误差校核法**

根据式(8-12)，将测量列中前 $k$ 个 $d_i$ 和后 $(n-k)$ 个 $d_i$ 分别相加(当 $n$ 为偶数时，取 $k=\frac{n}{2}$，当 $n$ 为奇数，取 $k=\frac{(n+1)}{2}$)。两者相减得

$$\Delta = \sum_{i=1}^{k} d_i - \sum_{i=k+1}^{n} d_i = \sum_{i=1}^{k} v_i - \sum_{i=k+1}^{n} v_i + \sum_{i=1}^{k} (l_i - \bar{l}) - \sum_{i=k+1}^{k} (l_i - \bar{l})$$

当 $n$ 足够大时有

$$\sum_{i=1}^{k} v_i \approx 0, \sum_{i=k+1}^{n} v_i \approx 0$$

因此

$$\Delta \approx \sum_{i=1}^{k} (l_i - \bar{l}) - \sum_{i=k+1}^{n} (l_i - \bar{l}) \tag{8-14}$$

若 $\Delta$ 显著异于 0，则测量中存在线性系统误差。这一方法同样不能检测常值系统误差。

# 第四节　误差的传播

未知量在不可能直接测定的情况下,必须使用间接的方法。例如,不能直接测出多边形的各角之和,但是可以将各个角的直接测定值相加起来间接地确定它。因此,多边形各角之和将是各角独立观测值的函数。由于测角时都不可避免地包含有误差,因此多边形的各角之和当然也不可避免地含有误差。这就产生了误差的传递问题。

## 一、误差传递的一般公式

### (一)函数的绝对误差

设 $Q$ 为 $n$ 个独立观测值 $x,y,z,w$ ,…的函数,即

$$Q = f(x,y,z,w,\cdots)$$

当各个自变量产生误差如 $\Delta x,\Delta y,\Delta z,\Delta w$,…时,则函数 $Q$ 也相应地产生误差 $\Delta Q$,按泰勒公式展开成级数,取其一次项,则得

$$\begin{aligned} Q + \Delta Q &= f(x + \Delta x, y + \Delta y, z + \Delta z, w + \Delta w, \cdots) \\ &= f(x,y,z,w,\cdots) + \frac{\partial Q}{\partial x}\Delta x + \frac{\partial Q}{\partial y}\Delta y + \frac{\partial Q}{\partial z}\Delta z + \frac{\partial Q}{\partial w}\Delta w + \cdots \end{aligned}$$

即

$$\Delta Q = \frac{\partial Q}{\partial x}\Delta x + \frac{\partial Q}{\partial y}\Delta y + \frac{\partial Q}{\partial z}\Delta z + \frac{\partial Q}{\partial w}\Delta w + \cdots \tag{8-15}$$

取各项的绝对值求和,得

$$|\Delta Q| = \left|\frac{\partial Q}{\partial x}\Delta x\right| + \left|\frac{\partial Q}{\partial y}\Delta y\right| + \left|\frac{\partial Q}{\partial z}\Delta z\right| + \left|\frac{\partial Q}{\partial w}\Delta w\right| + \cdots \tag{8-16}$$

式(8-16)为函数的极大绝对误差。

将式(8-15)两端平方,得

$$\begin{aligned} (\Delta Q)^2 = {} & \left(\frac{\partial Q}{\partial x}\Delta x\right)^2 + \left(\frac{\partial Q}{\partial y}\Delta y\right)^2 + \left(\frac{\partial Q}{\partial z}\Delta z\right)^2 + \cdots + \\ & 2\left(\frac{\partial Q}{\partial x}\right)\left(\frac{\partial Q}{\partial y}\right)\Delta x\Delta y + 2\left(\frac{\partial Q}{\partial x}\right)\left(\frac{\partial Q}{\partial z}\right)\Delta x\Delta z + \cdots \end{aligned} \tag{8-17}$$

式(8-17)中的 $\left(\frac{\partial Q}{\partial x}\right)\left(\frac{\partial Q}{\partial y}\right)\Delta x\Delta y$ +…等称为协方差(或称共差),因为 $\Delta x,\Delta y$ 都是随机误差,根据随机误差的基本特性3,它们正、负值出现的概率相同。故其乘积 $\Delta x\Delta y$ 出现正、负值的概率也相同,当项数很多时,其代数和趋近于0,故可略去。从而得

$$(\Delta Q)^2 = \left(\frac{\partial Q}{\partial x}\Delta x\right)^2 + \left(\frac{\partial Q}{\partial y}\Delta y\right)^2 + \left(\frac{\partial Q}{\partial z}\Delta z\right)^2 + \left(\frac{\partial Q}{\partial w}\Delta w\right)^2 + \cdots \tag{8-18}$$

由式(8-18)可知,函数 $Q$ 的绝对误差的平方,等于每个自变量的一阶偏导数与相应自变量的绝对误差的乘积的平方和。

### (二)函数的相对误差

将式(8-15)两端同除以 $Q$ ,即得函数的相对误差 $\varepsilon_Q$

$$\varepsilon_Q = \frac{\Delta Q}{Q} = \frac{\partial Q}{\partial x}\frac{\Delta x}{Q} + \frac{\partial Q}{\partial y}\frac{\Delta y}{Q} + \frac{\partial Q}{\partial z}\frac{\Delta z}{Q} + \frac{\partial Q}{\partial w}\frac{\Delta w}{Q} + \cdots$$

$$= \frac{\partial \ln Q}{\partial x}\Delta x + \frac{\partial \ln Q}{\partial y}\Delta y + \frac{\partial \ln Q}{\partial z}\Delta z + \frac{\partial \ln Q}{\partial w}\Delta w + \cdots \tag{8-19}$$

如将式(8-19)取绝对值求和(即全取正值的和),即得函数的极大相对误差(式从略)。

**(三)函数的均方差**

在式(8-15)中,$\frac{\partial Q}{\partial x}$代表偏导数函数值,称为 $x$ 的误差传递系数,它是个常数。其余类同。

设 $K_1 = \frac{\partial Q}{\partial x}$, $K_2 = \frac{\partial Q}{\partial y}$, $K_3 = \frac{\partial Q}{\partial z}$, $K_4 = \frac{\partial Q}{\partial w}$,…。则式(8-15)可写成

$$\Delta Q = K_1\Delta x + K_2\Delta y + K_3\Delta z + K_4\Delta w + \cdots$$

为了求得观测值与函数之间的均方差关系,假设对 $x,y,z,w,\cdots$ 各进行 $n$ 次观测,因而有

$$\begin{aligned}
\Delta Q_1 &= K_1\Delta x_1 + K_2\Delta y_1 + K_3\Delta z_1 + K_4\Delta w_1 + \cdots \\
\Delta Q_2 &= K_1\Delta x_2 + K_2\Delta y_2 + K_3\Delta z_2 + K_4\Delta w_2 + \cdots \\
\Delta Q_3 &= K_1\Delta x_3 + K_2\Delta y_3 + K_3\Delta z_3 + K_4\Delta w_3 + \cdots \\
&\vdots \\
\Delta Q_n &= K_1\Delta x_n + K_2\Delta y_n + K_3\Delta z_n + K_4\Delta w_n + \cdots
\end{aligned}$$

将上列各式平方后再求和,略去所有共差项,得

$$\sum_{i=1}^{n}(\Delta Q_i)^2 = K_1^2\sum_{i=1}^{n}(\Delta x_i)^2 + K_2^2\sum_{i=1}^{n}(\Delta y_i)^2 + K_3^2\sum_{i=1}^{n}(\Delta z_i)^2 + K_4^2\sum_{i=1}^{n}(\Delta w_i)^2 + \cdots$$

两端同除以 $n$,得

$$\begin{aligned}
\sum_{i=1}^{n}(\Delta Q_i)^2/n &= K_1^2\sum_{i=1}^{n}(\Delta x_i)^2/n + K_2^2\sum_{i=1}^{n}(\Delta y_i)^2/n + K_3^2\sum_{i=1}^{n}(\Delta z_i)^2/n + K_4^2\sum_{i=1}^{n}(\Delta w_i)^2/n + \cdots \\
&= K_1^2\sigma_x^2 + K_2^2\sigma_y^2 + K_3^2\sigma_z^2 + K_4^2\sigma_w^2 + \cdots
\end{aligned}$$

即

$$\sigma_Q^2 = \left(\frac{\partial Q}{\partial x}\right)^2\sigma_x^2 + \left(\frac{\partial Q}{\partial y}\right)^2\sigma_y^2 + \left(\frac{\partial Q}{\partial z}\right)^2\sigma_z^2 + \left(\frac{\partial Q}{\partial w}\right)^2\sigma_w^2 + \cdots \tag{8-20}$$

由式(8-20)可知,一般函数的均方差的平方,等于函数对每个观测值的一阶偏导数与相应观测值均方差的乘积的平方和。

**(四)函数的相对均方差**

设函数的相对均方差为 $m_Q = \frac{\sigma_Q}{Q}$,将式(8-20)两边开平方后,同除以 $Q$ 即得。

$$m_Q = \frac{\sigma_Q}{Q} = \sqrt{\left(\frac{\partial Q}{\partial x}\right)^2\left(\frac{\sigma_x}{Q}\right)^2 + \left(\frac{\partial Q}{\partial y}\right)^2\left(\frac{\sigma_y}{Q}\right)^2 + \left(\frac{\partial Q}{\partial z}\right)^2\left(\frac{\sigma_z}{Q}\right)^2 + \left(\frac{\partial Q}{\partial w}\right)^2\left(\frac{\sigma_w}{Q}\right)^2 + \cdots}$$

$$m_Q = \sqrt{\left(\frac{\partial \ln Q}{\partial x}\right)^2\sigma_x^2 + \left(\frac{\partial \ln Q}{\partial y}\right)^2\sigma_y^2 + \left(\frac{\partial \ln Q}{\partial z}\right)^2\sigma_z^2 + \left(\frac{\partial \ln Q}{\partial w}\right)^2\sigma_w^2 + \cdots} \tag{8-21}$$

**【例 8-2】** 图 8-7 为矩形明渠,渠宽 $B = 10$ m(无误差),水深 $y = (1.00 \pm 0.005)$ m,渠底糙率 $n = 0.025 \pm 0.002$;渠底比降 $i = 0.000\,40 \pm 0.000\,04$,试估算流量 $Q$ 的变化范围。

**解** 因断面面积 $A = By = 10y = 10.00(m^2)$

湿周 $\chi = B + 2y = 10.00 + 2y = 12.00\ (m)$

断面流量 $Q = \frac{A}{n}R^{\frac{2}{3}}i^{\frac{1}{2}} = \frac{A}{n}(\frac{A}{x})^{\frac{2}{3}}i^{\frac{1}{2}} = \frac{A^{\frac{5}{2}}i^{\frac{1}{2}}}{nx^{\frac{2}{3}}}\ (m^3/s)$

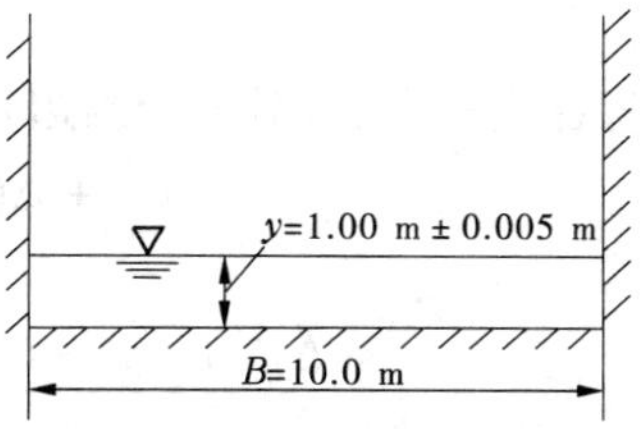


图 8-7 矩形渠道流量的相对误差的计算示意图

两端取对数,则得

$$\ln Q = \frac{5}{3}\ln A + \frac{1}{2}\ln i - \ln n - \frac{2}{3}\ln x$$

两端微分得

$$\frac{dQ}{Q} = \frac{5}{3}\frac{dA}{A} + \frac{1}{2}\frac{di}{I} - \frac{dn}{n} - \frac{2}{3}\frac{dx}{x}$$

或

$$\frac{\Delta Q}{Q} = \frac{5}{3}\frac{\Delta A}{A} + \frac{1}{2}\frac{\Delta i}{I} - \frac{\Delta n}{n} - \frac{2}{3}\frac{\Delta x}{x}$$

极大相对误差

$$|\varepsilon_Q| = |\frac{\Delta Q}{Q}| = \frac{5}{3}|\frac{\Delta A}{A}| + \frac{1}{2}|\frac{\Delta i}{i}| + |\frac{\Delta n}{n}| + \frac{2}{3}|\frac{\Delta x}{x}|$$

$$= \frac{5}{3} \times \frac{0.005}{1.0} + \frac{1}{2} \times \frac{0.000\ 04}{0.000\ 40} + \frac{0.002\ 0}{0.025} + \frac{2}{3} \times \frac{2 \times 0.005}{12}$$

$$= 0.008\ 6 + 0.05 + 0.080 + 0.000\ 6 = 0.139$$

但断面流量

$$Q = \frac{A^{\frac{5}{2}}i^{\frac{1}{2}}}{nx^{\frac{2}{3}}} = \frac{10.0^{\frac{5}{2}} \times 0.000\ 40^{\frac{1}{2}}}{0.025 \times 12.0^{\frac{2}{3}}} = 7.08(m^3/s)$$

所以绝对误差

$$\Delta Q = Q|\varepsilon_Q| = 7.08 \times 0.139 = 0.98(m^3/s)$$

流量的变化范围为

$$Q = 7.08 \pm 0.98(m^3/s)$$

或者说流量 $Q$ 在 6.10 ~ 8.06 $m^3/s$ 的极限范围内变化。

## 二、几种常用函数的误差传递

### (一)直接测定值的和或差表示的函数

(1)函数 $Q = x \pm y$。

在函数 $Q = x \pm y$ 中,$x$,$y$ 是两个独立量,有

$$Q + \Delta Q = (x + \Delta x) \pm (y + \Delta y)$$

得

$$\Delta Q = \Delta x \pm \Delta y$$

如果对 $x$,$y$ 各进行 $n$ 次观测,则有

$$\Delta Q_1 = \Delta x_1 \pm \Delta y_1$$

$$\Delta Q_2 = \Delta x_2 \pm \Delta y_2$$

$$\vdots$$

$$\Delta Q_n = \Delta x_n \pm \Delta y_n \quad (n \to \infty)$$

将各式平方后，对等号两边各项分别求其平方和，再以 $n$ 除之，得

$$\frac{\Delta Q_1^2 + \Delta Q_2^2 + \cdots + \Delta Q_n^2}{n} = \frac{\Delta x_1^2 + \Delta x_2^2 + \cdots + \Delta x_n^2}{n} +$$

$$\frac{\Delta y_1^2 + \Delta y_2^2 + \cdots + \Delta y_n^2}{n} \pm \frac{2(\Delta x_1 \Delta y_1 + \Delta x_2 \Delta y_2 + \cdots + \Delta x_n \Delta y_n)}{n}$$

等号每边第三项可以忽略不计（理由前面已述及），得

$$\sum_{i=1}^{n} \frac{\Delta Q_i^2}{n} = \sum_{i=1}^{n} \frac{\Delta x_i^2}{n} + \sum_{i=1}^{n} \frac{\Delta y_i^2}{n}$$

即
$$\sigma_Q^2 = \sigma_x^2 + \sigma_y^2 \tag{8-22}$$

或
$$\sigma_Q = \pm \sqrt{\sigma_x^2 + \sigma_y^2}$$

至于 $Q$ 的相对均方差为

$$m_Q = \frac{\sigma_Q}{Q} = \frac{1}{x \pm y} \sqrt{\sigma_x^2 + \sigma_y^2} \tag{8-23}$$

由式(8-22)得出如下结论：两个自变量之和或差的均方差，均等于两个自变量均方差的平方和的平方根。

(2)函数 $X = x_1 \pm x_2 \pm x_3 \pm \cdots \pm x_n$。

$x_1, x_2, \cdots, x_n$ 为 $x$ 的独立观测值。设 $\sigma_{x_1}, \sigma_{x_2}, \cdots, \sigma_{x_n}$ 及 $\sigma_X$ 分别为自变量及函数的均方差。根据式(8-22)有

$$\sigma_X^2 = \sigma_{x_1}^2 + \sigma_{x_2}^2 + \cdots + \sigma_{x_n}^2 \tag{8-24}$$

(3)同精度观测和的均方差。

在作等精度观测时，函数的全部自变量都具有相同的均方差，即

$$\sigma_{x_1}^2 = \sigma_{x_2}^2 = \cdots = \sigma_{x_n}^2 = \sigma^2$$

所以同精度观测和的均方差为

$$\sigma_X^2 = n\sigma^2$$

或
$$\sigma_X = \pm \sigma \sqrt{n} \tag{8-25}$$

根据式(8-25)得出如下结论：即总和 $X$ 的均方差 $\sigma_X$，等于各个独立观测值的均方差 $\sigma$ 与独立观测次数的 $\sqrt{n}$ 的乘积。如作三等水准测量时，每 1 km 的均方误差允许为 ±12 mm，则测段路线的往返测闭合差为 $\pm 12\sqrt{K}$ 或 $\pm 12\sqrt{L}$。这里的 $K$、$L$ 为测段的千米数，即式(8-25)中的 $n$ 值。

水文测验中水尺零点高程的校测，往、返测的闭合差为 $\pm 3\sqrt{n}$（不平坦地方），或 $\pm 4\sqrt{n}$（平坦地方）。这里 3 或 4，即每一测站（仪器移动站数）的均方差 $\sigma$，$\sqrt{n}$ 中的 $n$ 就是仪器移动的站数。这些都是根据式(8-25)定出的。

(4)同精度观测和的相对均方差。

仿式(8-23)，得总和的相对均方差。

$$m_X = \frac{\sigma_X}{X}$$

则 $$\sigma_X^2 = X^2 m_X^2$$

由 $$m_X^2 = \frac{\sigma_X^2}{X^2} = \frac{1}{X^2}(x_1^2 m_{x_1}^2 + x_2^2 m_{x_2}^2 + \cdots + x_n^2 m_{x_n}^2)$$

在作等精度观测时,应有

$$m_{x_1} = m_{x_2} = m_{x_3} = \cdots = m_{x_n} = m$$

此时 $$m_X^2 = \frac{m^2}{X^2}(x_1^2 + x_2^2 + x_3^2 + \cdots + x_n^2)$$

当各次观测值也大致相等时,即:$x_1 \approx x_2 \approx x_3 \approx \cdots \approx x_n = \frac{X}{n}$,则

$$m_X^2 = \frac{m^2}{X^2} n (\frac{X}{n})^2 = \frac{m^2}{n}$$

所以 $$m_X = \frac{m}{\sqrt{n}} \tag{8-26}$$

即总和的相对均方差 $m_X$,等于同精度观测的相对均方差 $m$ 与 $\sqrt{n}$ 的比值。

在不同精度观测时,则总和的相对均方差有下列关系

$$\frac{m^2}{n} < m_X^2 \leqslant \frac{m^2}{n(\frac{\bar{x}}{x_i})} \tag{8-27}$$

令 $$a = \frac{\bar{x}}{x_i}, 则\ m_X = \frac{m}{\sqrt{an}} \tag{8-28}$$

即总和的相对均方差 $m_X$ 等于各独立观测值的相对均方差 $m$ 与 $\sqrt{an}$ 之比。式中的 $\frac{\bar{x}}{x_i} < a < 1.0$,$a$ 称为不等权系数,在水文测验中常取 $a = 0.8$,式(8-26)与式(8-28)为水文测验中测速垂线和测点精简分析时所用的误差公式。

**(二)直接测定值的积表示的函数**

设函数 $Q = xyzw$,现分别对 $x,y,z,w$ 加求一阶偏导数,得

$$\frac{\partial Q}{\partial x} = yzw, \frac{\partial Q}{\partial y} = xzw, \frac{\partial Q}{\partial z} = xyw, \frac{\partial Q}{\partial w} = xyz$$

代入式(8-18)中,得

$$(\Delta Q)^2 = (yzw\Delta x)^2 + (xzw\Delta y)^2 + (xyw\Delta z)^2 + (xyz\Delta w)^2$$

$$\Delta Q = \pm \sqrt{(yzw\Delta x)^2 + (xzw\Delta y)^2 + (xyw\Delta z) + (xyz\Delta w)^2}$$

两端同除以 $Q = xyzw$,得

$$\frac{\Delta Q}{Q} = \pm \sqrt{(\frac{\Delta x}{x})^2 + (\frac{\Delta y}{y})^2 + (\frac{\Delta z}{z})^2 + (\frac{\Delta w}{w})^2} \tag{8-29}$$

设 $\varepsilon_Q, \varepsilon_x, \varepsilon_y, \varepsilon_z, \varepsilon_w$ 分别为函数及各个自变量的相对误差,则式(8-29)可写成下列形式

$$\varepsilon_Q = \pm \sqrt{\varepsilon_x^2 + \varepsilon_y^2 + \varepsilon_z^2 + \varepsilon_w^2} \tag{8-30}$$

即函数 $Q$ 的相对误差 $\varepsilon_Q$ 等于各自变量的相对误差平方的总和再开方。

**（三）两直接测定值的商表示的函数**

设函数 $Q = \frac{x}{y}$，两端取对数，则得

$$\ln Q = \ln x - \ln y$$

微分后得

$$\frac{\mathrm{d}Q}{Q} = \frac{\mathrm{d}x}{x} - \frac{\mathrm{d}y}{y}$$

或

$$\frac{\Delta Q}{Q} = \frac{\Delta x}{x} - \frac{\Delta y}{y} \tag{8-31}$$

式(8-31)两端平方后，略去共差项，得

$$(\frac{\Delta Q}{Q})^2 = (\frac{\Delta x}{x})^2 + (\frac{\Delta y}{y})^2$$

或

$$\varepsilon_Q = \pm\sqrt{\varepsilon_x^2 + \varepsilon_y^2} \tag{8-32}$$

**（四）直接测定值的实数次幂表示的函数**

在水力学的堰流公式中，流量 $Q$ 与堰宽 $B$ 和水头 $H$ 的关系为

$$Q = CBH^{\beta} \tag{8-33}$$

式中：$C$ 为堰流系数；$\beta$ 为水头的指数，对于一般的堰，$\beta$ 取 3/2，V 形堰 $\beta$ 取 5/2。

对式(8-33)两端取对数，得

$$\ln Q = \ln C + \ln B + \beta\ln H$$

微分得

$$\frac{\mathrm{d}Q}{Q} = \frac{\mathrm{d}C}{C} + \frac{\mathrm{d}B}{B} + \beta\frac{\mathrm{d}H}{H}$$

或

$$\frac{\Delta Q}{Q} = \frac{\Delta C}{C} + \frac{\Delta B}{B} + \beta\frac{\Delta H}{H}$$

两端平方后略去共差项得

$$(\frac{\Delta Q}{Q})^2 = (\frac{\Delta C}{C})^2 + (\frac{\Delta B}{B})^2 + \beta(\frac{\Delta H}{H})^2$$

所以

$$\varepsilon_Q = \pm\sqrt{\varepsilon_C^2 + \varepsilon_B^2 + \beta\varepsilon_H^2} \tag{8-34}$$

这是计算量水堰常用的误差公式，一般用百分数表示。

**（五）观测值的算术平均值的均方差**

设

$$\bar{x} = \frac{1}{n}(x_1 + x_2 + x_3 + \cdots + x_n)$$

当 $x_1$，$x_2$，$x_3$，…，$x_n$ 含有误差 $\Delta x_1$，$\Delta x_2$，$\Delta x_3$，…，$\Delta x_n$ 时，则 $\bar{x}$ 也含有误差 $\Delta\bar{x}$，下列等式成立

$$\begin{aligned}\bar{x} + \Delta x &= \frac{1}{n}[(x_1 + \Delta x_1) + (x_2 + \Delta x_2) + \cdots + (x_n + \Delta x_n)] \\ &= \frac{1}{n}(x_1 + x_2 + x_3 + \cdots + x_n) + \frac{1}{n}(\Delta x_1 + \Delta x_2 + \Delta x_3 + \cdots + \Delta x_n)\end{aligned}$$

于是有

$$\bar{x} = \frac{1}{n}(\Delta x_1 + \Delta x_2 + \Delta x_3 + \cdots + \Delta x_n)\ (n\text{ 对某一固定系列,是常数})$$

$\Delta\bar{x}$ 为算术平均值的绝对误差。

仿式(8-23)推导,得均方差

$$\sigma_{\bar{x}}^2 = \frac{1}{n^2}(\sigma_{x_1}^2 + \sigma_{x_2}^2 + \sigma_{x_3}^2 + \cdots + \sigma_{x_n}^2) \tag{8-35}$$

若各次观测精度相同,则有

$$\sigma_{x_1}^2 = \sigma_{x_2}^2 = \sigma_{x_3}^2 = \cdots = \sigma_{x_n}^2 = \sigma^2$$

得同精度观测值的算术平均值的均方差公式为

$$\sigma_{\bar{x}}^2 = \frac{1}{n^2}n\sigma^2 = \frac{\sigma^2}{n}$$

即

$$\sigma_{\bar{x}} = \frac{\sigma}{\sqrt{n}} \tag{8-36}$$

上面误差传递公式的推导,都应用随机误差的基本特性3。因此,在应用这些公式时,应要求观测值都是相互独立的,并且只含有随机误差(或者由随机误差起主导作用)。显然这些要求在水文测验方面难以达到。例如,用流速仪测量流速就不能认为是独立的,由于水流脉动的影响,流速是随时间而波动的。其他水文要素的观测也不是严格独立的,但只要它们之间联系很弱,就可认为它们是独立的或无关的。对观测与观测之间(或试验之间)也可以人为地安排成独立状态,这样就能应用独立量的误差传递公式,分析问题也比较简单。

# 学习指导

## 一、本章小结

本章主要讨论了误差的来源及分类,介绍了误差的表示方法。着重分析了随机误差的统计特性及分布规律与系统误差发现方法,重点论述了误差的传播。

## 二、内容提要

### (一)误差的来源与分类

(1)误差的来源:有两个,一是原始误差,二是计算误差。

(2)误差的分类:三类,分别是过失误差、随机误差和系统误差。

(3)误差的表示方法:①绝对误差:$\Delta x = x - a$;②相对误差:$\varepsilon_a = \frac{\Delta x}{a} \times 100\%$。

### (二)随机误差

(1)随机误差的基本特性:随机误差是由为数众多而影响微小的因素造成的,这些因素对于测量结果的影响，还没有被认识，或者还没有被完全认识。因此，对这些因素的影响还不能加以控制，或者虽可以在一定程度内控制，但经济上并不合算。

随机误差的出现具有随机性，必须经过多次的重复测量，发现它所遵循的统计规律，借助概率论和数理统计学的原理来进行研究。

(2)随机误差的统计特性：

随机误差通常具有如下基本特性：

①绝对值相等的正负误差出现的机会相等。

②在一定的观测条件下，随机误差的绝对值不会超过某一上限。

③绝对值小的误差一般比绝对值大的误差出现的概率大，且误差越大往往出现的概率越小。

(3)随机误差的正态分布：设对某一固定量 $a$（真值）作等精度 $n$ 次测量，则测得值 $x$ 的概率密度函数为

$$f(x) = \frac{1}{\sqrt{2\pi}\sigma} e^{-\frac{(x-\bar{x})2}{2\sigma^2}}$$

式中：$x$ 为误差；参数 $\bar{x}$ 为误差系列的期望值；$\sigma$ 为系列的均方误。

(4)随机误差的非正态分布：随机误差的出现规律绝大多数服从正态分布。随着对误差研究的深入，人们发现在许多情况下，偶然误差的分布是非正态的。常见的非正态的误差分布有两类：

①均匀分布：在误差理论中，均匀分布的重要性并不亚于正态分布。对于不少误差，往往只能估计出其大致在某一范围 $\pm\Delta$ 之内，而对其分布完全不知，在此情况下，认为该误差在区间($-\Delta$，$\Delta$)内任一处出现的概率都相等(均匀分布)是合情合理的。

②三角形分布：其概率密度为

$$f(x) = \begin{cases} \frac{a+x}{a^2}, & -a < x < 0 \\ \frac{a-x}{a^2}, & 0 < x < a \end{cases}$$

**(三)系统误差**

(1)系统误差：系统误差具有一定规律性，其主要特点是在重复测量同一量时，系统误差不具有抵偿性，一般不能通过增加观测次数来消除，因此在测量过程中对它应特别注意。

(2)发现系统误差的方法。

①剩余误差观察法。当存在系统误差时，有

$$d_i \approx l_i - \bar{l}$$

式中：$\bar{l} = \frac{1}{n}\sum_{i=1}^{n} l_i$ 为系统误差的平均值；$d_i$ 为 $x_i$ 的残差。

该式说明，任一测量值的残差等于系统误差与系统误差平均值之差。

②剩余误差校核法。

$$\Delta \approx \sum_{i=1}^{k}(l_i - \bar{l}) - \sum_{i=k+1}^{n}(l_i - \bar{l})$$

若$\Delta$显著异于0,则测量中存在线性系统误差。

**(四)误差的传播**

1. 误差的传播

(1)函数的绝对误差。设$Q$为$n$个独立观测值$x, y, z, w, \cdots$的函数,则

$$(\Delta Q)^2 = (\frac{\partial Q}{\partial x}\Delta x)^2 + (\frac{\partial Q}{\partial y}\Delta y)^2 + (\frac{\partial Q}{\partial z}\Delta z)^2 + (\frac{\partial Q}{\partial w}\Delta w)^2 + \cdots$$

即函数$Q$的绝对误差的平方,等于每个自变量的一阶偏导数与相应自变量的绝对误差的乘积的平方和。

(2)函数的相对误差。函数的相对误差$\varepsilon_Q$为

$$\varepsilon_Q = \frac{\Delta Q}{Q} = \frac{\partial \ln Q}{\partial x}\Delta x + \frac{\partial \ln Q}{\partial y}\Delta y + \frac{\partial \ln Q}{\partial z}\Delta z + \frac{\partial \ln Q}{\partial w}\Delta w + \cdots$$

(3)函数的均方差

$$\sigma_Q^2 = (\frac{\partial Q}{\partial x})^2\sigma_x^2 + (\frac{\partial Q}{\partial y})^2\sigma_y^2 + (\frac{\partial Q}{\partial z})^2\sigma_z^2 + (\frac{\partial Q}{\partial w})^2\sigma_w^2 + \cdots$$

即一般函数的均方差的平方,等于函数对每个观测值的一阶偏导数与相应观测值均方差的乘积的平方和。

(4)函数的相对均方差

$$m_Q = \sqrt{(\frac{\partial \ln Q}{\partial x})^2\sigma_x^2 + (\frac{\partial \ln Q}{\partial y})^2\sigma_y^2 + (\frac{\partial \ln Q}{\partial z})^2\sigma_z^2 + (\frac{\partial \ln Q}{\partial w})^2\sigma_w^2 + \cdots}$$

2. 几种常用函数的误差传递

(1)直接测定值的和或差表示的函数

$$\sigma_Q = \pm\sqrt{\sigma_x^2 + \sigma_y^2}$$

即两个自变量之和或差的均方差,均等于两个自变量均方差的平方和的平方根。

(2)直接测定值的积表示的函数

$$\varepsilon_Q = \pm\sqrt{\varepsilon_x^2 + \varepsilon_y^2 + \varepsilon_z^2 + \varepsilon_w^2}$$

即函数$Q$的相对误差$\varepsilon_Q$等于各自变量的相对误差平方的总和再开方。

(3)两直接测定值的商表示的函数

$$\varepsilon_Q = \pm\sqrt{\varepsilon_x^2 + \varepsilon_y^2}$$

3. 观测值的算术平均值的均方差

设$\bar{x} = \frac{1}{n}(x_1 + x_2 + x_3 + \cdots + x_n)$,当$x_1, x_2, x_3, \cdots, x_n$含有误差$\Delta x_1, \Delta x_2, \Delta x_3, \cdots, \Delta x_n$时,则$\bar{x}$也含有误差$\Delta\bar{x}$,其均方差为

$$\sigma_{\bar{x}}^2 = \frac{1}{n^2}(\sigma_{x_1}^2 + \sigma_{x_2}^2 + \sigma_{x_3}^2 + \cdots + \sigma_{x_n}^2)$$

若各次观测精度相同,则其均方差为

$$\sigma_{\bar{x}}^2 = \frac{1}{n^2}n\sigma^2 = \frac{\sigma^2}{n}$$

即

$$\sigma_{\bar{x}} = \frac{\sigma}{\sqrt{n}}$$

# 习　题

**8-1**　设某矩形明渠的渠宽 $B=10$ m(无误差),水深 $y=(1.00\pm0.005)$m,糙率 $n=0.025\pm0.002$,渠底比降 $i=0.00040\pm0.00004$,试估算流量 $Q$ 的变化范围。($Q=\dfrac{A}{n}R^{\frac{2}{3}}i^{\frac{1}{2}}$,$A$ 为过水断面面积;$n$ 为糙率;$R$ 为水力半径,等于过水断面面积与湿周的比值;$i$ 为渠底比降)。

**8-2**　测定某正圆柱体的密度,公式为

$$D=\frac{M}{\frac{1}{4}\pi d^2 h}$$

式中:$M$ 为质量;$d$ 为底面直径;$h$ 为高。

试确定,为了使 $D$ 的相对误差 $\varepsilon_{D_0}\leqslant 0.06$,量测值 $M,d,h$ 的相对误差不应超过多少(假定 $\pi$ 无误差)?

# 第九章　随机过程简介

## 第一节　随机过程的基本概念

### 一、随机过程的定义

前面所研究的随机现象,基本上可用一个或几个随机变量来描述,但在许多实际问题中,常常需要研究某些随机现象的发展变化过程,这就需要研究一族随机变量。

例如,某水文站各年的日平均流量过程线可用图 9-1 来表示。

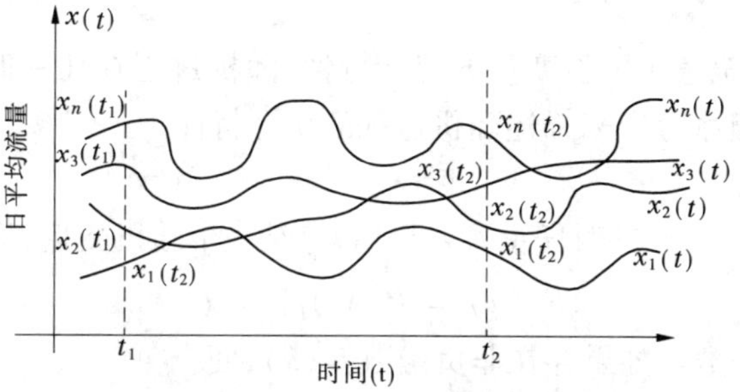


**图 9-1　某水文站日流量过程**

在图 9-1 中,$X(t)$表示某年 $t$ 时刻的日平均流量,设 $t=t_1$,则 $t_1$ 时刻各年的流量都不一样,$X(t_1)$是一个随机变量。再设 $t=t_2$,则 $t_2$ 时刻各年的流量都不一样,$X(t_2)$也是一个随机变量。所以,我们说随机过程是一族随机变量。另一方面,从横向看,是该水文站连续观测了一年得到的一条日平均流量过程线,这条曲线就称为随机过程 $X(t)$的一个现实反映,也称为样本函数,记为 $X(t)$。若观测了 20 年,就有 20 个样本函数 $x_i(t)$,$i=1$, $2,\cdots,20$。所有样本函数的全体称为样本空间。

从该例子可看出,$X(t)$是依赖于一个变动参数 $t$ 的一族随机变量,因此$\{X(t),t\in T\}$是 $t$ 的函数,称为随机函数,其中 $T$ 为参数 $t$ 的变化范围。随机函数$\{X(t),t\in T\}$简记为 $X(t)$。当 $t$ 只取离散数值时,便称 $X(t)$为随机序列或时间序列,常用$\{X(n),n=0,1,2,\cdots\}$或 $X_i(i=1,2,\cdots)$表示。在实际问题中,参数 $t$ 常常为时间,因此常称 $X(t)$为随机过程。当 $t$ 取不同值时,就有一串随机变量 $X(t_1)$,$X(t_2)\cdots$。习惯上称随机变量 $X(t_1)$为随机过程 $X(t)$在时刻 $t=t_1$ 的截口或称为随机过程在 $t=t_1$ 时的状态。

根据时间空间和状态空间的不同,随机过程分为下列四大类:

(1)连续型随机过程的状态和时间都是连续的。如某河流某断面水位过程。

(2)离散型随机过程的状态为离散型随机变量,而时间是连续的。如某电话交换站每天 $t$ 时刻以前接到的呼唤次数。

(3)连续型随机序列的状态为连续型随机变量,而时间是离散的。如某水文站日平均降水量。

(4)离散型随机序列的状态和时间都是离散的。如在某公交车站,每隔半小时统计一次上车人数。

随机过程的上述四种类型是根据状态参数和时间参数是连续还是离散进行分类的,若按照其统计性质是否随时间变化来分类,随机过程可分为平稳过程和非平稳过程。如果随机过程的统计性质不随时间的平移而变化,则称之为平稳过程,否则称为非平稳过程。

若将随机过程按照其不同时刻的状态之间的联系情况来分类,又可分为独立过程和非独立过程。各时刻的状态相互独立的随机过程称为独立随机过程;反之,称为非独立随机过程。

此外,若按照随机过程概率分布的型式进行分类,则可分为正态过程、泊松过程等。

## 二、随机过程的分布函数

分布函数完善地描述了随机变量的统计特性,随机过程在任一时刻的状态是一个随机变量,因此可以用概率分布来描述随机过程的统计特性。

### (一)一维分布

设随机过程$\{X(t),t\in T\}$对任意$t_1\in T$,$X(t_1)$是一个随机变量,称其分布

$$F_{t_1}(x)=P\{X(t_1)<x\} \tag{9-1}$$

为$X(t)$的一维分布函数。如果存在非负函数$f_{t_1}(x)$,使

$$F_{t_1}(x)=P\{X(t_1)<x\}=\int_{-\infty}^{x}f_{t_1}(x)\mathrm{d}x \tag{9-2}$$

成立,则称$f_{t_1}(x)$为$X(t)$的一维密度函数。

### (二)二维分布

设随机过程$\{X(t),t\in T\}$,对任意$t_1\in T,t_2\in T$,$X(t_1)$及$X(t_2)$是两个随机变量,称其联合分布函数

$$F_{t_1,t_2}(x_1,x_2)=P\{X(t_1)<x_1,X(t_2)<x_2\} \tag{9-3}$$

为$X(t)$的二维分布函数。如果存在非负函数$f_{t_1,t_2}(x_1,x_2)$,使

$$F_{t_1,t_2}(x_1,x_2)=\int_{-\infty}^{x_2}\int_{-\infty}^{x_1}f_{t_1,t_2}(x_1,x_2)\mathrm{d}x_1\mathrm{d}x_2 \tag{9-4}$$

成立,则称$f_{t_1,t_2}(x_1,x_2)$为$X(t)$的二维密度函数。

### (三)$n$维分布

设随机过程$\{X(t),t\in T\}$,对任意的$n$及任意$n$个时刻$t_1,t_2,\cdots,t_n\in T$,$X(t_1),X(t_2),\cdots,X(t_n)$是$n$个随机变量,称其联合分布函数为

$$F_{t_1,t_2,\cdots,t_n}(x_1,x_2,\cdots,x_n)=P\{X(t_1)<x_1,X(t_2)<x_2,\cdots,X(t_n)<x_n\} \tag{9-5}$$

为$X(t)$的$n$维分布函数。如果存在非负函数$f_{t_1,t_2,\cdots,t_n}(x_1,x_2,\cdots,x_n)$,使

$$F_{t_1,t_2,\cdots,t_n}(x_1,x_2,\cdots,x_n)=\int_{-\infty}^{x_n}\cdots\int_{-\infty}^{x_1}f_{t_1,t_2,\cdots,t_n}(x_1,x_2,\cdots,x_n)\mathrm{d}x_1\cdots\mathrm{d}x_n \tag{9-6}$$

成立，则称$f_{t_1,t_2,\cdots,t_n}(x_1,x_2,\cdots,x_n)$为$X(t)$的$n$维密度函数。

一维分布函数（或密度函数）描述了随机过程在各个孤立时刻的统计特性，二维分布函数（或密度函数）描述了随机过程在任意两个时刻的状态之间的统计关系，它比一维分布函数包含了随机过程的更多信息。一般地，$n$维分布函数（或密度函数）能近似地描述随机过程的统计特性，$n$越大，$n$维分布函数（或密度函数）描述随机过程的统计特性也越趋完善。分布函数族$\{F_{t_1}(x),F_{t_1,t_2}(x_1,x_2),\cdots,F_{t_1,t_2,\cdots,t_n}(x_1,x_2,\cdots,x_n)\cdots\}$（或密度函数）确定了随机过程的全部统计特性。

**【例9-1】** 设随机过程$X(t)=X\cos\omega t,(-\infty<t<+\infty)$，其中$\omega$为常数，$X\sim N(0,1)$，求$X(t)$的一维密度函数。

**解** 对于任意给定的参数$t_1$，$X(t_1)=X\cos\omega t_1$，是$X$的线性函数，因为$X$服从正态分布，$\omega$为常数，所以$X(t_1)$也服从正态分布。由于

$$E[X(t_1)]=\cos\omega t_1 E(X)=0$$

$$D[X(t_1)]=(\cos\omega t_1)^2 D(X)=\cos^2\omega t_1$$

所以$X(t_1)\sim N(0,\cos^2\omega t_1)$，即$X(t)$的一维密度函数为

$$f_{t_1}(x)=\frac{1}{\sqrt{2\pi}\cos\omega t_1}\mathrm{e}^{-\frac{x2}{2\cos2\omega t1}}\quad(-\infty<x<+\infty)$$

## 三、随机过程的数字特征

随机过程的分布函数族（或密度函数族）虽能完善地描述随机过程的统计特性，但要在实际应用中确定随机过程的分布函数（或密度函数）并加以分析往往比较困难，甚至是不可能的。而且在许多实际应用中，并不需要确定随机过程的分布函数（或密度函数），只要掌握它的某些数字特征就够了。这类似于以数字特征来描述随机变量的主要统计特性。随机过程的基本数字特征如下。

### （一）均值函数

对于随机过程$X(t)$，当$t$固定时，$X(t)$为一个随机变量，它的均值或数学期望一般与$t$有关（或是依赖于参数$t$的函数），称为随机过程$X(t)$的均值函数（简称均值），记为$m_X(t)$。则

$$m_X(t)=E[X(t)]\tag{9-7}$$

均值$m_X(t)$描述了随机过程$X(t)$在不同固定时刻$t$所取的理论均值，表示了随机过程$X(t)$在不同固定时刻的摆动中心（见图9-2）。

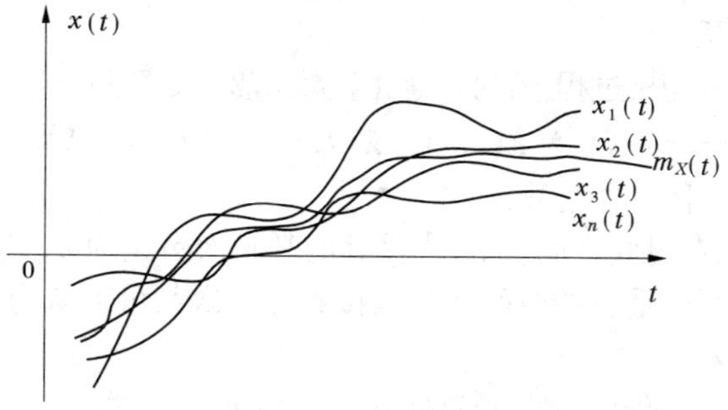


图9-2 随机过程围绕中心摆动的直观图

**(二)方差函数**

随机过程 $X(t)$ 的二阶中心矩,一般与 $t$ 有关,称为随机过程 $X(t)$ 的方差函数(简称方差),记为 $D_X(t)$。则

$$D_X(t) = E[X(t) - m_X(t)]^2 \tag{9-8}$$

方差的平方根 $\sigma_X(t) = \sqrt{D_X(t)}$ 称为随机过程 $X(t)$ 的均方差或标准差,它表示随机过程 $X(t)$ 在时刻 $t$ 对于均值 $m_X(t)$ 的偏离程度。如图 9-2 所示。

均值和方差是描述随机过程 $X(t)$ 在各个孤立时刻统计特征的重要数字特征。

**(三)相关函数和协方差函数**

若 $X(t_1)$ 及 $X(t_2)$ 为随机过程 $X(t)$ 在任意两个时刻 $t_1 \in T, t_2 \in T$ 的两个截口,定义

$$R_X(t_1,t_2) = E[X(t_1)X(t_2)] \tag{9-9}$$

$$C_X(t_1,t_2) = \mathrm{Cov}[X(t_1),X(t_2)] = E\{[X(t_1) - m_X(t_1)][X(t_2) - m_X(t_2)]\} \tag{9-10}$$

式中:$R_X(t_1,t_2)$ 和 $C_X(t_1,t_2)$ 分别为随机过程 $X(t)$ 的相关函数(或自相关函数)和协方差函数(或协方差函数)。它反映了随机过程 $X(t)$ 自身在 $t_1$ 与 $t_2$ 两个时刻状态之间的线性依赖关系的程度。

特别地,当 $t_1 = t_2 = t$ 时,则

$$R_X(t,t) = E[X(t)X(t)] = E[X^2(t)] = \psi_X^2(t)$$

$$C_X(t,t) = \mathrm{Cov}[X(t),X(t)] = E[X(t) - m_X(t)]^2 = D_X(t)$$

式中:$\psi_X^2(t)$ 称为随机过程 $X(t)$ 的均方值。

**(四)互相关函数和互协方差函数**

若 $X(t)$ 及 $Y(t)$ 是两个随机过程,对任意两个时刻 $t_1 \in T, t_2 \in T$,定义

$$R_{XY}(t_1,t_2) = E[X(t_1)Y(t_2)] \tag{9-11}$$

$$C_{XY}(t_1,t_2) = E\{[X(t_1) - m_X(t_1)][Y(t_2) - m_Y(t_2)]\} \tag{9-12}$$

式中:$R_{XY}(t_1,t_2)$ 和 $C_{XY}(t_1,t_2)$ 分别为随机过程 $X(t)$ 和 $Y(t)$ 的互相关函数和互协方差函数。

如果对任意的 $t_1,t_2 \in T$,有 $R_{XY}(t_1,t_2) = 0$,则称随机过程 $X(t)$ 和 $Y(t)$ 互不相关。

注意:若随机过程 $X(t)$ 和 $Y(t)$ 相互独立,则 $X(t)$ 和 $Y(t)$ 一定互不相关;反之不一定成立。但对于两个正态随机过程来讲,相互独立与不相关是等价的。

## 四、几种重要的随机过程简介

**(一)独立增量过程**

设 $\{X(t), t \in T\}$ 为一随机过程,若对任意正整数 $n$ 及 $t_i \in T, (i = 1,2,\cdots,n)$, $t_1 < t_2 < \cdots < t_n$,随机变量的增量 $X(t_2) - X(t_1), X(t_3) - X(t_2), \cdots, X(t_n) - X(t_{n-1})$ 相互独立,则称 $X(t)$ 为独立增量过程,又称可加过程。

例如,某电话总机在时间区间 $[0,t]$ 内接到的呼唤次数记为 $X(t)$,则 $X(t)$ 是一个独立增量过程。因为它在不相重叠的时间区间内接到呼唤次数可以认为是相互独立的。

**(二)正态随机过程**

设 $\{X(t), t \in T\}$ 为一随机过程,若对任意正整数 $n$ 及任意的 $t_i \in T(i = 1,2,\cdots,n)$,随机变量 $X(t_1), X(t_2), \cdots, X(t_n)$ 的联合分布是 $n$ 维正态分布,则称 $X(t)$ 为正态随机过程。

**（三）维纳过程**

如果随机过程$\{X(t),t\in T\}$满足下述三个条件，则其称为维纳过程。

(1)$X(0)=0$；

(2)$X(t)$是平稳独立增量过程，即$X(t)$是独立增量过程，且对任意的$0\leqslant t_1<t_2<+\infty$及任意实数$h>0$，随机变量$X(t_2)-X(t_1)$与$X(t_2+h)-X(t_1+h)$同分布；

(3)对任何实数$t>0$，$X(t)$服从正态分布$N(0,\sigma^2 t)$。

# 第二节　自相关和互相关系数的估算

## 一、自相关系数估算

自相关分析是研究水文序列内部线性相依性质的统计技术。常用自相关系数和自相关图研究这种性质。

由实测样本序列$x_t$(其容量为$n$)估计的自相关系数$r_k$为

$$r_k=\frac{\hat{C}_k}{\hat{\sigma}_t\hat{\sigma}_{t+k}} \tag{9-13}$$

其中，样本的协方差$\hat{C}_k$和均方差$\hat{\sigma}_t$，$\hat{\sigma}_{t+k}$分别用下列各式计算

$$\begin{cases}\hat{C}_k=\dfrac{1}{n-k}\displaystyle\sum_{i=1}^{n-k}(x_t-\bar{x}_t)(x_{t+k}-\bar{x}_{t+k})\\ \hat{\sigma}_t=\sqrt{\dfrac{1}{n-k}\displaystyle\sum_{t=1}^{n-k}(x_t-\bar{x}_t)^2}\\ \hat{\sigma}_{t+k}=\sqrt{\dfrac{1}{n-k}\displaystyle\sum_{t=1}^{n-k}(x_{t+k}-\bar{x}_{t+k})^2}\end{cases} \tag{9-14}$$

其中

$$\bar{x}_t=\frac{1}{n-k}\sum_{t=1}^{n-k}x_t$$

$$\bar{x}_{t+k}=\frac{1}{n-k}\sum_{t=1}^{n-k}x_{t+k}$$

当样本$n$较大，而$k$较小时，$\dfrac{n}{n-k}\to 1$，且$\bar{x}_t$和$\bar{x}_{t+k}$都可近似用样本均值$\bar{x}=\dfrac{1}{n}\sum\limits_{t=1}^{n}x_t$代替。于是自相关系数$r_k$可简化为

$$r_k=\frac{\displaystyle\sum_{t=1}^{n-k}(x_t-\bar{x})(x_{t+k}-\bar{x})}{\displaystyle\sum_{t=1}^{n}(x_t-\bar{x})^2} \tag{9-15}$$

自相关系数$r_k$随时移(滞时)$k(k=0,1,2,\cdots)$而变化的图形，称为样本自相关图，(简称自相关图)，可表示成一条折线，如图9-3所示。

**【例9-2】** 某站1984～2003年历年径流资料系列见表9-1中第(2)列，试计算该站年径流系列的自相关系数$r_k(k=0,1,2,3,4,5)$。

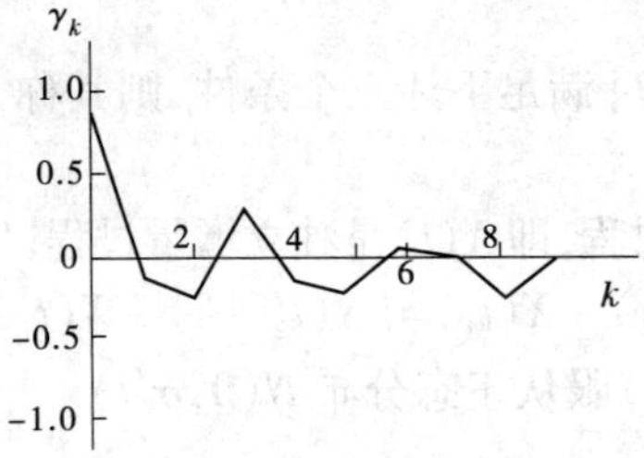


**图 9-3　某站年径流序列自相关图**

**解**　当 $k=0$ 时

计算步骤为：

(1)计算该系列的平均值 $\overline{Q}=\frac{1}{n}\sum Q_t=\frac{1}{20}\times 4\,088=204.4(m^3/s)$。

(2)计算各年平均流量距平 $Q'_t=Q_t-\overline{Q}$，结果列于表 9-1 中第(3)列。

(3)计算 $Q'_tQ'_t$ 列于表 9-1 第(4)列，并求出总和 $\sum Q'_tQ'_t=28\,774.8$。

(4)按式(9-15)计算 $r_0$

$$r_0=\frac{\frac{1}{n}\sum Q'_tQ'_t}{\frac{1}{n}\sum(Q'_t)^2}=\frac{28\,774.8}{28\,774.8}=1.0$$

当 $k=1$ 时

计算步骤为：

(1)计算 $Q'_{t+1}$。将表 9-1 中第(3)列数据去掉第 1 个后剩余部分按顺序移到表 9-1 中第(5)列。

(2)计算 $Q'_tQ'_{t+1}$ 列于表 9-1 中第(6)列，并求和 $\sum Q'_tQ'_{t+1}=-5\,215.56$。

(3)按式(9-15)计算 $r_1$

$$r_1=\frac{\frac{1}{n-1}\sum Q'_tQ'_{t+1}}{\frac{1}{n}\sum(Q'_t)^2}=\frac{-5\,215.56/19}{28\,774.8/20}=-0.191$$

同理可求出

$$r_2=\frac{\frac{1}{n-2}\sum Q'_tQ'_{t+2}}{\frac{1}{n}\sum(Q'_t)^2}=\frac{-529.32/18}{28\,774.8/20}=-0.021$$

$$r_3=\frac{\frac{1}{n-3}\sum Q'_tQ'_{t+3}}{\frac{1}{n}\sum(Q'_t)^2}=\frac{-3\,800.88/17}{28\,774.8/20}=-0.155$$

$$r_4=\frac{\frac{1}{n-4}\sum Q'_tQ'_{t+4}}{\frac{1}{n}\sum(Q'_t)^2}=\frac{-4\,008.24/16}{28\,774.8/20}=-0.174$$

表 9-1 相关函数计算表

（单位：$m^3/s$）

| 年份 | 年平均流量 $Q_t$ | 年平均流量距平 $Q'_t$ | $k=0$ | $k=1$ | | $k=2$ | | $k=3$ | | $k=4$ | | $k=5$ | |
|---|---|---|---|---|---|---|---|---|---|---|---|---|---|
| | | | $Q'_tQ'_t$ | $Q'_{t+1}$ | $Q'_tQ'_{t+1}$ | $Q'_{t+2}$ | $Q'_tQ'_{t+2}$ | $Q'_{t+3}$ | $Q'_tQ'_{t+3}$ | $Q'_{t+4}$ | $Q'_tQ'_{t+4}$ | $Q'_{t+5}$ | $Q'_tQ'_{t+5}$ |
| (1) | (2) | (3) | (4) | (5) | (6) | (7) | (8) | (9) | (10) | (11) | (12) | (13) | (14) |
| 1984 | 166 | -38.4 | 1 474.56 | 17.6 | -675.84 | 9.6 | -368.64 | -41.4 | 1 589.76 | -21.4 | 821.76 | 49.6 | -1 904.64 |
| 1985 | 222 | 17.6 | 309.76 | 9.6 | 168.96 | -41.4 | -728.64 | -21.4 | -376.64 | 49.6 | 872.96 | 6.6 | 116.16 |
| 1986 | 214 | 9.6 | 92.16 | -41.4 | -397.44 | -21.4 | -205.44 | 49.6 | 476.16 | 6.6 | 63.36 | 61.6 | 591.36 |
| 1987 | 163 | -41.4 | 1 713.96 | -21.4 | 885.96 | 49.6 | -2 053.44 | 6.6 | -273.24 | 61.6 | -2 550.24 | -30.4 | 1 258.56 |
| 1988 | 183 | -21.4 | 457.96 | 49.6 | -1 061.44 | 6.6 | -141.24 | 61.6 | -1 318.24 | -30.4 | 650.56 | -15.4 | 329.56 |
| 1989 | 254 | 49.6 | 2 460.16 | 6.6 | 327.36 | 61.6 | 3 055.36 | -30.4 | -1 507.84 | -15.4 | -763.84 | -35.4 | -1 755.84 |
| 1990 | 211 | 6.6 | 43.56 | 61.6 | 406.56 | -30.4 | -200.64 | -15.4 | -101.64 | -35.4 | -233.64 | -62.4 | -411.84 |
| 1991 | 266 | 61.6 | 3 794.56 | -30.4 | -1 872.64 | -15.4 | -948.64 | -35.4 | -2 180.64 | -62.4 | -3 843.84 | 13.6 | 837.76 |
| 1992 | 174 | -30.4 | 924.16 | -15.4 | 468.16 | -35.4 | 1 076.16 | -62.4 | 1 896.96 | 13.6 | -413.44 | 43.6 | -1 325.44 |
| 1993 | 189 | -15.4 | 237.16 | -35.4 | 545.16 | -62.4 | 960.96 | 13.6 | -209.44 | 43.6 | -671.44 | -5.4 | 83.16 |
| 1994 | 169 | -35.4 | 1 253.16 | -62.4 | 2 208.96 | 13.6 | -481.44 | 43.6 | -1 543.44 | -5.4 | 191.16 | -15.4 | 545.16 |

续表 9-1

| 年份 | 年平均流量 $Q_t$ | 年平均流量距平 $Q'_t$ | $k=0$ | $k=1$ | | $k=2$ | | $k=3$ | | $k=4$ | | $k=5$ | |
|---|---|---|---|---|---|---|---|---|---|---|---|---|---|
| | | | $Q'_tQ'_t$ | $Q'_{t+1}$ | $Q'_tQ'_{t+1}$ | $Q'_{t+2}$ | $Q'_tQ'_{t+2}$ | $Q'_{t+3}$ | $Q'_tQ'_{t+3}$ | $Q'_{t+4}$ | $Q'_tQ'_{t+4}$ | $Q'_{t+5}$ | $Q'_tQ'_{t+5}$ |
| (1) | (2) | (3) | (4) | (5) | (6) | (7) | (8) | (9) | (10) | (11) | (12) | (13) | (14) |
| 1995 | 142 | -62.4 | 3 893.76 | 13.6 | -848.64 | 43.6 | -2 720.64 | -5.4 | 336.96 | -15.4 | 960.96 | -7.4 | 461.76 |
| 1996 | 218 | 13.6 | 184.96 | 43.6 | 592.96 | -5.4 | -73.44 | -15.4 | -209.44 | -7.4 | -100.64 | 43.6 | 592.96 |
| 1997 | 248 | 43.6 | 1 900.96 | -5.4 | -235.44 | -15.4 | -671.44 | -7.4 | -322.64 | 43.6 | 1 900.96 | -47.4 | -2 066.64 |
| 1998 | 199 | -5.4 | 29.16 | -15.4 | 83.16 | -7.4 | 39.96 | 43.6 | -235.44 | -47.4 | 255.96 | 74.6 | -402.84 |
| 1999 | 189 | -15.4 | 237.16 | -7.4 | 113.96 | 43.6 | -671.44 | -47.4 | 729.96 | 74.6 | -1 148.84 | | |
| 2000 | 197 | -7.4 | 54.76 | 43.6 | -322.64 | -47.4 | 350.76 | 74.6 | -552.04 | | | | |
| 2001 | 248 | 43.6 | 1 900.96 | -47.4 | -2 066.64 | 74.6 | 3 252.56 | | | | | | |
| 2002 | 157 | -47.4 | 2 246.76 | 74.6 | -3 536.04 | | | | | | | | |
| 2003 | 279 | 74.6 | 5 565.16 | | | | | | | | | | |
| 合计 | 4 088 | | 28 774.8 | | -5 215.56 | | -529.32 | | -3 800.88 | | -4 008.24 | | -3 050.8 |
| 平均 | 204.4 | | 1 438.74 | | -274.503 | | -29.406 7 | | -223.581 | | 250.515 | | -203.387 |

$$r_5 = \frac{\frac{1}{n-5}\sum Q'_t Q'_{t+5}}{\frac{1}{n}\sum (Q'_t)^2} = \frac{-3\ 050.8/15}{28\ 774.8/20} = -0.141$$

## 二、互相关系数估算

由实测样本序列 $x_t$ 和 $y_t$（其容量为 $n$）估计的互相关系数 $r_k(x,y)$ 为

$$r_k(x,y) = \frac{\hat{C}_k(x,y)}{\hat{\sigma}_{yx}\hat{\sigma}_y} \tag{9-16}$$

式中：$\hat{C}_k(x,y)$、$\hat{\sigma}_x\hat{\sigma}_y$ 分别为样本序列 $x_t$ 和 $y_t$ 的协方差和均方差。当容量为 $n$ 较大时，可用式(9-17)计算互相关系数 $r_k(x,y)$

$$r_k(x,y) = \frac{\sum_{t=1}^{n-k}(x_t - \bar{x})(x_{t+k} - \bar{y})}{\left[\sum_{t=1}^{n}(x_t - \bar{x})^2 \sum_{t=1}^{n}(y_t - \bar{y})^2\right]^{\frac{1}{2}}} \tag{9-17}$$

式中：$\bar{x}$,$\bar{y}$ 分别为样本序列 $x_t$ 和 $y_t$ 的均值。

互相关系数 $r_k(x,y)$ 随时移（滞时）$k$（$k=0,\ \pm1,\ \pm2,\cdots$）而变化的图形，称为样本互相关图（简称互相关图）（见图 9-4）。对 $r_k=0$，互相关系数 $r_0(x,y)$ 是普通相关系数。即通常两个序列相关的情形。互相关图对于 $r_k=0$ 并不对称，因为 $r_k(x,y)$ 和 $r_{-k}(x,y)$ 是不相同的。序列 $x_t$ 和 $y_t$ 时移 $k$ 的互相关系数 $r_k(x,y)$ 等于序列 $x_t$ 和 $y_t$ 时移 $-k$ 的互相关系数 $r_{-k}(y,x)$，即 $r_k(x,y)=r_{-k}(y,x)$。在水文中最大绝对值 $|r_k(x,y)|$ 常常不在 $r_k=0$ 处，而是移至某一个 $k_0$ 值处。当一个随机变量在时间上先于另一个随机变量时会遇到这种情形，如最大降雨强度先于洪峰流量。$k_0$ 愈大，预见期愈长。

9-4　某站月降水量(流域平均值)和月径流量互相关图

# 第三节　平稳随机过程

在实际问题中，经常遇到一类重要的随机过程，它的统计特性不随时间的推移而改变，这样的随机过程称为平稳随机过程，简称平稳过程。例如飞机在某高度飞行，在不同时刻随机波动的统计特性基本保持不变，因此可看做其是平稳的。还有无线电中的噪声、军舰在海上的颠簸过程等都是平稳过程。一般来说，当产生随机现象的一切主要条件可视为不随时间的推移而改变时，常把它看做是平稳的。

## 一、平稳随机过程的定义

设随机过程$\{X(t),t\in T\}$的一、二阶矩均存在,且满足:

(1)均值函数为常数,即$E[X(t)]=m_X$(常数);

(2)相关函数$R_X(t_1,t_2)$仅依赖于$\tau=t_2-t_1$。即$R_X(t_1,t_2)=E[X(t_1)X(t_2)]=R_X(\tau)$则称$X(t)$为弱平稳过程或广义平稳过程。这就是说,一个弱平稳过程或广义平稳随机过程,它的数学期望、方差不随时间变化,相关函数只是它们时间间隔$\tau=t_2-t_1$的函数,而与$t$无关。

今后如无特别说明,所讨论的平稳过程均指弱平稳过程。

## 二、平稳随机过程的特点

从定义可知,平稳随机过程具有两个特点:

(1)它的样本值$x(t)$围绕在一个水平线附近作均匀地随机摆动;

(2)两个不同时刻的统计相关关系只是时间间隔$\tau$的函数,与起点无关。

## 三、平稳随机过程自相关函数和互相关函数的性质

### (一)自相关函数的性质

设$\{X(t),t\in T\}$是平稳随机过程,其自相关函数记为$R_X(\tau)=R_X(t,t+\tau)$,它有如下性质:

(1)$R_X(0)\geqslant 0$;

(2)$|R_X(\tau)|\leqslant R_X(0)$;

(3)$R_X(\tau)=R_X(-\tau)$。

由此可见,自相关函数是有界的偶函数。

### (二)互相关函数的性质

设$X(t)$与$Y(t)$为两个平稳相关的随机过程,其相关函数为$R_{XY}(\tau)$,则$R_{XY}(\tau)$具有如下性质:

(1)$R_{XY}(0)=R_{YX}(0)$;

(2)$R_{XY}(\tau)=R_{YX}(-\tau)$;

(3)$R_{XY}^2(\tau)\leqslant R_X(0)R_Y(0)$。

### (三)各态历经性

用随机过程的理论来处理或描述一个物理系统,要首先知道它的统计特征。但是,在水文上,实测资料系列仅仅是一个时间有限的样本函数,因此提出这样一个问题:即假若已有一个平稳随机过程$x(t)$,能否通过它来求取总体的数学期望、方差和相关函数。为此,需要引入各态历经的概念。在介绍各态历经的概念之前,先介绍两类平均的概念。

设在$l$次独立试验过程中,得到$l$个随机过程$X(t)$的样本函数$x_1(t),x_2(t),\cdots,x_l(t)$,以等距时间间隔$\Delta t$将$x_i(t)$进行数字离散化处理,就得到1个序列,见表9-2。在表9-2中,横行所求得的平均$m$为时间平均,而纵列所求得的平均$m^*(t)$称为统计平均(又称集平均)。显然,当总体特征值随时间$t$变化时,是无法用时间平均来代替统计平均的。但一个平稳随机过程,它的均值、方差和相关函数与$t$无关。因此,如果样本函数经

历的时间相当长，它包含了总体序列所有可能出现的各种值，则可以用时间平均代替统计平均。一个平稳随机过程 $X(t)$ 如果可以用时间平均来代替它的统计平均，则称该随机过程具有各态历经性或遍历性；反之，若有一个各态历经的平稳过程，则必有 $m^*(t)=m$。具有遍历性的随机过程，可以认为它的各个样本函数都经历了各种可能状态，如图 9-5 所示。因此，任何一个样本函数都能充分地反映过程的全部统计性质，只要研究一个样本函数，就可以得到随机过程的全部信息。所以，只要具有随机过程的一个观测时间较长的样本函数，就可以用其关于时间的平均值作为该过程相应的统计平均。

**表 9-2 某试验样本值离散化处理**

| 时间 $t$ | 1 | 2 | … | $n$ | 平均值 $m$ |
|---|---|---|---|---|---|
| $x_1(t)$ | $x_{11}$ | $x_{12}$ | … | $x_{1n}$ | $m_1$ |
| $x_2(t)$ | $x_{21}$ | $x_{22}$ | … | $x_{2n}$ | $m_2$ |
| ⋮ | ⋮ | ⋮ | | ⋮ | ⋮ |
| $x_l(t)$ | $x_{l1}$ | $x_{l2}$ | … | $x_{ln}$ | $m_l$ |
| 平均值 $m^*(t)$ | $m^*(1)$ | $m^*(2)$ | … | $m^*(l)$ | |

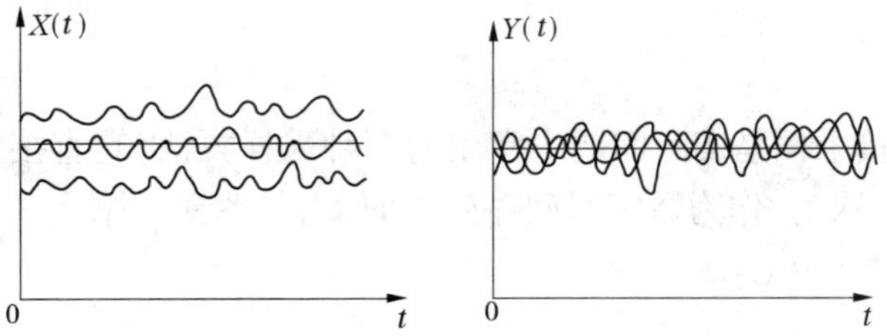


(a)非各态历经随机过程　　(b)各态历经随机过程

**图 9-5 随机过程各态历经性示意图**

在实际工作中，经常把一个平稳随机过程的各态历经性质称为“假设”。尽管在数学上可以给出这一假设存在的严格条件，但在许多实际问题中，要证明这一条件能否成立是十分困难的。因此，在实际应用中都是根据直观和经验作出这一假设而不再作进一步的讨论或验证。此外，还要指出的是，必须把一个随机过程的平稳性和各态历经性加以区别，一个各态历经的过程必然是平稳的，但一个平稳过程不一定具有各态历经性。

## 四、数字时间序列

### (一)数字时间序列的概念

如果对某一个随机过程 $X(t)$ 进行测量，得到一组依时间先后排列的测量数据 $x(t_1)$，$x(t_2)$，…，$x(t_n)$，这一组数据就叫做一个数字时间序列。

例如，在某一条河流上某一断面处对流量进行观测，那么可得到一组以时间先后排列的数据 $Q(t_1)$，$Q(t_2)$，…，$Q(t_n)$，这一组数据就是一个水文时间序列。

一般而言，如果对一个随机过程 $X(t)$ 进行测量，在时间 $t_1<t_2<\cdots<t_n$ 上以时间 $t$ 为

自变量的离散化数字有序集合 $x(t_1), x(t_2), \cdots, x(t_n)$，一般称其数字时间序列。

根据实际问题的要求和数学计算处理上的方便，通常只讨论在等距离时间间隔 $\Delta t$ 上取值的数字时间序列为

$$x_1, x_2, \cdots, x_n$$

其中

$$x_n = x(t_n) = x(t_0 + n\Delta t)$$

式中：$t_0$ 为测量开始的时间；$\Delta t$ 为时间间隔。

**（二）时间序列的采样**

在许多实际问题中，测量记录常常是以时间 $t$ 为自变量的连续曲线，如水文站的自记水位曲线等。为了对时间序列进行统计分析，必须把实测的连续曲线进行等距离的离散化。把随机过程的现实 $x(t)$ 离散数字化的过程称为时间序列的采样。

在时间序列 $x(t)$ 的采样过程中，选取不同的采样时间间隔 $\Delta t$，可以得到不同的数字时间序列。因而合理地选取采样的时间间隔 $\Delta t$，使经过采样处理后得到的数字时间序列能如实地反映时间序列 $x(t)$ 的统计特征是一个重要问题。一般来讲，选取的 $\Delta t$ 愈小，则损失的信息量也愈小，但随着 $\Delta t$ 的变化，采样和统计处理的数据量无疑会大大增加，从而增加了实际处理过程中的困难。所以，实际采样时，大多是根据经验、直观和实际问题的要求，在损失信息量和统计处理数据量 $n$ 之间进行合理的权衡，以便最终能选到适宜的采样时间间隔 $\Delta t$。在 $\Delta t$ 给定时，根据问题的要求，可选用不同的采样方法，常用的采样方法有以下几种。

1. 直接采样

时间序列的直接采样是实际问题中常用的一种采样方法，它直接在实测的连续曲线 $x(t)$ 的 $t_0 + n\Delta t$ 点上取值，作为数字时间序列中的 $x_n$，如图 9-6 所示。

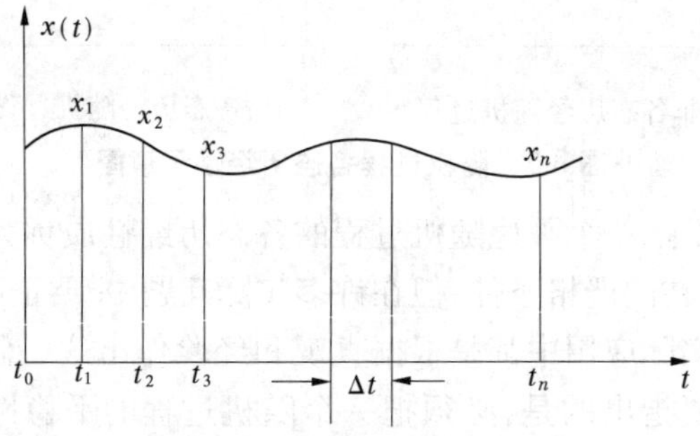


图 9-6 直接采样示意图

2. 累积采样

给出采样时间间隔 $\Delta t$，把 $x(t)$ 在 $[t_0 + (n-1)\Delta t, t_0 + n\Delta t]$ 上的累积值取为数字时间序列的采样值 $x_n$，如某站的月降水量序列、年径流量序列等都是用累积采样给出来的实例。

3. 特征采样

给出采样时间时隔 $\Delta t$，按照预先约定的规则，选取 $x(t)$ 在 $[t_0 + (n-1)\Delta t, t_0 + n\Delta t]$ 上的特征值，如最大值、最小值、平均值等。如某站年最高水位序列、年平均流量序列等。

# 第四节　非平稳序列

## 一、非平稳序列概述

在实际应用中,非常广泛的一类时间序列是非平稳的,也就是说,它的统计性质是随时间 $t$ 而变化的。在水文问题中,经常碰到的大多数时间序列是非平稳的。因此,对非平稳时间序列进行分析有着很大的意义。

如前所述,一个平稳时间序列,它的数学期望不随时间而改变;它的自相关函数 $R(t)$ 也只是时间间隔 $\tau$ 的函数而与时间 $t$ 无关。这两个特点只要有一个不能满足,就形成一个非平稳时间序列。图 9-7、图 9-8、图 9-9 分别给出了不同类型非平稳序列的例子:第一类是数学期望随时间改变,第二类是方差随时间改变,第三类是数学期望与方差均随时间改变。

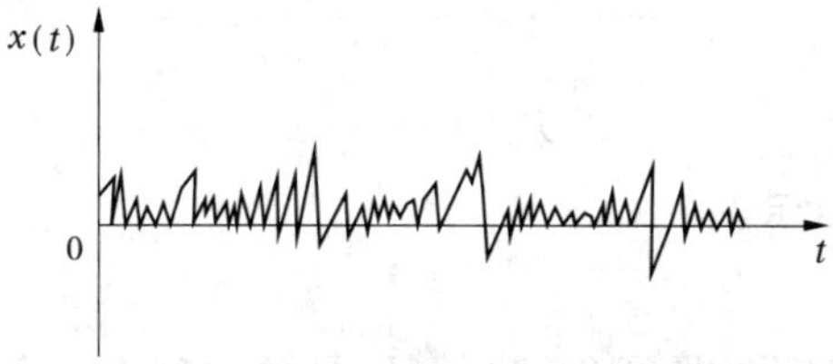


**图 9-7　数学期望随时间改变图**

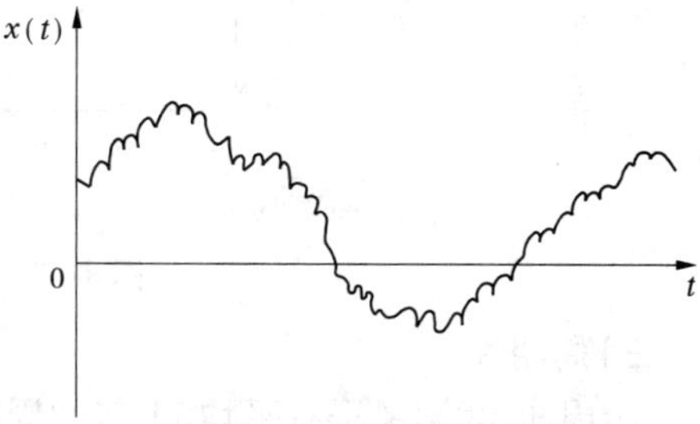


**图 9-8　方差随时间改变图**

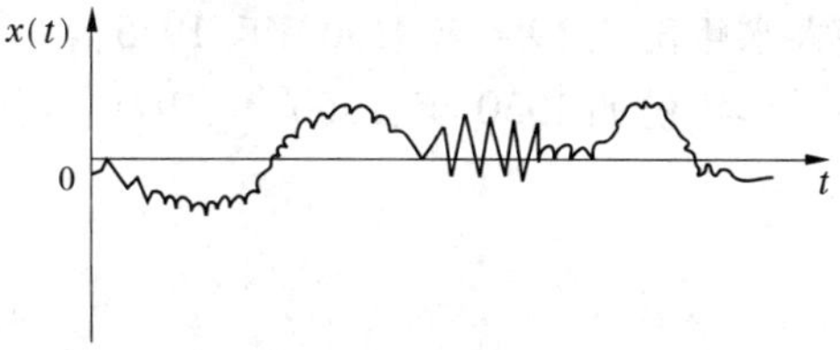


**图 9-9　数学期望与方差均随时间改变图**

## 二、非平稳序列的特征

非平稳序列的统计性质是随时间 $t$ 而变化的,但在某一时间区间内表现出如下特征。

### (一)趋势性

非平稳序列在某一时间区间内随时间有向上或向下波动的趋势(见图 9-10)。如水文要素序列由于下垫面情况渐变(如植树造林、水土保持或森林破坏、水土流失)就会造成这种结果,也可能是由大气候的系统变化形成的。

### (二)突变性

如水文现象在某一年代前后发生了突变,如图 9-11 所示。这可能是由于这些年代集中地修建了许多水利工程,或这些年代中由自然突变或人为影响,下垫面情况发生了突然变化引起的。

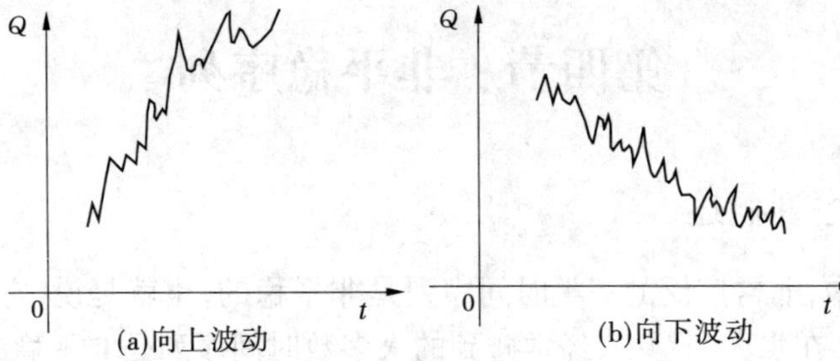


**图 9-10　趋势性示意图**

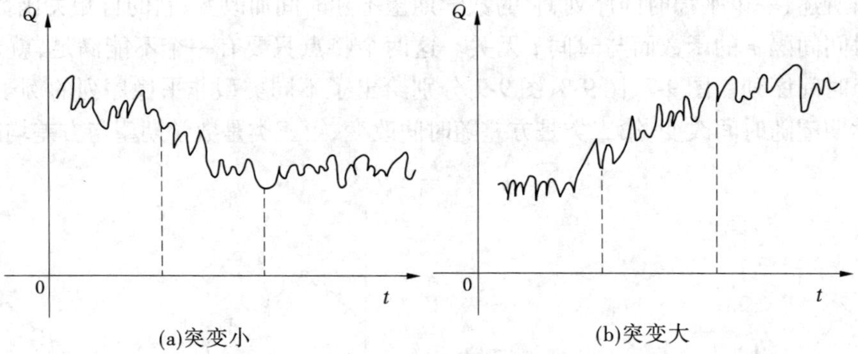


**图 9-11　突变性示意图**

**(三)周期性**

众所周知,太阳黑子有平均 11 年的周期性变化(见图 9-12)特征,导致地球上的水文气象现象发生变化。

据分析,我国的一些大水年份如 1954 年、1963 年、1975 年等都是太阳活动 11 年周期中的低值年份,反之一些大旱年份如 1950 年、1960 年、1971 年、1972 年等都是 11 年周期中的高值年份。

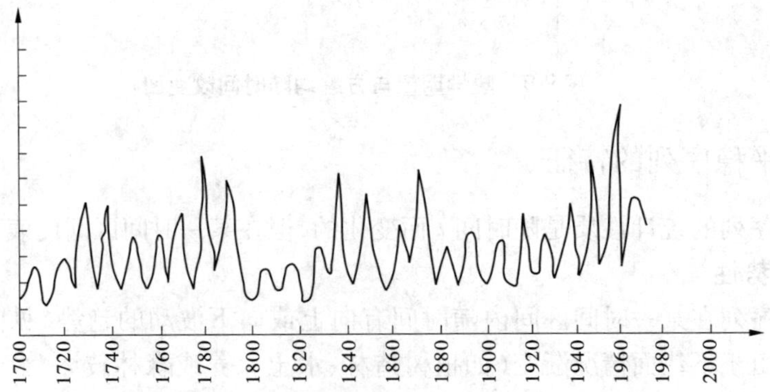


**图 9-12　太阳黑子变化周期示意图**

## 三、非平稳序列的处理

到目前为止,还没有分析各类非平稳数据的完整方法,其部分原因是非平稳性的结论是从反面论述的，即论述了平稳性不能满足，而没有从正面定义非平稳的特征。在实际问题中，常把非平稳过程经过适当的变换，使之可用平稳过程来表示。这种经变换后的非平稳过程 $X(t)$ 称为准平稳过程，以此作为实际物理过程的近似。常用的处理非平稳时间序列的方法有参数方法与差分方法两种。

# 学习指导

## 一、本章小结

本章先介绍了随机过程的定义、分布函数、数字特征等基本概念。接着较详细地介绍了随机过程自相关和互相关系数的估算方法。接着简要介绍了平稳随机过程和非平稳随机过程的基本概念。

## 二、内容提要

### （一）随机过程的定义

当随机函数随时间 $t$ 连续地取有限区间内的值时，称此随机函数为随机过程。而随机函数随时间 $t$ 取离散值称为随机序列（现在统称随机过程）。如月径流过程是以月为参数的 12 维随机变量，日径流过程是以日为参数的 365 维随机变量。一般随机过程用 $x(t)$ 表示，各个现实用 $x_i(t)$ 表示。

### （二）随机过程的分布函数

$X(t)$ 是一个随机过程，对于每一个固定的 $t$，$X(t)$ 是一个随机变量，它的分布一般与 $t$ 有关，记为随机过程的分布

$$F_1(x,t) = P\{x(t) \leqslant x\} = \int_{-\infty}^{x} f_1(x,t)\,\mathrm{d}x$$

称为随机过程 $X(t)$ 的一维分布函数。

而称 $f_1(x,t)$ 为随机过程 $X(t)$ 的一维密度函数。如果 $X(t)$ 表示的是月径流随机过程，如 $t=2$，则 $X(t)$ 是表示 2 月径流的随机变量，$P\{x(t_2) \leqslant 50\}$ 则表示 2 月份径流量小于等于 50 $\mathrm{m^3/s}$ 的概率。$f_1(x,t_2)$ 表示 2 月份月径流的概率密度（为一维的）。

### （三）随机过程的数字特征

1. 均值函数

$$m_X(t) = E[X(t)]$$

随机过程在 $t$ 一定时，$X(t)$ 为一随机变量，它的均值或数学期望一般与 $t$ 有关。称 $m_X(t)$ 为随机过程 $X(t)$ 的均值函数（简称均值），它是普通 $t$ 的函数。

2. 方差函数

$$D_X(t) = E[X(t) - m_X(t)]^2$$

3. 相关函数和协方差函数

$$R_X(t_1,t_2) = E[X(t_1)X(t_2)]$$

$$C_X(t_1,t_2) = \mathrm{cov}[X(t_1),X(t_2)] = E\{[X(t_1) - m_X(t_1)][X(t_2) - m_X(t_2)]\}$$

4. 互相关函数和互协方差函数

$$R_{XY}(t_1,t_2) = E[X(t_1)Y(t_2)]$$

$$C_{XY}(t_1,t_2) = E\{[X(t_1) - m_X(t_1)][Y(t_2) - m_Y(t_2)]\}$$

**(四)自相关系数估算**

$$r_k = \frac{\sum_{t=1}^{n-k}(x_t - \bar{x})(x_{t+k} - \bar{x})}{\sum_{t=1}^{n}(x_t - \bar{x})^2}$$

**(五)互相关函数估算**

$$r_k(x,y) = \frac{\sum_{t=1}^{n-k}(x_t - \bar{x})(x_{t+k} - \bar{y})}{[\sum_{t=1}^{n}(x_t - \bar{x})^2\sum_{t=1}^{n}(y_t - \bar{y})^2]^{\frac{1}{2}}}$$

**(六)平稳随机过程与非平稳随机过程**

随机过程的统计特性不随时间的推移而改变,这样的随机过程称为平稳随机过程。否则称为非平稳随机过程。

# 习 题

**9-1** 设随机过程 $X(t) = X\cos\omega t(-\infty < t < +\infty)$,其中 $\omega$ 为常数,$X$ 服从正态分布的随机变量,且 $E(X) = 0, D(X) = 1$,试写出随机过程 $X(t)$ 的一维密度函数,并求出 $X(t)$ 的协方差函数和方差函数。

**9-2** 假如袋中有一个白球,两个红球,每隔单位时间取出一球后放回,对每一个 $t$ 对应

$$X(t) = \begin{cases} \frac{t}{3}, & t\text{ 时取出红球} \\ e^t, & t\text{ 时取出白球} \end{cases}$$

求随机过程 $X(t)$ 的一维分布函数。

**9-3** 已知随机过程 $X(t)$ 的均值 $m_X(t)$ 和协方差函数 $C_X(t_1,t_2)$,$\varphi(t)$ 是普通的函数,试求随机过程 $Y(t) = X(t) + \varphi(t)$ 的均值和协方差函数。

**9-4** 设随机过程 $X(t) = A\cos\omega t + B\sin\omega t$,式中 $\omega$ 为常数,$A,B$ 是两个独立的正态随机变量,而且 $E(A) = E(B) = 0, E(A^2) = E(B^2) = \sigma^2$,试求 $X(t)$ 的均值和自相关函数。

**9-5** 设随机过程 $\{X(t) = e^{-Xt}, t > 0\}$,其中 $X$ 是具有密度函数 $f(x)$ 的随机变量,试求 $X(t)$ 的一维分布。

**9-6** 已知随机过程 $X(t) = At$,其中 $A$ 是服从 $[0,1]$ 上均匀分布的随机变量,试问该随机过程 $X(t)$ 是否平稳。

# 参考答案

## 第一章

1-1　基本事件是：$\omega_1$ =“任取一只球是红色球”；$\omega_2$ =“任取一只球是白色球”。样本空间：$\Omega=\{\omega_1,\omega_2\}$

1-2　基本事件是：$\omega_1$ =“1,2 号球”；$\omega_2$ =“2,3 号球”；$\omega_3$ =“1,3 号球”。样本空间：$\Omega=\{\omega_1,\omega_2,\omega_3\}$

1-3　$\bar{A}$ 表示“一件次品也没有”；$\bar{B}$ 表示“次品小于两件”即没有次品或次品只有一件。

1-4　$\Omega=\{$(白$_1$,白$_2$,黑$_1$),(白$_1$,白$_2$,黑$_2$),(白$_1$,白$_2$,黑$_3$),(白$_1$,黑$_1$,黑$_2$),(白$_1$,黑$_1$,黑$_3$),(白$_1$,黑$_2$,黑$_3$),(白$_2$,黑$_1$,黑$_2$),(白$_2$,黑$_1$,黑$_3$),(白$_2$,黑$_2$,黑$_3$),(黑$_1$,黑$_2$,黑$_3$)$\}$

1-5　(1)成立；(2)不成立；(3)不成立；(4)成立；(5)成立；(6)成立；(7)成立；(8)成立；(9)成立；(10)成立；(11)成立

1-6　(1)$A\bar{B}\bar{C}$；(2)$ABC$；(3)$\bar{A}\bar{B}\bar{C}$；(4)$A+B+C$；(5)$AB+BC+AC$；(6)$\bar{A}\bar{B}C+A\bar{B}\bar{C}+\bar{A}B\bar{C}+\bar{A}\bar{B}\bar{C}$

1-7　(1)$B$ 包含 $A(A\subseteq B)$；(2)$A$ 包含 $B(B\subseteq A)$

1-8　(1)$\bar{A}\cap B=\{5\}$；(2)$\bar{A}\cup B=\{1,5,6,7,8,9,10\}$；(3)$\overline{B\cap C}=\{1,2,3,4,6,7,8,9,10\}$；(4)$\overline{B\cup C}=\{1,2,8,9,10\}$；(5)$A\cap\overline{(B\cup C)}=\{2\}$

1-9　(1)$A_1A_2A_3$；(2)$\bar{A}_1A_2A_3+A_1\bar{A}_2A_3+A_1A_2\bar{A}_3$；

(3)$(\bar{A}_1A_2A_3+A_1\bar{A}_2A_3+A_1A_2\bar{A}_3+\bar{A}_1\bar{A}_2A_3+\bar{A}_1A_2\bar{A}_3+A_1\bar{A}_2\bar{A}_3+\bar{A}_1\bar{A}_2\bar{A}_3)$

1-10　(1)$\{5\}$；(2)$\{1,3,4,5,6,7,8,9,10\}$；(3)$\{2,3,4,5\}$

(4)$\{1,5,6,7,8,9,10\}$　　(5)$\{1,2,5,6,7,8,9,10\}$

1-11　(1)成立；(2)不成立；(3)不成立；(4)不成立

1-12　(1)$(A\cap B)\cup C$；(2)$C$；(3)$A\cup BC$；(4)$A\cup B$；(5)$B\cap C$

1-13　(1)$A\subset BC$ 即 $B\supset A$ 且 $C\supset A$；(2)$A\supset B$ 且 $A\supset C$

(3)$A=B$；(4)$AB=\varnothing$

1-14　基本事件总数 $=C_{52}^4=270\ 725$，$A$ =“4 张牌的花色各不相同”这一事件所含基本事件数 $=C_{13}^1C_{13}^1C_{13}^1C_{13}^1=28\ 561$，所以 $P(A)=0.105$

1-15　(1)1/16；(2)3/8

1-16　$P=0.55$

1-17　设 $A$ =“所取 5 件中至多有 1 件次品”，$A_1$ =“所取 5 件中恰有 1 件次品”，$A_0$ =“所取 5 件中无次品”，$P(A)=P(A_1+A_0)=0.78$

1-18　(1)0.36;(2)0.91

1-19　(1)$A_1$ =“第一次取得一只红球”,$A_2$ =“第二次取得一只红球”,$A_3$ =“第三次取得一只红球”,则 $P=P(A_1A_2A_3)=0.037$

(2)($P=P\{(A_1A_2A_3)_{红}\cup(B_1B_2B_3)_{黄}\cup(C_1C_2C_3)_{白}\}=0.111$

1-20　(1)0.58;(2)0.75;(3)0.5;(4)1

1-21　设 $A_1$ =“第一次取正品”,$A_2$ =“第二次取正品”,则 $P=P(A_2/\overline{A}_1)=0.91$

1-22　0.90

1-23　设 $A$ =“合格产品”,$A_1$ =“第一道工序合格”,$A_2$ =“第二道工序合格”,则 $P(A)=P(A_1A_2)=P(A_1)P(A_2)=0.965\ 3$

1-24　设 $A$ =“目标被击中”,$A_1$ =“甲命中”,$A_2$ =“乙命中”,则 $P(A)=P(A_1+A_2)=P(A_1)+P(A_2)=0.98$

1-25　(1)设 $A$ =“至少两次射中”,$\overline{A}$ =“无一次射中或只有一次射中”,则 $P(A)=1-P(\overline{A})=1-P_4(0)-P_4(1)=0.18$

(2)设 $B$ =“至少一次射中”,$\overline{B}$ =“无一次射中”,则 $P(B)=1-P(\overline{B})=0.59$,且 $P(A/B)=\dfrac{P(AB)}{P(B)}=\dfrac{P(A)}{P(B)}=0.31$

1-26　(1)1/2;(2)1/6;(3)3/8

# 第二章

2-1　(1)$e^{-\lambda}$　　(2)1

2-2　(1)1/5　　(2)1/5　　(3)1/5

2-3　$P(X=k)=C_n^k(0.2)^k(0.8)^{n-k}$

2-4

| $X$ | 3 | 4 | 5 |
|---|---|---|---|
| $P_i$ | 1/10 | 3/10 | 6/10 |

2-5

| $X$ | 0 | 1 | 2 |
|---|---|---|---|
| $P_i$ | 22/35 | 12/35 | 1/35 |

$$F(x)=\begin{cases}0, & x\leqslant 0\\ \dfrac{22}{35}, & 0<x\leqslant 1\\ \dfrac{34}{35}, & 1<x\leqslant 2\\ 1, & x>2\end{cases}$$

2-6　11 次

2-7　0.195

2-8　0.090 2,($\frac{2}{3}e^{-2}$)

2-9　4/5

2-10　在区间($-\infty,\infty$)上是某随机变量的概率密度,在其他区间上不是。

2-11　(1)$A=\frac{1}{\pi}$;(2)1/3;(3)$F(x)=\begin{cases}0, & x\leqslant -1\\ \frac{1}{2}+\frac{1}{\pi}\arcsin x, & -1<x\leqslant 1\\ 1, & x>1\end{cases}$

2-12　(1)1;(2)0.4;(3)$f(x)=\begin{cases}2x, 0<x<1\\ 0,\text{其他}\end{cases}$

2-13　(1)0.993 8;(2)0.879;(3)0.045 5

2-14　(1)0.308 5;(2)0.774 5;(3)0.066 8

2-15　(1)0.546 7;(2)0.907

2-16　$c=5$

2-17　2.33

2-18　9.4

2-19　(1)$f_Y(y)=\frac{1}{y}\ln y e^{-\ln y}, y>1$;(2)$f_Y(y)=\frac{3-y}{4}e^{-\frac{3-y}{2}}, y<3$;(3)$f_Y(y)=\frac{1}{2}e^{-\sqrt{y}}, y>0$

2-20　$f_Y(y)=\frac{1}{2}e^{-\frac{y}{2}}, y>0$

2-21　(1)$f_Y(y)=\frac{1}{y\sqrt{2\pi}}e^{-\frac{(\ln y)^2}{2}}, y>0$;(2)$f_Y(y)=\frac{1}{2\sqrt{\pi(y-1)}}e^{-\frac{x-1}{4}}, y>1$;

(3)$f_Y(y)=\frac{2}{\sqrt{2\pi}}e^{-\frac{y^2}{2}}, y>0$

2-22　$a=0.064\,1, \beta=0.009$

2-23　$f_Y(y)=\frac{1}{b-a}\sqrt{\frac{1}{\pi y}}, \frac{\pi a^2}{4}<y<\frac{\pi b^2}{4}$

2-24　(证明略)

# 第三章

3-4　$\overline{Q}_m=112.7\approx 113\ \mathrm{m^3/s}$　　$C_v=0.242$　　$C_s=1.32$　　$C_s/C_v\approx 5$

3-5　$E(X)=np$(变量服从二项分布)

3-6　$E(X)=1/3$　$D(X)=1\frac{25}{72}$

3-7　$E(Y_1)=2, E(Y_2)=1/3$

3-8　$E(Y)=5, D(Y)=16$

3-9 $v_1=\frac{1}{\lambda}=E(X)\quad v_2=\frac{2}{\lambda^2}\quad v_3=\frac{6}{\lambda^3}\quad \mu_2=\frac{1}{\lambda^2}=D(X)$

3-10 0.323

# 第四章(略)

# 第五章

5-1 (1)$\hat{\theta}=2\bar{X}$;(2)$\hat{\theta}=2\bar{x}=0.96$

5-2 $\hat{\lambda}=\frac{1}{\bar{X}}$

5-3 (1)$\hat{\theta}=\frac{\bar{X}^2}{(1-\bar{X}^2)}$;(2)$\hat{\theta}=\frac{n^2}{(\sum_{i=1}^{n}\ln X_i)^2}$

5-4 $N=2\bar{X}-1$

5-5 (1)$\hat{\theta}=\frac{2\bar{X}-1}{1-\bar{X}}$;(2)$\hat{\theta}=-1-\frac{n}{\sum_{i=1}^{n}X_i}$

5-6 $\hat{\lambda}=\frac{n}{\sum_{i=1}^{n}X_i^{\alpha}}$

5-7 $\alpha=3\bar{X}$

5-8 $\hat{\theta}=1-\frac{c}{\bar{X}}$

# 第六章

6-1 拒绝 $H_0:a=26$

6-2 该日工作正常

6-3 接受 $H_0$:该道路长 1.30 km

6-4 无显著差异

6-5 处理后的废水合格

6-6 接受 $H_0:E(X)=3$

6-7 接受 $H_0:\sigma^2=2.5$

# 第七章

7-1 $r=0.96$

7-2 $r_{rank}=0.84$

7-3 $y=1.27x_1+1.86x_2-6.41$

# 第八章

8-1 $Q=(7.07\pm0.93)\,\mathrm{m}^3/\mathrm{s}$。

8-2 $M,d,h$ 的相对误差分别不应超过 0.034,0.017,0.034。

# 第九章

9-1 $N(0,|\cos\omega t|^2)$;$C_X(t_1,t_2)=\cos\omega t_1\cos\omega t_2$;$D[X(t)]=\cos^2\omega t$

9-2 $F(x,t)=\begin{cases}0, x<\dfrac{t}{3}\\ \dfrac{2}{3}, \dfrac{t}{3}\leqslant x<\mathrm{e}^t\\ 1, x\geqslant \mathrm{e}^t\end{cases}$

9-3 $m_Y(t)=m_X(t)+\varphi(t)$, $C_Y(t_1,t_2)=C_X(t_1,t_2)$

9-4 $m_X(t)=0$;$R_X(t_1,t_2)=\sigma^2\cos\omega\tau$, $\tau=t_1-t_2$

9-5 $f(x,t)=\dfrac{1}{tx}f\left(-\dfrac{1}{t}\ln x\right)$

9-6 否

# 附录 水文频率分布曲线适线（P－Ⅲ）软件简介

由武汉大学水资源与水电工程科学国家重点实验室开发的水文频率计算软件是一款不错的软件，其界面美观，通过从文件中读取数据，绘制经验频率曲线与理论频率曲线，并通过目估适线，手动调整参数进行配线，给定设计频率求设计值，或者反算，可以极大地提高工作效率。以下以本书第100页【例题4-3】35年实测流量资料为例进行说明。

软件的基本操作步骤如下所示。

## (一)准备数据文件

绘图需要的数据需从外部文件读取，首先要准备好数据文件，包括序号、系列值和频率，数据文件保存为TXT(纯文本)或XLS(Excel)两种类型。

### 1. TXT文件的格式

TXT(纯文本)文件可用Windows记事本打开和编辑，扩展名为TXT。格式要求为：

(1)文件首行必须为列标题，依次为序号、数值和频率；

(2)从第二行开始为数据，数据之间用TAB(或空格、逗号)分割；

(3)各行之间没有空行。

### 2. XLS文件的格式

XLS(Excel)文件可用Microsoft Excel打开和编辑，扩展名为XLS。格式要求为：

(1)数据必须位于第一个工作表(Sheet1)中，但名称可以不为Sheet1；

(2)文件首行必须为列标题，依次为序号、数值和频率；

(3)从第二行开始为数据；

(4)各行之间没有空行。

如本例中的频率计算1. Excel

## (二)获取数据

点击主界面右下角的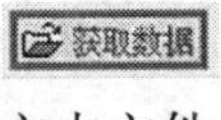

，出现打开文件对话框，见图1，从“文件类型”下拉列表框中可用选择数据源为文本文件或Excel文件。选择需要的数据文件，例如“频率计算1. Excel”，点击“打开”按钮返回。软件将读取数据并绘制经验频率曲线，如图2中的黑色点据所示。

## (三)参数估计

点击

，软件将采用“线性矩法”对样本数据进行参数估计，并将得到的参数显示在“统计参数”分组框内，这些数可作为进一步调整参数时的初值。如图3所示。

## (四)绘制曲线

点击

，软件将根据以上统计参数绘制出理论频率曲线，如图4中的黑色曲

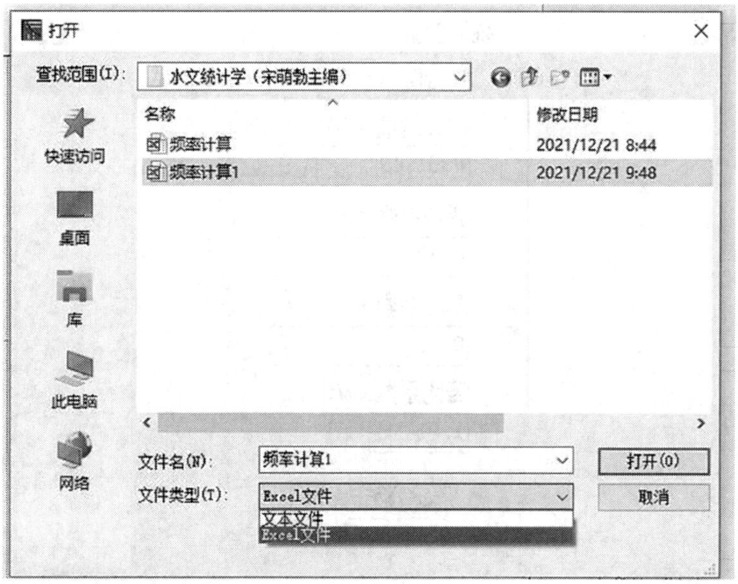


图 1

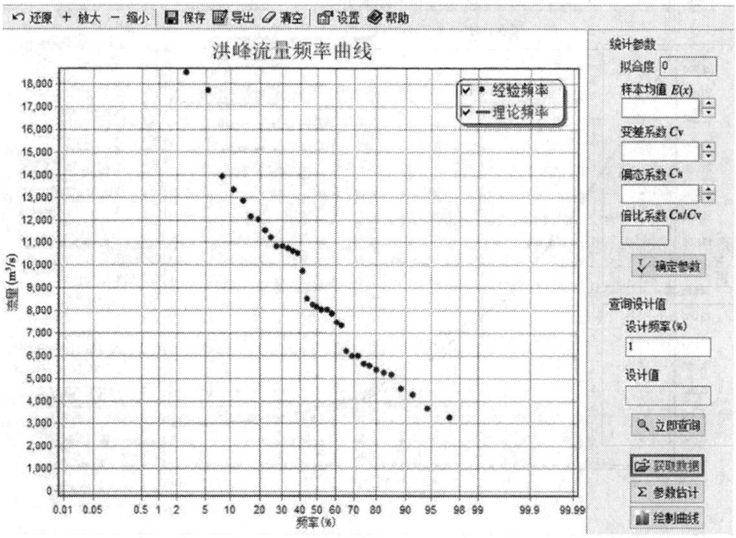


图 2

线所示。

**(五)目估适线**

用户如果觉得理论频率曲线与经验点据匹配不好，可以手工调整参数，方法有两种：一是直接修改编辑框中的值，修改后需点击确定参数或直接回车，软件将以修改后的参数重新绘制曲线；另一种是点击编辑框右侧的进行微调，均值 $E(x)$ 幅度为每次 ±1%，$Cv$、$Cs$ 幅度为 ±0.01。微调时图形会自动重绘。

在调整的过程中，用户可用“拟合度”作为辅助指标，其值在 0～1 之间，越大表明拟合程度越好。当拟合度增加时，数值为蓝色，若变为红色，则表明拟合度减小。反复调整

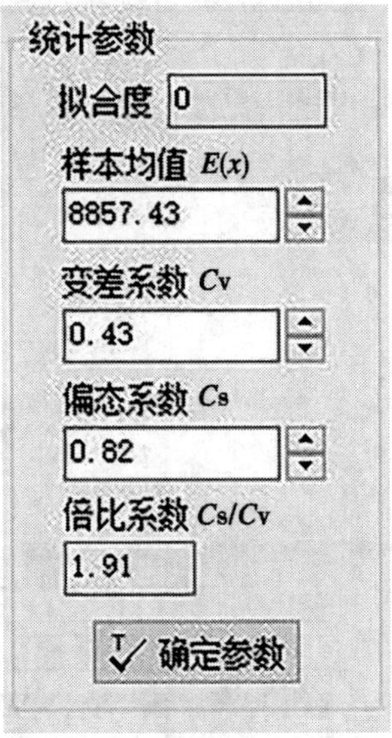


图 3

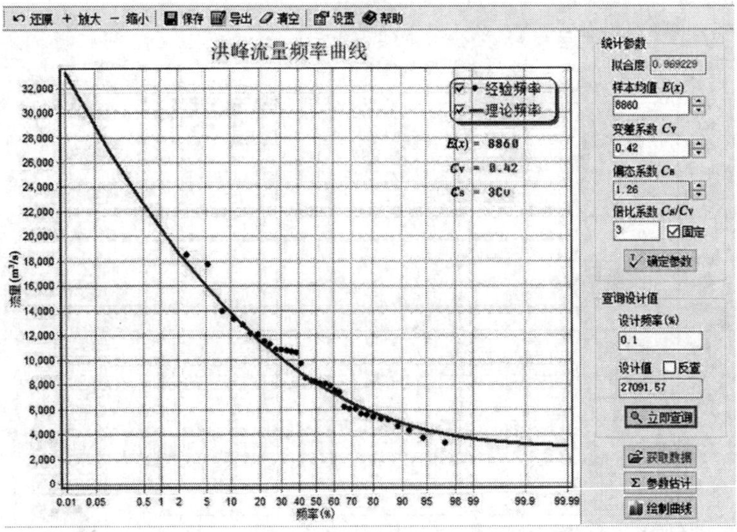


图 4

$Cs$、$Cv$,直到无论改变 $Cs$ 或 $Cv$ 均会使得拟合度减小(变红)为止,最终得到的参数即可作为采用参数。

**(六)查询设计值**

得到最匹配的参数后,适线过程就结束了。于是用户可以根据最终确定的参数,来查询对应某个频率的设计值是多少。如图 5 所示。

**(七)输出成果**

配线的成果应该保存下来,成果输出如下两种方式。

(1)保存图形。

单击工具栏上的 保存 ,可将图形保存为图形文件。软件支持两种文件格式,一种为

(a) (b)

图5

BMP 格式,另一种为 WMF 格式。前者是位图,后者为矢量图。

(2)导出结果。

单击工具栏上的导出,可将计算成果导出为文本文件。

完成一项适线任务后如需重新开始,可单击工具栏上的清空,则图形及数据全部被清除,用户可重新开始一个新任务。

**【例 4-3】** 某站有 35 年的实测洪峰流量资料,要求绘出最大流量的频率曲线,以及相应于 $P=1\%$ 和 $0.1\%$ 的最大流量值。

**解**:根据水文频率计算软件,对上述 35 年实测洪峰流量资料进行适线,得出拟合最佳的频率曲线如上文图 4 所示。

故确定统计参致为:$\overline{Q}=8\ 860\ m^3/s$,$C_v=0.42$,$C_s=3C_v=1.26$。查得 $P=1\%$ 时 $Q_{1\%}=20\ 700\ m^3/s$,$P=0.1\%$ 时 $Q_{0.1\%}=27\ 100\ m^3/s$。

# 附　表

## 附表 1　泊松分布数值表

$$P(X = k) = \frac{\lambda^k}{k!}e^{-\lambda}$$

| $k$ | $\lambda$ | | | | | | | |
|---|---|---|---|---|---|---|---|---|
| | 0. 1 | 0. 2 | 0. 3 | 0. 4 | 0. 5 | 0. 6 | 0. 7 | 0. 8 |
| 0 | 0. 904 837 | 0. 818 731 | 0. 740 818 | 0. 670 320 | 0. 606 531 | 0. 548 812 | 0. 496 585 | 0. 449 329 |
| 1 | 0. 090 484 | 0. 163 746 | 0. 222 245 | 0. 268 128 | 0. 303 265 | 0. 329 287 | 0. 347 610 | 0. 359 463 |
| 2 | 0. 004 524 | 0. 016 375 | 0. 033 337 | 0. 053 626 | 0. 075 816 | 0. 098 786 | 0. 121 663 | 0. 143 785 |
| 3 | 0. 000 151 | 0. 001 092 | 0. 003 334 | 0. 007 150 | 0. 012 636 | 0. 019 757 | 0. 028 388 | 0. 038 343 |
| 4 | 0. 000 004 | 0. 000 055 | 0. 000 250 | 0. 000 715 | 0. 001 580 | 0. 002 964 | 0. 004 968 | 0. 007 669 |
| 5 | — | 0. 000 002 | 0. 000 015 | 0. 000 057 | 0. 000 158 | 0. 000 356 | 0. 000 696 | 0. 001 227 |
| 6 | — | — | 0. 000 001 | 0. 000 004 | 0. 000 013 | 0. 000 036 | 0. 000 081 | 0. 000 164 |
| 7 | — | — | — | — | 0. 000 001 | 0. 000 003 | 0. 000 008 | 0. 000 019 |
| 8 | — | — | — | — | — | — | 0. 000 001 | 0. 000 002 |

续附表 1

| $k$ | $\lambda$ | | | | | | | |
|---|---|---|---|---|---|---|---|---|
| | 0. 9 | 1. 0 | 1. 5 | 2. 0 | 2. 5 | 3. 0 | 3. 5 | 4. 0 |
| 0 | 0. 406 570 | 0. 367 879 | 0. 223 130 | 0. 135 335 | 0. 082 085 | 0. 049 787 | 0. 030 197 | 0. 018 316 |
| 1 | 0. 365 913 | 0. 367 879 | 0. 334 695 | 0. 270 671 | 0. 205 212 | 0. 149 361 | 0. 150 091 | 0. 073 263 |
| 2 | 0. 164 661 | 0. 183 940 | 0. 251 021 | 0. 270 671 | 0. 256 516 | 0. 224 042 | 0. 184 959 | 0. 146 525 |
| 3 | 0. 049 398 | 0. 061 313 | 0. 125 510 | 0. 180 447 | 0. 213 763 | 0. 224 042 | 0. 215 785 | 0. 195 367 |
| 4 | 0. 011 115 | 0. 015 328 | 0. 047 067 | 0. 090 224 | 0. 133 602 | 0. 168 031 | 0. 188 812 | 0. 195 367 |
| 5 | 0. 002 001 | 0. 003 066 | 0. 014 120 | 0. 036 089 | 0. 066 801 | 0. 100 819 | 0. 132 169 | 0. 156 293 |
| 6 | 0. 000 300 | 0. 000 511 | 0. 003 530 | 0. 012 030 | 0. 027 834 | 0. 050 409 | 0. 077 098 | 0. 104 196 |
| 7 | 0. 000 039 | 0. 000 073 | 0. 000 756 | 0. 003 437 | 0. 009 941 | 0. 021 604 | 0. 038 549 | 0. 059 540 |
| 8 | 0. 000 004 | 0. 000 009 | 0. 000 142 | 0. 000 859 | 0. 003 106 | 0. 008 102 | 0. 016 865 | 0. 029 770 |

## 续附表 1

| $k$ | $\lambda$ | | | | | | | |
|---|---|---|---|---|---|---|---|---|
| | 0. 9 | 1. 0 | 1. 5 | 2. 0 | 2. 5 | 3. 0 | 3. 5 | 4. 0 |
| 9 | — | 0. 000 001 | 0. 000 024 | 0. 000 191 | 0. 000 863 | 0. 002 701 | 0. 006 559 | 0. 013 231 |
| 10 | — | — | 0. 000 004 | 0. 000 038 | 0. 000 216 | 0. 000 810 | 0. 002 296 | 0. 005 292 |
| 11 | — | — | — | 0. 000 007 | 0. 000 049 | 0. 000 221 | 0. 000 730 | 0. 001 925 |
| 12 | — | — | — | 0. 000 001 | 0. 000 010 | 0. 000 055 | 0. 000 213 | 0. 000 642 |
| 13 | — | — | — | — | 0. 000 002 | 0. 000 013 | 0. 000 057 | 0. 000 197 |
| 14 | — | — | — | — | — | 0. 000 003 | 0. 000 014 | 0. 000 056 |
| 15 | — | — | — | — | — | 0. 000 001 | 0. 000 003 | 0. 000 015 |
| 16 | — | — | — | — | — | — | 0. 000 001 | 0. 000 004 |
| 17 | — | — | — | — | — | — | — | 0. 000 001 |

## 续附表 1

| k | λ | | | | | | | |
|---|---|---|---|---|---|---|---|---|
| | 4.5 | 5.0 | 6.0 | 7.0 | 8.0 | 9.0 | 10.0 | |
| 0 | 0.011 109 | 0.006 738 | 0.002 479 | 0.000 912 | 0.000 335 | 0.000 123 | 0.000 045 | |
| 1 | 0.049 990 | 0.033 690 | 0.014 873 | 0.006 383 | 0.002 684 | 0.001 111 | 0.000 454 | |
| 2 | 0.112 479 | 0.084 224 | 0.044 618 | 0.022 341 | 0.010 735 | 0.004 998 | 0.002 270 | |
| 3 | 0.168 718 | 0.140 374 | 0.089 235 | 0.052 129 | 0.028 626 | 0.014 994 | 0.007 567 | |
| 4 | 0.189 808 | 0.175 467 | 0.133 853 | 0.091 226 | 0.057 252 | 0.033 737 | 0.018 917 | |
| 5 | 0.170 827 | 0.175 467 | 0.160 623 | 0.127 717 | 0.091 604 | 0.060 727 | 0.037 833 | |
| 6 | 0.128 120 | 0.146 223 | 0.160 623 | 0.149 003 | 0.122 138 | 0.091 090 | 0.063 055 | |
| 7 | 0.082 363 | 0.104 445 | 0.137 677 | 0.149 003 | 0.139 587 | 0.117 116 | 0.090 079 | |
| 8 | 0.046 329 | 0.065 278 | 0.103 258 | 0.130 377 | 0.139 587 | 0.131 756 | 0.112 599 | |
| 9 | 0.023 165 | 0.036 266 | 0.068 838 | 0.101 405 | 0.124 077 | 0.131 756 | 0.125 110 | |
| 10 | 0.010 424 | 0.018 133 | 0.041 303 | 0.070 983 | 0.099 262 | 0.118 580 | 0.125 110 | |
| 11 | 0.004 264 | 0.008 242 | 0.022 529 | 0.045 171 | 0.072 190 | 0.097 020 | 0.113 736 | |
| 12 | 0.001 599 | 0.003 434 | 0.011 264 | 0.026 350 | 0.048 127 | 0.072 765 | 0.094 780 | |
| 13 | 0.000 554 | 0.001 321 | 0.005 199 | 0.014 188 | 0.029 616 | 0.050 376 | 0.072 908 | |

## 续附表 1

| $k$ | $\lambda$ | | | | | | | |
|---|---|---|---|---|---|---|---|---|
| | 4.5 | 5.0 | 6.0 | 7.0 | 8.0 | 9.0 | 10.0 | |
| 14 | 0.000 178 | 0.000 472 | 0.002 228 | 0.007 094 | 0.016 924 | 0.032 384 | 0.052 077 | |
| 15 | 0.000 053 | 0.000 157 | 0.000 891 | 0.003 311 | 0.009 026 | 0.019 431 | 0.034 718 | |
| 16 | 0.000 015 | 0.000 049 | 0.000 334 | 0.001 448 | 0.004 513 | 0.010 930 | 0.021 699 | |
| 17 | 0.000 004 | 0.000 014 | 0.000 118 | 0.000 596 | 0.002 124 | 0.005 786 | 0.012 764 | |
| 18 | 0.000 001 | 0.000 004 | 0.000 039 | 0.000 232 | 0.000 944 | 0.002 893 | 0.007 091 | |
| 19 | — | 0.000 001 | 0.000 012 | 0.000 085 | 0.000 397 | 0.001 370 | 0.003 732 | |
| 20 | — | — | 0.000 004 | 0.000 030 | 0.000 159 | 0.000 617 | 0.001 866 | |
| 21 | — | — | 0.000 001 | 0.000 010 | 0.000 061 | 0.000 264 | 0.000 889 | |
| 22 | — | — | — | 0.000 003 | 0.000 022 | 0.000 108 | 0.000 404 | |
| 23 | — | — | — | 0.000 001 | 0.000 008 | 0.000 042 | 0.000 176 | |
| 24 | — | — | — | — | 0.000 003 | 0.000 016 | 0.000 073 | |
| 25 | — | — | — | — | 0.000 001 | 0.000 006 | 0.000 029 | |
| 26 | — | — | — | — | — | 0.000002 | 0.000 011 | |
| 27 | — | — | — | — | — | 0.000 001 | 0.000 004 | |
| 28 | — | — | — | — | — | — | 0.000 001 | |
| 29 | — | — | — | — | — | — | 0.000 001 | |

# 附表 2　标准化正态分布函数密度纵坐标表

$$\varphi(u)=\frac{1}{\sqrt{2\pi}}e^{-\frac{u^2}{2}}$$

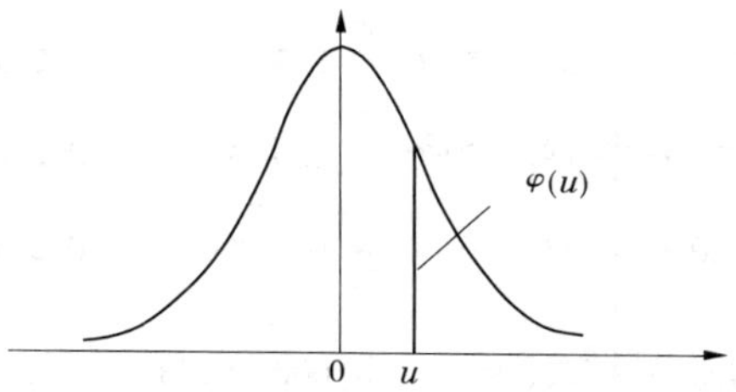


| $u$ | 0.00 | 0.01 | 0.02 | 0.03 | 0.04 | 0.05 | 0.06 | 0.07 | 0.08 | 0.09 |
|---|---|---|---|---|---|---|---|---|---|---|
| 0.0 | 0.398 94 | 0.398 92 | 0.398 86 | 0.398 76 | 0.398 62 | 0.398 44 | 0.398 22 | 0.397 97 | 0.397 67 | 0.397 33 |
| 0.1 | 0.396 95 | 0.396 54 | 0.396 08 | 0.395 59 | 0.395 05 | 0.394 48 | 0.393 87 | 0.393 22 | 0.392 53 | 0.391 81 |
| 0.2 | 0.391 04 | 0.390 24 | 0.389 53 | 0.388 53 | 0.387 62 | 0.386 67 | 0.385 68 | 0.384 66 | 0.383 61 | 0.382 51 |
| 0.3 | 0.381 39 | 0.380 23 | 0.379 03 | 0.377 80 | 0.376 54 | 0.375 24 | 0.373 91 | 0.372 55 | 0.371 15 | 0.369 73 |
| 0.4 | 0.368 27 | 0.366 78 | 0.365 26 | 0.363 71 | 0.362 13 | 0.360 53 | 0.358 89 | 0.357 23 | 0.355 53 | 0.353 81 |
| 0.5 | 0.352 07 | 0.350 29 | 0.348 49 | 0.346 67 | 0.344 82 | 0.342 94 | 0.341 05 | 0.339 12 | 0.337 18 | 0.335 21 |
| 0.6 | 0.333 22 | 0.331 21 | 0.329 18 | 0.327 13 | 0.325 06 | 0.322 97 | 0.320 86 | 0.318 74 | 0.316 59 | 0.314 43 |
| 0.7 | 0.312 25 | 0.310 06 | 0.307 85 | 0.305 63 | 0.303 39 | 0.301 14 | 0.298 87 | 0.296 59 | 0.294 31 | 0.292 00 |
| 0.8 | 0.289 69 | 0.287 37 | 0.285 04 | 0.282 69 | 0.280 34 | 0.277 98 | 0.275 62 | 0.273 24 | 0.270 86 | 0.268 48 |
| 0.9 | 0.266 09 | 0.263 69 | 0.261 29 | 0.258 88 | 0.256 47 | 0.254 06 | 0.251 64 | 0.249 23 | 0.246 81 | 0.244 39 |
| 1.0 | 0.241 97 | 0.239 55 | 0.237 13 | 0.234 71 | 0.232 30 | 0.229 88 | 0.227 47 | 0.225 06 | 0.222 65 | 0.220 25 |

## 续附表 2

| $u$ | 0. 00 | 0. 01 | 0. 02 | 0. 03 | 0. 04 | 0. 05 | 0. 06 | 0. 07 | 0. 08 | 0. 09 |
|---|---|---|---|---|---|---|---|---|---|---|
| 1. 1 | 0. 217 85 | 0. 215 46 | 0. 213 07 | 0. 210 69 | 0. 208 31 | 0. 205 94 | 0. 203 57 | 0. 201 21 | 0. 198 86 | 0. 196 52 |
| 1. 2 | 0. 194 19 | 0. 191 86 | 0. 189 54 | 0. 187 24 | 0. 184 94 | 0. 182 65 | 0. 180 37 | 0. 178 10 | 0. 175 85 | 0. 173 60 |
| 1. 3 | 0. 171 37 | 0. 169 15 | 0. 166 94 | 0. 164 74 | 0. 162 56 | 0. 160 38 | 0. 158 22 | 0. 156 08 | 0. 153 95 | 0. 151 83 |
| 1. 4 | 0. 149 73 | 0. 147 64 | 0. 145 56 | 0. 143 50 | 0. 141 46 | 0. 139 43 | 0. 137 42 | 0. 135 42 | 0. 133 44 | 0. 131 47 |
| 1. 5 | 0. 129 52 | 0. 127 58 | 0. 125 66 | 0. 123 76 | 0. 121 88 | 0. 120 01 | 0. 118 16 | 0. 116 32 | 0. 114 50 | 0. 112 70 |
| 1. 6 | 0. 110 92 | 0. 109 15 | 0. 107 41 | 0. 105 67 | 0. 103 96 | 0. 102 26 | 0. 100 59 | 0. 098 925 | 0. 097 282 | 0. 095 657 |
| 1. 7 | 0. 094 049 | 0. 092 459 | 0. 090 887 | 0. 089 333 | 0. 087 796 | 0. 086 277 | 0. 084 776 | 0. 083 293 | 0. 081 828 | 0. 080 380 |
| 1. 8 | 0. 078 950 | 0. 077 538 | 0. 076 143 | 0. 074 766 | 0. 073 407 | 0. 072 065 | 0. 070 740 | 0. 069 433 | 0. 068 144 | 0. 066 871 |
| 1. 9 | 0. 065 616 | 0. 064 378 | 0. 063 157 | 0. 061 952 | 0. 060 765 | 0. 059 595 | 0. 058 441 | 0. 057 304 | 0. 056 183 | 0. 055 079 |
| 2. 0 | 0. 053 991 | 0. 052 919 | 0. 051 864 | 0. 050 824 | 0. 049 800 | 0. 048 792 | 0. 047 800 | 0. 046 823 | 0. 045 861 | 0. 044 915 |
| 2. 1 | 0. 043 984 | 0. 043 067 | 0. 042 166 | 0. 041 280 | 0. 040 408 | 0. 039 550 | 0. 038 707 | 0. 037 878 | 0. 037 063 | 0. 036 262 |
| 2. 2 | 0. 035 475 | 0. 034 701 | 0. 033 941 | 0. 033 194 | 0. 032 460 | 0. 031 740 | 0. 031 032 | 0. 030 337 | 0. 029 655 | 0. 028 985 |
| 2. 3 | 0. 028 327 | 0. 027 682 | 0. 027 048 | 0. 026 426 | 0. 025 817 | 0. 025 218 | 0. 024 631 | 0. 024 056 | 0. 023 491 | 0. 022 937 |
| 2. 4 | 0. 022 395 | 0. 021 862 | 0. 021 341 | 0. 020 829 | 0. 020 328 | 0. 019 837 | 0. 019 356 | 0. 018 885 | 0. 018 423 | 0. 017 971 |
| 2. 5 | 0. 017 528 | 0. 017 095 | 0. 016 670 | 0. 016 254 | 0. 015 848 | 0. 015 449 | 0. 015 060 | 0. 014 678 | 0. 014 305 | 0. 013 940 |

# 续附表 2

| $u$ | 0. 00 | 0. 01 | 0. 02 | 0. 03 | 0. 04 | 0. 05 | 0. 06 | 0. 07 | 0. 08 | 0. 09 |
|---|---|---|---|---|---|---|---|---|---|---|
| 2. 6 | 0. 013 583 | 0. 013 234 | 0. 012 892 | 0. 012 558 | 0. 012 232 | 0. 011 912 | 0. 011 600 | 0. 011 295 | 0. 010 997 | 0. 010 706 |
| 2. 7 | 0. 010 421 | 0. 010 143 | 0. 0$^{2}$98 712 | 0. 0$^{2}$96 058 | 0. 0$^{2}$93 466 | 0. 0$^{2}$90 936 | 0. 0$^{2}$88 465 | 0. 0$^{2}$86 052 | 0. 0$^{2}$83 697 | 0. 0$^{2}$81 398 |
| 2. 8 | 0. 0$^{2}$79 155 | 0. 0$^{2}$76 965 | 0. 0$^{2}$74 829 | 0. 0$^{2}$72 744 | 0. 0$^{2}$70 711 | 0. 0$^{2}$68 728 | 0. 0$^{2}$66 793 | 0. 0$^{2}$64 907 | 0. 0$^{2}$63 067 | 0. 0$^{2}$61 274 |
| 2. 9 | 0. 0$^{2}$59 525 | 0. 0$^{2}$57 821 | 0. 0$^{2}$56 160 | 0. 0$^{2}$54 541 | 0. 0$^{2}$52 963 | 0. 0$^{2}$51 426 | 0. 0$^{2}$49 929 | 0. 0$^{2}$48 470 | 0. 0$^{2}$47 050 | 0. 0$^{2}$45 666 |
| 3. 0 | 0. 0$^{2}$44 318 | 0. 0$^{2}$43 007 | 0. 0$^{2}$41 729 | 0. 0$^{2}$40 486 | 0. 0$^{2}$39 276 | 0. 0$^{2}$38 098 | 0. 0$^{2}$36 951 | 0. 0$^{2}$35 836 | 0. 0$^{2}$34 751 | 0. 0$^{2}$33 695 |
| 3. 1 | 0. 0$^{2}$32 668 | 0. 0$^{2}$31 669 | 0. 0$^{2}$30 698 | 0. 0$^{2}$29 754 | 0. 0$^{2}$28 835 | 0. 0$^{2}$27 943 | 0. 0$^{2}$27 075 | 0. 0$^{2}$26 231 | 0. 0$^{2}$25 412 | 0. 0$^{2}$24 615 |
| 3. 2 | 0. 0$^{2}$23 841 | 0. 0$^{2}$23 089 | 0. 0$^{2}$22 358 | 0. 0$^{2}$21 649 | 0. 0$^{2}$20 960 | 0. 0$^{2}$20 290 | 0. 0$^{2}$19 641 | 0. 0$^{2}$19 010 | 0. 0$^{2}$18 397 | 0. 0$^{2}$17 803 |
| 3. 3 | 0. 0$^{2}$17 226 | 0. 0$^{2}$16 666 | 0. 0$^{2}$16 122 | 0. 0$^{2}$15 595 | 0. 0$^{2}$15 084 | 0. 0$^{2}$14 587 | 0. 0$^{2}$14 106 | 0. 0$^{2}$13 639 | 0. 0$^{2}$13 187 | 0. 0$^{2}$12 748 |
| 3. 4 | 0. 0$^{2}$12 322 | 0. 0$^{2}$11 910 | 0. 0$^{2}$11 510 | 0. 0$^{2}$11 122 | 0. 0$^{2}$10 747 | 0. 0$^{2}$10 383 | 0. 0$^{2}$10 030 | 0. 0$^{2}$96 886 | 0. 0$^{3}$93 577 | 0. 0$^{3}$90 372 |
| 3. 5 | 0. 0$^{3}$87 268 | 0. 0$^{3}$84 263 | 0. 0$^{2}$81 352 | 0. 0$^{3}$78 534 | 0. 0$^{3}$75 807 | 0. 0$^{2}$73 166 | 0. 0$^{3}$70 611 | 0. 0$^{3}$68 138 | 0. 0$^{3}$65 745 | 0. 0$^{3}$63 430 |
| 3. 6 | 0. 0$^{3}$61 190 | 0. 0$^{3}$59 024 | 0. 0$^{3}$56 928 | 0. 0$^{3}$54 901 | 0. 0$^{3}$52 941 | 0. 0$^{3}$51 046 | 0. 0$^{3}$49 214 | 0. 0$^{3}$47 443 | 0. 0$^{3}$45 731 | 0. 0$^{3}$44 077 |
| 3. 7 | 0. 0$^{3}$42 478 | 0. 0$^{3}$40 933 | 0. 0$^{3}$39 440 | 0. 0$^{3}$37 998 | 0. 0$^{3}$36 605 | 0. 0$^{3}$35 260 | 0. 0$^{3}$33 960 | 0. 0$^{3}$32 705 | 0. 0$^{3}$31 494 | 0. 0$^{2}$30 324 |
| 3. 8 | 0. 0$^{3}$29 195 | 0. 0$^{3}$28 105 | 0. 0$^{3}$27 053 | 0. 0$^{3}$26 037 | 0. 0$^{3}$25 058 | 0. 0$^{3}$24 113 | 0. 0$^{3}$23 201 | 0. 0$^{3}$22 321 | 0. 0$^{3}$21 473 | 0. 0$^{3}$20 655 |
| 3. 9 | 0. 0$^{3}$19 866 | 0. 0$^{3}$19 105 | 0. 0$^{3}$18 371 | 0. 0$^{3}$17 664 | 0. 0$^{3}$16 983 | 0. 0$^{3}$16 326 | 0. 0$^{3}$15 693 | 0. 0$^{3}$15 083 | 0. 0$^{3}$14 495 | 0. 0$^{3}$13 928 |
| 4. 0 | 0. 0$^{3}$13 383 | 0. 0$^{3}$12 858 | 0. 0$^{3}$12 352 | 0. 0$^{3}$11 864 | 0. 0$^{3}$11 395 | 0. 0$^{3}$10 943 | 0. 0$^{3}$10 509 | 0. 0$^{3}$10 090 | 0. 0$^{4}$96 870 | 0. 0$^{4}$92 993 |

## 续附表 2

| $u$ | 0.00 | 0.01 | 0.02 | 0.03 | 0.04 | 0.05 | 0.06 | 0.07 | 0.08 | 0.09 |
|---|---|---|---|---|---|---|---|---|---|---|
| 4.1 | $0.0^{4}89\ 262$ | $0.0^{4}85\ 672$ | $0.0^{4}82\ 218$ | $0.0^{4}78\ 895$ | $0.0^{4}75\ 700$ | $0.0^{4}72\ 626$ | $0.0^{4}69\ 670$ | $0.0^{4}66\ 828$ | $0.0^{4}64\ 095$ | $0.0^{4}61\ 468$ |
| 4.2 | $0.0^{4}58\ 943$ | $0.0^{4}56\ 516$ | $0.0^{4}54\ 183$ | $0.0^{4}51\ 942$ | $0.0^{4}49\ 788$ | $0.0^{4}47\ 719$ | $0.0^{4}45\ 731$ | $0.0^{4}43\ 821$ | $0.0^{4}41\ 988$ | $0.0^{4}40\ 226$ |
| 4.3 | $0.0^{4}38\ 535$ | $0.0^{4}36\ 911$ | $0.0^{4}35\ 353$ | $0.0^{4}33\ 856$ | $0.0^{4}32\ 420$ | $0.0^{4}31\ 041$ | $0.0^{4}29\ 719$ | $0.0^{4}28\ 449$ | $0.0^{4}27\ 231$ | $0.0^{4}26\ 063$ |
| 4.4 | $0.0^{4}24\ 942$ | $0.0^{4}23\ 868$ | $0.0^{4}22\ 837$ | $0.0^{4}21\ 848$ | $0.0^{4}20\ 900$ | $0.0^{4}19\ 992$ | $0.0^{4}19\ 121$ | $0.0^{4}18\ 286$ | $0.0^{4}17\ 486$ | $0.0^{4}16\ 719$ |
| 4.5 | $0.0^{4}15\ 984$ | $0.0^{4}15\ 280$ | $0.0^{4}14\ 605$ | $0.0^{4}13\ 959$ | $0.0^{4}13\ 340$ | $0.0^{4}12\ 747$ | $0.0^{4}12\ 180$ | $0.0^{4}11\ 636$ | $0.0^{4}11\ 116$ | $0.0^{4}10\ 618$ |
| 4.6 | $0.0^{4}10\ 141$ | $0.0^{5}96\ 845$ | $0.0^{5}92\ 477$ | $0.0^{5}88\ 297$ | $0.0^{5}84\ 298$ | $0.0^{5}80\ 472$ | $0.0^{5}76\ 812$ | $0.0^{5}73\ 311$ | $0.0^{5}69\ 962$ | $0.0^{5}66\ 760$ |
| 4.7 | $0.0^{5}63\ 698$ | $0.0^{5}60\ 771$ | $0.0^{5}57\ 972$ | $0.0^{5}55\ 296$ | $0.0^{5}52\ 739$ | $0.0^{5}50\ 295$ | $0.0^{5}47\ 960$ | $0.0^{5}45\ 728$ | $0.0^{5}43\ 596$ | $0.0^{5}41\ 559$ |
| 4.8 | $0.0^{5}39\ 613$ | $0.0^{5}37\ 755$ | $0.0^{5}35\ 980$ | $0.0^{5}34\ 285$ | $0.0^{5}32\ 667$ | $0.0^{5}31\ 122$ | $0.0^{5}29\ 647$ | $0.0^{5}28\ 239$ | $0.0^{5}26\ 895$ | $0.0^{5}25\ 613$ |
| 4.9 | $0.0^{5}24\ 390$ | $0.0^{5}23\ 222$ | $0.0^{5}22\ 108$ | $0.0^{5}21\ 046$ | $0.0^{5}20\ 033$ | $0.0^{5}19\ 066$ | $0.0^{5}18\ 144$ | $0.0^{5}17\ 265$ | $0.0^{5}16\ 428$ | $0.0^{5}15\ 629$ |

# 附表 3　标准化正态分布函数表

$$\Phi(u) = \int_{u}^{\infty} \frac{1}{\sqrt{2\pi}} e^{-\frac{u^2}{2}} du$$

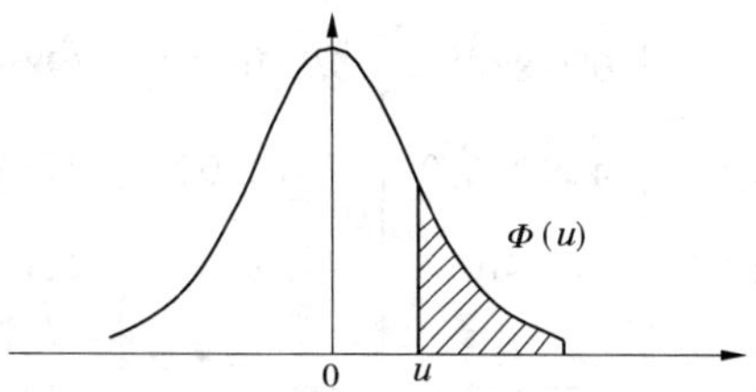


| u | 0.00 | 0.01 | 0.02 | 0.03 | 0.04 | 0.05 | 0.06 | 0.07 | 0.08 | 0.09 |
|---|---|---|---|---|---|---|---|---|---|---|
| 0.0 | 0.500 00 | 0.496 01 | 0.492 02 | 0.488 03 | 0.484 05 | 0.480 06 | 0.476 08 | 0.472 10 | 0.468 12 | 0.464 14 |
| 0.1 | 0.460 17 | 0.456 20 | 0.452 24 | 0.448 28 | 0.444 33 | 0.440 38 | 0.436 44 | 0.432 51 | 0.428 58 | 0.424 65 |
| 0.2 | 0.420 74 | 0.416 83 | 0.412 94 | 0.409 05 | 0.405 17 | 0.401 29 | 0.397 43 | 0.393 58 | 0.389 74 | 0.385 91 |
| 0.3 | 0.382 09 | 0.378 28 | 0.374 48 | 0.370 70 | 0.366 93 | 0.363 17 | 0.359 42 | 0.355 69 | 0.351 97 | 0.348 27 |
| 0.4 | 0.344 58 | 0.340 90 | 0.337 24 | 0.333 60 | 0.329 97 | 0.326 36 | 0.322 76 | 0.319 18 | 0.315 61 | 0.312 07 |
| 0.5 | 0.308 54 | 0.305 03 | 0.301 53 | 0.298 06 | 0.294 60 | 0.291 16 | 0.287 74 | 0.284 34 | 0.280 96 | 0.277 60 |
| 0.6 | 0.274 25 | 0.270 93 | 0.267 63 | 0.264 35 | 0.261 09 | 0.257 85 | 0.254 63 | 0.251 43 | 0.248 25 | 0.245 10 |
| 0.7 | 0.241 96 | 0.238 85 | 0.235 76 | 0.232 70 | 0.229 65 | 0.226 63 | 0.223 63 | 0.220 65 | 0.217 70 | 0.214 76 |
| 0.8 | 0.211 86 | 0.208 97 | 0.206 11 | 0.203 27 | 0.200 45 | 0.197 66 | 0.194 89 | 0.192 15 | 0.189 43 | 0.186 73 |
| 0.9 | 0.184 06 | 0.181 41 | 0.178 79 | 0.176 19 | 0.173 61 | 0.171 06 | 0.168 53 | 0.166 02 | 0.163 54 | 0.161 09 |
| 1.0 | 0.158 66 | 0.156 25 | 0.153 86 | 0.151 51 | 0.149 17 | 0.146 86 | 0.144 57 | 0.142 31 | 0.140 07 | 0.137 86 |

## 续附表 3

| $u$ | 0.00 | 0.01 | 0.02 | 0.03 | 0.04 | 0.05 | 0.06 | 0.07 | 0.08 | 0.09 |
|---|---|---|---|---|---|---|---|---|---|---|
| 1.1 | 0.135 67 | 0.133 50 | 0.131 36 | 0.129 24 | 0.127 14 | 0.125 07 | 0.123 02 | 0.121 00 | 0.119 00 | 0.117 02 |
| 1.2 | 0.115 07 | 0.113 14 | 0.111 23 | 0.109 35 | 0.107 49 | 0.105 65 | 0.103 83 | 0.102 04 | 0.100 27 | 0.098 525 |
| 1.3 | 0.096 800 | 0.095 098 | 0.093 418 | 0.091 759 | 0.090 123 | 0.088 508 | 0.086 915 | 0.085 343 | 0.083 793 | 0.082 264 |
| 1.4 | 0.080 757 | 0.079 270 | 0.077 804 | 0.076 359 | 0.074 934 | 0.073 529 | 0.072 145 | 0.070 781 | 0.069 437 | 0.068 112 |
| 1.5 | 0.066 807 | 0.065 522 | 0.064 255 | 0.063 008 | 0.061 780 | 0.060 571 | 0.059 380 | 0.058 208 | 0.057 053 | 0.055 917 |
| 1.6 | 0.054 799 | 0.053 699 | 0.052 616 | 0.051 551 | 0.050 503 | 0.049 471 | 0.048 457 | 0.047 460 | 0.046 479 | 0.045 514 |
| 1.7 | 0.044 565 | 0.043 633 | 0.042 716 | 0.041 815 | 0.040 930 | 0.040 059 | 0.039 204 | 0.038 364 | 0.037 538 | 0.036 727 |
| 1.8 | 0.035 960 | 0.035 148 | 0.034 380 | 0.033 625 | 0.032 884 | 0.032 157 | 0.031 443 | 0.030 742 | 0.030 054 | 0.029 379 |
| 1.9 | 0.028 717 | 0.028 067 | 0.027 429 | 0.026 803 | 0.026 190 | 0.025 588 | 0.024 998 | 0.024 419 | 0.023 852 | 0.023 295 |
| 2.0 | 0.022 750 | 0.022 216 | 0.021 692 | 0.021 178 | 0.020 675 | 0.020 182 | 0.019 699 | 0.019 226 | 0.018 763 | 0.018 309 |
| 2.1 | 0.017 864 | 0.017 429 | 0.017 003 | 0.016 586 | 0.016 177 | 0.015 778 | 0.015 386 | 0.015 003 | 0.014 629 | 0.014 262 |
| 2.2 | 0.013 903 | 0.013 553 | 0.013 209 | 0.012 874 | 0.012 545 | 0.012 224 | 0.011 911 | 0.011 604 | 0.011 304 | 0.011 011 |
| 2.3 | 0.010 724 | 0.010 444 | 0.010 170 | $0.0^{2}99\ 031$ | $0.0^{2}96\ 419$ | $0.0^{2}93\ 867$ | $0.0^{2}91\ 375$ | $0.0^{2}88\ 940$ | $0.0^{2}86\ 563$ | $0.0^{2}84\ 242$ |
| 2.4 | $0.0^{2}81\ 975$ | $0.0^{2}79\ 763$ | $0.0^{2}77\ 603$ | $0.0^{2}75\ 494$ | $0.0^{2}73\ 436$ | $0.0^{2}71\ 428$ | $0.0^{2}69\ 469$ | $0.0^{2}67\ 557$ | $0.0^{2}65\ 691$ | $0.0^{2}63\ 872$ |
| 2.5 | $0.0^{2}62\ 097$ | $0.0^{2}60\ 366$ | $0.0^{2}58\ 677$ | $0.0^{2}57\ 031$ | $0.0^{2}55\ 426$ | $0.0^{2}53\ 861$ | $0.0^{2}52\ 336$ | $0.0^{2}50\ 849$ | $0.0^{2}49\ 400$ | $0.0^{2}47\ 988$ |

## 续附表 3

| $u$ | 0.00 | 0.01 | 0.02 | 0.03 | 0.04 | 0.05 | 0.06 | 0.07 | 0.08 | 0.09 |
|---|---|---|---|---|---|---|---|---|---|---|
| 2.6 | $0.0^{2}46\ 612$ | $0.0^{2}45\ 271$ | $0.0^{2}43\ 965$ | $0.0^{2}42\ 692$ | $0.0^{2}41\ 453$ | $0.0^{2}40\ 246$ | $0.0^{2}39\ 070$ | $0.0^{2}37\ 926$ | $0.0^{2}36\ 811$ | $0.0^{2}35\ 726$ |
| 2.7 | $0.0^{2}34\ 670$ | $0.0^{2}33\ 642$ | $0.0^{2}32\ 641$ | $0.0^{2}31\ 667$ | $0.0^{2}30\ 720$ | $0.0^{2}29\ 798$ | $0.0^{2}28\ 901$ | $0.0^{2}28\ 028$ | $0.0^{2}27\ 179$ | $0.0^{2}26\ 354$ |
| 2.8 | $0.0^{2}25\ 551$ | $0.0^{2}24\ 771$ | $0.0^{2}24\ 012$ | $0.0^{2}23\ 274$ | $0.0^{2}22\ 557$ | $0.0^{2}21\ 860$ | $0.0^{2}21\ 182$ | $0.0^{2}20\ 524$ | $0.0^{2}19\ 884$ | $0.0^{2}19\ 262$ |
| 2.9 | $0.0^{2}18\ 658$ | $0.0^{2}18\ 071$ | $0.0^{2}17\ 502$ | $0.0^{2}16\ 948$ | $0.0^{2}16\ 411$ | $0.0^{2}15\ 889$ | $0.0^{2}15\ 382$ | $0.0^{2}14\ 890$ | $0.0^{2}14\ 412$ | $0.0^{2}13\ 949$ |
| 3.0 | $0.0^{2}13\ 499$ | $0.0^{2}13\ 062$ | $0.0^{2}12\ 639$ | $0.0^{2}12\ 228$ | $0.0^{2}11\ 829$ | $0.0^{2}11\ 442$ | $0.0^{2}11\ 067$ | $0.0^{2}10\ 703$ | $0.0^{2}10\ 350$ | $0.0^{2}10\ 008$ |
| 3.1 | $0.0^{3}96\ 760$ | $0.0^{3}93\ 544$ | $0.0^{3}90\ 426$ | $0.0^{3}87\ 403$ | $0.0^{3}84\ 474$ | $0.0^{3}81\ 635$ | $0.0^{3}78\ 885$ | $0.0^{3}76\ 219$ | $0.0^{3}73\ 638$ | $0.0^{3}71\ 136$ |
| 3.2 | $0.0^{3}68\ 714$ | $0.0^{3}66\ 367$ | $0.0^{3}64\ 095$ | $0.0^{3}61\ 895$ | $0.0^{3}59\ 765$ | $0.0^{3}57\ 703$ | $0.0^{3}55\ 706$ | $0.0^{3}53\ 774$ | $0.0^{3}51\ 904$ | $0.0^{3}50\ 094$ |
| 3.3 | $0.0^{3}48\ 342$ | $0.0^{3}46\ 648$ | $0.0^{3}45\ 009$ | $0.0^{3}43\ 423$ | $0.0^{3}418\ 89$ | $0.0^{3}40\ 406$ | $0.0^{3}38\ 971$ | $0.0^{3}37\ 584$ | $0.0^{3}36\ 243$ | $0.0^{3}34\ 946$ |
| 3.4 | $0.0^{3}33\ 693$ | $0.0^{3}32\ 481$ | $0.0^{3}31\ 311$ | $0.0^{3}30\ 179$ | $0.0^{3}29\ 086$ | $0.0^{3}28\ 029$ | $0.0^{3}27\ 009$ | $0.0^{3}26\ 023$ | $0.0^{3}25\ 071$ | $0.0^{3}24\ 151$ |
| 3.5 | $0.0^{3}23\ 263$ | $0.0^{3}22\ 405$ | $0.0^{3}21\ 577$ | $0.0^{3}20\ 778$ | $0.0^{3}20\ 006$ | $0.0^{3}19\ 262$ | $0.0^{3}18\ 543$ | $0.0^{3}17\ 849$ | $0.0^{3}17\ 180$ | $0.0^{3}16\ 534$ |
| 3.6 | $0.0^{3}15\ 911$ | $0.0^{3}15\ 310$ | $0.0^{3}14\ 730$ | $0.0^{3}14\ 171$ | $0.0^{3}13\ 632$ | $0.0^{3}13\ 112$ | $0.0^{3}12\ 611$ | $0.0^{3}12\ 128$ | $0.0^{3}11\ 662$ | $0.0^{3}11\ 213$ |
| 3.7 | $0.0^{3}10\ 780$ | $0.0^{3}10\ 363$ | $0.0^{4}99\ 611$ | $0.0^{4}95\ 740$ | $0.0^{4}92\ 010$ | $0.0^{4}88\ 417$ | $0.0^{4}84\ 957$ | $0.0^{4}81\ 624$ | $0.0^{4}78\ 414$ | $0.0^{4}75\ 324$ |
| 3.8 | $0.0^{4}72\ 348$ | $0.0^{4}69\ 483$ | $0.0^{4}66\ 726$ | $0.0^{4}64\ 072$ | $0.0^{4}61\ 517$ | $0.0^{4}59\ 059$ | $0.0^{4}56\ 694$ | $0.0^{4}54\ 418$ | $0.0^{4}52\ 228$ | $0.0^{4}50\ 122$ |
| 3.9 | $0.0^{4}48\ 096$ | $0.0^{4}46\ 148$ | $0.0^{4}44\ 274$ | $0.0^{4}42\ 473$ | $0.0^{4}40\ 741$ | $0.0^{4}39\ 076$ | $0.0^{4}37\ 475$ | $0.0^{4}35\ 936$ | $0.0^{4}34\ 458$ | $0.0^{4}33\ 037$ |
| 4.0 | $0.0^{4}31\ 671$ | $0.0^{4}30\ 359$ | $0.0^{4}29\ 099$ | $0.0^{4}27\ 888$ | $0.0^{4}26\ 726$ | $0.0^{4}25\ 609$ | $0.0^{4}24\ 536$ | $0.0^{4}23\ 507$ | $0.0^{4}22\ 518$ | $0.0^{4}21\ 569$ |

## 续附表 3

| $u$ | 0.00 | 0.01 | 0.02 | 0.03 | 0.04 | 0.05 | 0.06 | 0.07 | 0.08 | 0.09 |
|---|---|---|---|---|---|---|---|---|---|---|
| 4.1 | $0.0^{4}20\,658$ | $0.0^{4}19\,783$ | $0.0^{4}18\,944$ | $0.0^{4}18\,138$ | $0.0^{4}17\,365$ | $0.0^{4}16\,624$ | $0.0^{4}15\,912$ | $0.0^{4}15\,230$ | $0.0^{4}14\,575$ | $0.0^{4}13\,948$ |
| 4.2 | $0.0^{4}13\,346$ | $0.0^{4}12\,769$ | $0.0^{4}12\,215$ | $0.0^{4}11\,685$ | $0.0^{4}11\,176$ | $0.0^{4}10\,689$ | $0.0^{4}10\,221$ | $0.0^{5}97\,736$ | $0.0^{5}93\,447$ | $0.0^{5}89\,337$ |
| 4.3 | $0.0^{5}85\,399$ | $0.0^{5}81\,627$ | $0.0^{5}78\,015$ | $0.0^{5}74\,555$ | $0.0^{5}71\,241$ | $0.0^{5}68\,069$ | $0.0^{5}65\,031$ | $0.0^{5}62\,123$ | $0.0^{5}59\,340$ | $0.0^{5}56\,675$ |
| 4.4 | $0.0^{5}54\,125$ | $0.0^{5}51\,685$ | $0.0^{5}49\,350$ | $0.0^{5}47\,17$ | $0.0^{5}44\,979$ | $0.0^{5}42\,935$ | $0.0^{5}40\,980$ | $0.0^{5}39\,110$ | $0.0^{5}37\,322$ | $0.0^{5}35\,612$ |
| 4.5 | $0.0^{5}33\,977$ | $0.0^{5}32\,414$ | $0.0^{5}30\,920$ | $0.0^{5}29\,492$ | $0.0^{5}28\,127$ | $0.0^{5}26\,823$ | $0.0^{5}25\,577$ | $0.0^{5}24\,386$ | $0.0^{5}23\,249$ | $0.0^{5}22\,162$ |
| 4.6 | $0.0^{5}21\,125$ | $0.0^{5}20\,133$ | $0.0^{5}19\,187$ | $0.0^{5}18\,283$ | $0.0^{5}17\,420$ | $0.0^{5}16\,597$ | $0.0^{5}15\,810$ | $0.0^{5}15\,060$ | $0.0^{5}14\,344$ | $0.0^{5}13\,660$ |
| 4.7 | $0.0^{5}13\,008$ | $0.0^{5}12\,386$ | $0.0^{5}11\,792$ | $0.0^{5}11\,226$ | $0.0^{5}10\,686$ | $0.0^{5}10\,171$ | $0.0^{6}96\,796$ | $0.0^{6}92\,113$ | $0.0^{6}87\,648$ | $0.0^{6}83\,391$ |
| 4.8 | $0.0^{6}79\,333$ | $0.0^{6}75\,465$ | $0.0^{6}71\,779$ | $0.0^{6}68\,267$ | $0.0^{6}64\,920$ | $0.0^{6}61\,731$ | $0.0^{6}58\,693$ | $0.0^{6}55\,799$ | $0.0^{6}53\,043$ | $0.0^{6}50\,418$ |
| 4.9 | $0.0^{6}47\,918$ | $0.0^{6}45\,538$ | $0.0^{6}43\,272$ | $0.0^{6}41\,115$ | $0.0^{6}39\,061$ | $0.0^{6}37\,107$ | $0.0^{6}35\,247$ | $0.0^{6}33\,476$ | $0.0^{6}31\,792$ | $0.0^{6}30\,190$ |

## 附表4　相关系数检验表

| $n-2$ | $\alpha$ | | $n-2$ | $\alpha$ | |
|---|---|---|---|---|---|
| | 0.05 | 0.01 | | 0.05 | 0.01 |
| 1 | 0.997 | 1.000 | 21 | 0.413 | 0.526 |
| 2 | 0.950 | 0.990 | 22 | 0.404 | 0.515 |
| 3 | 0.877 | 0.959 | 23 | 0.396 | 0.505 |
| 4 | 0.811 | 0.917 | 24 | 0.388 | 0.496 |
| 5 | 0.754 | 0.874 | 25 | 0.381 | 0.487 |
| 6 | 0.707 | 0.834 | 26 | 0.374 | 0.478 |
| 7 | 0.666 | 0.798 | 27 | 0.367 | 0.470 |
| 8 | 0.632 | 0.765 | 28 | 0.361 | 0.463 |
| 9 | 0.602 | 0.735 | 29 | 0.355 | 0.456 |
| 10 | 0.576 | 0.708 | 30 | 0.349 | 0.449 |
| 11 | 0.553 | 0.684 | 35 | 0.325 | 0.418 |
| 12 | 0.532 | 0.661 | 40 | 0.304 | 0.393 |
| 13 | 0.514 | 0.641 | 45 | 0.288 | 0.372 |
| 14 | 0.497 | 0.623 | 50 | 0.273 | 0.354 |
| 15 | 0.482 | 0.606 | 60 | 0.250 | 0.325 |
| 16 | 0.468 | 0.590 | 70 | 0.232 | 0.302 |
| 17 | 0.451 | 0.575 | 80 | 0.217 | 0.283 |
| 18 | 0.444 | 0.561 | 90 | 0.205 | 0.267 |
| 19 | 0.433 | 0.549 | 100 | 0.195 | 0.254 |
| 20 | 0.423 | 0.537 | 110 | 0.138 | 0.181 |

# 附表 5　皮尔逊Ⅲ型分布

| $C_s$ \ P% | 0.01 | 0.02 | 0.05 | 0.1 | 0.2 | 0.5 | 1 | 2 | 3 | 5 | 10 | 20 | 25 | 30 |
|---|---|---|---|---|---|---|---|---|---|---|---|---|---|---|
| 0 | 3.719 | 3.540 | 3.291 | 3.090 | 2.878 | 2.576 | 2.326 | 2.054 | 1.881 | 1.645 | 1.282 | 0.842 | 0.674 | 0.524 |
| 0.02 | 3.768 | 3.582 | 3.325 | 3.119 | 2.903 | 2.595 | 2.341 | 2.064 | 1.889 | 1.651 | 1.284 | 0.841 | 0.673 | 0.522 |
| 0.04 | 3.807 | 3.619 | 3.357 | 3.148 | 2.927 | 2.613 | 2.356 | 2.075 | 1.898 | 1.656 | 1.286 | 0.840 | 0.671 | 0.520 |
| 0.06 | 3.849 | 3.657 | 3.389 | 3.176 | 2.951 | 2.632 | 2.370 | 2.086 | 1.906 | 1.662 | 1.288 | 0.839 | 0.669 | 0.517 |
| 0.08 | 3.892 | 3.695 | 3.422 | 3.205 | 2.976 | 2.651 | 2.385 | 2.096 | 1.914 | 1.667 | 1.290 | 0.838 | 0.667 | 0.515 |
| 0.10 | 3.935 | 3.734 | 3.455 | 3.233 | 3.000 | 2.670 | 0.400 | 2.107 | 1.923 | 1.673 | 1.292 | 0.836 | 0.665 | 0.512 |
| 0.12 | 3.978 | 3.773 | 3.488 | 3.262 | 3.024 | 2.688 | 2.414 | 2.118 | 1.931 | 1.678 | 1.294 | 0.835 | 0.663 | 0.510 |
| 0.14 | 4.022 | 3.812 | 3.521 | 3.291 | 3.049 | 2.707 | 2.429 | 2.128 | 1.939 | 1.684 | 1.296 | 0.834 | 0.661 | 0.507 |
| 0.16 | 4.066 | 3.851 | 3.555 | 3.319 | 3.073 | 2.726 | 2.443 | 2.139 | 1.947 | 1.689 | 1.298 | 0.833 | 0.659 | 0.504 |
| 0.18 | 4.109 | 3.890 | 3.588 | 3.348 | 3.097 | 2.745 | 2.458 | 2.149 | 1.955 | 1.694 | 1.299 | 0.832 | 0.657 | 0.502 |
| 0.20 | 4.153 | 3.929 | 3.621 | 3.377 | 3.122 | 2.763 | 2.472 | 2.159 | 1.964 | 1.700 | 1.301 | 0.830 | 0.655 | 0.499 |
| 0.22 | 4.197 | 3.969 | 3.654 | 3.406 | 3.146 | 2.781 | 2.487 | 2.170 | 1.972 | 1.705 | 1.303 | 0.829 | 0.653 | 0.497 |
| 0.24 | 4.241 | 4.008 | 3.688 | 3.435 | 3.170 | 2.800 | 0.501 | 2.180 | 1.980 | 1.710 | 1.305 | 0.828 | 0.651 | 0.494 |
| 0.26 | 4.285 | 4.048 | 3.721 | 3.464 | 3.195 | 2.819 | 2.516 | 2.190 | 1.988 | 1.715 | 1.306 | 0.826 | 0.649 | 0.491 |
| 0.28 | 4.330 | 4.087 | 3.755 | 3.492 | 3.219 | 2.838 | 2.530 | 2.201 | 1.996 | 1.721 | 1.308 | 0.825 | 0.647 | 0.489 |
| 0.30 | 4.374 | 4.127 | 3.788 | 3.521 | 3.244 | 2.856 | 2.544 | 2.211 | 2.003 | 1.726 | 1.309 | 0.824 | 0.644 | 0.486 |
| 0.32 | 4.418 | 4.167 | 3.822 | 3.550 | 3.268 | 2.875 | 2.559 | 2.221 | 2.011 | 1.731 | 1.311 | 0.822 | 0.642 | 0.483 |
| 0.34 | 4.463 | 4.206 | 3.855 | 3.579 | 3.293 | 0.894 | 2.573 | 2.231 | 2.019 | 1.736 | 1.312 | 0.821 | 0.640 | 0.481 |
| 0.36 | 4.508 | 4.246 | 3.889 | 3.608 | 3.317 | 2.912 | 2.587 | 2.241 | 2.027 | 1.741 | 1.314 | 0.819 | 0.638 | 0.478 |
| 0.38 | 4.552 | 4.286 | 3.922 | 3.637 | 3.341 | 2.931 | 2.601 | 2.251 | 2.035 | 1.746 | 1.315 | 0.818 | 0.636 | 0.475 |
| 0.40 | 4.597 | 4.326 | 3.956 | 3.666 | 3.366 | 2.949 | 2.615 | 2.261 | 2.042 | 1.751 | 1.317 | 0.816 | 0.633 | 0.472 |
| 0.42 | 4.642 | 4.366 | 3.990 | 3.695 | 3.390 | 2.967 | 2.630 | 2.271 | 2.050 | 1.755 | 1.318 | 0.815 | 0.631 | 0.469 |
| 0.44 | 4.687 | 4.406 | 4.023 | 3.724 | 3.414 | 2.986 | 2.644 | 2.281 | 2.058 | 1.760 | 1.319 | 0.813 | 0.629 | 0.467 |
| 0.46 | 4.731 | 4.446 | 4.057 | 3.753 | 3.439 | 3.004 | 2.658 | 2.291 | 2.065 | 1.765 | 1.321 | 0.811 | 0.626 | 0.464 |
| 0.48 | 4.776 | 4.486 | 4.091 | 3.782 | 3.463 | 3.023 | 2.672 | 2.301 | 2.073 | 1.770 | 1.322 | 0.810 | 0.624 | 0.461 |
| 0.50 | 4.821 | 4.526 | 4.124 | 3.811 | 3.487 | 3.041 | 2.686 | 2.311 | 2.080 | 1.774 | 1.323 | 0.808 | 0.622 | 0.458 |
| 0.55 | 4.934 | 4.626 | 4.209 | 3.883 | 3.548 | 3.087 | 2.721 | 2.335 | 2.099 | 1.786 | 1.326 | 0.804 | 0.616 | 0.451 |
| 0.60 | 5.047 | 4.727 | 4.293 | 3.956 | 3.609 | 3.132 | 2.755 | 2.359 | 2.117 | 1.797 | 1.329 | 0.799 | 0.609 | 0.444 |
| 0.65 | 5.160 | 4.828 | 4.377 | 4.028 | 3.669 | 3.178 | 2.790 | 2.383 | 2.135 | 1.808 | 1.331 | 0.795 | 0.603 | 0.436 |

## 离均系数 $\Phi_P$ 值表

| 40 | 50 | 60 | 70 | 75 | 80 | 90 | 95 | 97 | 99 | 99.5 | 99.9 |
|---|---|---|---|---|---|---|---|---|---|---|---|
| 0.253 | -0.000 | -0.253 | -0.524 | -0.674 | -0.842 | -1.282 | -1.645 | -1.881 | -2.326 | -2.576 | -3.090 |
| 0.250 | -0.003 | -0.256 | -0.527 | -0.676 | -0.843 | -1.279 | -1.369 | -1.872 | -2.312 | -2.557 | -3.061 |
| 0.247 | -0.007 | -0.260 | -0.529 | -0.678 | -0.843 | -1.277 | -1.633 | -1.864 | -2.297 | -2.538 | -3.033 |
| 0.244 | -0.010 | -0.263 | -0.532 | -0.680 | -0.844 | -1.275 | -1.628 | -1.855 | -2.282 | -2.519 | -3.005 |
| 0.241 | -0.013 | -0.266 | -0.534 | -0.681 | -0.845 | -1.273 | -1.622 | -1.847 | -2.267 | -2.501 | -2.976 |
| 0.238 | -0.016 | -0.269 | -0.536 | -0.683 | -0.846 | -1.270 | -1.616 | -1.838 | -2.252 | -2.482 | -2.948 |
| 0.235 | -0.020 | -0.272 | -0.538 | -0.685 | -0.847 | -1.268 | -1.610 | -1.829 | -2.238 | -2.463 | -2.920 |
| 0.231 | -0.023 | -0.275 | -0.541 | -0.687 | -0.848 | -1.266 | -1.604 | -1.821 | -2.223 | -2.444 | -2.892 |
| 0.228 | -0.027 | -0.278 | -0.543 | -0.688 | -0.848 | -1.263 | -1.598 | -1.812 | -2.208 | -2.425 | -2.864 |
| 0.225 | -0.030 | -0.281 | -0.545 | -0.690 | -0.849 | -1.261 | -1.592 | -1.803 | -2.193 | -2.407 | -2.836 |
| 0.222 | -0.033 | -0.284 | -0.548 | -0.691 | -0.850 | -1.258 | -1.586 | -1.794 | -2.178 | -2.388 | -2.808 |
| 0.219 | -0.037 | -0.287 | -0.550 | -0.693 | -0.851 | -1.256 | -1.580 | -1.786 | -2.164 | -2.369 | -2.780 |
| 0.215 | -0.040 | -0.290 | -0.552 | -0.695 | -0.851 | -1.253 | -1.574 | -1.777 | -2.149 | -2.350 | -2.752 |
| 0.212 | -0.043 | -0.293 | -0.554 | -0.696 | -0.852 | -1.250 | -1.568 | -1.768 | -2.134 | -2.332 | -2.724 |
| 0.209 | -0.046 | -0.296 | -0.556 | -0.697 | -0.852 | -1.248 | -1.561 | -1.759 | -2.119 | -2.313 | -2.697 |
| 0.206 | -0.050 | -0.299 | -0.558 | -0.699 | -0.853 | -1.245 | -1.555 | -1.750 | -2.104 | -2.294 | -2.667 |
| 0.202 | -0.053 | -0.302 | -0.561 | -0.700 | -0.853 | -1.242 | -1.549 | -1.741 | -2.089 | -2.276 | -2.642 |
| 0.199 | -0.056 | -0.305 | -0.563 | -0.702 | -0.854 | -1.240 | -1.543 | -1.732 | -2.074 | -2.257 | -2.614 |
| 0.196 | -0.060 | -0.308 | -0.565 | -0.703 | -0.854 | -1.237 | - 1.536 | -1.723 | -2.059 | -2.238 | -2.587 |
| 0.192 | -0.063 | -0.311 | -0.567 | -0.705 | -0.855 | -1.234 | -1.530 | -1.714 | -2.044 | -2.220 | -2.560 |
| 0.189 | -0.066 | -0.314 | -0.569 | -0.706 | -0.855 | -1.231 | -1.524 | -1.705 | -2.029 | -2.201 | -2.533 |
| 0.186 | -0.070 | -0.316 | -0.571 | -0.707 | -0.855 | -1.228 | -1.517 | -1.696 | -2.014 | -2.182 | -2.506 |
| 0.183 | -0.073 | -0.319 | -0.573 | -0.708 | -0.856 | -1.225 | -1.511 | -1.687 | -2.000 | -2.164 | -2.479 |
| 0.179 | -0.076 | -0.322 | -0.575 | -0.709 | -0.856 | -1.222 | -1.504 | -1.677 | -1.985 | -2.145 | -2.452 |
| 0.176 | -0.080 | -0.325 | -0.576 | -0.711 | -0.856 | -1.219 | -1.498 | -1.668 | -1.970 | -2.127 | -2.425 |
| 0.173 | -0.083 | -0.328 | -0.578 | -0.712 | -0.857 | -1.216 | -1.491 | -1.659 | -1.955 | -2.108 | -2.399 |
| 0.164 | -0.091 | -0.335 | -0.583 | -0.715 | -0.857 | -1.208 | -1.474 | -1.636 | -1.917 | -2.062 | -2.333 |
| 0.156 | -0.099 | -0.342 | -0.588 | -0.718 | -0.857 | -1.200 | -1.458 | -1.613 | -1.880 | -2.016 | -2.268 |
| 0.148 | -0.108 | -0.349 | -0.592 | -0.720 | -0.857 | -1.192 | -1.441 | -1.589 | -1.843 | -1.971 | -2.204 |

续附表 5

| $C_s$ \ P% | 0.01 | 0.02 | 0.05 | 0.1 | 0.2 | 0.5 | 1 | 2 | 3 | 5 | 10 | 20 | 25 | 30 |
|---|---|---|---|---|---|---|---|---|---|---|---|---|---|---|
| 0.70 | 5.274 | 4.928 | 4.462 | 4.100 | 3.730 | 3.223 | 2.824 | 2.407 | 2.153 | 1.819 | 1.333 | 0.790 | 0.596 | 0.429 |
| 0.75 | 5.388 | 5.029 | 4.546 | 4.172 | 3.790 | 3.268 | 2.857 | 2.430 | 2.170 | 1.829 | 1.335 | 0.785 | 0.590 | 0.421 |
| 0.80 | 5.501 | 5.130 | 4.631 | 4.244 | 3.850 | 3.312 | 2.891 | 2.453 | 2.187 | 1.839 | 1.336 | 0.780 | 0.583 | 0.134 |
| 0.85 | 5.615 | 5.231 | 4.715 | 4.316 | 3.910 | 3.357 | 2.924 | 2.476 | 2.204 | 1.849 | 1.338 | 0.775 | 0.576 | 0.405 |
| 0.90 | 5.729 | 5.332 | 4.799 | 4.388 | 3.969 | 3.401 | 2.957 | 2.498 | 2.220 | 1.859 | 1.339 | 0.769 | 0.569 | 0.397 |
| 0.95 | 5.843 | 5.433 | 4.883 | 4.460 | 4.029 | 3.445 | 2.990 | 2.520 | 2.237 | 1.868 | 1.340 | 0.763 | 0.562 | 0.389 |
| 1.00 | 5.957 | 5.534 | 4.967 | 4.531 | 4.088 | 3.489 | 3.023 | 2.542 | 2.253 | 1.877 | 1.340 | 0.757 | 0.555 | 0.381 |
| 1.05 | 6.071 | 5.635 | 5.051 | 4.602 | 4.147 | 3.532 | 3.055 | 2.564 | 2.268 | 1.886 | 1.341 | 0.752 | 0.547 | 0.373 |
| 1.10 | 6.185 | 5.736 | 5.134 | 4.674 | 4.206 | 3.575 | 3.087 | 2.585 | 2.284 | 1.894 | 1.341 | 0.745 | 0.540 | 0.365 |
| 1.15 | 6.299 | 5.836 | 5.218 | 4.774 | 4.264 | 3.618 | 3.118 | 2.606 | 2.299 | 1.902 | 1.341 | 0.739 | 0.532 | 0.356 |
| 1.20 | 6.413 | 5.937 | 5.301 | 4.815 | 4.323 | 3.661 | 3.149 | 2.626 | 2.313 | 1.910 | 1.341 | 0.733 | 0.524 | 0.348 |
| 1.25 | 6.526 | 6.037 | 5.384 | 4.885 | 4.381 | 3.703 | 3.180 | 2.647 | 2.328 | 1.917 | 1.340 | 0.726 | 0.517 | 0.339 |
| 1.30 | 6.640 | 6.137 | 5.467 | 4.955 | 4.438 | 3.745 | 3.211 | 2.667 | 2.342 | 1.925 | 1.339 | 0.719 | 0.508 | 0.331 |
| 1.35 | 6.753 | 6.237 | 5.550 | 5.025 | 4.496 | 3.787 | 3.241 | 2.686 | 2.356 | 1.932 | 1.338 | 0.712 | 0.500 | 0.322 |
| 1.40 | 6.867 | 6.337 | 5.632 | 5.095 | 4.553 | 3.828 | 3.271 | 2.706 | 2.369 | 1.938 | 1.337 | 0.705 | 0.492 | 0.313 |
| 1.45 | 6.980 | 6.437 | 5.715 | 5.164 | 4.610 | 3.869 | 3.301 | 2.725 | 2.382 | 1.945 | 1.335 | 0.698 | 0.484 | 0.304 |
| 1.50 | 7.093 | 6.536 | 5.797 | 5.234 | 4.666 | 3.910 | 3.330 | 2.743 | 2.395 | 1.950 | 1.333 | 0.691 | 0.475 | 0.295 |
| 1.55 | 7.206 | 6.636 | 5.878 | 5.302 | 4.723 | 3.950 | 3.359 | 2.762 | 2.408 | 1.957 | 1.331 | 0.683 | 0.467 | 0.286 |
| 1.60 | 7.318 | 6.735 | 5.960 | 5.371 | 4.779 | 3.990 | 3.388 | 2.780 | 2.420 | 1.962 | 1.329 | 0.675 | 0.458 | 0.277 |
| 1.65 | 7.430 | 6.833 | 6.041 | 5.439 | 4.834 | 4.030 | 2.416 | 2.797 | 2.432 | 1.967 | 1.326 | 0.667 | 0.450 | 0.268 |
| 1.70 | 7.543 | 6.932 | 6.122 | 5.507 | 4.890 | 4.069 | 3.444 | 2.815 | 2.444 | 1.972 | 1.324 | 0.660 | 0.441 | 0.259 |
| 1.75 | 7.655 | 7.030 | 6.203 | 5.575 | 4.945 | 4.108 | 3.472 | 2.832 | 2.455 | 1.977 | 1.321 | 0.652 | 0.432 | 0.250 |
| 1.80 | 7.766 | 7.128 | 6.283 | 5.642 | 4.999 | 4.147 | 3.499 | 2.848 | 2.466 | 1.981 | 1.318 | 0.643 | 0.423 | 0.241 |
| 1.85 | 7.878 | 7.226 | 6.363 | 5.709 | 5.054 | 4.185 | 3.526 | 2.865 | 2.477 | 1.985 | 1.314 | 0.635 | 0.414 | 0.232 |
| 1.90 | 7.989 | 7.323 | 6.443 | 5.775 | 5.108 | 4.223 | 3.553 | 2.881 | 2.487 | 1.989 | 1.311 | 0.627 | 0.405 | 0.222 |
| 1.95 | 8.100 | 7.420 | 6.522 | 5.842 | 5.161 | 4.261 | 3.579 | 2.897 | 2.497 | 1.993 | 1.307 | 0.618 | 0.396 | 0.213 |
| 2.00 | 8.210 | 7.517 | 6.601 | 5.908 | 5.215 | 4.298 | 3.605 | 2.912 | 2.507 | 1.996 | 1.303 | 0.609 | 0.386 | 0.204 |
| 2.1 | 8.431 | 7.710 | 6.758 | 6.039 | 5.320 | 4.372 | 3.656 | 2.942 | 2.525 | 2.001 | 1.294 | 0.592 | 0.368 | 0.185 |
| 2.2 | 8.650 | 7.901 | 6.914 | 6.168 | 5.424 | 4.444 | 3.705 | 2.970 | 2.542 | 2.006 | 1.284 | 0.574 | 0.349 | 0.167 |

| 40 | 50 | 60 | 70 | 75 | 80 | 90 | 95 | 97 | 99 | 99.5 | 99.9 |
|---|---|---|---|---|---|---|---|---|---|---|---|
| 0.139 | −0.116 | −0.356 | −0.596 | −0.722 | −0.857 | −1.183 | −1.423 | −1.566 | −1.806 | −1.926 | −2.141 |
| 0.131 | −0.124 | −0.362 | −0.600 | −0.724 | −0.857 | −1.175 | −1.406 | −1.542 | −1.769 | −1.881 | −2.078 |
| 0.122 | −0.132 | −0.369 | −0.604 | −0.726 | −0.856 | −0.166 | −1.389 | −1.518 | −1.733 | −1.837 | −2.017 |
| 0.113 | −0.140 | −0.375 | −0.608 | −0.728 | −0.855 | −1.157 | −1.371 | −1.494 | −1.696 | −1.793 | −1.958 |
| 0.105 | −0.148 | −0.382 | −0.611 | −0.730 | −0.854 | −1.147 | −1.353 | −1.470 | −1.660 | −1.749 | −1.899 |
| 0.096 | −0.156 | −0.388 | −0.615 | −0.731 | −0.853 | −1.137 | −1.335 | −1.446 | −1.624 | −1.706 | −1.842 |
| 0.088 | −0.164 | −0.394 | −0.618 | −0.732 | −0.852 | −1.128 | −1.317 | −1.422 | −1.588 | −1.664 | −1.786 |
| 0.079 | −0.172 | −0.400 | −0.621 | −0.733 | −0.850 | −1.118 | −1.299 | −1.398 | −1.553 | −1.622 | −1.731 |
| 0.070 | −0.180 | −0.406 | −0.624 | −0.734 | −0.848 | −1.107 | −1.280 | −1.374 | −1.518 | −1.581 | −1.678 |
| 0.062 | −0.187 | −0.412 | −0.627 | −0.735 | −0.846 | −1.097 | −1.262 | −1.350 | −1.484 | −1.541 | −1.627 |
| 0.053 | −0.195 | −0.418 | −0.629 | −0.735 | −0.844 | −1.086 | −1.243 | −1.327 | −1.449 | −1.501 | −1.577 |
| 0.044 | −0.203 | −0.424 | −0.632 | −0.735 | −0.841 | −1.075 | −1.224 | −1.303 | −1.416 | −1.462 | −1.529 |
| 0.036 | −0.210 | −0.429 | −0.634 | −0.735 | −0.838 | −1.064 | −1.206 | −1.279 | −1.383 | −1.424 | −1.482 |
| 0.027 | −0.218 | −0.434 | −0.636 | −0.735 | −0.835 | −1.053 | −1.187 | −1.255 | −1.350 | −1.387 | −1.437 |
| 0.018 | −0.225 | −0.440 | −0.638 | −0.735 | −0.832 | −1.041 | −1.168 | −1.232 | −1.318 | −1.351 | −1.394 |
| 0.010 | −0.233 | −0.445 | −0.639 | −0.734 | −0.829 | −1.030 | −1.150 | −1.208 | −1.287 | −1.316 | −1.353 |
| 0.001 | −0.240 | −0.449 | −0.641 | −0.733 | −0.825 | −1.018 | −1.131 | −1.185 | −1.256 | −1.282 | −1.313 |
| −0.008 | −0.247 | −0.454 | −0.642 | −0.732 | −0.821 | −1.006 | −1.112 | −1.162 | −1.226 | −1.248 | −1.275 |
| −0.016 | −0.254 | −0.459 | −0.643 | −0.731 | −0.817 | −0.994 | −1.093 | −1.140 | −1.197 | −1.216 | −1.238 |
| −0.025 | −0.261 | −0.463 | −0.644 | −0.729 | −0.813 | −0.982 | −1.075 | −1.117 | −1.168 | −1.185 | −1.203 |
| −0.033 | −0.268 | −0.467 | −0.644 | −0.727 | −0.808 | −0.970 | −1.056 | −1.095 | −1.140 | −1.155 | −1.170 |
| −0.042 | −0.275 | −0.472 | −0.645 | −0.725 | −0.804 | −0.957 | −0.038 | −1.073 | −1.113 | −1.126 | −1.138 |
| −0.050 | −0.281 | −0.475 | −0.645 | −0.723 | −0.799 | −0.945 | −1.020 | −1.052 | −1.087 | −1.097 | −1.107 |
| −0.059 | −0.288 | −0.479 | −0.645 | −0.721 | −0.794 | −0.932 | −1.002 | −1.031 | −1.062 | −1.070 | −1.078 |
| −0.067 | −0.294 | −0.483 | −0.645 | −0.718 | −0.788 | −0.920 | −0.984 | −1.010 | −1.037 | −1.044 | −1.051 |
| −0.076 | −0.301 | −0.486 | −0.644 | −0.715 | −0.783 | −0.907 | −0.966 | −0.989 | −1.013 | −1.019 | −1.024 |
| −0.084 | −0.307 | −0.489 | −0.643 | −0.712 | −0.777 | −0.895 | −0.949 | −0.970 | −0.990 | −0.995 | −0.999 |
| −0.100 | −0.319 | −0.495 | −0.641 | −0.706 | −0.765 | −0.869 | −0.915 | −0.931 | −0.946 | −0.949 | −0.952 |
| −0.116 | −0.330 | −0.500 | −0.638 | −0.698 | −0.752 | −0.844 | −0.882 | −0.894 | −0.905 | −0.907 | −0.909 |

续附表 5

| $C_s$ \ P% | 0.01 | 0.02 | 0.05 | 0.1 | 0.2 | 0.5 | 1 | 2 | 3 | 5 | 10 | 20 | 25 | 30 |
|---|---|---|---|---|---|---|---|---|---|---|---|---|---|---|
| 2.3 | 8.868 | 8.091 | 7.068 | 6.296 | 5.527 | 4.515 | 3.753 | 2.997 | 2.558 | 2.009 | 1.274 | 0.556 | 0.330 | 0.148 |
| 2.4 | 9.084 | 8.280 | 7.221 | 6.423 | 5.628 | 4.584 | 3.800 | 3.023 | 2.573 | 2.011 | 1.262 | 0.537 | 0.311 | 0.130 |
| 2.5 | 9.299 | 8.468 | 7.373 | 6.548 | 5.728 | 4.652 | 3.845 | 3.048 | 2.587 | 2.012 | 1.250 | 0.518 | 0.292 | 0.111 |
| 2.6 | 9.513 | 8.654 | 7.523 | 6.672 | 5.826 | 4.718 | 3.889 | 3.071 | 2.599 | 2.013 | 1.238 | 0.499 | 0.272 | 0.093 |
| 2.7 | 9.725 | 8.838 | 7.671 | 6.794 | 5.923 | 4.783 | 3.932 | 3.093 | 2.610 | 2.012 | 1.224 | 0.479 | 0.253 | 0.075 |
| 2.8 | 9.936 | 9.021 | 7.818 | 6.915 | 6.019 | 4.847 | 3.973 | 3.114 | 2.620 | 2.010 | 1.210 | 0.460 | 0.234 | 0.057 |
| 2.9 | 10.15 | 9.203 | 7.964 | 7.034 | 6.113 | 4.909 | 4.013 | 3.134 | 2.629 | 2.007 | 1.195 | 0.440 | 0.215 | 0.040 |
| 3.0 | 10.35 | 9.383 | 8.108 | 7.152 | 6.205 | 4.970 | 4.051 | 3.152 | 2.637 | 2.003 | 1.180 | 0.420 | 0.196 | 0.023 |
| 3.1 | 10.56 | 9.562 | 8.251 | 7.269 | 6.296 | 5.029 | 4.088 | 3.169 | 2.644 | 1.999 | 1.164 | 0.401 | 0.177 | 0.006 0 |
| 3.2 | 10.77 | 9.739 | 8.393 | 7.384 | 6.385 | 5.087 | 4.125 | 3.185 | 2.649 | 1.993 | 1.148 | 0.381 | 0.159 | −0.010 5 |
| 3.3 | 10.97 | 9.915 | 8.532 | 7.497 | 6.474 | 5.144 | 4.159 | 3.200 | 2.654 | 1.987 | 1.131 | 0.361 | 0.140 | −0.026 5 |
| 3.4 | 11.17 | 10.09 | 8.671 | 7.609 | 6.561 | 5.199 | 4.193 | 3.214 | 2.658 | 1.980 | 1.113 | 0.341 | 0.122 | −0.042 1 |
| 3.5 | 11.37 | 10.26 | 8.808 | 7.720 | 6.646 | 5.253 | 4.225 | 3.227 | 2.660 | 1.972 | 1.096 | 0.322 | 0.105 | −0.057 3 |
| 3.6 | 11.57 | 10.43 | 8.943 | 7.829 | 6.730 | 5.306 | 4.256 | 3.238 | 2.662 | 1.963 | 1.077 | 0.302 | 0.087 2 | −0.071 9 |
| 3.7 | 11.77 | 10.60 | 9.077 | 7.937 | 6.813 | 5.357 | 4.285 | 3.249 | 2.663 | 1.953 | 1.059 | 0.283 | 0.070 0 | −0.086 0 |
| 3.8 | 11.97 | 10.77 | 9.210 | 8.044 | 6.894 | 5.407 | 4.314 | 3.258 | 2.663 | 1.943 | 1.040 | 0.264 | 0.053 5 | −0.099 7 |
| 3.9 | 12.16 | 10.94 | 9.342 | 8.149 | 6.974 | 5.456 | 4.342 | 3.267 | 2.662 | 1.932 | 1.020 | 0.245 | 0.037 2 | −0.113 |
| 4.0 | 12.36 | 11.11 | 9.471 | 8.253 | 7.053 | 5.504 | 4.368 | 3.274 | 2.659 | 1.920 | 1.001 | 0.226 | 0.021 2 | −0.125 |
| 4.1 | 12.55 | 11.27 | 9.600 | 8.355 | 7.130 | 5.550 | 4.393 | 3.281 | 2.657 | 1.908 | 0.981 | 0.208 | 0.005 8 | −0.137 |
| 4.2 | 12.74 | 11.43 | 9.727 | 8.457 | 7.206 | 5.595 | 4.417 | 3.286 | 2.653 | 1.895 | 0.961 | 0.190 | −0.009 1 | −0.149 |
| 4.3 | 12.93 | 11.60 | 9.853 | 8.556 | 7.281 | 5.639 | 4.440 | 3.291 | 2.649 | 1.882 | 0.941 | 0.172 | −0.023 6 | −0.159 |
| 4.4 | 13.12 | 11.76 | 9.978 | 8.655 | 7.355 | 5.682 | 4.462 | 3.295 | 2.644 | 1.867 | 0.920 | 0.154 | −0.037 5 | −0.170 |
| 4.5 | 13.30 | 11.91 | 10.10 | 8.752 | 7.427 | 5.724 | 4.483 | 3.298 | 2.638 | 1.853 | 0.900 | 0.137 | −0.051 0 | −0.179 |
| 4.6 | 13.49 | 12.07 | 10.22 | 8.848 | 7.498 | 5.764 | 4.503 | 3.300 | 2.631 | 1.838 | 0.879 | 0.121 | −0.063 9 | −0.188 |
| 4.7 | 13.68 | 12.23 | 10.34 | 8.943 | 7.568 | 5.804 | 4.522 | 3.301 | 2.624 | 1.822 | 0.858 | 0.104 | −0.076 4 | −0.197 |
| 4.8 | 13.86 | 12.38 | 10.46 | 9.036 | 7.637 | 5.843 | 4.540 | 3.301 | 2.616 | 1.806 | 0.837 | 0.088 4 | −0.088 1 | −0.204 |
| 4.9 | 14.04 | 12.54 | 10.58 | 9.128 | 7.705 | 5.880 | 4.557 | 3.301 | 2.608 | 1.790 | 0.816 | 0.073 1 | −0.099 5 | −0.212 |
| 5.0 | 14.22 | 12.69 | 10.70 | 9.220 | 7.771 | 5.917 | 4.573 | 3.300 | 2.598 | 1.773 | 0.795 | 0.057 9 | −0.110 | −0.218 |

| 40 | 50 | 60 | 70 | 75 | 80 | 90 | 95 | 97 | 99 | 99.5 | 99.9 |
|---|---|---|---|---|---|---|---|---|---|---|---|
| −0.131 | −0.341 | −0.504 | −0.634 | −0.690 | −0.739 | −0.819 | −0.850 | −0.860 | −0.867 | −0.868 | −0.869 |
| −0.147 | −0.351 | −0.507 | −0.630 | −0.681 | −0.725 | −0.795 | −0.819 | −0.827 | −0.832 | −0.833 | −0.833 |
| −0.161 | −0.360 | −0.510 | −0.625 | −0.671 | −0.711 | −0.771 | −0.790 | −0.796 | −0.799 | −0.800 | −0.800 |
| −0.176 | −0.369 | −0.512 | −0.619 | −0.661 | −0.696 | −0.747 | −0.762 | −0.766 | −0.769 | −0.769 | −0.769 |
| −0.189 | −0.376 | −0.513 | −0.612 | −0.650 | −0.681 | −0.724 | −0.736 | −0.739 | −0.740 | −0.741 | −0.741 |
| −0.203 | −0.383 | −0.513 | −0.604 | −0.639 | −0.666 | −0.702 | −0.711 | −0.713 | −0.714 | −0.714 | −0.714 |
| −0.215 | −0.390 | −0.512 | −0.596 | −0.627 | −0.651 | −0.681 | −0.688 | −0.689 | −0.690 | −0.690 | −0.690 |
| −0.227 | −0.395 | −0.511 | −0.588 | −0.615 | −0.636 | −0.660 | −0.665 | −0.666 | −0.667 | −0.667 | −0.667 |
| −0.239 | −0.400 | −0.509 | −0.579 | −0.603 | −0.621 | −0.640 6 | −0.644 3 | −0.644 9 | −0.645 1 | −0.645 2 | −0.645 2 |
| −0.249 | −0.405 | −0.506 | −0.570 | −0.591 | −0.606 | −0.622 | −0.624 4 | −0.624 8 | −0.625 0 | −0.625 0 | −0.625 0 |
| −0.260 | −0.408 | −0.502 | −0.560 | −0.578 | −0.591 | −0.604 | −0.605 7 | −0.606 0 | −0.606 1 | −0.606 1 | −0.606 1 |
| −0.269 | −0.411 | −0.496 | −0.550 | −0.566 | −0.577 | −0.587 | −0.588 0 | −0.588 2 | −0.588 2 | −0.588 2 | −0.588 2 |
| −0.278 | −0.413 | −0.494 | −0.540 | −0.554 | −0.562 | −0.570 | −0.571 3 | −0.571 4 | −0.571 4 | −0.571 4 | −0.571 4 |
| −0.286 | −0.414 | −0.489 | −0.530 | −0.541 | −0.549 | −0.554 8 | −0.555 5 | −0.555 5 | −0.555 6 | −0.555 6 | −0.555 6 |
| −0.293 | −0.414 | −0.483 | −0.520 | −0.529 | −0.535 | −0.540 1 | −0.540 5 | −0.540 5 | −0.540 5 | −0.540 5 | −0.540 5 |
| −0.300 | −0.414 | −0.478 | −0.509 | −0.518 | −0.522 | −0.526 0 | −0.526 3 | −0.526 3 | −0.526 3 | −0.526 3 | −0.526 3 |
| −0.306 | −0.414 | −0.471 | −0.499 | −0.506 | −0.510 | −0.512 6 | −0.512 8 | −0.512 8 | −0.512 8 | −0.512 8 | −0.512 8 |
| −0.312 | −0.413 | −0.465 | −0.489 | −0.495 | −0.498 | −0.499 9 | −0.500 0 | −0.500 0 | −0.500 0 | −0.500 0 | −0.500 0 |
| −0.316 | −0.411 | −0.458 | −0.479 | −0.484 | −0.486 | −0.487 7 | −0.487 8 | −0.487 8 | −0.487 8 | −0.487 8 | −0.487 8 |
| −0.320 | −0.409 | −0.451 | −0.469 | −0.473 | −0.475 0 | −0.476 1 | −0.476 2 | −0.476 2 | −0.476 2 | −0.476 2 | −0.476 2 |
| −0.324 | −0.406 | −0.444 | −0.460 | −0.463 | −0.464 3 | −0.465 1 | −0.465 1 | −0.465 1 | −0.465 1 | −0.465 1 | −0.465 1 |
| −0.327 | −0.403 | −0.437 | −0.450 | −0.453 | −0.453 9 | −0.454 5 | −0.454 5 | −0.454 5 | −0.454 5 | −0.454 5 | −0.454 5 |
| −0.329 | −0.400 | −0.430 | −0.441 | −0.443 | −0.444 0 | −0.444 4 | −0.444 4 | −0.444 4 | −0.444 4 | −0.444 4 | −0.444 4 |
| −0.331 | −0.396 | −0.423 | −0.432 | −0.433 8 | −0.434 5 | −0.434 8 | −0.434 8 | −0.434 8 | −0.434 8 | −0.434 8 | −0.434 8 |
| −0.332 | −0.392 | −0.416 | −0.423 6 | −0.424 8 | −0.425 3 | −0.425 5 | −0.425 5 | −0.425 5 | −0.425 5 | −0.425 5 | −0.425 5 |
| −0.333 | −0.388 | −0.409 | −0.415 | −0.416 1 | −0.416 5 | −0.416 7 | −0.416 7 | −0.416 7 | −0.416 7 | −0.416 7 | −0.416 7 |
| −0.333 | −0.384 | −0.402 | −0.407 0 | −0.407 8 | −0.408 1 | −0.408 2 | −0.408 2 | −0.408 2 | −0.408 2 | −0.408 2 | −0.408 2 |
| −0.333 | −0.379 | −0.395 | −0.399 1 | −0.399 7 | −0.399 9 | −0.400 0 | −0.400 0 | −0.400 0 | −0.400 0 | −0.400 0 | −0.400 0 |

# 附表6 $\chi^2$ 分布表

$$\chi_\alpha^2(n):\ P[\chi^2(n) > \chi_\alpha^2(n)] = \alpha$$

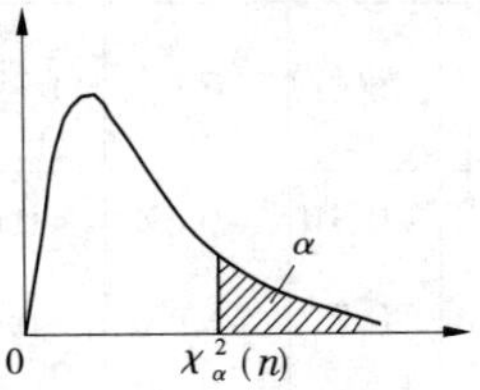


| α / n | 0.995 | 0.990 | 0.975 | 0.950 | 0.900 | 0.750 |
|---|---|---|---|---|---|---|
| 1 | $0.0^{4}39$ 27 | $0.0^{3}15$ 71 | $0.0^{3}98$ 21 | $0.0^{2}39$ 32 | 0.015 79 | 0.101 5 |
| 2 | 0.010 03 | 0.020 10 | 0.050 64 | 0.102 6 | 0.210 7 | 0.575 4 |
| 3 | 0.071 72 | 0.114 8 | 0.215 8 | 0.351 8 | 0.584 4 | 1.213 |
| 4 | 0.207 0 | 0.297 1 | 0.484 4 | 0.710 7 | 1.064 | 1.923 |
| 5 | 0.411 7 | 0.554 3 | 0.831 2 | 1.145 | 1.610 | 2.675 |
| 6 | 0.675 7 | 0.872 1 | 1.237 | 1.635 | 2.204 | 3.455 |
| 7 | 0.989 3 | 1.239 | 1.690 | 2.167 | 2.833 | 4.255 |
| 8 | 1.344 | 1.646 | 2.180 | 2.733 | 3.490 | 5.071 |
| 9 | 1.735 | 2.088 | 2.700 | 3.325 | 4.168 | 5.899 |
| 10 | 2.156 | 2.558 | 3.247 | 3.940 | 4.865 | 6.737 |
| 11 | 2.603 | 3.053 | 3.816 | 4.575 | 5.578 | 7.584 |
| 12 | 3.074 | 3.571 | 4.404 | 5.226 | 6.304 | 8.438 |
| 13 | 3.565 | 4.107 | 5.009 | 5.892 | 7.042 | 9.299 |
| 14 | 4.075 | 4.660 | 5.629 | 6.571 | 7.790 | 10.17 |
| 15 | 4.601 | 5.229 | 6.262 | 7.261 | 8.547 | 11.04 |
| 16 | 5.142 | 5.812 | 6.908 | 7.962 | 9.312 | 11.91 |
| 17 | 5.697 | 6.408 | 7.564 | 8.672 | 10.09 | 12.79 |
| 18 | 6.265 | 7.015 | 8.231 | 9.390 | 10.86 | 13.68 |
| 19 | 6.844 | 7.633 | 8.907 | 10.12 | 11.65 | 14.56 |
| 20 | 7.434 | 8.260 | 9.591 | 10.85 | 12.44 | 15.45 |
| 21 | 8.034 | 8.897 | 10.28 | 11.59 | 13.24 | 16.34 |
| 22 | 8.643 | 9.542 | 10.98 | 12.34 | 14.04 | 17.24 |
| 23 | 9.260 | 10.20 | 11.69 | 13.09 | 14.85 | 18.14 |
| 24 | 9.886 | 10.86 | 12.40 | 13.85 | 15.66 | 19.04 |
| 25 | 10.52 | 11.52 | 13.12 | 14.61 | 16.47 | 19.94 |
| 26 | 11.16 | 12.20 | 13.84 | 15.38 | 17.29 | 20.84 |
| 27 | 11.81 | 12.88 | 14.57 | 16.15 | 18.11 | 21.75 |
| 28 | 12.46 | 13.56 | 15.31 | 16.93 | 18.94 | 22.66 |
| 29 | 13.12 | 14.26 | 16.05 | 17.71 | 19.77 | 23.57 |
| 30 | 13.79 | 14.95 | 16.79 | 18.49 | 20.60 | 24.48 |

| 0.500 | 0.250 | 0.100 | 0.050 | 0.025 | 0.010 | 0.005 |
|---|---|---|---|---|---|---|
| 0.454 9 | 1.323 | 2.706 | 3.841 | 5.024 | 6.635 | 7.879 |
| 1.386 | 2.773 | 4.605 | 5.991 | 7.378 | 9.210 | 10.60 |
| 2.366 | 4.108 | 6.251 | 7.815 | 9.348 | 11.34 | 12.84 |
| 3.357 | 5.385 | 7.779 | 9.488 | 11.14 | 13.28 | 14.86 |
| 4.351 | 6.626 | 9.236 | 11.07 | 12.83 | 15.09 | 16.75 |
| 5.348 | 7.841 | 10.64 | 12.59 | 14.45 | 16.81 | 18.55 |
| 6.346 | 9.037 | 12.02 | 14.07 | 16.01 | 18.48 | 20.28 |
| 7.344 | 10.22 | 13.36 | 15.51 | 17.53 | 20.09 | 21.95 |
| 8.343 | 11.39 | 14.68 | 16.92 | 19.02 | 21.67 | 23.59 |
| 9.342 | 12.55 | 15.99 | 18.31 | 20.48 | 23.21 | 25.19 |
| 10.34 | 13.70 | 17.28 | 19.68 | 21.92 | 24.72 | 26.76 |
| 11.34 | 14.85 | 18.55 | 21.03 | 23.34 | 26.22 | 28.30 |
| 12.34 | 15.98 | 19.81 | 22.36 | 24.74 | 27.69 | 29.82 |
| 13.34 | 17.12 | 21.06 | 23.68 | 26.12 | 29.14 | 31.32 |
| 14.34 | 18.25 | 22.31 | 25.00 | 27.49 | 30.58 | 32.80 |
| 15.34 | 19.37 | 23.54 | 26.30 | 28.85 | 32.00 | 34.27 |
| 16.34 | 20.49 | 24.77 | 27.59 | 30.19 | 33.41 | 35.72 |
| 17.34 | 21.60 | 25.99 | 28.87 | 31.53 | 34.81 | 37.16 |
| 18.34 | 22.72 | 27.20 | 30.14 | 32.85 | 36.19 | 38.58 |
| 19.34 | 23.83 | 28.41 | 31.41 | 34.17 | 37.57 | 40.00 |
| 20.34 | 24.93 | 29.62 | 32.67 | 35.48 | 38.93 | 41.40 |
| 21.34 | 26.04 | 30.81 | 33.92 | 36.78 | 40.29 | 42.80 |
| 22.34 | 27.14 | 32.01 | 35.17 | 38.08 | 41.64 | 44.18 |
| 23.34 | 28.24 | 33.20 | 36.42 | 39.36 | 42.98 | 45.56 |
| 24.34 | 29.34 | 34.38 | 37.65 | 40.65 | 44.31 | 46.93 |
| 25.34 | 30.43 | 35.56 | 38.89 | 41.92 | 45.64 | 48.29 |
| 26.34 | 31.53 | 36.74 | 40.11 | 43.19 | 46.96 | 49.64 |
| 27.34 | 32.62 | 37.92 | 41.34 | 44.46 | 48.28 | 50.99 |
| 28.34 | 33.71 | 39.09 | 42.56 | 45.72 | 49.59 | 52.34 |
| 29.34 | 34.80 | 40.26 | 43.77 | 46.98 | 50.89 | 53.67 |

续附表 6

| α / n | 0.995 | 0.990 | 0.975 | 0.950 | 0.900 | 0.750 |
|---|---|---|---|---|---|---|
| 31 | 14.46 | 15.66 | 17.54 | 19.28 | 21.43 | 25.39 |
| 32 | 15.13 | 16.36 | 18.29 | 20.07 | 22.27 | 26.30 |
| 33 | 15.82 | 17.07 | 19.05 | 20.87 | 23.11 | 27.22 |
| 34 | 16.50 | 17.79 | 19.81 | 21.66 | 23.95 | 28.14 |
| 35 | 17.19 | 18.51 | 20.57 | 22.47 | 24.80 | 29.05 |
| 36 | 17.89 | 19.23 | 21.34 | 23.27 | 25.64 | 29.97 |
| 37 | 18.59 | 19.96 | 22.11 | 24.07 | 26.49 | 30.89 |
| 38 | 19.29 | 20.69 | 22.88 | 24.88 | 27.34 | 31.81 |
| 39 | 20.00 | 21.43 | 23.65 | 25.70 | 28.20 | 32.74 |
| 40 | 20.71 | 22.16 | 24.43 | 26.51 | 29.05 | 33.66 |
| 50 | 27.99 | 29.71 | 32.36 | 34.76 | 37.69 | 42.94 |
| 60 | 35.53 | 37.48 | 40.48 | 43.19 | 46.46 | 52.29 |
| 70 | 43.28 | 45.44 | 48.76 | 51.74 | 55.33 | 61.70 |
| 80 | 51.17 | 53.54 | 57.15 | 60.39 | 64.28 | 71.14 |
| 90 | 59.20 | 61.75 | 65.65 | 69.13 | 73.29 | 80.62 |
| 100 | 67.33 | 70.06 | 74.22 | 77.93 | 82.36 | 90.13 |
| 110 | 75.55 | 78.46 | 82.87 | 86.79 | 91.47 | 99.67 |
| 120 | 83.85 | 86.92 | 91.57 | 95.70 | 100.6 | 109.2 |
| 130 | 92.22 | 95.45 | 100.3 | 104.7 | 109.8 | 118.8 |
| 140 | 100.7 | 104.0 | 109.1 | 113.7 | 119.0 | 128.4 |
| 150 | 109.1 | 112.7 | 118.0 | 122.7 | 128.3 | 138.0 |
| 160 | 117.7 | 121.3 | 126.9 | 131.8 | 137.5 | 147.6 |
| 170 | 126.3 | 130.1 | 135.8 | 140.8 | 146.8 | 157.2 |
| 180 | 134.9 | 138.8 | 144.7 | 150.0 | 156.2 | 166.9 |
| 190 | 143.5 | 147.6 | 153.7 | 159.1 | 165.5 | 176.5 |
| 200 | 152.2 | 156.4 | 162.7 | 168.3 | 174.8 | 186.2 |

| 0.500 | 0.250 | 0.100 | 0.050 | 0.025 | 0.010 | 0.005 |
|---|---|---|---|---|---|---|
| 30.34 | 35.89 | 41.42 | 44.99 | 48.23 | 52.19 | 55.00 |
| 31.34 | 36.97 | 42.58 | 46.19 | 49.48 | 53.49 | 56.33 |
| 32.34 | 38.06 | 43.75 | 47.40 | 50.73 | 54.78 | 57.65 |
| 33.34 | 39.14 | 44.90 | 48.60 | 51.97 | 56.06 | 58.96 |
| 34.34 | 40.22 | 46.06 | 49.80 | 53.20 | 57.34 | 60.27 |
| 35.34 | 41.30 | 47.21 | 51.00 | 54.44 | 58.62 | 61.58 |
| 36.34 | 42.38 | 48.36 | 52.19 | 55.67 | 59.89 | 62.88 |
| 37.34 | 43.46 | 49.51 | 53.38 | 46.90 | 61.16 | 64.18 |
| 38.34 | 44.54 | 50.66 | 54.57 | 58.12 | 62.43 | 65.48 |
| 39.34 | 45.62 | 51.81 | 55.76 | 59.34 | 63.69 | 66.77 |
| 49.33 | 56.33 | 63.17 | 67.50 | 71.42 | 76.15 | 79.49 |
| 59.33 | 66.98 | 74.40 | 79.08 | 83.30 | 88.38 | 91.95 |
| 69.33 | 77.58 | 85.53 | 90.53 | 95.02 | 100.4 | 104.2 |
| 79.33 | 88.13 | 96.58 | 101.9 | 106.6 | 112.3 | 116.3 |
| 89.33 | 98.65 | 107.6 | 113.1 | 118.1 | 124.1 | 128.3 |
| 99.33 | 109.1 | 118.5 | 124.3 | 129.6 | 135.8 | 140.2 |
| 109.3 | 119.6 | 129.4 | 135.5 | 140.9 | 147.4 | 151.9 |
| 119.3 | 130.1 | 140.2 | 146.6 | 152.2 | 159.0 | 163.6 |
| 129.3 | 140.5 | 151.0 | 157.6 | 163.5 | 170.4 | 175.3 |
| 139.3 | 150.9 | 161.8 | 168.6 | 174.6 | 181.8 | 186.8 |
| 149.3 | 161.3 | 172.6 | 179.6 | 185.8 | 193.2 | 198.4 |
| 159.3 | 171.7 | 183.3 | 190.5 | 196.9 | 204.5 | 209.8 |
| 169.3 | 182.0 | 194.0 | 201.4 | 208.0 | 215.8 | 221.2 |
| 179.3 | 192.4 | 204.7 | 212.3 | 219.0 | 227.1 | 232.6 |
| 189.3 | 202.8 | 215.4 | 223.2 | 230.1 | 238.3 | 244.0 |
| 199.3 | 213.1 | 226.0 | 234.0 | 241.1 | 249.4 | 255.3 |

# 附表7　$t$ 分布表

$t_{\alpha}(n)$：$P[t(n) > t_{\alpha}(n)] = \alpha$

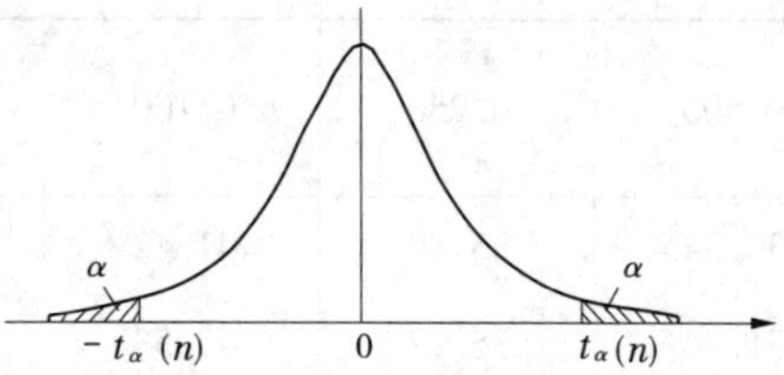


| $n$ | $\alpha$ | | | | | | | | |
|---|---|---|---|---|---|---|---|---|---|
| | 0.250 | 0.200 | 0.150 | 0.100 | 0.050 | 0.025 | 0.010 | 0.005 | 0.000 5 |
| 1 | 1.000 | 1.376 | 1.963 | 3.078 | 6.314 | 12.706 | 31.821 | 63.657 | 636.619 |
| 2 | 0.816 | 1.061 | 1.386 | 1.886 | 2.920 | 4.303 | 6.965 | 9.925 | 31.599 |
| 3 | 0.765 | 0.978 | 1.250 | 1.638 | 2.353 | 3.182 | 4.541 | 5.841 | 12.924 |
| 4 | 0.741 | 0.941 | 1.190 | 1.533 | 2.132 | 2.776 | 3.747 | 4.604 | 8.610 |
| 5 | 0.727 | 0.920 | 1.156 | 1.476 | 2.015 | 2.571 | 3.365 | 4.032 | 6.869 |
| 6 | 0.718 | 0.906 | 1.134 | 1.440 | 1.943 | 2.447 | 3.143 | 3.707 | 5.959 |
| 7 | 0.711 | 0.896 | 1.119 | 1.415 | 1.895 | 2.365 | 2.998 | 3.499 | 5.408 |
| 8 | 0.706 | 0.889 | 1.108 | 1.397 | 1.860 | 2.306 | 2.896 | 3.355 | 5.041 |
| 9 | 0.703 | 0.883 | 1.100 | 1.383 | 1.833 | 2.262 | 2.821 | 3.250 | 4.781 |
| 10 | 0.700 | 0.879 | 1.093 | 1.372 | 1.812 | 2.228 | 2.764 | 3.169 | 4.587 |
| 11 | 0.697 | 0.876 | 1.088 | 1.363 | 1.796 | 2.201 | 2.718 | 3.106 | 4.437 |
| 12 | 0.695 | 0.873 | 1.083 | 1.356 | 1.782 | 2.179 | 2.681 | 3.055 | 4.318 |
| 13 | 0.694 | 0.870 | 1.079 | 1.350 | 1.771 | 2.160 | 2.650 | 3.012 | 4.221 |
| 14 | 0.692 | 0.868 | 1.076 | 1.345 | 1.761 | 2.145 | 2.624 | 2.977 | 4.140 |
| 15 | 0.691 | 0.866 | 1.074 | 1.341 | 1.753 | 2.131 | 2.602 | 2.947 | 4.073 |
| 16 | 0.690 | 0.865 | 1.071 | 1.337 | 1.746 | 2.120 | 2.583 | 2.921 | 4.015 |
| 17 | 0.689 | 0.863 | 1.069 | 1.333 | 1.740 | 2.110 | 2.567 | 2.898 | 3.965 |
| 18 | 0.688 | 0.862 | 1.067 | 1.330 | 1.734 | 2.101 | 2.552 | 2.878 | 3.922 |
| 19 | 0.688 | 0.861 | 1.066 | 1.328 | 1.729 | 2.093 | 2.539 | 2.861 | 3.883 |
| 20 | 0.687 | 0.860 | 1.064 | 1.325 | 1.725 | 2.086 | 2.528 | 2.845 | 3.850 |
| 21 | 0.686 | 0.859 | 1.063 | 1.323 | 1.721 | 2.080 | 2.518 | 2.831 | 3.819 |
| 22 | 0.686 | 0.858 | 1.061 | 1.321 | 1.717 | 2.074 | 2.508 | 2.819 | 3.792 |
| 23 | 0.685 | 0.858 | 1.060 | 1.319 | 1.714 | 2.069 | 2.500 | 2.807 | 3.768 |
| 24 | 0.685 | 0.857 | 1.059 | 1.318 | 1.711 | 2.064 | 2.492 | 2.797 | 3.745 |
| 25 | 0.684 | 0.856 | 1.058 | 1.316 | 1.708 | 2.060 | 2.485 | 2.787 | 3.725 |

## 续附表 7

| n | α | | | | | | | | |
|---|---|---|---|---|---|---|---|---|---|
| | 0.250 | 0.200 | 0.150 | 0.100 | 0.050 | 0.025 | 0.010 | 0.005 | 0.000 5 |
| 26 | 0.684 | 0.856 | 1.058 | 1.315 | 1.706 | 2.056 | 2.479 | 2.779 | 3.707 |
| 27 | 0.684 | 0.855 | 1.057 | 1.314 | 1.703 | 2.052 | 2.473 | 2.771 | 3.690 |
| 28 | 0.683 | 0.855 | 1.056 | 1.313 | 1.701 | 2.048 | 2.467 | 2.763 | 3.674 |
| 29 | 0.683 | 0.854 | 1.055 | 1.311 | 1.699 | 2.045 | 2.462 | 2.756 | 3.659 |
| 30 | 0.683 | 0.854 | 1.055 | 1.310 | 1.697 | 2.042 | 2.457 | 2.750 | 3.646 |
| 31 | 0.682 | 0.853 | 1.054 | 1.309 | 1.696 | 2.040 | 2.453 | 2.744 | 3.633 |
| 32 | 0.682 | 0.853 | 1.054 | 1.309 | 1.694 | 2.037 | 2.449 | 2.738 | 3.622 |
| 33 | 0.682 | 0.853 | 1.053 | 1.308 | 1.692 | 2.035 | 2.445 | 2.733 | 3.611 |
| 34 | 0.682 | 0.852 | 1.052 | 1.307 | 1.691 | 2.032 | 2.441 | 2.728 | 3.601 |
| 35 | 0.682 | 0.852 | 1.052 | 1.306 | 1.690 | 2.030 | 2.438 | 2.724 | 3.591 |
| 36 | 0.681 | 0.852 | 1.052 | 1.306 | 1.688 | 2.028 | 2.434 | 2.719 | 3.582 |
| 37 | 0.681 | 0.851 | 1.051 | 1.305 | 1.687 | 2.026 | 2.431 | 2.715 | 3.574 |
| 38 | 0.681 | 0.851 | 1.051 | 1.304 | 1.686 | 2.024 | 2.429 | 2.712 | 3.566 |
| 39 | 0.681 | 0.851 | 1.050 | 1.304 | 1.685 | 2.023 | 2.426 | 2.708 | 3.558 |
| 40 | 0.681 | 0.851 | 1.050 | 1.303 | 1.684 | 2.021 | 2.423 | 2.704 | 3.551 |
| 41 | 0.681 | 0.850 | 1.050 | 1.303 | 1.683 | 2.020 | 2.421 | 2.701 | 3.544 |
| 42 | 0.680 | 0.850 | 1.049 | 1.302 | 1.682 | 2.018 | 2.418 | 2.698 | 3.538 |
| 43 | 0.680 | 0.850 | 1.049 | 1.302 | 1.681 | 2.017 | 2.416 | 2.695 | 3.532 |
| 44 | 0.680 | 0.850 | 1.049 | 1.301 | 1.680 | 2.015 | 2.414 | 2.692 | 3.526 |
| 45 | 0.680 | 0.850 | 1.049 | 1.301 | 1.679 | 2.014 | 2.412 | 2.690 | 3.520 |
| 46 | 0.680 | 0.850 | 1.048 | 1.300 | 1.679 | 2.013 | 2.410 | 2.687 | 3.515 |
| 47 | 0.680 | 0.849 | 1.048 | 1.300 | 1.678 | 2.012 | 2.408 | 2.685 | 3.510 |
| 48 | 0.680 | 0.849 | 1.048 | 1.299 | 1.677 | 2.011 | 2.407 | 2.682 | 3.505 |
| 49 | 0.680 | 0.849 | 1.048 | 1.299 | 1.677 | 2.010 | 2.405 | 2.680 | 3.500 |
| 50 | 0.679 | 0.849 | 1.047 | 1.299 | 1.676 | 2.009 | 2.403 | 2.678 | 3.496 |
| 60 | 0.679 | 0.848 | 1.045 | 1.296 | 1.671 | 2.000 | 2.390 | 2.660 | 3.460 |
| 80 | 0.678 | 0.846 | 1.043 | 1.292 | 1.664 | 1.990 | 2.374 | 2.639 | 3.416 |
| 120 | 0.677 | 0.845 | 1.041 | 1.289 | 1.658 | 1.980 | 2.358 | 2.617 | 3.373 |
| 240 | 0.676 | 0.843 | 1.039 | 1.285 | 1.651 | 1.970 | 2.342 | 2.596 | 3.332 |
| ∞ | 0.674 | 0.842 | 1.036 | 1.282 | 1.645 | 1.960 | 2.326 | 2.576 | 3.291 |

# 附表 8　$F$ 分布表

$$F_{\alpha}(n_1,n_2):\ P[F(n_1,n_2) > F_{\alpha}(n_1,n_2)] = \alpha$$

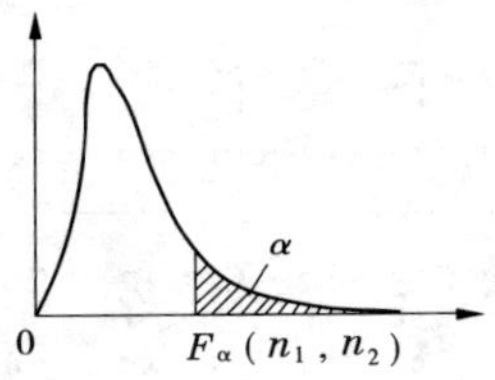


$\alpha = 0.1$

| $n_2$ | $n_1$ | | | | | | | | | | | | | | | | | | |
|---|---|---|---|---|---|---|---|---|---|---|---|---|---|---|---|---|---|---|---|
| | 1 | 2 | 3 | 4 | 5 | 6 | 7 | 8 | 9 | 10 | 12 | 15 | 20 | 24 | 30 | 40 | 60 | 120 | ∞ |
| 1 | 39.863 | 49.500 | 53.593 | 55.883 | 57.240 | 58.204 | 58.906 | 59.439 | 59.858 | 60.195 | 60.705 | 61.220 | 61.740 | 62.002 | 62.265 | 62.529 | 62.794 | 63.061 | 63.328 |
| 2 | 8.526 | 9.000 | 9.162 | 9.243 | 9.293 | 9.326 | 9.349 | 9.367 | 9.381 | 9.392 | 9.408 | 9.425 | 9.441 | 9.450 | 9.458 | 9.466 | 9.475 | 9.483 | 9.491 |
| 3 | 5.538 | 5.462 | 5.391 | 5.343 | 5.309 | 5.285 | 5.266 | 5.252 | 5.240 | 5.230 | 5.216 | 5.200 | 5.184 | 5.176 | 5.168 | 5.160 | 5.151 | 5.143 | 5.134 |
| 4 | 4.545 | 4.325 | 4.191 | 4.107 | 4.051 | 4.010 | 3.979 | 3.955 | 3.936 | 3.920 | 3.896 | 3.870 | 3.844 | 3.831 | 3.817 | 3.804 | 3.790 | 3.775 | 3.761 |
| 5 | 4.060 | 3.780 | 3.619 | 3.520 | 3.453 | 3.405 | 3.368 | 3.339 | 3.316 | 3.297 | 3.268 | 3.238 | 3.207 | 3.191 | 3.174 | 3.157 | 3.140 | 3.123 | 3.105 |
| 6 | 3.776 | 3.463 | 3.289 | 3.181 | 3.108 | 3.055 | 3.014 | 2.983 | 2.958 | 2.937 | 2.905 | 2.871 | 2.836 | 2.818 | 2.800 | 2.781 | 2.762 | 2.742 | 2.722 |
| 7 | 3.589 | 3.257 | 3.074 | 2.961 | 2.883 | 2.827 | 2.785 | 2.752 | 2.725 | 2.703 | 2.668 | 2.632 | 2.595 | 2.575 | 2.555 | 2.535 | 2.514 | 2.493 | 2.471 |
| 8 | 3.458 | 3.113 | 2.924 | 2.806 | 2.726 | 2.668 | 2.624 | 2.589 | 2.561 | 2.538 | 2.502 | 2.464 | 2.425 | 2.404 | 2.383 | 2.361 | 2.339 | 2.316 | 2.293 |
| 9 | 3.360 | 3.006 | 2.813 | 2.693 | 2.611 | 2.551 | 2.505 | 2.469 | 2.440 | 2.416 | 2.379 | 2.340 | 2.298 | 2.277 | 2.255 | 2.232 | 2.208 | 2.184 | 2.159 |
| 10 | 3.285 | 2.924 | 2.728 | 2.605 | 2.522 | 2.461 | 2.414 | 2.377 | 2.347 | 2.323 | 2.284 | 2.244 | 2.201 | 2.178 | 2.155 | 2.132 | 2.107 | 2.082 | 2.055 |
| 11 | 3.225 | 2.860 | 2.660 | 2.536 | 2.451 | 2.389 | 2.342 | 2.304 | 2.274 | 2.248 | 2.209 | 2.167 | 2.123 | 2.100 | 2.076 | 2.052 | 2.026 | 2.000 | 1.972 |
| 12 | 3.177 | 2.807 | 2.606 | 2.480 | 2.394 | 2.331 | 2.283 | 2.245 | 2.214 | 2.188 | 2.147 | 2.105 | 2.060 | 2.036 | 2.011 | 1.986 | 1.960 | 1.932 | 1.904 |
| 13 | 3.136 | 2.763 | 2.560 | 2.434 | 2.347 | 2.283 | 2.234 | 2.195 | 2.164 | 2.138 | 2.097 | 2.053 | 2.007 | 1.983 | 1.958 | 1.931 | 1.904 | 1.876 | 1.846 |
| 14 | 3.102 | 2.726 | 2.522 | 2.395 | 2.307 | 2.243 | 2.193 | 2.154 | 2.122 | 2.095 | 2.054 | 2.010 | 1.962 | 1.938 | 1.912 | 1.885 | 1.857 | 1.828 | 1.797 |
| 15 | 3.073 | 2.695 | 2.490 | 2.361 | 2.273 | 2.208 | 2.158 | 2.119 | 2.086 | 2.059 | 2.017 | 1.972 | 1.924 | 1.899 | 1.873 | 1.845 | 1.817 | 1.787 | 1.755 |

## 续附表 8

| $n_2$ | $n_1$ | | | | | | | | | | | | | | | | | | |
|---|---|---|---|---|---|---|---|---|---|---|---|---|---|---|---|---|---|---|---|
| | 1 | 2 | 3 | 4 | 5 | 6 | 7 | 8 | 9 | 10 | 12 | 15 | 20 | 24 | 30 | 40 | 60 | 120 | ∞ |
| 16 | 3.048 | 2.668 | 2.462 | 2.333 | 2.244 | 2.178 | 2.128 | 2.088 | 2.055 | 2.028 | 1.985 | 1.940 | 1.891 | 1.866 | 1.839 | 1.811 | 1.782 | 1.751 | 1.718 |
| 17 | 3.026 | 2.645 | 2.437 | 2.308 | 2.218 | 2.152 | 2.102 | 2.061 | 2.028 | 2.001 | 1.958 | 1.912 | 1.862 | 1.836 | 1.809 | 1.781 | 1.751 | 1.719 | 1.686 |
| 18 | 3.007 | 2.624 | 2.416 | 2.286 | 2.196 | 2.130 | 2.079 | 2.038 | 2.005 | 1.977 | 1.933 | 1.887 | 1.837 | 1.810 | 1.783 | 1.754 | 1.723 | 1.691 | 1.657 |
| 19 | 2.990 | 2.606 | 2.397 | 2.266 | 2.176 | 2.109 | 2.058 | 2.017 | 1.984 | 1.956 | 1.912 | 1.865 | 1.814 | 1.787 | 1.759 | 1.730 | 1.699 | 1.666 | 1.631 |
| 20 | 2.975 | 2.589 | 2.380 | 2.249 | 2.158 | 2.091 | 2.040 | 1.999 | 1.965 | 1.937 | 1.892 | 1.845 | 1.794 | 1.767 | 1.738 | 1.708 | 1.677 | 1.643 | 1.607 |
| 21 | 2.961 | 2.575 | 2.365 | 2.233 | 2.142 | 2.075 | 2.023 | 1.982 | 1.948 | 1.920 | 1.875 | 1.827 | 1.776 | 1.748 | 1.719 | 1.689 | 1.657 | 1.623 | 1.586 |
| 22 | 2.949 | 2.561 | 2.351 | 2.219 | 2.128 | 2.060 | 2.008 | 1.967 | 1.933 | 1.904 | 1.859 | 1.811 | 1.759 | 1.731 | 1.702 | 1.671 | 1.639 | 1.604 | 1.567 |
| 23 | 2.937 | 2.549 | 2.339 | 2.207 | 2.115 | 2.047 | 1.995 | 1.953 | 1.919 | 1.890 | 1.845 | 1.796 | 1.744 | 1.716 | 1.686 | 1.655 | 1.622 | 1.587 | 1.549 |
| 24 | 2.927 | 2.538 | 2.327 | 2.195 | 2.103 | 2.035 | 1.983 | 1.941 | 1.906 | 1.877 | 1.832 | 1.783 | 1.730 | 1.702 | 1.672 | 1.641 | 1.607 | 1.571 | 1.533 |
| 25 | 2.918 | 2.528 | 2.317 | 2.184 | 2.092 | 2.024 | 1.971 | 1.929 | 1.895 | 1.866 | 1.820 | 1.771 | 1.718 | 1.689 | 1.659 | 1.627 | 1.593 | 1.557 | 1.518 |
| 26 | 2.909 | 2.519 | 2.307 | 2.174 | 2.082 | 2.014 | 1.961 | 1.919 | 1.884 | 1.855 | 1.809 | 1.760 | 1.706 | 1.677 | 1.647 | 1.615 | 1.581 | 1.544 | 1.504 |
| 27 | 2.901 | 2.511 | 2.299 | 2.165 | 2.073 | 2.005 | 1.952 | 1.909 | 1.874 | 1.845 | 1.799 | 1.749 | 1.695 | 1.666 | 1.636 | 1.603 | 1.569 | 1.531 | 1.491 |
| 28 | 2.894 | 2.503 | 2.291 | 2.157 | 2.064 | 1.996 | 1.943 | 1.900 | 1.865 | 1.836 | 1.790 | 1.740 | 1.685 | 1.656 | 1.625 | 1.592 | 1.558 | 1.520 | 1.478 |
| 29 | 2.887 | 2.495 | 2.283 | 2.149 | 2.057 | 1.988 | 1.935 | 1.892 | 1.857 | 1.827 | 1.781 | 1.731 | 1.676 | 1.647 | 1.616 | 1.583 | 1.547 | 1.509 | 1.467 |
| 30 | 2.881 | 2.489 | 2.276 | 2.142 | 2.049 | 1.980 | 1.927 | 1.884 | 1.849 | 1.819 | 1.773 | 1.722 | 1.667 | 1.638 | 1.606 | 1.573 | 1.538 | 1.499 | 1.456 |
| 31 | 2.875 | 2.482 | 2.270 | 2.136 | 2.042 | 1.973 | 1.920 | 1.877 | 1.842 | 1.812 | 1.765 | 1.714 | 1.659 | 1.630 | 1.598 | 1.565 | 1.529 | 1.489 | 1.446 |
| 32 | 2.869 | 2.477 | 2.263 | 2.129 | 2.036 | 1.967 | 1.913 | 1.870 | 1.835 | 1.805 | 1.758 | 1.707 | 1.652 | 1.622 | 1.590 | 1.556 | 1.520 | 1.481 | 1.437 |
| 33 | 2.864 | 2.471 | 2.258 | 2.123 | 2.030 | 1.961 | 1.907 | 1.864 | 1.828 | 1.799 | 1.751 | 1.700 | 1.645 | 1.615 | 1.583 | 1.549 | 1.512 | 1.472 | 1.428 |
| 34 | 2.859 | 2.466 | 2.252 | 2.118 | 2.024 | 1.955 | 1.901 | 1.858 | 1.822 | 1.793 | 1.745 | 1.694 | 1.638 | 1.608 | 1.576 | 1.541 | 1.505 | 1.464 | 1.419 |
| 35 | 2.855 | 2.461 | 2.247 | 2.113 | 2.019 | 1.950 | 1.896 | 1.852 | 1.817 | 1.787 | 1.739 | 1.688 | 1.632 | 1.601 | 1.569 | 1.535 | 1.497 | 1.457 | 1.411 |

## 续附表 8

| $n_2$ | $n_1$ = 1 | 2 | 3 | 4 | 5 | 6 | 7 | 8 | 9 | 10 | 12 | 15 | 20 | 24 | 30 | 40 | 60 | 120 | ∞ |
|---|---|---|---|---|---|---|---|---|---|---|---|---|---|---|---|---|---|---|---|
| 36 | 2.850 | 2.456 | 2.243 | 2.108 | 2.014 | 1.945 | 1.891 | 1.847 | 1.811 | 1.781 | 1.734 | 1.682 | 1.626 | 1.595 | 1.563 | 1.528 | 1.491 | 1.450 | 1.404 |
| 37 | 2.846 | 2.452 | 2.238 | 2.103 | 2.009 | 1.940 | 1.886 | 1.842 | 1.806 | 1.776 | 1.729 | 1.677 | 1.620 | 1.590 | 1.557 | 1.522 | 1.484 | 1.443 | 1.397 |
| 38 | 2.842 | 2.448 | 2.234 | 2.099 | 2.005 | 1.935 | 1.881 | 1.838 | 1.802 | 1.772 | 1.724 | 1.672 | 1.615 | 1.584 | 1.551 | 1.516 | 1.478 | 1.437 | 1.390 |
| 39 | 2.839 | 2.444 | 2.230 | 2.095 | 2.001 | 1.931 | 1.877 | 1.833 | 1.797 | 1.767 | 1.719 | 1.667 | 1.610 | 1.579 | 1.546 | 1.511 | 1.473 | 1.431 | 1.383 |
| 40 | 2.835 | 2.440 | 2.226 | 2.091 | 1.997 | 1.927 | 1.873 | 1.829 | 1.793 | 1.763 | 1.715 | 1.662 | 1.605 | 1.574 | 1.541 | 1.506 | 1.467 | 1.425 | 1.377 |
| 41 | 2.832 | 2.437 | 2.222 | 2.087 | 1.993 | 1.923 | 1.869 | 1.825 | 1.789 | 1.759 | 1.710 | 1.658 | 1.601 | 1.569 | 1.536 | 1.501 | 1.462 | 1.419 | 1.371 |
| 42 | 2.829 | 2.434 | 2.219 | 2.084 | 1.989 | 1.919 | 1.865 | 1.821 | 1.785 | 1.755 | 1.706 | 1.654 | 1.596 | 1.565 | 1.532 | 1.496 | 1.457 | 1.414 | 1.365 |
| 43 | 2.826 | 2.430 | 2.216 | 2.080 | 1.986 | 1.916 | 1.861 | 1.817 | 1.781 | 1.751 | 1.703 | 1.650 | 1.592 | 1.561 | 1.527 | 1.491 | 1.452 | 1.409 | 1.360 |
| 44 | 2.823 | 2.427 | 2.213 | 2.077 | 1.983 | 1.913 | 1.858 | 1.814 | 1.778 | 1.747 | 1.699 | 1.646 | 1.588 | 1.557 | 1.523 | 1.487 | 1.448 | 1.404 | 1.354 |
| 45 | 2.820 | 2.425 | 2.210 | 2.074 | 1.980 | 1.909 | 1.855 | 1.811 | 1.774 | 1.744 | 1.695 | 1.643 | 1.585 | 1.553 | 1.519 | 1.483 | 1.443 | 1.399 | 1.349 |
| 46 | 2.818 | 2.422 | 2.207 | 2.071 | 1.977 | 1.906 | 1.852 | 1.808 | 1.771 | 1.741 | 1.692 | 1.639 | 1.851 | 1.549 | 1.515 | 1.479 | 1.439 | 1.395 | 1.344 |
| 47 | 2.815 | 2.419 | 2.204 | 2.068 | 1.974 | 1.903 | 1.849 | 1.805 | 1.768 | 1.738 | 1.689 | 1.636 | 1.578 | 1.546 | 1.512 | 1.475 | 1.435 | 1.391 | 1.340 |
| 48 | 2.813 | 2.417 | 2.202 | 2.066 | 1.971 | 1.901 | 1.846 | 1.802 | 1.765 | 1.735 | 1.686 | 1.633 | 1.574 | 1.542 | 1.508 | 1.472 | 1.431 | 1.387 | 1.335 |
| 49 | 2.811 | 2.414 | 2.199 | 2.063 | 1.968 | 1.898 | 1.843 | 1.799 | 1.763 | 1.732 | 1.683 | 1.630 | 1.571 | 1.539 | 1.505 | 1.468 | 1.428 | 1.383 | 1.331 |
| 50 | 2.809 | 2.412 | 2.197 | 2.061 | 1.966 | 1.895 | 1.840 | 1.796 | 1.760 | 1.729 | 1.680 | 1.627 | 1.568 | 1.536 | 1.502 | 1.465 | 1.424 | 1.379 | 1.327 |
| 60 | 2.791 | 2.393 | 2.177 | 2.041 | 1.946 | 1.875 | 1.819 | 1.775 | 1.738 | 1.707 | 1.657 | 1.603 | 1.543 | 1.511 | 1.476 | 1.437 | 1.395 | 1.348 | 1.291 |
| 80 | 2.769 | 2.370 | 2.154 | 2.016 | 1.921 | 1.849 | 1.793 | 1.748 | 1.711 | 1.680 | 1.629 | 1.574 | 1.513 | 1.479 | 1.443 | 1.403 | 1.358 | 1.307 | 1.245 |
| 120 | 2.748 | 2.347 | 2.130 | 1.992 | 1.896 | 1.824 | 1.767 | 1.722 | 1.684 | 1.652 | 1.601 | 1.545 | 1.482 | 1.447 | 1.409 | 1.368 | 1.320 | 1.265 | 1.193 |
| 240 | 2.727 | 2.325 | 2.107 | 1.968 | 1.871 | 1.799 | 1.742 | 1.696 | 1.658 | 1.625 | 1.573 | 1.516 | 1.451 | 1.415 | 1.376 | 1.332 | 1.281 | 1.219 | 1.130 |
| ∞ | 2.706 | 2.303 | 2.084 | 1.945 | 1.847 | 1.774 | 1.717 | 1.670 | 1.632 | 1.599 | 1.546 | 1.487 | 1.421 | 1.383 | 1.342 | 1.295 | 1.240 | 1.169 | 1.000 |

## 续附表 8

$\alpha = 0.05$

| $n_2$ | $n_1$ | | | | | | | | | | | | | | | | | | |
|---|---|---|---|---|---|---|---|---|---|---|---|---|---|---|---|---|---|---|---|
| | 1 | 2 | 3 | 4 | 5 | 6 | 7 | 8 | 9 | 10 | 12 | 15 | 20 | 24 | 30 | 40 | 60 | 120 | ∞ |
| 1 | 161.448 | 199.500 | 215.707 | 224.583 | 230.162 | 233.986 | 236.768 | 238.883 | 240.543 | 241.882 | 243.906 | 245.950 | 248.013 | 249.052 | 250.095 | 251.143 | 252.196 | 253.253 | 254.314 |
| 2 | 18.513 | 19.000 | 19.164 | 19.247 | 19.296 | 19.330 | 19.353 | 19.371 | 19.385 | 19.396 | 19.413 | 19.429 | 19.446 | 19.454 | 19.462 | 19.471 | 19.479 | 19.487 | 19.496 |
| 3 | 10.128 | 9.552 | 9.277 | 9.117 | 9.013 | 8.941 | 8.887 | 8.845 | 8.812 | 8.786 | 8.745 | 8.703 | 8.660 | 8.639 | 8.617 | 8.594 | 8.572 | 8.549 | 8.526 |
| 4 | 7.709 | 6.944 | 6.591 | 6.388 | 6.256 | 6.163 | 6.094 | 6.041 | 5.999 | 5.964 | 5.912 | 5.858 | 5.803 | 5.774 | 5.746 | 5.717 | 5.688 | 5.658 | 5.628 |
| 5 | 6.608 | 5.786 | 5.409 | 5.192 | 5.050 | 4.950 | 4.876 | 4.818 | 4.772 | 4.735 | 4.678 | 4.619 | 4.558 | 4.527 | 4.496 | 4.464 | 4.431 | 4.398 | 4.365 |
| 6 | 5.987 | 5.143 | 4.757 | 4.534 | 4.387 | 4.284 | 4.207 | 4.147 | 4.099 | 4.060 | 4.000 | 3.938 | 3.874 | 3.841 | 3.808 | 3.774 | 3.740 | 3.705 | 3.669 |
| 7 | 5.591 | 4.737 | 4.347 | 4.120 | 3.972 | 3.866 | 3.787 | 3.726 | 3.677 | 3.637 | 3.575 | 3.511 | 3.445 | 3.410 | 3.376 | 3.340 | 3.304 | 3.267 | 3.230 |
| 8 | 5.318 | 4.459 | 4.066 | 3.838 | 3.687 | 3.581 | 3.500 | 3.438 | 3.388 | 3.347 | 3.284 | 3.218 | 3.150 | 3.115 | 3.079 | 3.043 | 3.005 | 2.967 | 2.928 |
| 9 | 5.117 | 4.256 | 3.863 | 3.633 | 3.482 | 3.374 | 3.293 | 3.230 | 3.179 | 3.137 | 3.073 | 3.006 | 2.936 | 2.900 | 2.864 | 2.826 | 2.787 | 2.748 | 2.707 |
| 10 | 4.965 | 4.103 | 3.708 | 3.478 | 3.326 | 3.217 | 3.135 | 3.072 | 3.020 | 2.978 | 2.913 | 2.845 | 2.774 | 2.737 | 2.700 | 2.661 | 2.621 | 2.580 | 2.538 |
| 11 | 4.844 | 3.982 | 3.587 | 3.357 | 3.204 | 3.095 | 3.012 | 2.948 | 2.896 | 2.854 | 2.788 | 2.719 | 2.646 | 2.609 | 2.570 | 2.531 | 2.490 | 2.448 | 2.404 |
| 12 | 4.747 | 3.885 | 3.490 | 3.259 | 3.106 | 2.996 | 2.913 | 2.849 | 2.796 | 2.753 | 2.687 | 2.617 | 2.544 | 2.505 | 2.466 | 2.426 | 2.384 | 2.341 | 2.296 |
| 13 | 4.667 | 3.806 | 3.411 | 3.179 | 3.025 | 2.915 | 2.832 | 2.767 | 2.714 | 2.671 | 2.604 | 2.533 | 2.459 | 2.420 | 2.380 | 2.339 | 2.297 | 2.252 | 2.206 |
| 14 | 4.600 | 3.739 | 3.344 | 3.112 | 2.958 | 2.848 | 2.764 | 2.699 | 2.646 | 2.602 | 2.534 | 2.463 | 2.388 | 2.349 | 2.308 | 2.266 | 2.223 | 2.178 | 2.131 |
| 15 | 4.543 | 3.682 | 3.287 | 3.056 | 2.901 | 2.790 | 2.707 | 2.641 | 2.588 | 2.544 | 2.475 | 2.403 | 2.328 | 2.288 | 2.247 | 2.204 | 2.160 | 2.114 | 2.066 |

## 续附表 8

| $n_2$ | $n_1$ = 1 | 2 | 3 | 4 | 5 | 6 | 7 | 8 | 9 | 10 | 12 | 15 | 20 | 24 | 30 | 40 | 60 | 120 | ∞ |
|---|---|---|---|---|---|---|---|---|---|---|---|---|---|---|---|---|---|---|---|
| 16 | 4.494 | 3.634 | 3.239 | 3.007 | 2.852 | 2.741 | 2.657 | 2.591 | 2.538 | 2.494 | 2.425 | 2.352 | 2.276 | 2.235 | 2.194 | 2.151 | 2.106 | 2.059 | 2.010 |
| 17 | 4.451 | 3.592 | 3.197 | 2.965 | 2.810 | 2.699 | 2.614 | 2.548 | 2.494 | 2.450 | 2.381 | 2.308 | 2.230 | 2.190 | 2.148 | 2.104 | 2.058 | 2.011 | 1.960 |
| 18 | 4.414 | 3.555 | 3.160 | 2.928 | 2.773 | 2.661 | 2.577 | 2.510 | 2.456 | 2.412 | 2.342 | 2.269 | 2.191 | 2.150 | 2.017 | 2.063 | 2.017 | 1.968 | 1.917 |
| 19 | 4.381 | 3.522 | 3.127 | 2.895 | 2.740 | 2.628 | 2.544 | 2.477 | 2.423 | 2.378 | 2.308 | 2.234 | 2.155 | 2.114 | 2.071 | 2.026 | 1.980 | 1.930 | 1.878 |
| 20 | 4.351 | 3.493 | 3.098 | 2.866 | 2.711 | 2.599 | 2.514 | 2.447 | 2.393 | 2.348 | 2.278 | 2.203 | 2.124 | 2.082 | 2.039 | 1.994 | 1.946 | 1.896 | 1.843 |
| 21 | 4.325 | 3.467 | 3.072 | 2.840 | 2.685 | 2.573 | 2.488 | 2.420 | 2.366 | 2.321 | 2.250 | 2.176 | 2.096 | 2.054 | 2.010 | 1.965 | 1.916 | 1.866 | 1.812 |
| 22 | 4.301 | 3.443 | 3.049 | 2.817 | 2.661 | 2.549 | 2.464 | 2.397 | 2.342 | 2.297 | 2.226 | 2.151 | 2.071 | 2.028 | 1.984 | 1.938 | 1.889 | 1.838 | 1.783 |
| 23 | 4.279 | 3.422 | 3.028 | 2.796 | 2.640 | 2.528 | 2.442 | 2.375 | 2.320 | 2.275 | 2.204 | 2.128 | 2.048 | 2.005 | 1.961 | 1.914 | 1.865 | 1.813 | 1.757 |
| 24 | 4.260 | 3.403 | 3.009 | 2.776 | 2.621 | 2.508 | 2.423 | 2.355 | 2.300 | 2.255 | 2.183 | 2.108 | 2.027 | 1.984 | 1.939 | 1.892 | 1.842 | 1.790 | 1.733 |
| 25 | 4.242 | 3.385 | 2.991 | 2.759 | 2.603 | 2.490 | 2.405 | 2.337 | 2.282 | 2.236 | 2.165 | 2.089 | 2.007 | 1.964 | 1.919 | 1.872 | 1.822 | 1.768 | 1.711 |
| 26 | 4.225 | 3.369 | 2.975 | 2.743 | 2.587 | 2.474 | 2.388 | 2.321 | 2.265 | 2.220 | 2.148 | 2.072 | 1.990 | 1.946 | 1.901 | 1.853 | 1.803 | 1.749 | 1.691 |
| 27 | 4.210 | 3.354 | 2.960 | 2.728 | 2.572 | 2.459 | 2.373 | 2.305 | 2.250 | 2.204 | 2.132 | 2.056 | 1.974 | 1.930 | 1.884 | 1.836 | 1.785 | 1.731 | 1.672 |
| 28 | 4.196 | 3.340 | 2.947 | 2.714 | 2.558 | 2.445 | 2.359 | 2.291 | 2.236 | 2.190 | 2.118 | 2.041 | 1.959 | 1.915 | 1.869 | 1.820 | 1.769 | 1.714 | 1.654 |
| 29 | 4.183 | 3.328 | 2.934 | 2.701 | 2.545 | 2.432 | 2.346 | 2.278 | 2.223 | 2.177 | 2.104 | 2.027 | 1.945 | 1.901 | 1.854 | 1.806 | 1.754 | 1.698 | 1.638 |
| 30 | 4.171 | 3.316 | 2.922 | 2.690 | 2.534 | 2.421 | 2.334 | 2.266 | 2.211 | 2.165 | 2.092 | 2.015 | 1.932 | 1.887 | 1.841 | 1.792 | 1.740 | 1.683 | 1.622 |
| 31 | 4.160 | 3.305 | 2.911 | 2.679 | 2.523 | 2.409 | 2.323 | 2.255 | 2.199 | 2.153 | 2.080 | 2.003 | 1.920 | 1.875 | 1.828 | 1.779 | 1.726 | 1.670 | 1.608 |
| 32 | 4.149 | 3.295 | 2.901 | 2.668 | 2.512 | 2.399 | 2.313 | 2.244 | 2.189 | 2.142 | 2.070 | 1.992 | 1.908 | 1.864 | 1.817 | 1.767 | 1.714 | 1.657 | 1.594 |
| 33 | 4.139 | 3.285 | 2.892 | 2.659 | 2.503 | 2.389 | 2.303 | 2.235 | 2.179 | 2.133 | 2.060 | 1.982 | 1.898 | 1.853 | 1.806 | 1.756 | 1.702 | 1.645 | 1.581 |
| 34 | 4.130 | 3.276 | 2.883 | 2.650 | 2.494 | 2.380 | 2.294 | 2.225 | 2.170 | 2.123 | 2.050 | 1.972 | 1.888 | 1.843 | 1.795 | 1.745 | 1.691 | 1.633 | 1.569 |
| 35 | 4.121 | 3.267 | 2.874 | 2.641 | 2.485 | 2.372 | 2.285 | 2.217 | 2.161 | 2.114 | 2.041 | 1.963 | 1.878 | 1.833 | 1.786 | 1.735 | 1.681 | 1.623 | 1.558 |

## 续附表 8

| $n_2$ | $n_1$ | | | | | | | | | | | | | | | | | | |
|---|---|---|---|---|---|---|---|---|---|---|---|---|---|---|---|---|---|---|---|
| | 1 | 2 | 3 | 4 | 5 | 6 | 7 | 8 | 9 | 10 | 12 | 15 | 20 | 24 | 30 | 40 | 60 | 120 | ∞ |
| 36 | 4.113 | 3.259 | 2.866 | 2.634 | 2.477 | 2.364 | 2.277 | 2.209 | 2.153 | 2.106 | 2.033 | 1.954 | 1.870 | 1.824 | 1.776 | 1.726 | 1.671 | 1.612 | 1.547 |
| 37 | 4.105 | 3.252 | 2.859 | 2.626 | 2.470 | 2.356 | 2.270 | 2.201 | 2.145 | 2.098 | 2.025 | 1.946 | 1.861 | 1.816 | 1.768 | 1.717 | 1.662 | 1.603 | 1.537 |
| 38 | 4.098 | 3.245 | 2.852 | 2.619 | 2.463 | 2.349 | 2.262 | 2.194 | 2.138 | 2.091 | 2.017 | 1.939 | 1.853 | 1.808 | 1.760 | 1.708 | 1.653 | 1.594 | 1.527 |
| 39 | 4.091 | 3.238 | 2.845 | 2.612 | 2.456 | 2.342 | 2.255 | 2.187 | 2.131 | 2.084 | 2.010 | 1.931 | 1.846 | 1.800 | 1.752 | 1.700 | 1.645 | 1.585 | 1.518 |
| 40 | 4.085 | 3.232 | 2.839 | 2.606 | 2.449 | 2.336 | 2.249 | 2.180 | 2.124 | 2.077 | 2.003 | 1.924 | 1.839 | 1.793 | 1.744 | 1.693 | 1.637 | 1.577 | 1.509 |
| 41 | 4.079 | 3.226 | 2.833 | 2.600 | 2.443 | 2.330 | 2.243 | 2.174 | 2.118 | 2.071 | 1.997 | 1.918 | 1.832 | 1.786 | 1.737 | 1.686 | 1.630 | 1.569 | 1.500 |
| 42 | 4.073 | 3.220 | 2.827 | 2.594 | 2.438 | 2.324 | 2.237 | 2.168 | 2.112 | 2.065 | 1.991 | 1.912 | 1.826 | 1.780 | 1.731 | 1.679 | 1.623 | 1.561 | 1.492 |
| 43 | 4.067 | 3.214 | 2.822 | 2.589 | 2.432 | 2.318 | 2.232 | 2.163 | 2.106 | 2.059 | 1.985 | 1.906 | 1.820 | 1.773 | 1.724 | 1.672 | 1.616 | 1.554 | 1.485 |
| 44 | 4.062 | 3.209 | 2.816 | 2.584 | 2.427 | 2.313 | 2.226 | 2.157 | 2.101 | 2.054 | 1.980 | 1.900 | 1.814 | 1.767 | 1.718 | 1.666 | 1.609 | 1.547 | 1.477 |
| 45 | 4.057 | 3.204 | 2.812 | 2.579 | 2.422 | 2.308 | 2.221 | 2.152 | 2.096 | 2.049 | 1.974 | 1.895 | 1.808 | 1.762 | 1.713 | 1.660 | 1.603 | 1.541 | 1.470 |
| 46 | 4.052 | 3.200 | 2.807 | 2.574 | 2.417 | 2.304 | 2.216 | 2.147 | 2.091 | 2.044 | 1.969 | 1.890 | 1.803 | 1.756 | 1.707 | 1.654 | 1.597 | 1.534 | 1.463 |
| 47 | 4.047 | 3.195 | 2.802 | 2.570 | 2.413 | 2.299 | 2.212 | 2.143 | 2.086 | 2.039 | 1.965 | 1.885 | 1.798 | 1.751 | 1.702 | 1.649 | 1.591 | 1.528 | 1.457 |
| 48 | 4.043 | 3.191 | 2.798 | 2.565 | 2.409 | 2.295 | 2.207 | 2.138 | 2.082 | 2.035 | 1.960 | 1.880 | 1.793 | 1.746 | 1.697 | 1.644 | 1.586 | 1.522 | 1.450 |
| 49 | 4.038 | 3.187 | 2.794 | 2.561 | 2.404 | 2.290 | 2.203 | 2.134 | 2.077 | 2.030 | 1.956 | 1.876 | 1.789 | 1.742 | 1.692 | 1.639 | 1.581 | 1.517 | 1.444 |
| 50 | 4.034 | 3.183 | 2.790 | 2.557 | 2.400 | 2.286 | 2.199 | 2.130 | 2.073 | 2.026 | 1.952 | 1.871 | 1.784 | 1.737 | 1.687 | 1.634 | 1.576 | 1.511 | 1.438 |
| 60 | 4.001 | 3.150 | 2.758 | 2.525 | 2.368 | 2.254 | 2.167 | 2.097 | 2.040 | 1.993 | 1.917 | 1.836 | 1.748 | 1.700 | 1.649 | 1.594 | 1.534 | 1.467 | 1.389 |
| 80 | 3.960 | 3.111 | 2.719 | 2.486 | 2.329 | 2.214 | 2.126 | 2.056 | 1.999 | 1.951 | 1.875 | 1.793 | 1.703 | 1.654 | 1.602 | 1.545 | 1.482 | 1.411 | 1.325 |
| 120 | 3.920 | 3.072 | 2.680 | 2.447 | 2.290 | 2.175 | 2.087 | 2.016 | 1.959 | 1.910 | 1.834 | 1.750 | 1.659 | 1.608 | 1.554 | 1.495 | 1.429 | 1.352 | 1.254 |
| 240 | 3.880 | 3.033 | 2.642 | 2.409 | 2.252 | 2.136 | 2.048 | 1.977 | 1.919 | 1.870 | 1.793 | 1.708 | 1.614 | 1.563 | 1.507 | 1.445 | 1.375 | 1.290 | 1.170 |
| ∞ | 3.841 | 2.996 | 2.605 | 2.372 | 2.214 | 2.099 | 2.010 | 1.938 | 1.880 | 1.831 | 1.752 | 1.666 | 1.571 | 1.517 | 1.459 | 1.394 | 1.318 | 1.221 | 1.000 |

## 续附表 8

$\alpha = 0.01$

| $n_2$ | $n_1$ | | | | | | | | | | | | | | | | | | |
|---|---|---|---|---|---|---|---|---|---|---|---|---|---|---|---|---|---|---|---|
| | 1 | 2 | 3 | 4 | 5 | 6 | 7 | 8 | 9 | 10 | 12 | 15 | 20 | 24 | 30 | 40 | 60 | 120 | ∞ |
| 1 | 4 052.181 | 4 999.500 | 5 403.352 | 5 624.583 | 5 763.650 | 5 858.986 | 5 928.356 | 5 981.070 | 6 022.473 | 6 055.847 | 6 106.321 | 6 157.285 | 6 208.730 | 6 234.631 | 6 260.649 | 6 286.782 | 6 313.030 | 6 339.391 | 6 365.864 |
| 2 | 98.503 | 99.000 | 99.166 | 99.249 | 99.299 | 99.333 | 99.356 | 99.374 | 99.388 | 99.399 | 99.416 | 99.433 | 99.449 | 99.458 | 99.466 | 99.474 | 99.482 | 99.491 | 99.499 |
| 3 | 34.116 | 30.817 | 29.457 | 28.710 | 28.237 | 27.911 | 27.672 | 27.489 | 27.345 | 27.229 | 27.052 | 26.872 | 26.690 | 26.598 | 26.505 | 26.411 | 26.316 | 26.221 | 26.125 |
| 4 | 21.198 | 18.000 | 16.694 | 15.977 | 15.522 | 15.207 | 14.976 | 14.799 | 14.659 | 14.546 | 14.374 | 14.198 | 14.020 | 13.929 | 13.838 | 13.745 | 13.652 | 13.558 | 13.463 |
| 5 | 16.258 | 13.274 | 12.060 | 11.392 | 10.967 | 10.672 | 10.456 | 10.289 | 10.158 | 10.051 | 9.888 | 9.722 | 9.553 | 9.466 | 9.379 | 9.291 | 9.202 | 9.112 | 9.020 |
| 6 | 13.745 | 10.925 | 9.780 | 9.148 | 8.746 | 8.466 | 8.260 | 8.102 | 7.976 | 7.874 | 7.718 | 7.559 | 7.396 | 7.313 | 7.229 | 7.143 | 7.057 | 6.969 | 6.880 |
| 7 | 12.246 | 9.547 | 8.451 | 7.847 | 7.460 | 7.191 | 6.993 | 6.840 | 6.719 | 6.620 | 6.469 | 6.314 | 6.155 | 6.074 | 5.992 | 5.908 | 5.824 | 5.737 | 5.650 |
| 8 | 11.259 | 8.649 | 7.591 | 7.006 | 6.632 | 6.371 | 6.178 | 6.029 | 5.911 | 5.814 | 5.667 | 5.515 | 5.359 | 5.279 | 5.198 | 5.116 | 5.032 | 4.946 | 4.859 |
| 9 | 10.561 | 8.022 | 6.992 | 6.422 | 6.057 | 5.802 | 5.613 | 5.467 | 5.351 | 5.257 | 5.111 | 4.962 | 4.808 | 4.729 | 4.646 | 4.567 | 4.483 | 4.398 | 4.311 |
| 10 | 10.044 | 4.559 | 6.552 | 5.994 | 5.636 | 5.386 | 5.200 | 5.057 | 4.942 | 4.849 | 4.706 | 4.558 | 4.405 | 4.327 | 4.247 | 4.165 | 4.082 | 3.996 | 3.909 |
| 11 | 9.646 | 7.206 | 6.217 | 5.668 | 5.316 | 5.069 | 4.886 | 4.744 | 4.632 | 4.537 | 4.397 | 4.251 | 4.099 | 4.021 | 3.941 | 3.860 | 3.776 | 3.690 | 3.602 |
| 12 | 9.330 | 6.927 | 5.953 | 5.412 | 5.064 | 4.821 | 4.640 | 4.499 | 4.388 | 4.296 | 4.155 | 4.010 | 3.858 | 3.780 | 3.701 | 3.619 | 3.535 | 3.449 | 3.361 |
| 13 | 9.074 | 6.701 | 5.739 | 5.205 | 4.862 | 4.620 | 4.441 | 4.302 | 4.191 | 4.100 | 3.960 | 3.815 | 3.665 | 3.587 | 3.507 | 3.425 | 3.341 | 3.255 | 3.165 |
| 14 | 8.862 | 6.515 | 5.564 | 5.035 | 4.695 | 4.456 | 4.278 | 4.140 | 4.030 | 3.939 | 3.800 | 3.656 | 3.505 | 3.427 | 3.348 | 3.266 | 3.181 | 3.094 | 3.004 |
| 15 | 8.683 | 6.359 | 5.417 | 4.893 | 4.556 | 4.318 | 4.142 | 4.004 | 3.895 | 3.805 | 3.666 | 3.522 | 3.372 | 3.294 | 3.214 | 3.132 | 3.047 | 2.959 | 2.868 |

## 续附表 8

| $n_2$ | $n_1$ | | | | | | | | | | | | | | | | | | |
|---|---|---|---|---|---|---|---|---|---|---|---|---|---|---|---|---|---|---|---|
| | 1 | 2 | 3 | 4 | 5 | 6 | 7 | 8 | 9 | 10 | 12 | 15 | 20 | 24 | 30 | 40 | 60 | 120 | ∞ |
| 16 | 8.531 | 6.226 | 5.292 | 4.773 | 4.437 | 4.202 | 4.026 | 3.890 | 3.780 | 3.691 | 3.553 | 3.409 | 3.259 | 3.181 | 3.101 | 3.018 | 2.933 | 2.845 | 2.753 |
| 17 | 8.400 | 6.112 | 5.185 | 4.669 | 4.336 | 4.102 | 3.927 | 3.791 | 3.682 | 3.593 | 3.455 | 3.312 | 3.162 | 3.084 | 3.003 | 2.920 | 2.835 | 2.746 | 2.653 |
| 18 | 8.285 | 6.013 | 5.092 | 4.579 | 4.248 | 4.015 | 3.841 | 3.705 | 3.597 | 3.508 | 3.371 | 3.227 | 3.077 | 2.999 | 2.919 | 2.835 | 2.749 | 2.660 | 2.566 |
| 19 | 8.185 | 5.926 | 5.010 | 4.500 | 4.171 | 3.939 | 3.765 | 3.631 | 3.523 | 3.434 | 3.297 | 3.153 | 3.003 | 2.925 | 2.844 | 2.761 | 2.674 | 2.584 | 2.489 |
| 20 | 8.096 | 5.849 | 4.938 | 4.431 | 4.103 | 3.871 | 3.699 | 3.564 | 3.457 | 3.368 | 3.231 | 3.088 | 2.938 | 2.859 | 2.778 | 2.695 | 2.608 | 2.517 | 2.421 |
| 21 | 8.017 | 5.780 | 4.874 | 4.369 | 4.042 | 3.812 | 3.640 | 3.506 | 3.398 | 3.310 | 3.173 | 3.030 | 2.880 | 2.801 | 2.720 | 2.636 | 2.548 | 2.457 | 2.360 |
| 22 | 7.945 | 5.719 | 4.817 | 4.313 | 3.988 | 3.758 | 3.587 | 3.453 | 3.346 | 3.258 | 3.121 | 2.978 | 2.827 | 2.749 | 2.667 | 2.583 | 2.495 | 2.403 | 2.305 |
| 23 | 7.881 | 5.664 | 4.765 | 4.264 | 3.939 | 3.710 | 3.539 | 3.406 | 3.299 | 3.211 | 3.074 | 2.931 | 2.781 | 2.702 | 2.620 | 2.535 | 2.447 | 2.354 | 2.256 |
| 24 | 7.823 | 5.614 | 4.718 | 4.218 | 3.895 | 3.667 | 3.496 | 3.363 | 3.256 | 3.168 | 3.032 | 2.889 | 2.738 | 2.659 | 2.577 | 2.492 | 2.403 | 2.310 | 2.211 |
| 25 | 7.770 | 5.568 | 4.675 | 4.177 | 3.855 | 3.627 | 3.457 | 3.324 | 3.217 | 3.129 | 2.993 | 2.850 | 2.699 | 2.620 | 2.538 | 2.453 | 2.364 | 2.270 | 2.169 |
| 26 | 7.721 | 5.526 | 4.637 | 4.140 | 3.818 | 3.591 | 3.421 | 3.288 | 3.182 | 3.094 | 2.958 | 2.815 | 2.664 | 2.585 | 2.503 | 2.417 | 2.327 | 2.233 | 2.131 |
| 27 | 7.677 | 5.488 | 4.601 | 4.106 | 3.785 | 3.558 | 3.388 | 3.256 | 3.149 | 3.062 | 2.926 | 2.783 | 2.632 | 2.552 | 2.470 | 2.384 | 2.294 | 2.198 | 2.097 |
| 28 | 7.636 | 5.453 | 4.568 | 4.074 | 3.754 | 3.528 | 3.358 | 3.226 | 3.120 | 3.032 | 2.896 | 2.753 | 2.602 | 2.522 | 2.440 | 2.354 | 2.263 | 2.167 | 2.064 |
| 29 | 7.598 | 5.420 | 4.538 | 4.045 | 3.725 | 3.499 | 3.330 | 3.198 | 3.092 | 3.005 | 2.868 | 2.726 | 2.574 | 2.495 | 2.412 | 2.325 | 2.234 | 2.138 | 2.034 |
| 30 | 7.562 | 5.390 | 4.510 | 4.018 | 3.699 | 3.473 | 3.304 | 3.173 | 3.067 | 2.979 | 2.843 | 2.700 | 2.549 | 2.469 | 2.386 | 2.299 | 2.208 | 2.111 | 2.006 |
| 31 | 7.530 | 5.362 | 4.484 | 3.993 | 3.675 | 3.449 | 3.281 | 3.149 | 3.043 | 2.955 | 2.820 | 2.677 | 2.525 | 2.445 | 2.362 | 2.275 | 2.183 | 2.086 | 1.980 |
| 32 | 7.499 | 5.336 | 4.459 | 3.969 | 3.652 | 3.427 | 3.258 | 3.127 | 3.021 | 2.934 | 2.798 | 2.655 | 2.503 | 2.423 | 2.340 | 2.252 | 2.160 | 2.062 | 1.956 |
| 33 | 7.471 | 5.312 | 4.437 | 3.948 | 3.630 | 3.406 | 3.238 | 3.106 | 3.000 | 2.913 | 2.777 | 2.634 | 2.482 | 2.402 | 2.319 | 2.231 | 2.139 | 2.040 | 1.933 |
| 34 | 7.444 | 5.289 | 4.416 | 3.927 | 3.611 | 3.386 | 3.218 | 3.087 | 2.981 | 2.894 | 2.758 | 2.615 | 2.463 | 2.383 | 2.299 | 2.211 | 2.118 | 2.019 | 1.911 |
| 35 | 7.419 | 5.268 | 4.396 | 3.908 | 3.592 | 3.368 | 3.200 | 3.069 | 2.963 | 2.876 | 2.740 | 2.597 | 2.445 | 2.364 | 2.281 | 2.193 | 2.099 | 2.000 | 1.891 |

## 续附表 8

| $n_2$ | $n_1$ | | | | | | | | | | | | | | | | | | |
|---|---|---|---|---|---|---|---|---|---|---|---|---|---|---|---|---|---|---|---|
| | 1 | 2 | 3 | 4 | 5 | 6 | 7 | 8 | 9 | 10 | 12 | 15 | 20 | 24 | 30 | 40 | 60 | 120 | ∞ |
| 36 | 7.396 | 5.248 | 4.377 | 3.890 | 3.574 | 3.351 | 3.183 | 3.052 | 2.946 | 2.859 | 2.723 | 2.580 | 2.428 | 2.347 | 2.263 | 2.175 | 2.082 | 1.981 | 1.872 |
| 37 | 7.373 | 5.229 | 4.360 | 3.873 | 3.558 | 3.334 | 3.167 | 3.036 | 2.930 | 2.843 | 2.707 | 2.564 | 2.412 | 2.331 | 2.247 | 2.159 | 2.065 | 1.964 | 1.854 |
| 38 | 7.353 | 5.211 | 4.343 | 3.858 | 3.542 | 3.319 | 3.152 | 3.021 | 2.915 | 2.828 | 2.692 | 2.549 | 2.397 | 2.316 | 2.232 | 2.143 | 2.049 | 1.947 | 1.837 |
| 39 | 7.333 | 5.194 | 4.327 | 3.843 | 3.528 | 3.305 | 3.137 | 3.006 | 2.901 | 2.814 | 2.678 | 2.535 | 2.382 | 2.302 | 2.217 | 2.128 | 2.034 | 1.932 | 1.820 |
| 40 | 7.314 | 5.179 | 4.313 | 3.828 | 3.514 | 3.291 | 3.124 | 2.993 | 2.888 | 2.801 | 2.665 | 2.522 | 2.369 | 2.288 | 2.203 | 2.114 | 2.019 | 1.917 | 1.805 |
| 41 | 7.296 | 5.163 | 4.299 | 3.815 | 3.501 | 3.278 | 3.111 | 2.980 | 2.875 | 2.788 | 2.652 | 2.509 | 2.356 | 2.275 | 2.190 | 2.101 | 2.006 | 1.903 | 1.790 |
| 42 | 7.280 | 5.149 | 4.285 | 3.802 | 3.488 | 3.266 | 3.099 | 2.968 | 2.863 | 2.776 | 2.640 | 2.497 | 2.344 | 2.263 | 2.178 | 2.088 | 1.993 | 1.890 | 1.776 |
| 43 | 7.264 | 5.136 | 4.273 | 3.790 | 3.476 | 3.254 | 3.087 | 2.957 | 2.851 | 2.764 | 2.629 | 2.485 | 2.332 | 2.251 | 2.166 | 2.076 | 1.981 | 1.877 | 1.762 |
| 44 | 7.248 | 5.123 | 4.261 | 3.778 | 3.465 | 3.243 | 3.076 | 2.946 | 2.840 | 2.754 | 2.618 | 2.475 | 2.321 | 2.240 | 2.155 | 2.065 | 1.969 | 1.865 | 1.750 |
| 45 | 7.234 | 5.110 | 4.249 | 3.767 | 3.454 | 3.232 | 3.066 | 2.935 | 2.830 | 2.743 | 2.608 | 2.464 | 2.311 | 2.230 | 2.144 | 2.054 | 1.958 | 1.853 | 1.737 |
| 46 | 7.220 | 5.099 | 4.238 | 3.757 | 3.444 | 3.222 | 3.056 | 2.925 | 2.820 | 2.733 | 2.598 | 2.454 | 2.301 | 2.220 | 2.134 | 2.044 | 1.947 | 1.842 | 1.726 |
| 47 | 7.207 | 5.087 | 4.228 | 3.747 | 3.434 | 3.213 | 3.046 | 2.916 | 2.811 | 2.724 | 2.588 | 2.445 | 2.291 | 2.210 | 2.124 | 2.034 | 1.937 | 1.832 | 1.714 |
| 48 | 7.194 | 5.077 | 4.218 | 3.737 | 3.425 | 3.204 | 3.037 | 2.907 | 2.802 | 2.715 | 2.579 | 2.436 | 2.282 | 2.201 | 2.115 | 2.024 | 1.927 | 1.822 | 1.704 |
| 49 | 7.182 | 5.066 | 4.208 | 3.728 | 3.416 | 3.195 | 3.028 | 2.898 | 2.793 | 2.706 | 2.571 | 2.427 | 2.274 | 2.192 | 2.106 | 2.015 | 1.918 | 1.812 | 1.693 |
| 50 | 7.171 | 5.057 | 4.199 | 3.720 | 3.408 | 3.186 | 3.020 | 2.890 | 2.785 | 2.698 | 2.562 | 2.419 | 2.265 | 2.183 | 2.098 | 2.007 | 1.909 | 1.803 | 1.683 |
| 60 | 7.077 | 4.977 | 4.126 | 3.649 | 3.339 | 3.119 | 2.953 | 2.823 | 2.718 | 2.632 | 2.496 | 2.352 | 2.198 | 2.115 | 2.028 | 1.936 | 1.836 | 1.726 | 1.601 |
| 80 | 6.963 | 4.881 | 4.036 | 3.563 | 3.255 | 3.036 | 2.871 | 2.742 | 2.637 | 2.551 | 2.415 | 2.271 | 2.115 | 2.032 | 1.944 | 1.849 | 1.746 | 1.630 | 1.494 |
| 120 | 6.851 | 4.787 | 3.949 | 3.480 | 3.174 | 2.956 | 2.792 | 2.663 | 2.559 | 2.472 | 2.336 | 2.192 | 2.035 | 1.950 | 1.860 | 1.763 | 1.656 | 1.533 | 1.381 |
| 240 | 6.742 | 4.695 | 3.864 | 3.398 | 3.094 | 2.878 | 2.714 | 2.586 | 2.482 | 2.395 | 2.260 | 2.114 | 1.956 | 1.870 | 1.778 | 1.677 | 1.565 | 1.432 | 1.250 |
| ∞ | 6.635 | 4.605 | 3.782 | 3.319 | 3.017 | 2.802 | 2.639 | 2.511 | 2.407 | 2.321 | 2.185 | 2.039 | 1.878 | 1.791 | 1.696 | 1.592 | 1.473 | 1.325 | 1.000 |

# 附表 9　相关系数显著性检验表

$n$ 是样本容量　$m$ 是自变量的个数($m=2$,用 $F$ 检验)

$\alpha=0.01$

| $n$ | $m$ | | $n$ | $m$ | | $n$ | $m$ | | $n$ | $m$ | |
|---|---|---|---|---|---|---|---|---|---|---|---|
| | 1 | 2 | | 1 | 2 | | 1 | 2 | | 1 | 2 |
| 5 | 0.96 | 0.99 | 14 | 0.66 | 0.75 | 23 | 0.53 | 0.61 | 40 | 0.40 | 0.47 |
| 6 | 0.92 | 0.98 | 15 | 0.64 | 0.73 | 24 | 0.52 | 0.60 | 45 | 0.38 | 0.44 |
| 7 | 0.87 | 0.95 | 16 | 0.62 | 0.71 | 25 | 0.51 | 0.58 | 50 | 0.36 | 0.42 |
| 8 | 0.83 | 0.92 | 17 | 0.61 | 0.69 | 26 | 0.50 | 0.57 | 55 | 0.34 | 0.40 |
| 9 | 0.80 | 0.89 | 18 | 0.59 | 0.68 | 27 | 0.49 | 0.56 | 60 | 0.33 | 0.39 |
| 10 | 0.76 | 0.86 | 19 | 0.58 | 0.66 | 28 | 0.48 | 0.56 | 70 | 0.30 | 0.36 |
| 11 | 0.73 | 0.83 | 20 | 0.56 | 0.65 | 29 | 0.47 | 0.55 | 80 | 0.29 | 0.34 |
| 12 | 0.71 | 0.80 | 21 | 0.55 | 0.63 | 30 | 0.46 | 0.54 | 90 | 0.27 | 0.32 |
| 13 | 0.68 | 0.78 | 22 | 0.54 | 0.62 | 35 | 0.43 | 0.50 | 100 | 0.26 | 0.30 |

$\alpha=0.05$

| $n$ | $m$ | | $n$ | $m$ | | $n$ | $m$ | | $n$ | $m$ | |
|---|---|---|---|---|---|---|---|---|---|---|---|
| | 1 | 2 | | 1 | 2 | | 1 | 2 | | 1 | 2 |
| 5 | 0.88 | 0.97 | 14 | 0.53 | 0.65 | 23 | 0.41 | 0.51 | 40 | 0.31 | 0.39 |
| 6 | 0.81 | 0.93 | 15 | 0.51 | 0.63 | 24 | 0.40 | 0.50 | 45 | 0.29 | 0.37 |
| 7 | 0.75 | 0.88 | 16 | 0.50 | 0.61 | 25 | 0.40 | 0.49 | 50 | 0.28 | 0.35 |
| 8 | 0.71 | 0.84 | 17 | 0.48 | 0.59 | 26 | 0.39 | 0.48 | 55 | 0.27 | 0.33 |
| 9 | 0.67 | 0.79 | 18 | 0.47 | 0.57 | 27 | 0.38 | 0.47 | 60 | 0.25 | 0.32 |
| 10 | 0.63 | 0.76 | 19 | 0.46 | 0.56 | 28 | 0.37 | 0.46 | 70 | 0.24 | 0.29 |
| 11 | 0.60 | 0.73 | 20 | 0.44 | 0.55 | 29 | 0.37 | 0.45 | 80 | 0.22 | 0.27 |
| 12 | 0.58 | 0.70 | 21 | 0.43 | 0.53 | 30 | 0.36 | 0.45 | 90 | 0.21 | 0.26 |
| 13 | 0.55 | 0.67 | 22 | 0.42 | 0.52 | 35 | 0.33 | 0.41 | 100 | 0.20 | 0.25 |

# 参考文献

[1] 黄振平. 水文统计学[M]. 南京:河海大学出版社,2003.
[2] 林玉闽,许传炬. 概率统计应用基础[M]. 北京:高等教育出版社,2003.
[3] 严士健,等. 概率论与数理统计[M]. 北京:高等教育出版社,1993.
[4] 曾庆生,等. 水文统计学[M]. 2 版. 北京:中国水利水电出版社,1999.